Anja Binanzer
Genus – Kongruenz und Klassifikation

DaZ-Forschung

Deutsch als Zweitsprache, Mehrsprachigkeit
und Migration

Herausgegeben von
Bernt Ahrenholz
Christine Dimroth
Beate Lütke
Martina Rost-Roth

Band 17

Anja Binanzer

Genus – Kongruenz und Klassifikation

Evidenzen aus dem Zweitspracherwerb
des Deutschen

DE GRUYTER

ISBN 978-3-11-065318-2
e-ISBN (PDF) 978-3-11-054854-9
e-ISBN (EPUB) 978-3-11-054656-9
ISSN 2192-371X

Library of Congress Cataloging-in-Publication Data
A CIP catalog record for this book has been applied for at the Library of Congress.

Bibliografische Information der Deutschen Nationalbibliothek
Die Deutsche Nationalbibliothek verzeichnet diese Publikation in der Deutschen Nationalbibliografie; detaillierte bibliografische Daten sind im Internet über http://dnb.dnb.de abrufbar.

© 2019 Walter de Gruyter GmbH, Berlin/Boston
Dieser Band ist text- und seitenidentisch mit der 2017 erschienenen gebundenen Ausgabe.
Druck und Bindung: CPI books GmbH, Leck
♾ Gedruckt auf säurefreiem Papier
Printed in Germany

www.degruyter.com

Danksagung

Bei der vorliegenden Studie handelt es sich um meine überarbeitete Dissertationsschrift, die der Philosophischen Fakultät der Westfälischen Wilhelms-Universität Münster im Jahr 2015 vorgelegen hat und angenommen wurde. An dieser Stelle möchte ich allen Dank aussprechen, die an der Entstehung dieses Buches beteiligt waren und die mich entweder ausdauernd, vom ersten Gedanken bis zum letzten geschriebenen Wort, oder aber auf Abschnitten dieses langen Weges begleitet, unterstützt und gefördert haben. Ich danke meiner Familie, den Promovierenden und Lehrenden der Graduate School *Empirical and Applied Linguistics* der Westfälischen Wilhelms-Universität Münster, meinen studentischen Hilfskräften, den Kindern, die an der Studie teilgenommen haben und den Eltern und Schulen, die dies ermöglichten, den Herausgebern der Reihe DaZ-Forschung sowie den dieses Buchprojekt betreuenden Mitarbeiterinnen des De Gruyter Verlags. Besonderer Dank gilt:

Lydia Oberfrank, Simone und Julia Binanzer
Valentina Cristante, Anke Michel und Sonja Riesberg
Christine Dimroth, Wilhelm Grießhaber, Heike Roll und Sarah Schimke
Judith Hochschorner, Jan Neumann und Zoë Scholz
Julie Miess und Antonia Schrader

Vor allem und eng verbunden danke ich meinen beiden wissenschaftlichen Lehrern, die mir mit unermesslicher Geduld und Inspiration den Weg in die Sprachwissenschaft gebahnt haben, sowie der Weggefährtin, mit der ich die ersten Erkundungsschritte darin gemeinsam gehen durfte:

Klaus-Michael Köpcke – wer hätte dieses Buch besser inspirieren können?
Verena Wecker – wen hätte ich mir lieber an meiner Seite gewünscht?

Andreas Bittner – wer hätte mich das Zweifeln besser gelehrt?
wem sonst hätte ich all die Fragen gestellt?

Münster, im Juli 2017

Anja Binanzer

Inhalt

Abbildungsverzeichnis —— IX

Tabellenverzeichnis —— XI

1	**Einleitung** —— 3	
2	**Kongruenz und Klassifikation** —— 9	
2.1	Genuskongruenz —— 9	
2.1.1	Genussensitive Targets —— 10	
2.1.2	Funktion von Genuskongruenz —— 17	
2.2	Genusklassifikation —— 18	
2.2.1	Entstehung von Genusklassen —— 19	
2.2.2	Charakteristika von Genusklassen —— 23	
2.3	Genus als lexikalische oder nicht-lexikalische Kategorie? —— 25	
2.3.1	Semantisches Genus —— 27	
2.3.2	Referentielles Genus —— 33	
2.3.3	Pragmatisches Genus —— 34	
2.3.4	Formbezogenes Genus —— 35	
2.4	Zusammenfassung —— 38	
3	**Genus im Erwerb** —— 43	
3.1	Gebrauchsbasierte Spracherwerbsmodelle —— 44	
3.2	Genuserwerb als Klassifikationserwerb —— 47	
3.2.1	Erwerb von Artikelwörtern als Genusanzeiger —— 47	
3.2.1.1	Form-Funktions-Verknüpfungen vor der Markierung der Kategorie Genus —— 49	
3.2.1.2	Form-Funktions-Verknüpfungen zur Markierung der Kategorie Genus —— 55	
3.2.1.3	Netzwerkmodelle und Genusschemata —— 56	
3.2.1.4	Validität von Genusschemata —— 64	
3.2.1.5	Erwerb von Genusschemata —— 66	
3.2.1.6	Erwerbsreihenfolgen von Genusschemata —— 72	
3.3	Genuserwerb als Kongruenzerwerb —— 76	
3.3.1	Erwerb von attributiven Adjektiven als Genusanzeiger —— 77	
3.3.2	Erwerb von Relativpronomen als Genusanzeiger —— 80	
3.3.3	Erwerb von Personalpronomen als Genusanzeiger —— 81	

3.4	Synthese: Genuserwerb als Kongruenz- und Klassifikationserwerb —— 83	
3.5	Einflussfaktoren im L2-Erwerb —— 90	
3.5.1	Alter —— 91	
3.5.2	Input —— 94	
3.5.3	Erstsprache —— 97	
3.5.4	Zusammenfassung —— 101	
3.6	Die L1 der untersuchten Lerner: Russisch, Türkisch —— 102	
3.6.1	Allgemeiner typologischer Vergleich —— 102	
3.6.2	Genus kontrastiv: Russisch – Deutsch —— 103	
3.6.3	Genus kontrastiv: Türkisch – Deutsch —— 107	
3.6.4	Zusammenfassung —— 108	
4	**Hypothesen —— 111**	
5	**Empirische Untersuchung —— 115**	
5.1	Multiple Choice Studie —— 117	
5.1.1	Testitems —— 117	
5.1.2	Testdesign —— 122	
5.1.3	Probanden —— 124	
5.1.4	Datenanalyse und -diskussion —— 129	
5.1.4.1	Formal-grammatische Genuskongruenz —— 132	
5.1.4.2	Personenbezeichnungen (M, F) —— 137	
5.1.4.3	Personenbezeichnungen (N) —— 142	
5.1.4.4	Gegenstandsbezeichnungen (M, F) —— 152	
5.1.4.5	Gegenstandsbezeichnungen (N) —— 161	
5.1.4.6	Zusammenfassung —— 163	
5.2	Bildimpulsstudie —— 169	
5.2.1	Testitems —— 170	
5.2.2	Testdesign —— 171	
5.2.3	Probanden —— 173	
5.2.4	Datenanalyse und -diskussion —— 179	
5.2.4.1	Personen- und Tierbezeichnungen (M, F, N) —— 179	
5.2.4.2	Gegenstandsbezeichnungen (M, F, N) —— 185	
5.2.4.3	Zusammenfassung —— 188	

6	Schlussbetrachtung —— 189
6.1	Genuserwerb im Deutschen: Erwerbsphasen —— 190
6.2	Rolle der L1 —— 196
6.3	Theoretische Reflexion —— 198

Literaturverzeichnis —— 203

Index —— 221

Anhang —— 225

Abbildungsverzeichnis

Abb. 1: Morphosyntaktische Bindung Relativ- vs. Personalpronomen —— 16
Abb. 2: Entstehung von Genuskongruenz (Audring 2016) —— 19
Abb. 3: Semantisch-referentielle vs. referentielle Kongruenz —— 30
Abb. 4: Agreement Hierarchy im Deutschen (nach Köpcke & Zubin 2009: 146) —— 31
Abb. 5: Netzwerkmodell für Genusschemata —— 57
Abb. 6: Netzwerkmodell maskulines Genusschema —— 61
Abb. 7: Sexusbasiertes Formennetzwerk —— 88
Abb. 8: Genuszuweisungstest —— 122
Abb. 9: Multiple Choice Test —— 123
Abb. 10: Ergebnisse formal-grammatische Genuskongruenz —— 133
Abb. 11: Ergebnisse Genus-Sexus-konvergierende Personenbezeichnungen [+männlich] —— 138
Abb. 12: Ergebnisse Genus-Sexus-konvergierende Personenbezeichnungen [+weiblich] —— 139
Abb. 13: Ergebnisse Genus-Sexus-divergierende Personenbezeichnungen [+weiblich] —— 143
Abb. 14: Ergebnisse generische Personenbezeichnungen [+belebt] —— 144
Abb. 15: Morphosyntaktische Bindung und Kongruenz —— 150
Abb. 16: Sprachstand/L1 und Kongruenz —— 150
Abb. 17: Semantische Kongruenz —— 152
Abb. 18: Ergebnisse Genus-Form-konvergierende Gegenstandsbezeichnungen (M, X*er*) —— 154
Abb. 19: Ergebnisse Genus-Form-konvergierende Gegenstandsbezeichnungen (F, X*e*) —— 155
Abb. 20: Ergebnisse Genus-Form-divergierende Gegenstandsbezeichnungen (M, X*e*) —— 156
Abb. 21: Ergebnisse Genus-Form-divergierende Gegenstandsbezeichnungen (F, X*er*) —— 157
Abb. 22: Ergebnisse Genus-Form-divergierende Gegenstandsbezeichnungen (N, X*er*) —— 162
Abb. 23: Semantische Kongruenz im Kontext Genus-Sexus-konvergierender Nomen —— 164
Abb. 24: Erwerbsphasen generische Personenbezeichnungen —— 165
Abb. 25: Erwerbsphasen Gegenstandsbezeichnungen —— 167
Abb. 26: Phonologisch basierte Form-Funktions-Verknüpfungen —— 168
Abb. 27: Reanalyse Genus-Form-divergierender Nomen —— 169
Abb. 28: Genuserwerbsmodell —— 195
Abb. 29: Bildimpuls „Eine schlaflose Nacht" —— 238
Abb. 30: Bildimpuls „Hund und Katze" —— 238
Abb. 31: Bildimpuls „Meine Klasse" —— 239
Abb. 32: Bildimpuls „Meine Spielsachen" —— 239

Tabellenverzeichnis

Tab. 1: Genussensitive Targets des Deutschen —— 12
Tab. 2: Morphosyntaktische Bindung DET/ADJ, REL, PERS —— 16
Tab. 3: Kunstwörterbeispiele für Genuszuweisungstests —— 37
Tab. 4: Flexionsparadigmen deutscher Artikelwörter —— 47
Tab. 5: Genusverteilung im Deutschen —— 51
Tab. 6: Form-Funktions-Validität von *der, die, das* bzw. *dieser, diese, dieses* —— 54
Tab. 7: Validität von formalen und semantischen Merkmalen (nach Wegener 1995a: 3) —— 65
Tab. 8: Erwerbsreihenfolgen von Genusschemata —— 73
Tab. 9: Semantisch basierte Verknüpfungen genussensitiver Targets —— 85
Tab. 10: Flexionsparadigmen russischer Nomen (nach Corbett 1991: 166) —— 104
Tab. 11: Deutsch, Russisch, Türkisch kontrastiv —— 109
Tab. 12: Testitems [+belebt] (Multiple Choice Studie) —— 118
Tab. 13: Testitems [–belebt] (Multiple Choice Studie) —— 119
Tab. 14: Vergleichsgruppen (Multiple Choice Studie) —— 126
Tab. 15: Sprachgebrauch in der Familie (Multiple Choice Studie) —— 127
Tab. 16: Sprachgebrauch in der Peer-Group (Multiple Choice Studie) —— 128
Tab. 17: L2-Kontaktmöglichkeiten (Multiple Choice Studie) —— 128
Tab. 18: Inferenzstatistische Analyse: Einfluss von L1, Sprachstand und morphosyntaktischer Bindung auf formal-grammatische Genuskongruenz —— 134
Tab. 19: Inferenzstatistische Analyse: Schemakonvergenz/-divergenz und Validität semantischer vs. formaler Schemata —— 136
Tab. 20: Testitems (Bildimpulsstudie) —— 170
Tab. 21: Vergleichsgruppen (Bildimpulsstudie) —— 176
Tab. 22: Sprachgebrauch in der Familie (Bildimpulsstudie) —— 177
Tab. 23: Sprachgebrauch in der Peergroup (Bildimpulsstudie) —— 178
Tab. 24: L2-Kontaktmöglichkeiten (Bildimpulsstudie) —— 178
Tab. 25: Ergebnisse DEF Personen- und Tierbezeichnungen (Bildimpulsstudie) —— 180
Tab. 26: Ergebnisse PERS Personen- und Tierbezeichnungen (Bildimpulsstudie) —— 180
Tab. 27: Ergebnisse DEF Gegenstandsbezeichnungen (Bildimpulsstudie) —— 185
Tab. 28: Ergebnisse PERS Gegenstandsbezeichnungen (Bildimpulsstudie) —— 186
Tab. 29: Probanden T1 Multiple Choice Studie —— 225
Tab. 30: Probanden T2 Multiple Choice Studie —— 226
Tab. 31: Probanden R1 Multiple Choice Studie —— 227
Tab. 32: Probanden R2 Multiple Choice Studie —— 227
Tab. 33: Probanden D1 Multiple Choice Studie —— 228
Tab. 34: Probanden D2 Multiple Choice Studie —— 229
Tab. 35: Probanden T0' Bildimpulsstudie —— 230
Tab. 36: Probanden T1' Bildimpulsstudie —— 230
Tab. 37: Probanden T2' Bildimpulsstudie —— 230
Tab. 38: Probanden R0' Bildimpulsstudie —— 231
Tab. 39: Probanden R1' Bildimpulsstudie —— 231
Tab. 40: Probanden R2' Bildimpulsstudie —— 232
Tab. 41: Probanden D0' Bildimpulsstudie —— 233
Tab. 42: Probanden D1' Bildimpulsstudie —— 233

Tab. 43: Probanden D2' Bildimpulsstudie —— 233
Tab. 44: Ergebnisse Multiple Choice Studie DEF Personenbezeichnungen —— 240
Tab. 45: Ergebnisse Multiple Choice Studie ADJ Personenbezeichnungen —— 242
Tab. 46: Ergebnisse Multiple Choice Studie REL Personenbezeichnungen —— 244
Tab. 47: Ergebnisse Multiple Choice Studie PERS Personenbezeichnungen —— 246
Tab. 48: Ergebnisse Multiple Choice Studie DEF Gegenstandsbezeichnungen —— 248
Tab. 49: Ergebnisse Multiple Choice Studie ADJ Gegenstandsbezeichnungen —— 251
Tab. 50: Ergebnisse Multiple Choice Studie REL Gegenstandsbezeichnungen —— 254
Tab. 51: Ergebnisse Multiple Choice Studie PERS Gegenstandsbezeichnungen —— 257
Tab. 52: Erzählungen T0' „Hund und Katze" —— 260
Tab. 53: Erzählungen T1' „Hund und Katze" —— 260
Tab. 54: Erzählungen T2' „Hund und Katze" —— 261
Tab. 55: Erzählungen R0' „Hund und Katze" —— 262
Tab. 56: Erzählungen R1' „Hund und Katze" —— 263
Tab. 57: Erzählungen R2' „Hund und Katze" —— 264
Tab. 58: Erzählungen D0' „Hund und Katze" —— 266
Tab. 59: Erzählungen D1' „Hund und Katze" —— 266
Tab. 60: Erzählungen D2' „Hund und Katze" —— 267
Tab. 61: Erzählungen T0' „Eine schlaflose Nacht" —— 269
Tab. 62: Erzählungen T1' „Eine schlaflose Nacht" —— 269
Tab. 63: Erzählungen T2' „Eine schlaflose Nacht" —— 270
Tab. 64: Erzählungen R0' „Eine schlaflose Nacht" —— 271
Tab. 65: Erzählungen R1' „Eine schlaflose Nacht" —— 272
Tab. 66: Erzählungen R2' „Eine schlaflose Nacht" —— 273
Tab. 67: Erzählungen D0' „Eine schlaflose Nacht" —— 276
Tab. 68: Erzählungen D1' „Eine schlaflose Nacht" —— 276
Tab. 69: Erzählungen D2' „Eine schlaflose Nacht" —— 277
Tab. 70: Beschreibungen T0' „Meine Klasse" —— 279
Tab. 71: Beschreibungen T1' „Meine Klasse" —— 279
Tab. 72: Beschreibungen T2' „Meine Klasse" —— 280
Tab. 73: Beschreibungen R0' „Meine Klasse" —— 281
Tab. 74: Beschreibungen R1' „Meine Klasse" —— 282
Tab. 75: Beschreibungen R2' „Meine Klasse" —— 283
Tab. 76: Beschreibungen D0' „Meine Klasse" —— 285
Tab. 77: Beschreibungen D1' „Meine Klasse" —— 286
Tab. 78: Beschreibungen D2' „Meine Klasse" —— 286
Tab. 79: Beschreibungen T0' „Meine Spielsachen" —— 288
Tab. 80: Beschreibungen T1' „Meine Spielsachen" —— 288
Tab. 81: Beschreibungen T2' „Meine Spielsachen" —— 289
Tab. 82: Beschreibungen R0' „Meine Spielsachen" —— 290
Tab. 83: Beschreibungen R1' „Meine Spielsachen" —— 291
Tab. 84: Beschreibungen R2' „Meine Spielsachen" —— 293
Tab. 85: Beschreibungen D0' „Meine Spielsachen" —— 295
Tab. 86: Beschreibungen D1' „Meine Spielsachen" —— 296
Tab. 87: Beschreibungen D2' „Meine Spielsachen" —— 297

„Ihnen fiel gar nicht auf, dass meine Sprache anders war. Aber ich merkte selbst, wie das Deutsche mir allmählich zuwuchs wie etwas Eigenes, wie die Sprache selbst mein Freund wurde. Die Worte waren wie Lebewesen, die auf verborgene Weise zusammengehörten, erst wenn man diese geheimen Zusammenhänge entschlüsselt hatte, verstand man ihre Bedeutung. Manche Worte gaben ihren Sinn sofort prahlerisch preis, aber wenn man sie drehte und wendete, kam nichts mehr; andere hatten viele Bedeutungen, die sich erst nach und nach überraschend erschlossen. Die Köchin hatte mir ein zerlesenes Kochbuch geschenkt. Darin gab es viele unbekannte Worte, die ich zu kleinen Paketen verschnürte, damit ich sie nicht wieder verlor, so konnte ich sie besser mit mir herumtragen, bis sie mir ganz gehörten. Kleine runde Dinge fingen oft mit K an. Knospe. Knoblauch. Knopf. Kaddigbeere. Mit St fingen lange, dünne Dinge an: Straße. Strahlen. Stock. Aber diese Ordnung löste sich auf, als ich die Sprache besser verstand. Es gab merkwürdige Zusammenhänge. Wolle. Wollen. Wolken. Ich hatte viel nachzudenken, um die deutsche Sprache zu verstehen."

Regina Scheer, *Machandel*

1 Einleitung

Der Erwerb des deutschen Genussystems wird traditionellerweise durch zwei unterschiedliche Erwerbsaufgaben charakterisiert. Die erste Erwerbsaufgabe besteht demnach darin, die Genusklassenzugehörigkeit (Maskulinum, Femininum, Neutrum) des Nomens zu erschließen, die im Deutschen nur selten am Nomen selbst formal eindeutig overt markiert wird (1):

(1) Erwerbsaufgabe Genusklassifikation

M, F, N? *Kutter*
Butter
Futter

Als zweite, sich daran anschließende Erwerbsaufgabe wird dann die Notwendigkeit der formalen Kennzeichnung der Kategorie Genus an verschiedenen, genussensitiven sprachlichen Einheiten, die 15% unserer Rede ausmachen (Bewer 2004: 87), beschrieben. Zu diesen Einheiten gehören z.B. Artikel, attributive Adjektive, Relativ-, Possessiv- und Personalpronomen im Singular (2):

(2) Erwerbsaufgabe Genuskongruenz

	DET	ADJ	REL	POSS	PERS
Kutter$_M$:	*der/ein$_M$*	*schöner$_M$*	*der$_M$*	*sein$_M$*	*er$_M$*
Butter$_F$:	*die/eine$_F$*	*schöne$_F$*	*die$_F$*	*ihr$_F$*	*sie$_F$*
Futter$_N$:	*das/ein$_N$*	*schönes$_N$*	*das$_N$*	*sein$_N$*	*es$_N$*

Während der Erwerb von Genus als Klassifikationskategorie sowohl für den L1- als auch den frühen und späten sukzessiven L2-Erwerb als sehr gut untersucht bezeichnet werden kann (MacWhinney 1978; Mills 1986a; Wegener 1995a; Christen 2000; Müller 2000; Bast 2003; Eisenbeiß 2003; Bewer 2004; Menzel 2004; Kostyuk 2005; Bittner 2006; Kaltenbacher & Klages 2006; Kupisch 2006; Marouani 2006; Jeuk 2006, 2008; Szagun et al. 2007; Flagner 2008; Kuchenbrandt 2008; Spinner & Juffs 2008; Dieser 2009; Montanari 2010; Turgay 2010; Korecky-Kröll 2011; Ruberg 2013), hat der zweite Aspekt, der Erwerb von Genus als Kongruenzkategorie, bisher wenig und nur selten explizite Beachtung gefunden (Eisenbeiß 2003, Montanari 2010, Ruberg 2013). Meisel (2009: 26) macht zudem darauf aufmerksam, dass zwischen den beiden Erwerbsaufgaben kaum unterschieden wird. Der Genuserwerb wird vornehmlich also als Klassifikationserwerb verstanden, dem der Kongruenzerwerb folgt.

Die vorliegende Studie verlagert entgegen dieser gängigen Modellierung des Genuserwerbs dezidiert die Perspektive und postuliert, dass Genuserwerb zunächst Kongruenzerwerb ist. Diese Verlagerung des Blickwinkels ist durch die auf funktionalistischen Spracherwerbsmodellen basierende Prämisse motiviert, dass Lerner im Erwerbsprozess sprachliche Formen und Strukturen hinsichtlich ihrer kommunikativen Funktionen interpretieren. Daraus resultiert für die vorliegende Spracherwerbsstudie, die Funktion des Lerngegenstandes, also der Kategorie Genus, als begründenden Ausgangspunkt zu wählen. Diese Funktion manifestiert sich darin, als Kongruenzkategorie zwischen sprachlichen Einheiten eindeutige Referenzbezüge herzustellen (‚reference tracking', Corbett 1991: 322). Die Einteilung von Nomen in unterschiedliche grammatische Klassen wird also nicht als die (primäre) Funktion von Genus angenommen. Genusklassifikation wird stattdessen als ein Resultat von Genuskongruenz interpretiert. M.a.W.: Kongruenz entsteht nicht durch Klassifikation, sondern Klassifikation entsteht durch die Notwendigkeit, eindeutige Referenzbezüge zwischen sprachlichen Einheiten mithilfe von Kongruenzmarkierungen herzustellen. Folglich müssen Nomen in unterschiedliche Klassen eingeteilt werden, damit sie dann – in Abhängigkeit von ihrer Genusklassenzugehörigkeit – mit sich morphologisch unterscheidenden genussensitiven sprachlichen Einheiten kongruieren können.

Die Grundannahme der vorliegenden Studie ist deshalb, dass Genuserwerb v.a. Kongruenzerwerb ist, der den Klassifikationserwerb impliziert bzw. nach sich zieht. Mit Corbett (2006b: 749) formuliert: „The evidence that nouns have gender in a given language lies in the agreement targets that show gender." – diese Prämisse gilt natürlich auch für den Spracherwerb. Unabhängig davon, ob es sich um L1- oder L2-Erwerb handelt, können Lerner tatsächlich nur durch die wortübergreifende Analyse von Kongruenzbeziehungen zwischen einem Nomen und den seine Genusklassenzugehörigkeit anzeigenden sprachlichen Einheiten ableiten, dass die Kategorie Genus im Deutschen vorhanden ist und deutsche Nomen nach Genus klassifiziert werden müssen. Die Genusklassenzugehörigkeit wird im Deutschen formal einheitlich schließlich nur an diesen sprachlichen Einheiten, nicht aber am Nomen selbst markiert. Lerner müssen beim Genuserwerb also zunächst erkennen, dass Artikel, attributive Adjektive und Pronomen u.a. dazu dienen, auf Nomen zu referieren. Ihre morphologisch unterschiedlichen Ausprägungen, die die Zugehörigkeit der Nomen zu (grammatisch) unterschiedlichen Klassen anzeigen, können erst darauf folgend als Klassenmarker interpretiert werden.

Aus dieser hier knapp skizzierten Lerngegenstandsmodellierung ergeben sich vier zentrale Forschungsfragen, denen in der vorliegenden Genuserwerbsstudie nachgegangen wird, um den sich angesichts der verschiedenen, miteinander interagierenden Erwerbsaufgaben über einen längeren Zeitraum ausdehnenden Erwerbsprozess von Genus als Kongruenz- und Klassifikationskategorie ergründen zu können:

1. Womit beginnt das ‚reference tracking' bzw. welche genusanzeigende sprachliche Einheit wird zuerst als referierende sprachliche Einheit identifiziert, um Kongruenz herzustellen?
2. Inwiefern wird der Erwerb der unterschiedlichen genusanzeigenden sprachlichen Einheiten durch ihre unterschiedlichen syntaktischen Funktionen und ihre unterschiedlichen morphosyntaktischen Bindungsgrade an das kongruenzauslösende Nomen beeinflusst?
3. Auf der Basis welcher Lernerstrategien werden Artikel, attributive Adjektive und Pronomen gemäß den drei sich morphologisch unterscheidenden Genusparadigmen Maskulinum, Femininum und Neutrum miteinander in Beziehung gesetzt, damit konsistente Kongruenzmuster (Corbett 1991: 176, „consistent agreement patterns") ausgebildet werden können?
4. Welche Rolle spielen dabei phonologische, morphologische und semantische Merkmale von Nomen, die für die Genusklassifikation ausschlaggebend sind?

Zur Beantwortung dieser Fragen wurde der Erwerbsverlauf von Grundschulkindern, die Deutsch sukzessiv als L2 erworben haben, untersucht. Dabei habe ich außerdem zwei Probandengruppen ausgewählt, die im Hinblick auf die Kategorie Genus qua L1 unterschiedliche Voraussetzungen aufweisen. Verschiedene Arbeiten zum L2-Erwerb einer Genussprache legen nahe, dass sich Lerner, deren L1 Genussprachen sind, eine weitere Genussprache in einer höheren Erwerbsgeschwindigkeit aneignen als dies für Lerner mit genuslosen L1 der Fall ist. Diese Beobachtung lässt darauf schließen, dass beim L2-Erwerb von einer Wechselwirkung mentaler Repräsentationen von abstrakten sprachlichen Konzepten und Kategorien zwischen der L1 und der L2 auszugehen ist und konzeptueller Transfer stattfindet. Ob und inwiefern die L1 der L2-Lerner Einfluss auf den Genuserwerb nimmt, überprüfe ich deshalb vergleichend am Genuserwerb von Kindern mit der L1 Russisch und Kindern mit der L1 Türkisch. Während die Kinder mit der L1 Russisch die grammatische Kategorie Genus bereits aus ihrer L1 kennen, besteht für die zweite Probandengruppe mit der genuslosen L1 Türkisch keine konzeptuelle Transfermöglichkeit.

Die Studie ist in einen theoretischen und einen empirischen Teil gegliedert. Der theoretische Teil wird mit einer Darstellung des Erwerbsgegenstands eröffnet, die die Kategorie Genus sprachübergreifend als Kongruenz- und Klassifikationskategorie beschreibt (Kapitel 2). Darin integriert ist eine Darstellung des deutschen Genussystems, wobei seine unterschiedlichen genussensitiven sprachlichen Einheiten (Artikel, attributive Adjektive und Pronomen) hinsichtlich ihrer unterschiedlichen syntaktischen Funktionen und hinsichtlich ihrer unterschiedlichen morphosyntaktischen Bindungsgrade zum Nomen erörtert werden. Außerdem wird knapp skizziert, welchen phonologischen, morphologischen und semantischen Prinzipien die Klassifikation der deutschen Nomen nach Genus folgt. Die Darstellung mündet in die Diskussion, ob es sich bei der Kategorie Genus um eine lexikalische oder nicht-lexikalische Kategorie handelt.

Daraus ergeben sich Schlussfolgerungen für meine spracherwerbstheoretischen Grundannahmen, die ich in Kapitel 3 darlege. In diesem Kapitel unterbreite ich einen Modellierungsvorschlag zum Erwerb von Genus als Kongruenz- und Klassifikationskategorie auf der Basis funktionalistischer und gebrauchsbasierter Spracherwerbsmodelle. Diese stellen die Grundlage für den sich anschließenden Forschungsüberblick zu bereits vorliegenden Ergebnissen zum Genuserwerb dar. In einem nächsten Schritt gehe ich auf die Spezifika des L2-Erwerbs ein, um herauszustellen, inwiefern sich der frühe, sukzessive L2-Erwerb von anderen Spracherwerbstypen unterscheidet und welche Einflussfaktoren bei der Analyse der durch die empirische Untersuchung gewonnenen Daten zu berücksichtigen sind. Für die typologisch begründete Fragestellung nach der Rolle der L1 werden außerdem Sprachskizzen zu den L1 der untersuchten Probanden – Russisch und Türkisch – präsentiert, um die jeweiligen Unterschiede bzw., wo vorhanden, Ähnlichkeiten zum Deutschen herauszuarbeiten und etwaige Transfermöglichkeiten ableiten zu können.

Der theoretische Teil der Arbeit schließt mit Kapitel 4, in dem die Hypothesen formuliert werden, die es im empirischen Teil der Arbeit zu überprüfen gilt.

Der empirische Teil (Kapitel 5) setzt sich aus zwei Teilstudien zusammen, die mit zwei unterschiedlichen Lernergruppen (insgesamt 195 Grundschulkindern) durchgeführt wurden. Dabei kamen zwei unterschiedliche Elizitationsverfahren – Multiple Choice Tests und zu Bildimpulsen elizitierte Texte – zum Einsatz. Durch die Kombination dieser beiden Elizitationsverfahren liegt ein Mixed Method Design vor, das es erlaubt, Daten eher experimentellen und Daten eher natürlichen Charakters miteinander zu triangulieren. In die Analyse fließen außerdem sprachbiographische Interviews sowie allgemeine Sprachstandsdaten, die von den L2-Lernern erhoben wurden, ein.

In einer Schlussbetrachtung (Kapitel 6) resümiere ich die zentralen Ergebnisse der Untersuchung. Dazu fasse ich zum einen die aus den beiden empirischen Teilstudien abgeleiteten Phasen zum Erwerb des deutschen Genussystems zusammen, die die von mir eingenommene Perspektive auf den Genuserwerb im Sinne des Kongruenzerwerbs begründen. Zum anderen stelle ich die Erkenntnisse zum Einfluss der L1 beim L2-Erwerb einer Genussprache noch einmal zusammenfassend dar. Abschließend beziehe ich die Ergebnisse der empirischen Studie auf die theoretischen Überlegungen zur Modellierung der Kategorie Genus, indem ich die Diskussion, ob es sich bei der Kategorie Genus um eine lexikalische oder nicht-lexikalische Kategorie handelt, noch einmal aufnehme.

2 Kongruenz und Klassifikation

In diesem Kapitel gilt es zunächst, den Lerngegenstand, also die Kategorie Genus, zu beschreiben. Nahezu die Hälfte aller Sprachen weltweit weisen diese grammatische Kategorie und infolgedessen Genuskongruenz und Genusklassifikation auf (vgl. Audring 2016). Diese beiden zentralen Charakteristika, anhand derer bereits Hockett (1958: 231) die Kategorie Genus definierte – „Genders are classes of nouns reflected in the behavior of associated words" – sollen nachfolgend erläutert werden. Dazu beschreibe ich beide Charakteristika sowohl sprachübergreifend als auch unter Berücksichtigung der Besonderheiten des deutschen Genussystems.

Zunächst folgt diese Beschreibung der traditionellen Sicht auf die Kategorie Genus, derzufolge das Genus eines Nomens im Lexikon zu verorten ist. Vor dem Hintergrund jüngerer Gegenentwürfe zur Modellierung der Kategorie Genus wird diese lexikalistische Sichtweise im Anschluss daran hinterfragt.

2.1 Genuskongruenz

In einem ersten Schritt sei als Ausgangspunkt zur Definition von Genuskongruenz[1] die allgemeine Kongruenzdefinition von Steele (1978: 610) zugrunde gelegt. Dieser Definition entsprechend liegt Kongruenz zwischen (mindestens zwei) sprachlichen Einheiten dann vor, wenn diese entweder bezogen auf eine semantische oder eine formale Eigenschaft miteinander übereinstimmen: „The term agreement commonly refers to some systematic covariance between a semantic or formal property of one element and a formal property of another." Für die Kategorie Genus wird traditionellerweise angenommen, dass sich diese Übereinstimmung auf die Kongruenz zwischen dem dem Nomen lexikalisch inhärenten Genus und den genussensitiven Einheiten einer Sprache (z.B. Artikel, attributive Adjektive, Pronomen) bezieht, weil sich die genussensitiven Einheiten im Kontext des kongruenzauslösenden Nomens in ihrer morphologischen Form nach seinem Genusmerkmal richten müssen,[2] vgl. beispielhaft (1) – (4) für das Italienische und Deutsche.

---

1 Außerdem gebräuchlich ist der Terminus ‚Konkord' bzw. ‚Konkordanz', vgl. z.B. Claudi (1985), Lehmann (1993), Hawkins & Franceschina (2004), Meisel (2009). Hoberg (2004) verwendet den Terminus ‚Genuskorrespondenz'.
2 Aufgrund der Tatsache, dass das Nomen die Fähigkeit besitzt, die morphologische Form genussensitiver Einheiten gemäß dem ihm inhärenten Genus zu determinieren, argumentieren

		DET	ADJ	POSS	PERS
(1)	fratello$_M$	il$_M$	bello$_M$	suo$_M$	lui$_M$
(2)	sorella$_F$	la$_F$	bella$_F$	sua$_F$	lei$_F$
(3)	Bruder$_M$	der$_N$	schöner$_N$	sein$_N$	er$_N$
(4)	Schwester$_F$	die$_F$	schöne$_F$	ihr$_F$	sie$_F$

Während die Wahl verschiedener Genera für ein und dasselbe Nomen nicht möglich ist bzw. Nomen selbst nur nach den Kategorien Kasus und Numerus, nicht aber nach der Kategorie Genus flektiert werden (Eisenberg 2013b: 133), muss das dem Nomen inhärente Genusmerkmal auf genussensitive sprachliche Einheiten, die auf das Nomen referieren, übertragen werden. Den genusanzeigenden Elementen ist also im Gegensatz zum Nomen kein Genus inhärent, sie werden aber nach dieser Kategorie flektiert. Corbett (1991: 5) bezeichnet diese sprachlichen Einheiten deshalb als ‚agreement targets' (‚Kongruenzziele'). Genuskongruenz ist demnach als ein morphosyntaktisches Phänomen zu beschreiben.

2.1.1 Genussensitive Targets

Mögliche Kongruenzziele – je nach Genussprache – sind Artikel, Numeralia, Demonstrativa, Possessiva, Adjektive, Adverbien, Verben, Partizipien, Pronomen, Adpositionen und Komplementierer (vgl. Corbett 1991: 106–115). Im Deutschen wird die Kategorie Genus an verschiedenen pränominalen Begleitern des Nomens und an verschiedenen Pronomen overt markiert, wobei sich die Reichweite der Genuskongruenz auf den Singular beschränkt. Im Plural werden alle von Genuskongruenz betroffenen sprachlichen Elemente in ihrer Form nicht nach Genus unterschieden.

---

verschiedene Autoren (Jaeger 1992: 23; Zifonun, Hoffmann & Strecker 2011: 26; Eisenberg 2013b: 34) dafür, in Abgrenzung zum Terminus ‚Genuskongruenz' den Terminus ‚Genusrektion' zu verwenden – analog zur Fähigkeit von Verben oder Präpositionen, Nomen bzw. Nominalgruppe (NGr) einen bestimmten Kasus zuzuweisen. Schließlich ‚regiert' auch das Nomen die morphologische Form der genussensitiven Einheiten. Eisenberg (1989: 36) definiert Genus deshalb als Paradigmenkategorie, „da es für alle Formen eines Worts einer bestimmten Klasse (also für das gesamte Paradigma) kennzeichnend ist", während Kasus und Numerus als Einheitenkategorien (im Sinne von Flexionskategorien des Nomens) charakterisiert werden. Warum ich hier dennoch den Terminus ‚Genuskongruenz' präferiere, wird im Kapitel 2.3 im Zusammenhang mit der Frage diskutiert, ob Genus eine dem Nomen lexikalisch inhärente Kategorie ist oder nicht.

Zu den von Genuskongruenz betroffenen sprachlichen Elementen gehören im Deutschen die in Tabelle 1 dargestellten Targets.[3] Sie erfüllen verschiedene Funktionen und sind morphosyntaktisch in unterschiedlichem Maß an das kongruenzauslösende Bezugsnomen gebunden. Damit aus der Spracherwerbsperspektive danach gefragt werden kann, welchen Einfluss die unterschiedlichen morphosyntaktischen Bindungsgrade auf den Erwerb der einzelnen genussensitiven Targets nehmen, habe ich die Targets in Tabelle 1 bezogen auf dieses Kriterium in drei unterschiedliche Klassen sortiert. Dabei unterscheide ich nach Köpcke, Panther & Zubin (2010: 185), ob sie in der gleichen oder aber in einer anderen syntaktischen Domäne (SD) als das kongruenzauslösende Nomen auftreten.[4]

Die Targets, die innerhalb der gleichen syntaktischen Domäne wie das Bezugsnomen auftreten (Artikelwörter i.e.S., pronominale Formen in Artikelfunktion und attributive Adjektive) übernehmen gemeinsam mit dem Bezugsnomen die syntaktische Funktion des Subjekts bzw. Objekts. Dagegen übernehmen die Targets, die außerhalb der syntaktischen Domäne des Bezugsnomens auftreten (Relativ-, Possessiv-, Personalpronomen), diese Funktionen selbstständig. Relativpronomen unterscheiden sich von Possessiv- und Personalpronomen wiederum dadurch, dass sie wie Artikelwörter und attributive Adjektive noch Teil der Nominalgruppe (NGr) und deshalb syntaktisch enger als Possessiv- und Personalpronomen an das Nomen gebunden sind.

Da die Rolle der syntaktischen Domäne im Zusammenhang mit dem Erwerb von Genuskongruenz m.W. bisher noch nicht dezidert beleuchtet wurde, diskutiere ich im Folgenden die unterschiedlichen Funktionen und syntaktischen Beziehungen zwischen einem Bezugsnomen und den genussensitiven Targets, deren Erwerb im empirischen Teil dieser Arbeit untersucht wird (Artikel i.e.S., attributives Adjektiv, Relativ- und Personalpronomen), ausführlich. Mit dem Fokus auf diesen Aspekt beschränke ich mich auf die Darstellung ihrer morphosyntaktischen Bindung zum Nomen und verzichte auf eine Diskussion der möglichen, unterschiedlichen Darstellungsweisen, z.B. zur kontrovers diskutierten Abgrenzung von Artikelwörtern und Pronomen oder zu den unterschiedlichen Flexionstypen, die für das attributive Adjektiv vorgeschlagen werden (vgl. z.B.

---

3 Bis auf die präpositionalen Kontraktionen werden hier beispielhaft nur die Nominativausprägungen der jeweiligen genussensitiven Targets dargestellt.
4 Dieses Kriterium wird von Köpcke, Panther & Zubin (2010) im Zusammenhang mit Phänomenen der semantischen Kongruenz in Anlehnung an die sog. ‚Agreement Hierarchy' (‚Kongruenzhierarchie') von Corbett (1979, 1991: 226) postuliert. Auf diese Kongruenzhierarchie gehe ich ausführlich im Kapitel 2.3.1 ein.

Helbig & Buscha 2011; Thieroff & Vogel 2012; Zifonun, Hoffmann & Strecker 2011; Eisenberg 2013a).

Tab. 1: Genussensitive Targets des Deutschen

Genussensitive Targets des Deutschen und ihre syntaktische Domäne (SD)			
a) Targets innerhalb der SD des kongruenzauslösenden Nomens			
	M	N	F
Definitartikel	*der*	*das*	*die*
Indefinitartikel	*ein*	*ein*	*eine*
Negationsartikel	*kein*	*kein*	*keine*
Possessivartikel	*mein*	*mein*	*meine*
Demonstrativartikel	*dieser*	*dieses*	*diese*
Indefinitartikel	*irgendein*	*irgendein*	*irgendeine*
Interrogativartikel	*welcher*	*welches*	*welche*
Ordinalzahlen	*erster*	*erstes*	*erste*
stark flektierte attributive Adjektive	*alter*	*altes*	*alte*
präpositionale Kontraktionen	*zum*	*zum*	*zur*
b) Target, dessen SD durch den in die NGr postnominal eingebetteten Attributsatz bestimmt ist			
Relativpronomen	*der*	*das*	*die*
c) Targets, deren SD durch einen anderen Teil- oder Matrixsatz bestimmt sind			
Possessivpronomen	*sein-*	*sein-*	*ihr-*
Personalpronomen	*er*	*es*	*sie*
Demonstrativpronomen	*dieser*	*dieses*	*diese*
Interrogativpronomen	*welcher*	*welches*	*welche*
Indefinitpronomen	*irgendeiner*	*irgendeines*	*irgendeine*

Artikel

In einer einfachen NGr, bestehend aus Artikelwort und Nomen, erscheinen Artikelwörter obligatorisch pränominal. Artikel und Nomen bilden zusammen die syntaktisch „am engsten verbundene Gruppe, die die deutsche Sprache kennt" (Jaeger 1992: 190). Definit- und Indefinitartikel sind von allen genussensitiven Targets, an denen die Kategorie Genus markiert werden muss, zudem die frequentesten (Szagun et al. 2007: 446).

Der Artikel übernimmt in der NGr zum einen die Funktion, die grammatischen Kategorien des Nomens – Genus, Kasus und Numerus – zu kennzeichnen, zum anderen auf pragmatisch-semantischer Ebene den Determinationsgrad des Nomens zu spezifizieren (Hentschel & Weydt 2013: 208). Artikelwörter befinden sich immer in der gleichen syntaktischen Domäne wie das kongruenzauslösende Bezugsnomen. In einem syntaktischen Kontext ist das Artikelwort mit dem Nomen gemeinsam Subjekt oder Objekt. Artikelwörter treten als solche deshalb nur in Verbindung mit einem Nomen auf. Nach Eisenberg (2013: 49) fungiert der Artikel als Kopf der NGr, das Nomen stellt deren Kern dar. Infolgedessen ändert sich in Abhängigkeit vom Genus des Nomens das Artikelwort, z.B. der_M $Mann_M$, die_F $Frau_F$, das_N $Kind_N$.

Attributive Adjektive
Wird eine aus Artikelwort und Nomen bestehende NGr pränominal um ein attributives Adjektiv erweitert, muss dieses morphosyntaktisch zwischen Artikelwort und Nomen in die NGr eingebunden werden. Entsprechend gilt auch für das attributive Adjektiv, dass es sich in der gleichen syntaktischen Domäne wie das kongruenzauslösende Nomen befindet.

Im Gegensatz zu adverbial oder prädikativ verwendeten Adjektiven wird das pränominale attributive Adjektiv hinsichtlich Genus flektiert.[5] Sein Flexionsverhalten ist allerdings von seinem syntaktischen Kontext abhängig (Eisenberg 2013b: 240). Je nachdem, ob das ihm vorangehende Artikelwort stark oder schwach flektiert wird und somit alle grammatischen Kategorien des Nomens anzeigt oder nicht, muss das Adjektiv die Aufgabe der Genusmarkierung übernehmen. So wird z.B. nach einem Indefinitartikel oder einem Negationsartikel das Genus am Adjektiv overt (*ein/kein schönes Mädchen*), das Adjektiv wird also stark flektiert. Nach einem Definit- oder Demonstrativartikel wird es dagegen schwach flektiert (*das/dieses schöne Mädchen*). Auch in artikellosen NGr erfolgt die Adjektivflexion stark (*Sie mag schönes Wetter*), da das Adjektiv in solchen Fällen die Markierung aller grammatischen Kategorien des Nomens übernehmen muss (Eisenberg 2013a: 173).

---

[5] Unflektiert bleibt das Adjektiv außerdem als postnominales Attribut (*Forelle blau*), in Mittelkonstruktionen (*Das liest sich leicht*) oder als Objektsprädikativ (*Sie schläft sich gesund*), vgl. Eisenberg (2013b: 240).

Pronomen

Pronomen (der 3. Person Singular) befinden sich im Gegensatz zu pränominalen Begleitern des Nomens niemals in der gleichen syntaktischen Domäne wie das kongruenzauslösende Bezugsnomen. Sie sind syntaktisch also nicht in gleichem Maße an das Bezugsnomen gebunden wie Artikel und ggf. attributive Adjektive. Dieser Unterschied zwischen pränominalen nominalgruppeninternen Targets und Pronomen manifestiert sich darin, dass erstere die Funktion haben, alle drei nominalen Kongruenzkategorien Genus, Kasus und Numerus des Referenznomens anzuzeigen (5), während Pronomen nur hinsichtlich der Kategorien Genus und Numerus mit dem Referenznomen übereinstimmen, weil sie die Funktion des Subjekts (6) oder Objekts (7) selbstständig übernehmen müssen. Die syntaktische Funktion ist beim Personalpronomen durch den neuen Matrix- oder Teilsatz, in dem es erscheint, bestimmt.

(5) *Das*[N, SG, NOM] *kleine*[N, SG, NOM] *Kind*[N, SG, NOM] *rennt*.
(6) *Es*[N, SG, NOM] *trägt schwarze Schuhe*.
(7) *Ich habe es*[N, SG, AKK] *gesehen*.

Relativ-, und Personalpronomen können bezogen auf den Grad der morphosyntaktischen Bindung an das Bezugsnomen noch weiter differenziert werden. Während Personalpronomen zwar innerhalb des Matrixsatzes, in dem das kongruenzauslösende Nomen erscheint, stehen können (8), aber nicht müssen (9), muss das Relativpronomen wie in (10) obligatorisch noch innerhalb des Matrixsatzes erscheinen (vgl. Corbett 2006, Thurmair 2006, Czech 2014). Die Realisierung eines Personalpronomens als Relativpronomen in einem neuen Matrixsatz wie in (11) ist nicht möglich.

(8) *Das*[N, SG, NOM] *Kind*[N, SG, NOM] *rennt, weil es*[N, SG, NOM]...
(9) *Das*[N, SG, NOM] *Kind*[N, SG, NOM] *rennt. Es*[N, SG, NOM]...
(10) *Das*[N, SG, NOM] *Kind*[N, SG, NOM], *das*[N, SG, NOM] *rennt*, ...
(11) *Da ist das*[N, SG, NOM] *Kind*[N, SG, NOM]. **Das*[N, SG, NOM] *rennt* ...

Relativpronomen

Das stellvertretende Relativpronomen leitet einen Attributsatz ein, wobei es als Bindeglied zwischen Haupt- und Nebensatz fungiert. Es ist obligatorisch auf eine postnominale, prototypischerweise auch auf die unmittelbar zum Bezugsnomen adjazente Position festgelegt.⁶ Während das Relativpronomen hinsichtlich Genus (und Numerus) nach seinem Bezugsnomen flektiert wird, muss es sich hinsichtlich Kasus nach seiner syntaktischen Funktion in dem von ihm eingeleiteten Attributsatz richten, vgl. (12) und (13):

(12)   Das[N, SG, NOM] Mädchen[N, SG, NOM], dem[N, SG, DAT] ich eine Rose schenkte, ...
(13)   Dem[N, SG, DAT] Mädchen[N, SG, DAT], das[N, SG, AKK] ich liebte, schenkte ich ...

Relativsätze übernehmen wie attributive Adjektive die Funktion, das Bezugsnomen bzw. die NGr näher zu spezifizieren und sind somit ebenfalls Attribute des Nomens bzw. der NGr. In dieser Funktion, Attribut der NGr zu sein, ersetzen sie nicht wie Possessiv- und Personalpronomen die NGr, sondern spezifizieren sie. Syntaktisch sind Relativsätze in die NGr, die sie spezifizieren, eingebettet. Im Vergleich zu attributiven Adjektiven, die obligatorisch pränominal erscheinen müssen, ist der Relativsatz als obligatorisch postnominaler Ausbau der NGr zu beschreiben (Siekmeyer 2013: 72).

Personalpronomen
Personalpronomen werden in deiktische und stellvertretende Personalpronomen unterschieden. Unter deiktischen Personalpronomen werden die Pronomen der 1. und 2. Person Singular/Plural (*ich, du, wir, ihr*) gefasst, da sie auf Sprecher bzw. Hörer einer Kommunikationssituation referieren. Zu den stellvertretenden Personalpronomen zählen die Pronomen der 3. Person (*er, sie, es, sie*). Diese referieren nicht notwendigerweise auf die beteiligten Kommunikationspartner einer Gesprächssituation, sondern substituieren ein Nomen bzw. eine NGr im Allgemeinen (Hentschel & Weydt 2013: 219). Nur die stellvertretenden Personalpronomen der 3. Person Singular werden nach Genus differenziert. Syntaktisch übernehmen sie damit immer die Funktion von Subjekten oder Objekten und sind damit nur hinsichtlich der Kategorien Genus und Numerus an das Bezugsnomen gebunden. Sie sind weder auf die prä- noch postnominale

---

6 Das Relativpronomen kann in Extraposition auch in größerer linearer Distanz zum Nomen erscheinen. Z.B. kann es durch postnominale Attribute (*das Mädchen mit den blauen Augen und den blonden Haaren, das ich gestern kennenlernte, ...*), durch Präpositionen (*das Mädchen, in das ich verliebt war, ...*) oder durch aufeinanderfolgende koordinierte Relativsätze innerhalb der Satzklammer (*Das Mädchen, das ich gestern kennenlernte und das blond war ...*) in größere lineare Distanz zum Bezugsnomen rücken. Ich beschränke mich hier auf die Besprechung dieses Prototyps des Relativsatzes, auch im empirischen Teil wurden nur adjazente Relativpronomen berücksichtigt.

Position festgelegt, weil sie sowohl anaphorisch (14) als auch kataphorisch (15) verwendet werden können.

(14) $Das_{[N, SG, NOM]}$ $Mädchen_{[N, SG, NOM]}$ *ging zur Schule.* $Es_{[N, SG, NOM]}$ *trug einen Hut.*
(15) $Es_{[N, SG, NOM]}$ *ging zur Schule.* $Das_{[N, SG, NOM]}$ $Mädchen_{[N, SG, NOM]}$ *trug einen Hut.*

Die Abbildung 1 veranschaulicht noch einmal vergleichend die unterschiedlichen morphosyntaktischen Bindungsgrade zwischen dem kongruenzauslösenden Bezugsnomen und dem Relativ- bzw. dem Personalpronomen.

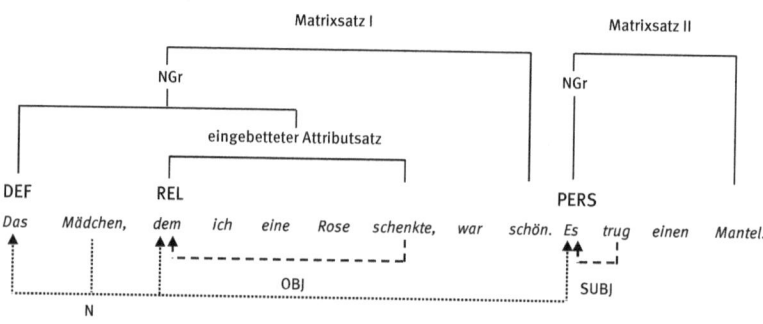

Abb. 1: Morphosyntaktische Bindung Relativ- vs. Personalpronomen

Einen Überblick über die unterschiedlichen Grade der morphosyntaktischen Bindung zwischen dem Nomen und den besprochenen Targets gibt Tabelle 2.

Tab. 2: Morphosyntaktische Bindung DET/ADJ, REL, PERS

	DET/ADJ	>	REL	>	PERS
syntaktische Funktion	mit Nomen Subjekt/Objekt		selbständig Subjekt/Objekt		selbständig Subjekt/Objekt
syntaktische Domäne	NGr-intern in der gleichen SD wie das Nomen		NGr-intern in der SD, die durch den postnominalen Attributsatz bestimmt wird		NGr-extern in der SD, die durch einen neuen Teil-/ Matrixsatz bestimmt wird
syntaktische Position	obligatorisch pränominal		obligatorisch postnominal		prä- oder postnominal

2.1.2 Funktion von Genuskongruenz

Zwar weist jedes genussensitive Target eine spezifische Funktion und syntaktische Beziehung zum kongruenzauslösenden Bezugsnomen auf (Moravcsik 1978; Corbett 1979, 2006a; Lehmann 1988). Allen Targets ist aber eine Funktion gemein, nämlich durch die an ihnen vorgenommenen Genusmarkierungen Referentenidentifikation zu leisten („reference tracking', Corbett 1991: 322). Die primäre Funktion von Genus („primary function', Duke 2009: 20) manifestiert sich also darin, morphosyntaktische Bezüge zwischen diesen Einheiten und dem Nomen herzustellen, wodurch Genus für die „Strukturierung von Sätzen und Satzfolgen eine wichtige Rolle" spielt (Wurzel 1986: 76). Dies gilt sowohl für nominalgruppeninterne als auch nominalgruppenexterne Targets, unabhängig von den in Kapitel 2.1.1 beschriebenen Funktionen, die sie darüber hinaus erfüllen. Aufgrund dieser Funktion definiert Corbett (1991: 4) Kongruenz als „the determining criterion of gender".[7]

Die Leistungsfähigkeit dieses funktionalen Referenzsystems sei an nominalgruppenexternen und nominalgruppeninternen Targets für das Deutsche illustriert. Beispielsweise kann durch Personalpronomen im Diskurs bzw. Text effizient und über weite syntaktische Distanzen anaphorisch und kataphorisch auf das kongruenzauslösende Nomen verwiesen werden, wodurch Diskurs-/Textkohärenz gewährleistet wird (Lehmann 1993: 729; Köpcke & Zubin 2009: 151). In den folgenden Beispielsätzen (16), (17) und (18) ermöglichen die sich nach Genus unterscheidenden Personalpronomen eindeutige Referenzbezüge:

(16) *Der*[M, SG, NOM] *Mann*[M SG, NOM] *und die*[F, SG, NOM] *Frau*[F, SG, NOM] *stehen am Haus.*
(17) *Er*[M, SG, NOM] *öffnet ihr*[F, SG, DAT] *die Tür.*
(18) *Sie*[F, SG, NOM] *bedankt sich bei ihm*[M, SG, DAT].

Auch innerhalb der NGr kann diese Funktion nachvollzogen werden, wie Ronneberger-Sibold (1994; 2007; 2010) zeigt. In expandierten NGr kennzeichnet das Genus eindeutig die Grenzen der zusammengehörenden Bestandteile der nominalen Klammer, wodurch die syntaktische Dekodierung erleichtert wird. In (19),

---

[7] Dass das Herstellen von Referenzbezügen die primäre Funktion von Genus darstellt, bezweifeln z.B. Leiss (1994) oder Vogel (2000). Unter Rückgriff auf die Arbeiten von Karl Brugmann (1897; 1904) zum Genus im Indogermanischen argumentieren die Autorinnen, dass die ursprüngliche Funktion der Genera darin bestehe, quantitative Konzepte zu differenzieren. Dieser Gedanke wird auch in anderen bzw. weiteren Arbeiten verfolgt, vgl. Bittner (1997), Froschauer (2003), Weber (2000), Leiss (2005) oder Werner (2010).

einem Beispiel aus Ronneberger-Sibold (1994), wird die nominale Klammer durch das genusanzeigende Demonstrativpronomen *dieses* eröffnet und durch das Nomen, mit dem es kongruiert (*System*), wieder geschlossen:

(19) *dieses Ausländern nur schwer vermittelbare System*

Ronneberger-Sibold (1994: 121)

Gleichzeitig verhindert die Genusinformation des Demonstrativartikels *dieses*, dass er auf die nachfolgende nominale Wortform *Ausländern* bezogen wird, da die beiden sprachlichen Einheiten nicht genuskongruent sind. Gerade im Vergleich zu den nominalen Kategorien Numerus und Kasus, die quantitative Verhältnisse bzw. syntaktische Rollen kennzeichnen, „[bezeichnen] aber die Genera als reine Klassenmerkmale der Substantive [...] nichts" (Ronneberger-Sibold 1994: 120). Die Autorin resümiert deshalb, dass das Deutsche folglich – beispielsweise im Vergleich zum Englischen – die Kategorie Genus bewahrt habe, um die Voraussetzung für die nominale Klammer zu schaffen, die analog zur deutschen Satzklammer operiert.

Die Bedeutung des auf Genus basierenden Referenzsystems für die Sprachverarbeitung wird durch psycholinguistische Studien bestätigt. So zeigen Reaktionszeitstudien, dass die Probanden mehr Zeit für die Verarbeitung von Nominalgruppen bzw. Pronomen benötigten, wenn die präsentierten Nomen von genusinkongruenten Targets begleitet werden (vgl. z.B. für das Deutsche Schiller & Caramazza 2003; Scherag et al. 2004; Bordag, Opitz & Pechmann 2006; Hopp 2013; Hopp & Lemmerth 2016; für das Französische Camen, Morand & Laganaro 2010; für das Hebräische Gollan & Frost 2001, für das Niederländische und Griechische Vasić et al. 2012). Genuskongruenz ermöglicht es somit, die Zahl potentieller Referenten einzuschränken.

2.2 Genusklassifikation

Damit durch Kongruenzmarkierungen eindeutige Referenzbezüge zwischen verschiedenen sprachlichen Einheiten hergestellt werden können, müssen Nomen in (grammatisch) unterschiedliche Klassen eingeteilt werden (Genusklassifikation). Erst dadurch können sie – in Abhängigkeit von ihrer Genusklassenzugehörigkeit – mit sich morphologisch unterscheidenden genussensitiven sprachlichen Einheiten kongruieren. Genusklassifikation ist demnach ein Resultat des kommunikativen Bedürfnisses, durch verschiedene sprachliche Einheiten innerhalb einer Äußerung bzw. über verschiedene Äußerungen hinweg eindeutige Referenzmarkierung bzw. Referentenidentifikation zu ermöglichen.

Dass Genussysteme aus genau diesem kommunikativen Bedürfnis heraus entstehen, wird im nächsten Abschnitt illustriert, in dem anhand typologischer Studien kurz resümiert wird, welche Annahmen über den Ursprung und die Entwicklung von Genussystemen diskutiert werden. Sowohl die diachrone als auch die sprachvergleichende Perspektive wird mit dem Ziel beleuchtet, Einblicke zu gewinnen, welche (universalen) kognitiven Kategorisierungsprinzipien bei der sprachlichen Organisation des nominalen Lexikons durch die Einteilung von Nomen in unterschiedliche Klassen greifen (Lakoff 1986; Aikhenvald 2000; Senft 2006; Seifart 2010). Von diesen Erkenntnissen ausgehend können wiederum allgemeine Überlegungen zur mentalen Organisation des nominalen Lexikons angestellt werden, die auch im Hinblick auf Kategorisierungsprozesse im Spracherwerb aufschlussreich sein könnten.

2.2.1 Entstehung von Genusklassen

Es wird angenommen, dass sich Genussysteme aus Classifier-Systemen entwickeln (Claudi 1985; Wurzel 1986; Heine & Claudi 1986: 46; Corbett 1991: 312; Audring 2016). Demnach werden Nomen zunächst selbst als Classifier wiederholt. Diese Classifier können dann zwei unterschiedliche Entwicklungspfade einschlagen: Entweder werden sie zu Derivationsaffixen und damit zu morphologisch overten Klassenmarkern am Nomen selbst. Oder sie erlangen durch ihre Wiederholung als anaphorische Pronomen außerhalb der NGr oder als Artikelwörter innerhalb der NGr eigenen Wortstatus, wodurch syntaktische Referentenmarkierung, also Kongruenz, entsteht, vgl. Abbildung 2 (Audring 2016):

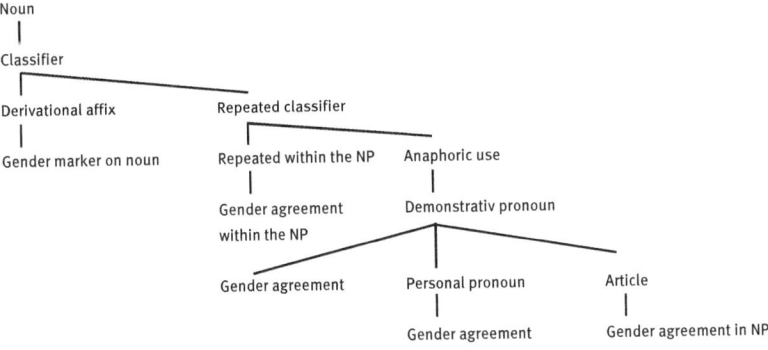

Abb. 2: Entstehung von Genuskongruenz (Audring 2016)

Nach Corbett (1991: 310–312) sind anaphorische Demonstrativpronomen wahrscheinlich die ersten Targets, mit denen im Entstehungsprozess eines Genussystems auf Nomen referiert wird. Unter Bezug auf Greenberg (1978) führt er aus, dass für verschiedene Sprachen zunächst eine morphologische Zweiteilung des pronominalen Referenzsystems zu vermuten ist. Dabei wird eine von Demonstrativpronomen abgeleitete anaphorische pronominale Form zur Referenz auf Personenbezeichnungen bzw. belebte Referenten verwendet, eine andere, sich morphologisch davon unterscheidende pronominale Form, um auf Referenten zu verweisen, die dieses Merkmal nicht zeigen. Ähnlich argumentiert auch Claudi (1985) für das Zande, das ein vierteiliges, semantisch motiviertes pronominales Genussystem aufweist: Maskuline Personalpronomen (*ko*) und feminine Personalpronomen (*ri*) werden dazu verwendet, um auf männliche und weibliche Personen zu referieren. Andere Referenten werden durch die Merkmale [±belebt] differenziert, wofür wiederum zwei weitere, sich morphologisch unterscheidende Personalpronomen (*hu* für [+belebt] und [–menschlich]; *si* bzw. *ti* für [–belebt]) zur Verfügung stehen.

Greenberg (1978: 69) nimmt an, dass die sich in ihren morphologischen Formen unterscheidenden Demonstrativpronomen in einem zweiten Entwicklungsschritt Eingang in die NGr finden, wo sie als Artikelwörter fungieren. Die bereits bei den Demonstrativpronomen vorhandene Genusdifferenzierung wird dabei auch auf das nominalgruppenintern entstehende Artikelsystem übertragen. Sobald die nominalgruppeninterne Artikelverwendung in einem letzten Schritt obligatorisch, also grammatikalisiert, wird, kann auch das nominalgruppeninterne Genussystem als etabliert angenommen werden. Für die Ausdehnung von Genusmarkierungen auf weitere Targets wird vermutet, dass sie durch die Wiederholung von Pronomen an Subjekt- oder Objektpositionen entstehen und dann zu Flexionsmarkern an Adjektiven, Verben etc. werden (Givón 2015). Heine & Reh (1984) zeigen dies beispielsweise für prädikative Adjektive im Zande, Zürrer (1999) für finite Verbformen in alemannischen Sprachinseln im Aostatal (zitiert nach Duke 2009: 53). Solche Prozesse haben zur Folge, dass das Genus nicht nur morphologisch overt am Nomen selbst, sondern auch an verschiedenen Stellen im Syntagma markiert werden muss und so durch Genuskongruenz ein syntaktisches System der Referentenidentifikation etabliert wird. Dieses basiert auf der wiederholten, morphologisch einheitlichen Kennzeichnung durch Genusmarker an verschiedenen Targets bzw. am Nomen selbst.

Die hier angeführten Beispiele verdeutlichen, dass die Entstehung der syntaktischen Referentenmarkierung zunächst nominalgruppenextern an Pronomen beginnt und in einem engen Zusammenhang mit einer semantisch transparenten, belebtheitsbasierten Nominalklassifikation steht. Durch die syntaktische Referentenmarkierung erfolgt im Laufe der Zeit aber eine Grammatikalisierung des Systems, weil die „klassifizierende[n] Elemente obligatorisch werden, so daß die Klassifizierung nicht mehr den Bedürfnissen der Diskursgestaltung in der Kommunikation, sondern den Regeln der Grammatik folgt." (Wurzel 1986: 78). Damit geht im Fall von Genussystemen auch die Desemantisierung nominaler Klassen einher, d.h. dass im Verlauf der Zeit nur noch ein kleiner Teil des nominalen Lexikons nach semantischen Kriterien klassifizierbar bleibt, während der Großteil des nominalen Lexikons nach formalen Kriterien – phonologischen oder morphologischen – in Klassen sortiert wird (Grinevald 2000: 56; Köpcke & Zubin 2009: 133).[8] Phonologische Kriterien beziehen sich etwa auf den An- oder Auslaut von Nomen, spezifische Lautfolgen, die Silbenanzahl oder das Betonungsmuster. Zu den morphologischen Kriterien gehört neben den Affixen auch das Deklinationsverhalten von Nomen.

Gründe für die Erosion semantischer Klassen sind z.B. in soziokulturellen Veränderungen oder semantischen Veränderungen von Nomen zu suchen, wie etwa Wurzel (1986) am Beispiel von Classifier- bzw. Nominalklassensystemen argumentiert. Solche Veränderungen können dazu führen, dass Nomen in andere Klassen übertreten. Als Beispiel führt Wurzel aus dem Garo, einer sinotibetischen Sprache, die Integration der Bezeichnung für Banane in die Klasse der Nomen an, die runde Objekte (wie *Ball, Auge, Münze*) bezeichnen. Der Klassenwechsel des Nomens *Banane* ist dadurch motiviert, dass die aufnehmende Klasse weitere Bezeichnungen für (runde) Früchte enthält. Somit wird die *Banane* aufgrund eines sekundären semantischen Merkmals in diese Klasse integriert. Finden einzelne Nomen aufgrund eines sekundären semantischen Merkmals Eingang in eine andere Klasse, können sie zu Türöffnern für den Klassenwechsel weiterer Nomen werden. Corbett (1991: 98) bezeichnet solche Nomen treffend als „‚Trojan horses', since they get into the closed gender for special reasons, but then open the door for many more nouns of the same type [...] which are not special cases." Durch die Klassenwechsel zunächst einzelner, dann einer ganzen Reihe von Nomen wird gleichzeitig verdunkelt, welches

---

8 Das Kriterium des hohen Grammatikalisierungsgrads wird häufig dafür angeführt, um die indoeuropäischen Genussysteme von anderen Nominalklassensystemen (wie z.B. dem Swahili, dem Dyirbal oder dem Fulfulde) abzugrenzen. Ein weiteres Spezifikum von Genussystemen besteht darin, dass sie nicht mehr als zwei (z.B. Maskulinum und Femininum: Italienisch, Hindi, Hebräisch, Kurdisch) oder maximal drei Klassen (Maskulinum, Femininum und Neutrum: Deutsch, Russisch, Griechisch, Albanisch) kennen (u.a. Grinevald 2000: 56; Senft 2007: 680). Da sowohl Genussysteme als auch Nominalklassensysteme Kongruenz aufweisen, setzen manche Autoren (z.B. Corbett 1991, 2013a Grinevald 2000 oder Seifart 2010) Nominalklassen- und Genussysteme aufgrund dieses Charakteristikums aber auch miteinander gleich.

semantische Merkmal für die aufnehmende Klasse ursprünglich konstituierend war. Wurzel (1986) schlussfolgert anhand solcher Prozesse, dass die anfänglich

> „strikt semantisch funktionierenden Substantivklassifizierungen sprachhistorisch sehr instabil sind und typischerweise zur Desemantisierung tendieren. Die semantisch motivierten Substantivklassen werden sprachhistorisch ‚verschlissen' und nehmen in zunehmendem Maße konventionelle Züge an. Anders ausgedrückt: Aus semantisch natürlichen Substantivklassen, die durch bestimmte gemeinsame Merkmale definiert sind, werden semantisch unnatürliche Klassen"
>
> Wurzel (1986: 80–81)

Während die ursprüngliche semantische Kontur der Klassen verbleicht, bleibt aber die syntaktische Referentenmarkierung an den von Kongruenz betroffenen Targets stabil. Die ‚Trojan horses' werden somit syntaktisch in die neuen Klassen integriert; gleichzeitig importieren solche Nomen aber auch die morphologisch overten Genusmarker ihrer ursprünglichen Klasse in die aufnehmende Klasse. D.h. also, dass die vormals formal einheitliche morphologische Markierung am Nomen selbst und im Syntagma (an den Targets) durch Klassenübertritte einzelner Nomen aufgebrochen wird. Übrig bleibt ein morphosyntaktisches Gerüst, also die bereits grammatikalisierten Kongruenzmarker, die an den auf die Nomen referierenden Targets nach wie vor formal einheitlich realisiert werden. Die syntaktischen Marker stimmen aber nicht mehr mit den formalen Merkmalen der Nomen überein.

Somit wird eine Neuklassifikation bzw. Remotivierung der Klassen notwendig. Diese kann weiterhin semantisch, aber auch morphologisch oder phonologisch motiviert sein. Corbett (1991: 103) führt als Beleg für die Entstehung formal motivierter Genusklassen etwa die Bantu-Sprachen an, für die angenommen wird, dass sie ehemals eine semantisch basierte Klassifikation aufwiesen, heute aber morphologisch motiviert sind. Auch für das dreigliedrige Genussystem des Proto-Indo-Europäischen wird ein semantisch basiertes Zweiklassensystem als Vorläufer angenommen, das entweder auf dem Merkmal der Belebtheit oder dem Merkmal der Agentivität basierte (Duke 2009: 83), aber aufgrund von morphologischen und phonologischen Wandelprozessen grammatikalisiert wurde. Am Beispiel des Rendille, einer ostkuschitischen Sprache, zeigt Corbett (1991: 102) weiterhin, wie sich morphologisch motivierte Klassen zu phonologisch motivierten Klassen (weiter-)entwickeln können.[9]

---

[9] Demnach wurden im Rendille ursprünglich alle Nomen auf der vorletzten Silbe betont. Durch die Affigierung des Suffixes -(e)t traten verschiedene Nomen in die feminine Klasse über, z.B. *méel-et*. Die damit einhergehende Veränderung der Silbenstruktur zog auch eine Veränderung

Für die Entwicklung des deutschen Genussystems, das sich gegenwärtig als ein mehrheitlich formal motiviertes System auszeichnet, diskutiert Duke (2009: 93–134) eine Abfolge von phonologischen Wandelprozessen (vom Proto-Germanischen über das Althochdeutsche zum gegenwärtigen System), die zur Schwächung der im Althochdeutschen noch transparenten nominalen Morphologie beigetragen haben.[10]

2.2.2 Charakteristika von Genusklassen

Aus solchen graduell voranschreitenden und ineinandergreifenden Grammatikalisierungsprozessen können im Laufe der Zeit sehr heterogen zusammengesetzte Genusklassen entstehen. Die Klassenzugehörigkeit einzelner Nomen zu einer Klasse kann infolgedessen sowohl durch semantische als auch durch formale Merkmale motiviert sein. Corbetts (1991) umfassender Arbeit zu 112 Genussprachen nach beruht die Genusklassenzugehörigkeit von Nomen in den meisten Genussystemen gegenwärtig tatsächlich mehrheitlich auf formalen Merkmalen. Nur wenige Genussysteme operieren auf strikt semantischer Basis, wozu beispielsweise das Tamil, das Diyari oder das Bagvalal zählen (vgl. Corbett 2006b: 750). Genussysteme, die rein formal motiviert sind, sind dagegen nicht bekannt (Corbett 1991: 63). D.h. dass in den meisten Genussprachen Mischformen mit sowohl formalen als auch semantischen Prinzipien der Genusklassifikation vorzufinden sind, wobei formale Prinzipien die semantischen Prinzipien in ihrer Anzahl i.d.R. dominieren.

Hervorzuheben bleibt, dass alle Genussysteme (nach wie vor) einen sog. ‚semantischen Kern' (,semantic core', Corbett 2013b) aufweisen, der in der Mehrzahl der Fälle belebtheitsbasiert ist.[11] Zu den semantischen Merkmalen, die in Genus- und Nominalklassensystemen verschiedener Einzelsprachen am häufigsten grammatischen Ausdruck finden, zählen die Merkmale [±belebt], [±menschlich] und [+männlich] bzw. [+weiblich] (Aikhenvald 2004; Lehmann &

---

der Betonung nach sich: *meél-et*. Darauf folgte bei gleichbleibender Betonung eine Suffixreduktion auf *-e*. Wurde die feminine Klasse also zwischenzeitlich morphologisch markiert, verblieb im Laufe der Zeit nur noch die phonologische Unterscheidung der Klassen (Corbett 1991: 102).
10 Duke (2009) diskutiert nicht nur Grammatikalisierungsprozesse im deutschen Genussystem, sondern auch Entwicklungen in den Genussystemen des Dänischen, Schwedischen, Norwegischen, Niederländischen, Afrikaans und Englischen.
11 Dieses Merkmal ist wiederum sowohl für nicht-indoeuropäische Nominalklassensysteme als auch für Classifier-Systeme (z.B. Chinesisch, Vietnamesisch) charakteristisch.

Moravcsik 2000; Seifart 2010; Senft 2007). Da sich die Distribution von Genusklassifikationsprinzipien verschiedener Genussprachen in Abhängigkeit vom Merkmal der Belebtheit beschreiben lässt, kommt diesem Merkmal ein besonderer Stellenwert zu: „[...] animate nouns normally get their gender by semantic rules, whereas inanimate nouns may or may not have semantic gender" (Dahl 2000: 101). Unter den verschiedenen semantischen Klassifikationsmerkmalen nimmt Sexus die zentrale Rolle ein (vgl. Grinevald 2000: 57; Lehmann & Moravcsik 2000: 735). Corbett (2013b) zeigt, dass der semantische Kern in 84 von den von ihm untersuchten 112 Genussprachen auf Sexus basiert. Bezeichnungen für männliche Lebewesen gehören also einer Klasse, Bezeichnungen für weibliche Lebewesen einer grammatisch davon zu unterscheidenden Klasse an.

Dies trifft auch auf das Deutsche zu, in dem Personen- und Tierbezeichnungen in den meisten Fällen nach Sexus klassifiziert werden (z.B. deutsche Maskulina *Mann, Bruder, Stier* vs. deutsche Feminina *Frau, Schwester, Kuh*). Dennoch zählt das deutsche Genussystem insgesamt zu den weitgehend formal basierten Genussystemen, weil die Genusklassenzugehörigkeit deutscher Nomen in der Mehrzahl nicht semantisch motiviert ist. Das Deutsche ist deshalb auf einer Skala zwischen semantisch und formal motivierten Systemen näher am Pol formal motivierter Systeme zu verorten, wie etwa das Spanische, Italienische oder Russische. In letztgenannten Sprachen wird die Genusklassenzugehörigkeit der Nomen in den meisten Fällen aber formal eindeutig am Auslaut der Nomen angezeigt (‚overt gender', Corbett 1991: 62). Teschner & Russell (1984) berechnen beispielsweise für alle im *Diccionario de la Lengua Espanola* verzeichneten Nomen, dass 99,8 % der auf *-o* auslautenden Nomen Maskulina und 96,3 % der auf *-a* auslautenden Nomen Feminina sind. Die Genusklassenzugehörigkeit von Nomen zeigt sich in solchen Sprachen nicht nur an den auf die Nomen referierenden genussensitiven Targets, sondern, mit Wurzel (1986: 77) formuliert, „formal am Wort und [...] über das Wort hinaus" (vgl. auch Senft 2007: 680; Seifart 2010: 720). Das Deutsche verfügt vergleichsweise nur über wenige valide phonologisch oder morphologisch overte Genusmarker am Nomen selbst (‚covert gender', Corbett 1991: 62). Werner (1975: 43) hat das Genus im Deutschen deshalb beispielsweise auch als ein „latentes" Merkmal, d.h. als nur im Gedächtnis des Sprechers vorhandenes Merkmal, bezeichnet. Lange herrschte deshalb auch die Meinung vor, die Genusklassenzugehörigkeit deutscher Nomen sei arbiträr (Bloomfield 1933; Brinkmann 1962; Vater 1963; Maratsos 1979). Evidenz gegen diese Position wird im folgenden Abschnitt diskutiert, in dem konkret auf die semantischen, phonologischen und morphologischen Klassifikationsprinzipien des Deutschen eingegangen wird.

2.3 Genus als lexikalische oder nicht-lexikalische Kategorie?

Obwohl der Vergleich unterschiedlicher Genussysteme miteinander und die in verschiedenen Genussystemen beobachtbaren Sprachwandelprozesse nahelegen, dass bei der sprachlichen Organisation des nominalen Lexikons durch die Einteilung von Nomen in unterschiedliche Klassen immer wieder die gleichen (universalen) Kategorisierungsprinzipien greifen, wird die grammatische Kategorie Genus traditionellerweise als eine dem Nomen lexikalisch inhärente Kategorie charakterisiert. Dieser Auffassung nach wird jedes Nomen im mentalen Lexikon des Sprechers mit einem festgelegten Genusmerkmal einzeln gespeichert. Eine solche Konzeptualisierung der Kategorie Genus, beziehe sie sich sprachübergreifend auf Genussysteme im Allgemeinen oder auf das deutsche Genussystem im Speziellen, findet sich in verschiedenen Arbeiten sowohl älteren als auch jüngeren Datums (Hervorhebungen A.B.):

> „For most nouns, both in Indo-European and Bantu languages, gender is **inherent**."
> Lyons (1968: 288)

> „Unlike case or number, grammatical gender is an **inherent property** of the noun."
> Hellinger & Bußmann (2001: 7)

> „Nomina haben im Deutschen ein **inhärentes** Genus: sie sind maskulin (*der Löffel*), feminin (*die Gabel*) und neutrum (*das Messer*)."
> Grammis 2.0 (2015)

> „Das Genus (Maskulinum, Femininum, Neutrum) ist als **inhärentes Merkmal** fest mit dem Substantiv verbunden und muß i.a. mit diesem gelernt werden. Am Substantiv selbst wird es nie ausgedrückt, sondern nur an seinen Attributen und Stellvertretern."
> Ronneberger-Sibold (2004: 1269)

> „Unter den Kategorisierungen des Substantivs hat die nach Genus einen besonderen Status: Im Unterschied zu Numerus und Kasus ist Genus ein **inhärentes Merkmal**, das in allen substantivischen Wortformen konstant bleibt."
> Hoberg (2004: 5)

Diese Konzeptualisierung impliziert für das mentale nominale Lexikon eine listenartige Organisation, weil für jedes Nomen mit seinem inhärenten Genusmerkmal ein eigener Lexikoneintrag vorgesehen ist. Somit steht eine solche Modellierung in der Tradition der strukturalistischen Sichtweise Bloomfields:

> „There seems to be no practical criterion by which the gender of a noun in German, French, or Latin, could be determined: to define the meaning of the episememe ‚masculine' in such a language would be simply to list the markers of masculine nouns and the nouns that belong arbitrarily to the class."
>
> Bloomfield (1933: 280)

In jüngerer Zeit haben aber verschiedene Autoren diese Konzeptualisierung der Kategorie Genus in Frage gestellt, z.B. Corbett:

> „Since it has been shown that gender is always largely predictable, this raises an interesting issue for lexicologists: what is the status of a lexical feature which is predictable? Psycholinguists too are beginning to tackle the issue of the place of gender in lexical entries."
>
> Corbett (2013c)

Auch die Arbeiten von u.a. Dahl (2000), Köpcke & Zubin (2005, 2009, 2017) oder Nübling (2014, 2015) zeigen, dass bestimmte, in verschiedenen Sprachen auftretende Genusphänomene gegen diese lexikalistische Sichtweise sprechen. So verweisen etwa Köpcke & Zubin (2009: 140) darauf, dass die Genuswahl nicht nur durch das einem Nomen vermeintlich inhärente Genusmerkmal, sondern auch durch „ein [anderes] Bezugsnomen im Lexikon, ein mit einem lexikalischen Feld verbundenes Merkmal oder auch ein vom Lexikon unabhängiges pragmatisches Moment" (Köpcke & Zubin 2009: 140) ausgelöst werden kann. Die Autoren heben in diesem Zusammenhang hervor, dass die von Corbett (1991: 151) eingeführte Terminologie, das kongruenzauslösende Moment als ‚Controller' und die sprachlichen Elemente, die nach Genus flektiert werden, als ‚Targets' (‚Ziel') zu bezeichnen, auch nicht-lexikalistischen Modellierungen der Kategorie Genus Rechnung trägt. Durch diese Terminologie wird deutlich, dass nicht in jedem Fall das konkrete Bezugsnomen bzw. sein vermeintlich inhärentes Genusmerkmal der Auslöser für eine bestimmte Genusmarkierung sein muss. Je nach Referenzadresse kann entweder das grammatische Genusmerkmal oder aber auch ein anderes Merkmal, das mit einer Genusklasse verknüpft ist, an den sprachlichen Elementen, die nach Genus flektiert werden, markiert werden.

Nachfolgend werden vier unterschiedliche Beispielbereiche diskutiert, die eine nicht-lexikalistische Modellierung der Kategorie Genus nahelegen. Diese Beispiele werden zudem mit dem Ziel reflektiert, dass sie bereits Aufschluss darüber geben könnten, welche Lernerstrategien bei Lernern eines Genussystems zu erwarten sind.

2.3.1 Semantisches Genus

> Da ging nun das kleine Mädchen auf den nackten zierlichen Füßen, die vor Kälte ganz rot und blau waren. In ihrer alten Schürze trug sie eine Menge Schwefelhölzer, und sie hielt ein ganzes Bund in ihrer Hand.
>
> Hans Christian Andersen,
> *Das kleine Mädchen mit den Schwefelhölzern*

Unter semantischem Genus ist die Formabstimmung zwischen einem Nomen und einem genussensitiven Target bezogen auf ein semantisches Merkmal des Nomens zu verstehen. Neben dem bereits erwähnten Merkmalen [+weiblich] und [+männlich] gehören im Deutschen beispielsweise auch alkoholische Getränke (Maskulina: *Wein, Schnaps, Sekt*), Grundzahlen (Feminina: *Zwei, Drei, Vier*) oder Bezeichnungen für physikalische und theoretische Einheiten (Neutra: *Brohm, Proton, Atom*) semantischen Klassen an, nach denen die Formabstimmung zwischen einem Nomen und den darauf referierenden genussensitiven Targets erfolgt (Köpcke 1982: 71–78). Dass semantische Klassen im Deutschen produktiv sind, zeigen z.B. Fahlbusch & Nübling (2016) aus diachroner Perspektive am Beispiel der Entwicklung onymischer Genera (Eigennamenklassen). So scheinen im Deutschen für Flussnamen die feminine, für Bergnamen die maskuline und für Ländernamen die neutrale Genusklasse favorisiert zu werden.

Bei bestimmen Nomen kann das semantische Genus zu einem Konflikt mit dem formal-grammatischen Genus des Nomens führen (Corbett 1991: 66, 225). Corbett (1991: 225) zeigt dies an den sog. ‚Hybrid Nouns', die er als Personenbezeichnungen definiert, deren inhärentes Sexusmerkmal nicht mit ihrem grammatischen Genusmerkmal übereinstimmt. Wird im Deutschen beispielsweise das formal-grammatisch neutrale Nomen *Mädchen* bei der Wiederaufnahme durch ein Personalpronomen durch die feminine Form *sie* und nicht durch die formal-grammatisch kongruente neutrale Form *es* pronominalisiert, nimmt der Sprecher dadurch auf das dem Nomen semantisch inhärente Merkmal [+weiblich] Bezug. Dies ist möglich, weil die deutsche Genusklassifikation sexusbasiert ist und weibliche Personenbezeichnungen i.d.R. der femininen Genusklasse angehören (z.B. *die Mutter, die Stute – sie*). Das Merkmal [+weiblich] ist im mentalen Lexikon des Sprechers also mit dem Pronomen *sie* assoziiert.

Semantische Kongruenz bezogen auf Sexus ist auch bei Personen- und Tierbezeichnungen möglich, denen zwar kein Sexusmerkmal inhärent ist, deren außersprachliche Referenten aber Sexus aufweisen. In Anlehnung an verschiedene Autoren (vgl. Oelkers 1996: 5; Spencer 2002; Schafroth 2004: 339; Thurmair 2006: 194, Di Meola 2007: 142; Köpcke & Zubin 2009: 141) differenziere ich:

a) Diminuierte Personen- oder Tierbezeichnungen, die ein inhärentes Sexusmerkmal aufweisen, aber aufgrund von Derivation durch -*chen* oder -*lein* nicht nach dem Sexusprinzip klassifiziert sind:

Neutra, [+weiblich]: *das Mädchen, das Fräulein*[12]*, das Schwesterlein/-chen*
Neutra, [+männlich]: *das Brüderchen, das Väterlein*

b) pejorative Personenbezeichnungen mit Genus-Sexus-Divergenz, die entweder eindeutig bzw. prototypischerweise eines der beiden natürlichen Geschlechter bezeichnen:

Neutra, [+weiblich]: *das Weib, das Frauenzimmer, das Luder*
Maskulina, [+weiblich]: *der Trampel, der Backfisch, der Vamp*
Feminina, [+männlich]: *die Lusche, die Memme, die Schwuchtel*

c) Generisch verwendete Personen- und Tierbezeichnungen, die kein inhärentes Sexusmerkmal aufweisen und sowohl weibliche als auch männliche Personen oder Tiere bezeichnen:

Maskulina: *der Gast, der Star, der Mensch, der Vogel*
Feminina: *die Person, die Geisel, die Lehrkraft, die Spinne*
Neutra: *das Individuum, das Kind, das Mitglied, das Pferd*

d) Generisch verwendete Maskulina, die kein inhärentes Sexusmerkmal aufweisen und sowohl weibliche als auch männliche Personen oder Tiere bezeichnen, die aber im Unterschied zu den Maskulina in c) reihenbildend feminine Nomen zur Bezeichnung weiblicher Personen durch die -*in*-Movierung bilden können:

Maskulina, [+weiblich, +männlich]: *der Lehrer, der Schüler, der Esel*
Feminina, [+weiblich]: *die Lehrerin, die Schülerin, die Eselin*[13]

---

[12] Fraglich ist, ob die Nomen *Mädchen* und *Fräulein* von Sprechern noch als auf -*chen*/-*lein* derivierte Nomen analysiert werden, da die Derivation synchron nicht mehr transparent ist.
[13] Die movierten Formen werden nicht generisch verwendet, sondern bezeichnen ausschließlich weibliche Personen. Vgl. zu Kontroversen im Zusammenhang mit der sprachlichen Gleichbehandlung von Frauen und Männern Trömel-Plötz (1978), Pusch (1984), Hellinger (1990),

e) Konversionsnomina, die kein inhärentes Sexusmerkmal aufweisen und sowohl weibliche als auch männliche Personen bezeichnen, deren Genus aber ausschließlich durch den Sexus der außersprachlichen Referenten determiniert wird (adjektivische Deklination):

Maskulina [+männlich]: *der Deutsche, der Schöne, der Alte*
Feminina [+weiblich]: *die Deutsche, die Schöne, die Alte*

In Arbeiten, die Konflikterscheinungen zwischen semantischem und grammatischem Genus beschreiben (Moravcsik 1978; Corbett 1979, 1991, 2006; Barlow 1991; Lehmann 1993; Oelkers 1996; Dahl 2000; Spencer 2002; Wechsler & Zlatić 2003; Jobin 2004; Schafroth 2004; Thurmair 2006; Rodina 2008, 2014; Köpcke & Zubin 2009; Audring 2010; Köpcke, Panther & Zubin 2010; Fleischer 2012; Köpcke 2012; Birkenes, Chroni & Fleischer 2014; Czech 2014; Nübling 2014, 2015; Fahlbusch & Nübling 2016), finden sich unterschiedliche Definitionen und Termini für dieses Phänomen. Neben ‚semantischer Kongruenz' ist außerdem die Rede von ‚konzeptueller', ‚referentieller', ‚biologischer' oder ‚kontextueller (Genus-)Kongruenz'. Auf die uneinheitliche Terminologie weisen auch schon Jobin (2004: 17) oder Czech (2014: 8) hin. Im Kern ist den verschiedenen Termini gemein, dass Kongruenz nicht in Bezug auf das formal-grammatische Genus, sondern bezogen auf einen anderen Kongruenzauslöser markiert wird. Stellt dieser Kongruenzauslöser ein dem Nomen semantisch inhärentes Merkmal dar, verwende ich im Folgenden dafür den Terminus ‚semantische Kongruenz', den ich nachfolgend von ‚formal-grammatischer Genuskongruenz' abgrenze. Mit der Entscheidung für den Terminus ‚semantische Kongruenz' (und eben nicht ‚semantische Genuskongruenz') möchte ich die Tatsache unterstreichen, dass die Kongruenz, die zwischen zwei Formen hergestellt wird, durch ein anderes Merkmal als das dem Nomen vermeintlich lexikalisch-inhärente formal-grammatische Genusmerkmal ausgelöst wird.

In Abhängigkeit davon, ob es sich beim Referenznomen um ein Hybrid Noun im engeren Sinn oder etwa um die in a)–e) angeführten Personen- bzw. Tierbezeichnungen handelt, ist es m.E. weiterhin sinnvoll, zwischen a) semantisch-referentieller und b) referentieller Kongruenz (nach Dahl 2000; auch Jobin 2004; Fahlbusch & Nübling 2016) zu unterscheiden, vgl. Abbildung 3:

---

dazu in kritischer Position wiederum Leiss (1994) oder jüngst der Sammelband von Baumann & Meinunger (2017).

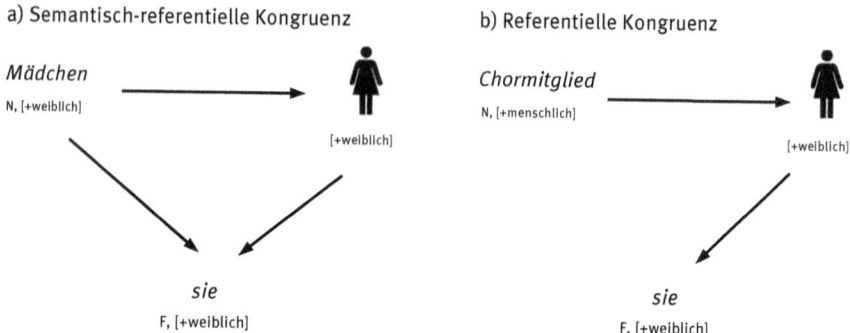

Abb. 3: Semantisch-referentielle vs. referentielle Kongruenz

a) Semantisch-referentielle Kongruenz liegt bei der Markierung wortinhärenter semantischer Eigenschaften des Referenznomens vor. Wird z.B. das im Deutschen grammatisch neutrale Nomen *Mädchen* durch das feminine Personalpronomen *sie* und nicht durch das neutrale Personalpronomen *es* pronominalisiert, verweist das Pronomen damit auf das dem Referenznomen *Mädchen* inhärente semantische Merkmal [+weiblich]. Andererseits kann die feminine Pronominalisierung ebenso durch die direkte Bezugnahme auf eine außersprachliche Referenzperson ausgelöst werden, ohne auf das Nomen selbst zu referieren. Damit kann es sich auch um referentielle Kongruenz handeln, vgl. b.

b) Referentielle Kongruenz liegt bei der Bezugnahme auf Eigenschaften der außersprachlichen Referenzperson und nicht des Referenznomens vor (Dahl 2000: 106; Jobin 2004: 40; Fahlbusch & Nübling 2016: 107). Z.B. ist das neutrale Nomen *Chormitglied* in Bezug auf Sexus semantisch sowohl durch *er* als auch durch *sie* pronominalisierbar, in Abhängigkeit davon, welchen Sexus der außersprachliche Referent aufweist. Nomen des Typs *Mitglied*, *Person* oder *Mensch* enthalten im Gegensatz zu Nomen des Typs *Mädchen* kein wortinhärentes semantisches Merkmal [+weiblich] oder [+männlich], das Aufschluss über das natürliche Geschlecht der Referenzperson gibt. Sexusbasierte Pronominalisierungen können in solchen Fällen nur nach Kenntnis der Referenzperson erfolgen – nach dem sog. Prinzip des „perzipierten Geschlechts" (Köpcke & Zubin 1996: 481) – und sind somit nicht durch das Referenznomen, sondern außersprachlich bzw. durch zusätzliche Informationen zum Referenznomen (z.B. *das Chormitglied Frau Meier*) motiviert.

Abschließend sei noch darauf hingewiesen, dass die Entscheidung für die Wahl eines entweder semantisch oder formal-grammatisch kongruierenden Targets im Kontext von hybriden Nomen von seiner morphosyntaktischen Bindung zum Nomen beeinflusst wird. Diese Überlegung stellte erstmals Corbett (1979; 1991: 226) an und postulierte die sog. ‚Agreement Hierarchy' (‚Kongruenz-Hierarchie'). Dabei nahm er an, dass der Grad der morphosyntaktischen Bindung zwischen Nomen und Target ausschlaggebend dafür ist, ob Sprecher daran formal-grammatische Genuskongruenz oder semantische Kongruenz markieren. Bei nominalgruppeninternen Targets wird demnach eher formal-grammatische Genuskongruenz, bei nominalgruppenexternen Targets eher semantische Kongruenz ausgelöst. Köpcke & Zubin (2009) stellen die Kongruenzhierarchie für das Deutsche wie folgt dar, vgl. Abbildung 4:

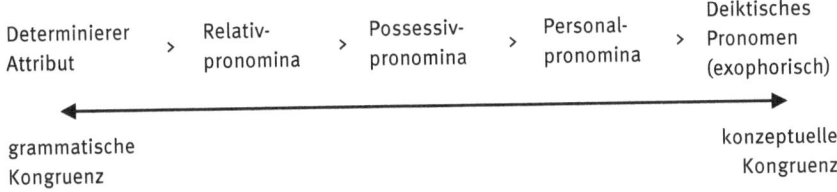

Abb. 4: Agreement Hierarchy im Deutschen (nach Köpcke & Zubin 2009: 146)

Die Anordnung der Targets auf der Skala spiegelt von links nach rechts das abnehmende Maß ihrer morphosyntaktischen Bindung an das Bezugsnomen wider. Artikel und Attribute sind stärker an das Bezugsnomen gebunden als Relativpronomen, Relativpronomen stärker als Possessivpronomen usw. Aufgrund der engen syntaktischen Bindung innerhalb der NGr ist an pränominalen Targets (Artikel, attributiven Adjektiven) kaum semantische Kongruenz zu erwarten. Demgegenüber ist bei den Pronomen aufgrund ihrer syntaktischen Autonomie eher semantische Kongruenz favorisiert, insbesondere bei Possessiv- und Personalpronomen. Anders als die Artikel, attributiven Adjektive und Relativpronomen sind diese Pronomen Stellvertreter des Nomens bzw. der NGr und repräsentieren damit auch ihre semantischen Merkmale. Für die nominalgruppeninternen Targets ist es deshalb wahrscheinlich, dass der kongruenzauslösende Controller tatsächlich das konkrete Bezugsnomen ist. Für die die NGr stellvertretenden Targets steigt dagegen die Wahrscheinlichkeit, dass als Referenzadresse das kognitiv repräsentierte Konzept der NGr mitsamt seinen semantischen Eigenschaften dient. Da ein Hybrid Noun männliche bzw. weibliche Personen bezeichnet, mit denen wiederum die spezifischen sexussemantisch aufgeladenen Pronomen (*er* respektive *sie*) verknüpft sind (vgl. Köpcke & Zubin 2009: 135, 143), werden Pronomen im Kontext solcher Nomen mit hoher Wahrscheinlichkeit gemäß dieser Assoziation gewählt.

In verschiedenen Studien mit kompetenten Sprechern des Deutschen wurde die Prädiktion der Agreement Hierarchy überprüft. Die Ergebnisse von Oelkers (1996), Thurmair (2006) und Czech (2014) bestätigen im Kontext von Hybrid Nouns bzw. generischen Personen- und Tierbezeichnungen ohne inhärentes Sexusmerkmal, vom Artikel ausgehend über das Relativpronomen bis hin zu Personalpronomen, eine grundsätzliche Zunahme von semantischer bzw. referentieller Kongruenz. Oelkers (1996) untersuchte mittels eines Ergänzungstests, ob anaphorische Relativ-, Personal- und Possessivpronomen in der Folge von verschiedenen Genus-Sexus-konfligierenden Nomen (z.B. *Fräulein, Individuum, Person* etc.) grammatisch oder ‚biologisch' motiviert wurden. Der mit 74 Versuchspersonen durchgeführte Test zeigte mit 70,9 % eine deutliche Dominanz der ‚biologischen Kongruenz' bei anaphorischen Pronomen. Dabei bestätigte sich, dass adjazente Relativpronomen insgesamt häufiger als Personalpronomen formal-grammatisch kongruent markiert wurden (Oelkers 1996: 10).

Die von Thurmair (2006) durchgeführte Korpusanalyse gegenwartssprachlicher Texte mit 700 belegten Hybrid Nouns bzw. Personen- und Tierbezeichnungen ohne inhärentes Sexusmerkmal kam zu dem gleichen Ergebnis: Während Artikel ausschließlich genuskongruent verwendet wurden, war bei den Relativpronomen die erste Einbruchstelle zugunsten semantischer bzw. referentieller Kongruenz festzumachen. Für die Relativpronomen stellte Thurmair fest, dass bei diesen in Abhängigkeit vom Typ der Personenbezeichnung unterschiedliche Präferenzen für semantische Kongruenz oder formal-grammatische Genuskongruenz gegeben waren: Gattungsnamen (*Teenager, Talent* etc.) wurden ausschließlich formal-grammatisch kongruent pronominalisiert, bei auf -*chen* derivierten Märchennamen (*Schneewittchen, Dornröschen, Rotkäppchen*) und Eigennamen (*Kläuschen, Mariechen*) waren Belege für semantische Kongruenz vorzufinden. Thurmair (2006: 198) führt diesen Unterschied auf die individuierbare Semantik letztgenannter Nomen zurück. Für Possessiv- und Personalpronomen, die noch innerhalb des gleichen Matrixsatzes wie die Hybrid Nouns verwendet wurden, war dagegen bereits zu 80 % eine sexusbasierte Pronominalisierung festzustellen, und zwar sowohl für Eigen- als auch Gattungsnamen, in anaphorischer und kataphorischer Verwendung. Die gleiche Tendenz (75 % sexusbasierte Pronominalisierung) zeigte sich für pronominale Formen in subordinierten Sätzen. Für Pronomen in Fernkongruenz (also in neuen Matrixsätzen) schien Sexuskongruenz sogar die „Standardform zu sein" (Thurmair 2006: 202).[14]

2.3.2 Referentielles Genus

Morgens: *der Weizen, das Korn*
Abends: *das Weizen, der Korn*

In Abgrenzung von ‚semantischem Genus' wurde ‚referentielles Genus' im vorangehenden Abschnitt bereits als Kongruenzform definiert, bei der der Auslöser für die Wahl bestimmter Genusformen nicht ein dem Nomen semantisch inhärentes Merkmal, sondern eine Eigenschaft eines außersprachlichen Referenten ist. Die Entscheidung für ein Genus kann bei referentiellen Genusmarkierungen also nur „aus der Kenntnis des Referenten" (Fahlbusch & Nübling 2016: 107) erfolgen. Solche Kongruenzformen finden sich nicht nur im Kontext von Personen- und Tierbezeichnungen, sondern auch im Kontext anderer Referenzdomänen. Köpcke & Zubin (2005, 2009, 2017) zeigen etwa am Beispiel von Eigennamen für Autos, Flugzeuge oder Diskotheken, dass deren Zugehörigkeit zu einem lexikalischen Feld durch eine für das Feld spezifische Genusklasse angezeigt werden kann. Beispielsweise wird das Nomen *Admiral*, für das in Verbindung mit einem männlichen Referenten eine maskuline Genuszuweisung zu erwarten ist, als Schiffsname zu einem Femininum, nämlich *die Admiral*. Bezeichnet dagegen *Titanic* eine Diskothek, würden Besucher dieses Lokals in *das Titanic* und nicht etwa in *die Titanic* gehen. Die unterschiedlichen Bedeutungen (männliche Person vs. Schiff; Schiff vs. Diskothek) werden nicht durch das Lexem selbst, sondern die unterschiedlichen Genera transportiert, die wiederum mit unterschiedlichen lexikalischen Feldern assoziiert sind (etwa Personen-,

---

14 Als weiteren Einflussfaktor, der die Wahl von formal-grammatisch bzw. semantisch kongruierenden Targets beeinflussen könnte, nennen Köpcke, Panther & Zubin (2010) auch das „Prinzip der linearen Distanz" (vgl. auch schon Moravcsik 1978: 342). Unter linearer Distanz ist die lineare Entfernung von genussensitiven Targets zum Bezugsnomen zu fassen. Je geringer die lineare Distanz zwischen einem Target und dem Bezugsnomen ausfällt, umso eher wird es grammatisch genuskongruent markiert. Auch diese Annahme wurde in der Untersuchung von Oelkers (1996) grundsätzlich bestätigt: Pronomen, die in der zweiten oder dritten Testlücke – und damit in größerer linearer Distanz zum Bezugsnomen – gewählt werden mussten, wurden häufiger semantisch kongruent markiert als Pronomen in geringerer linearer Distanz. Den Einfluss der linearen Distanz weist auch Czech (2014) nach.

Schiffs-, Auto-, Lokalbezeichnungen). Das Genusmerkmal des Nomens wird also in Abhängigkeit vom Referenten flexibel aus einer semantischen Domäne, die mit einer Genusklasse assoziiert ist, bezogen. Dabei muss dezidiert ausgeschlossen werden, dass für die angeführten Nomen unterschiedliche Einträge mit unterschiedlichem Genus im nominalen Lexikon vorhanden sind. Vielmehr kann anhand dieser Beispiele dafür argumentiert werden, dass Genus nicht kategoriell als eine dem Nomen lexikalisch inhärente Kategorie gefasst werden kann, sondern der Sprecher ganze lexikalische Felder mit Genusklassen assoziiert. Die Genuswahl bzw. -markierung erfolgt also ad hoc im Sprachproduktionsprozess in Abhängigkeit vom Referenten bzw. lexikalischen Feld und nicht etwa durch ein dem Nomen inhärent gespeichertes Genusmerkmal.

Es bleibt anzumerken, dass Köpcke & Zubin (2005, 2009, 2017) diese Form von Genusphänomenen selbst als ‚pragmatisches' (2005, 2009) oder ‚pragmatisch referentielles Genus' (2017) bezeichnen. Ich ziehe es nach Fahlbusch & Nübling (2016) deshalb vor, diese Kongruenzform als ‚referentielles Genus' zu bezeichnen, da sie sich von „echte[n] pragmatische[n] Genuszuweisungen" (Fahlbusch & Nübling 2016: 107) abgrenzen lässt, wie im Folgeabschnitt 2.3.3 erläutert wird.

2.3.3 Pragmatisches Genus

s Verena mog i,
di Caro kenn i net so.

Beispiele für pragmatisches Genus, wonach durch flexibel wählbare Genusmarkierungen die Sprecherhaltung zum Ausdruck gebracht werden kann, geben Corbett (1991), Cornips, de Rooij & Reizevoort (2006), Cornips (2008), Nübling (2014, 2015) oder Audring (2016). Corbett (1991: 322) führt dazu unter Verweis auf Ferguson (1964: 106) etwa die kindgerichtete Sprache im Arabischen an. Durch die Verwendung maskuliner Targets bei der Adressierung weiblicher Kinder bzw. durch Verwendung femininer Targets bei der Adressierung männlicher Kinder kennzeichnen Sprecher des Arabischen affektive Nähe zum angesprochenen Kind. Als weiteres Beispiel nennt er polnische Dialekte, in denen feminine bzw. maskuline Genusmarkierungen im Kontext von Frauenbezeichnungen optional gewählt werden, um die Status ‚verheiratet' oder ‚ledig' zu markieren. Im Batsischen, einer kaukasischen Sprache, kann ebenfalls durch die Wahl unterschiedlicher Genera im Kontext von Personenbezeichnungen ‚Respekt' bzw. ‚Nicht-Respekt' gegenüber den gemeinten Personen ausgedrückt werden (Deseriev 1953, zitiert nach Corbett 1991: 322). Auch im Herero, einer Bantusprache, ist es möglich, durch Genusflexion Personen- oder Objektbezeichnungen auf- oder abzuwerten (Audring 2016).

Cornips, de Rooij & Reizevoort (2006) und Cornips (2008) interpretieren nicht-zielsprachlich verwendete Genusformen jugendlicher L2-Sprecher in den Niederlanden als intendierte Abweichungen zur Konstruktion von ethnischer Identität. So beobachten sie, dass Jugendliche mit den L1 Türkisch, Marokkanisch oder Surinamesisch und der L2 Niederländisch in der L2 bewusst nicht zielsprachliche Genusformen verwenden (z.b. Übergeneralisierung der Artikelform *de* gegenüber der Artikelform *het* oder Übergeneralisierung des Demonstrativartikels *die* anstelle von *dat*), um damit die Zugehörigkeit zu einer Migrantengruppe zu kennzeichnen, für die diese Formverwendung typisch ist.

Nübling (2014, 2015) beobachtet pragmatische Kongruenz auch in verschiedenen westdeutschen Dialekten und dem Luxemburgischen. Weibliche Personennamen oder weibliche Verwandtschaftsbezeichnungen können in diesen Varietäten sowohl durch neutrale als auch feminine Artikel determiniert werden (z.B. *die Sabine – das Sabine*). Durch feminine bzw. neutrale Genusmarkierungen für besagte Frauenbezeichnungen wird die emotionale Nähe bzw. Distanz des Sprechers zur Referenzperson markiert. Feminine Formen zeigen in diesen Dialekten eine weniger vertraute Beziehung zur Referenzperson an als neutrale Formen. Nübling (2014: 221) schlussfolgert deshalb, dass „Genus also (wieder) Wahlfreiheit erlangt [hat] und darin einer echten grammatischen Kategorie [gleicht]", da die Frauenbezeichnungen nach Genus flektiert werden können.

2.3.4 Formbezogenes Genus

> Pa ins sog man *do Putto* und *do Dötto*.

Dass die Genuswahl auch formbezogen motiviert sein kann, zeigen verschiedene Studien mit Kunstwörtertests (vgl. z.B. Köpcke & Zubin 1983 und Wegener 1995b). Die in solchen Testverfahren eingesetzten Kunstwörter entsprechen phonotaktisch bzw. morphologisch der Struktur realer Nomen und werden mit formalen Merkmalen versehen, für die angenommen wird, dass sie Hinweise auf eine Genusklassenzugehörigkeit von Nomen geben. Für Genuszuweisungstests im Deutschen werden v.a. die von Köpcke (1982) und Köpcke & Zubin (1983, 1996, 2009, 2017) ermittelten formalen Merkmale zugrunde gelegt, anhand derer die Autoren zeigen konnten, dass das als formal intransparent geltende deutsche Genussystem durch eine Vielzahl formbezogener Merkmale motiviert ist.

Konkret ermittelte z.B. Köpcke (1982) für ca. 90 % der 1.466 im deutschen Rechtschreibduden verzeichneten einsilbigen Nomen neben 15 semantischen Prinzipien 24 phonologische und fünf morphologische Prinzipien.[15] Zu den am häufigsten aus den Arbeiten von Köpcke und Zubin zitierten formalen Genusprinzipien des Deutschen zählen:

a) Phonologische Genusprinzipien
- Monosyllabia = Maskulina oder Neutra
  Tisch, Baum, Ohr, Glas
- auf Schwa (*-e*) auslautende Zweisilber = Feminina
  Wiese, Sonne, Straße
- auf geschlossene Schwa-Silbe (*-en*, *-er*, *-el*) auslautende Zweisilber = Maskulina
  Ofen, Sommer, Sessel
- Auftreten bestimmter Konsonantencluster im An- oder Auslaut von Monosyllabia, z.B. Auslaut auf nicht-sibilantischen Frikativ und /t/ = Feminina
  Frucht, Bucht, Nacht

b) Morphologische Genusprinzipien
- Auslaut auf die Derivationssuffixe *-heit*, *-keit*, *-ung* = Feminina
  Freiheit, Wirklichkeit, Bedeutung
- Auslaut auf die Derivationssuffixe *-lein* oder *-chen* = Neutra
  Tischlein, Püppchen
- Auslaut auf die Derivationssuffixe *-ler* oder *-er* = Maskulina
  Dörfler, Ausflügle, Fußballer

---

[15] Köpcke (1982: 78) bezieht als morphologische Prinzipien die Pluralmarker der von ihm untersuchten Monosyllabia mit ein, die auf die Genusklassenzugehörigkeit der Nomen schließen lassen. Dabei geht Köpcke von einem Schemaansatz aus, in dem Singular- und Pluralform eines Nomens als eng miteinander verknüpft zu betrachten sind. Demnach kann von der pluralischen Gestalt auf ein spezifisches Genus geschlossen werden, da eine wechselseitige Abhängigkeit zwischen Pluralmarkern und Genera gegeben ist, z.B. Pl. *-(e)n* = Femininum, Pl. *-e* = Maskulinum/Neutrum (vgl. auch Wurzel 1994; Bittner 1994; Bittner & Köpcke 2012). Die Genusvoraussagekraft von Pluralmarkern ist m.E. aber nicht mit „echten" morphologischen Genusprinzipien gleichzusetzen, sondern eher als morphologisches Prinzip 2. Grades zu bezeichnen. Die Erschließung des Genusmerkmals wird beim Ansatz nach Köpcke erst durch den Zugriff auf eine mit der Singularform verknüpfte Wortform des Nomens möglich, während das Genus bei derivierten Nomen bereits durch die Singularform erschlossen werden kann (vgl. kritisch dazu bereits Wegener 1995b: 78).

Bei einem Kunstwörtertest werden den Probanden also dem Deutschen nachgeahmte Nomen mit entsprechenden formalen Merkmalen präsentiert, denen sie i.d.R. einen Definitartikel zuordnen sollen (vgl. einige Kunstwörter aus Wegener (1995a: 17) in Tabelle 3). Die Genuszuweisung der Probanden mittels Definitartikel gibt dann darüber Aufschluss, ob sich Sprecher an formbezogenen Merkmalen von Nomen orientieren, da ein lexikalisch gespeichertes Genus für Kunstwörter ausgeschlossen werden kann.

Tab. 3: Kunstwörterbeispiele für Genuszuweisungstests

Kunstwort	formales Merkmal	prognostizierter Definitartikel
Troch	monosyllabisch	*der* (Maskulinum)
Muhre	Auslaut auf *-e*	*die* (Femininum)
Knauling	deriviert auf *-ling*	*der* (Maskulinum)

Zu unterstreichen bleibt, dass die meisten der deutschen Genusprinzipien probabilistischer Natur sind, d.h. dass nicht alle Nomen mit den oben aufgeführten Merkmalen tatsächlich der durch ein Genusprinzip vorausgesagten Klasse angehören. Z.B. bezeichnet Ruberg (2013: 41) Nomen wie *Gabel* oder *Leiter* als ‚atypische Nomen', da sie Feminina sind, obwohl das formale Merkmal (Auslaut auf geschlossene Schwasilbe) eine maskuline Klassifikation voraussagt. Die Form bzw. die Semantik eines Nomens kann also mit dem tatsächlichen Genus eines Nomens konvergieren bzw. divergieren, je nachdem, ob das durch ein semantisches oder formales Merkmal vorausgesagte Genus zutrifft oder nicht. Im Folgenden werden Nomen – vorausgreifend auf die in Kapitel 3 zu Grunde zu legenden theoretischen Überlegungen zur mentalen Repräsentation von Genus – in Abhängigkeit von ihrer Übereinstimmung bzw. Nicht-Übereinstimmung mit einem Genusprinzip entweder als ‚schemakonvergierende' bzw. ‚schemadivergierende' Nomen bezeichnet.

Die probabilistische Natur der Genusprinzipien ist über Schemadivergenzen hinaus auch darauf zurückzuführen, dass manche Genusprinzipien lediglich eine Genusklasse ausschließen, zutreffend beispielsweise auf das Einsilberprinzip (Einsilber sind i.d.R. nicht Feminina, sondern Maskulina *oder* Neutra, s.o.). Nur die morphologischen Prinzipien i.e.S. sind tatsächlich deterministische Prinzipien, da sie eine 100%ige Trefferquote aufweisen.

Auf manche Nomen treffen zudem verschiedene Genusprinzipien zu, so dass es zur Interaktion bzw. Konkurrenz der Prinzipien kommt. Als Beispiel für miteinander konkurrierende phonologische Prinzipien sei das Femininum

Tracht angeführt, bei dem eine „Anlaut- und eine Auslautregel" miteinander konkurrieren (vgl. Köpcke 1982: 110). Aufgrund des Anlauts /tr/ sollte *Tracht* der maskulinen Genusklasse, aufgrund des Auslauts auf nicht-sibilantischen Frikativ mit darauf folgendem Plosiv /t/ der femininen Genusklasse angehören. Bei diesem Nomen bestimmt offenbar die Auslautregel die Genusklassenzugehörigkeit (vgl. verschiedene Positionen zusammenfassend Scheibl (2008), ob quantitative oder qualitative Kriterien ausschlaggebend dafür sind, welches Genusprinzip sich durchsetzt).

Obwohl die u.a. von Köpcke (1982) ermittelten Genusprinzipien insgesamt also als probabilistisch und ambig zu charakterisieren sind, werden sie auch durch andere Korpusanalysen bestätigt (vgl. z.B. für die oben aufgezählten phonologischen Genusprinzipien Di Meola 2007). Außerdem sind die Prinzipien als produktiv zu beschreiben. Chan (2005) zeigt beispielsweise für englische Entlehnungen ins Deutsche, dass formale Genusprinzipien die Genuszuweisung entlehnter Nomen steuern. Als besonders „mächtig" (Chan 2005: 266) werden etwa das morphologisch basierte Suffixprinzip oder das phonologisch basierte Schwa-Prinzip hervorgehoben. Auch Genuserwerbsstudien kommen zu dem Ergebnis, dass ausgewählte formale Merkmale für den Spracherwerb tatsächlich psychische Realität besitzen (vgl. für kindliche monolinguale Deutschsprecher Mills 1986a; Müller 2000; Szagun et al. 2007; Ruberg 2013; für kindliche Sprecher des Deutschen als L2 Wegener 1995a; Kostyuk 2005; Kaltenbacher & Klages 2006; Marouani 2006; Dieser 2009; Montanari 2010; Ruberg 2013). Die Ergebnisse dieser Studien, aus denen hervorgeht, welche Genusprinzipien als besonders relevant für den Spracherwerb anzunehmen sind, werden detailliert im Kapitel 3 rekapituliert.

2.4 Zusammenfassung

Die Kategorie Genus wurde in diesem Kapitel aus funktionalistischer Perspektive betrachtet. Im Vordergrund dieser Betrachtung stand die Charakterisierung der Kategorie als Kongruenzkategorie, die das Herstellen von Referenzbezügen zwischen sprachlichen Einheiten ermöglicht, die morphosyntaktisch in unterschiedlichem Maß an das kongruenzauslösende Nomen gebunden sind. Um solche Referenzbezüge herstellen zu können, müssen Nomen in (grammatisch) unterschiedliche Klassen eingeteilt werden.

Die Ausführungen zur Entstehung von Genussystemen haben gezeigt, dass die Einteilung von Nomen in unterschiedliche Klassen eng mit dem kommunikativen Bedürfnis nach Referenzherstellung verknüpft ist, zumal der Ursprung von Genussystemen in der Herausbildung von belebtheitsbasierten Pronominalsystemen zu suchen ist. Entsprechend erfolgt auch die Einteilung des nominalen Lexikons in unterschiedliche Klassen zunächst semantisch bzw. belebtheitsbasiert, indem dann auch Nomen (mit den entsprechenden semantischen Merkmalen) morphologisch einheitlich markiert werden. Diese Markierungen werden im Laufe der Zeit auf weitere sprachliche Einheiten, die auf das Nomen referieren, ausgedehnt, wodurch (Genus-)Kongruenz als syntagmatisches Mittel der Referentenidentifikation grammatikalisiert wird.

Aufgrund von darauf einsetzenden Desemantisierungs- bzw. Grammatikalisierungsprozessen – etwa durch semantische Veränderungen oder Überschneidungen –, kommt es zur Neuklassifikation von Nomen. Diese kann wieder semantisch, aber auch hinsichtlich ihrer formalen (phonologischen und morphologischen) Merkmale motiviert sein. Primär scheint jedoch die Klassifikation auf semantischer Basis, insbesondere im Bereich der Personen- und Tierbezeichnungen, favorisiert zu werden, die Klassifikation nach formalen Merkmalen folgt sekundär. Wenngleich die meisten Genussysteme – synchron betrachtet – aus Mischformen von semantisch und formal motivierten Klassen bestehen, hat auch die sprachvergleichende Betrachtung verschiedener Genussysteme dieses semantische Primat verdeutlicht, da alle Genussysteme einen semantischen Kern aufweisen. Rein formal motivierte Systeme sind dagegen nicht belegt.

Der Vergleich unterschiedlicher Genussysteme miteinander und die in verschiedenen Genussystemen beobachtbaren Sprachwandelprozesse legen deshalb nahe, dass bei der sprachlichen Organisation des nominalen Lexikons immer wieder die gleichen (universalen) Kategorisierungsmechanismen greifen (Lakoff 1986: 46). Von dieser Erkenntnis ausgehend wurde deshalb in Frage gestellt, ob die Kategorie Genus – wie traditionell üblich – tatsächlich als eine jedem einzelnen Nomen lexikalisch inhärente Kategorienausprägung zu beschreiben ist. Weitere Evidenz gegen diese lexikalistische Sichtweise stellten auch bestimmte, in verschiedenen Sprachen auftretende Genusphänomene bereit. Die zu semantischem, referentiellem und pragmatischem Genus gegebenen Beispiele haben verdeutlicht, dass Sprecher verschiedener Sprachen das zur Kongruenzmarkierung vorhandene Formeninventar (z.B. Artikel, Adjektive, Pronomen) semantisch bzw. referentiell bzw. pragmatisch aufladen und im Sprachproduktionsprozess flexibel Genuszuweisungen bzw. -markierungen vornehmen, ohne dabei auf ein dem Nomen vermeintlich inhärentes bzw. lexikalisch gespeichertes Genusmerkmal zurückzugreifen bzw. zurückgreifen zu müssen. Überdies scheinen Sprecher auch formbezogene nominale Merkmale zu abstrahieren, die sie mit bestimmten, nach Genus flektierten Formen assoziieren. Entsprechend lassen die unterschiedlichen Beispiele auf allgemeinere Kategorisierungsmechanismen schließen, die sich in Sprachproduktions- und

Sprachverarbeitungsprozessen von genusmarkierten Formen niederschlagen und der lexikalischen Speicherung des Genus für jedes einzelne Nomen widersprechen.

Die angeführten Genuszuweisungs- bzw. Kongruenzphänomene verdeutlichen überdies, dass die Sprechergemeinschaft zwar danach strebt, Nomen einheitlich zu klassifizieren, d.h. in Abhängigkeit von ihren semantischen oder formalen Merkmalen als einer Klasse zugehörig zu konventionalisieren; die sich im Laufe der Zeit wiederholenden Reklassifizierungen einzelner Nomen bzw. die Remotivierungen einzelner Klassen zeigen aber auch, dass Genusmerkmale einem Nomen nicht endgültig eingeschrieben werden. Die traditionelle Modellierung von Genus als einem dem Nomen lexikalisch inhärenten Merkmal erfolgt m.E. aber unter Rückgriff auf eine solche, zu einem bestimmten Zeitpunkt erreichte Konventionalisierung und basiert vornehmlich auf einer synchronen Systembeschreibung, ohne dass die erst in jüngerer Zeit bereitgestellten, hier erörterten Erkenntnisse zu Sprachwandel-, Sprachproduktions- bzw. -verarbeitungsprozessen hätten einbezogen werden können.

Konsequenzen für den Genuserwerb

Aus der Spracherwerbsperspektive betrachtet liegt der Vorzug einer der rein lexikalistischen Betrachtungsebene enthobenen Perspektive auf der Hand: Lerner eines Genussystems verfügen noch nicht über das konventionalisierte Klassifikationssystem und Formeninventar, sondern müssen dieses im Laufe des Spracherwerbsprozesses erst aus dem sprachlichen Input abstrahieren. Dabei werden genusanzeigende Formen nicht von Beginn an zielsprachlich verwendet, sondern werden vielmehr gemäß einer aus der Lernergrammatik emergierenden, eigenen Systematik interpretiert. Diese könnte möglicherweise den gleichen Kategorisierungsmechanismen folgen, die auch die Genese von Genussystemen bzw. (Re-/Neu-)Klassifikationsprozesse in der Weiterentwicklung von Genussystemen steuern. Die Formverwendungen der Lerner auf dem Weg zum zielsprachlichen System stellen somit ein Fenster dar, das Einblicke eröffnet, welche Kategorisierungsmechanismen favorisiert werden und wie Lerner das zu erwerbende Formeninventar in ihrer dynamischen Lernergrammatik funktionalisieren, bis sie Genus formal-grammatisch, also zielsprachlich, markieren.

Bezogen auf die hier fokussierte funktionale Charakterisierung der Kategorie Genus als Kongruenzkategorie gilt es somit zu überprüfen, ob es zwischen der ontogenetischen und phylogenetischen Entwicklung Parallelen gibt. Möglicherweise kann auch für den Erwerb eines Genussystems gezeigt werden, dass dieser mit dem Erwerb eines belebtheitsbasierten Pronominalsystems beginnt und damit im gleichen Bereich zu suchen ist, in dem Genussysteme entstehen und sich die Funktionalität dieser grammatischen Kategorie in Form eines grammatischen Referenzsystems am eindrücklichsten zeigt. Außerdem wird der Frage nachzugehen sein, welche Genusprinzipien in welcher Reihenfolge erworben werden und ob das semantische Primat bei der Entstehung von Genusklassen auch für den Spracherwerb beobachtet werden kann.

Für die vorliegende Untersuchung bleibt es deshalb notwendig, Genuskongruenz im weiteren Sinne als Übereinstimmung zweier (oder mehrerer) sprachlicher Elemente zu definieren, unabhängig davon, ob diese Übereinstimmung semantisch, referentiell, pragmatisch oder formal-grammatisch motiviert ist. Entsprechend bleibe ich bei der eingangs zitierten Kongruenzdefinition von Steele (1978: 610), die unterschiedliche Perspektiven zulässt: „The term agreement commonly refers to some systematic covariance between a semantic or formal property of one element and a formal property of another." Zu ergänzen bleibt die Formabstimmung hinsichtlich referentiell und pragmatisch motivierter Kongruenzphänome.

3 Genus im Erwerb

Im nun folgenden Forschungsüberblick stelle ich Befunde von L1- und L2-Erwerbsstudien zum Genuserwerb im Deutschen dar. In einem ersten Schritt skizziere ich dazu allgemeine Annahmen funktionalistischer und gebrauchsbasierter Spracherwerbskonzepte (Slobin 1985; Bates & MacWhinney 1987; Zangl 1998; Elsen 1999; MacWhinney 2000; Elman 2001; Tomasello 2003, 2009; Dabrowska 2004; Goldberg 2006; Bybee 2008; Goldberg & Casenhiser 2008; Beckner et al. 2009; Behrens 2009, 2011; Ellis 2013; Rogers & McClelland 2014), um die Ergebnisse der bisher vorliegenden Genuserwerbsstudien vor diesem theoretischen Hintergrund diskutieren zu können.

Gerade auf den Genuserwerb bezogen wurde verschiedentlich konstatiert, dass er „[f]ür funktionalistische Erklärungen [...] eine Herausforderung dar[stellt], denn die Frage, was den Spracherwerb vorantreibt, stellt sich für diese, für die Kommunikation nicht notwendige Kategorie besonders eindringlich." (Wegener 1995a: 18).[16] Auch Bates et al. (1995: 847) fragen nach der Funktion von Genus: „If gender serves no systematic semantic function, why do these languages [Genussprachen, A.B.] continue to mark gender on nouns and most of their modifiers?"

Solche Einschätzungen sind m.E. der Tatsache geschuldet, dass der Erwerb von Genus i.d.R. bezogen auf den Klassifikations- und nicht den Kongruenzerwerb untersucht wurde. D.h. dass in den meisten Arbeiten die Frage fokussiert wurde, wie (L1- und L2-)Lerner die in Kapitel 2 erörterten phonologischen, morphologischen und semantischen Genusprinzipien erwerben. Vor dem Hintergrund, dass in den meisten Genussprachen nur ein geringer Teil des nominalen Lexikons nach semantischen Kriterien vorhersagbar ist, wurde die Funktion der Kategorie infolgedessen in Frage gestellt: Welcher Funktion entspräche die mehrheitlich vorzufindende Einteilung von Nomen in grammatisch unterschiedliche Klassen nach formalen Kriterien? Da die formalen Klassen im Deutschen zudem vergleichsweise vielfältig und vergleichsweise intransparent sind, konzentrierten sich viele Arbeiten darauf, den Erwerb der unterschiedlichen Genusprinzipien zu erforschen. Den prominentesten Untersuchungsgegenstand

---

16 Wegener führt in diesem Zusammenhang das Prädikat „nicht notwendig" am Beispiel des sukzessiven L2-Erwerbs von Kindern mit der L1 Türkisch aus. Zwar hätten ihre Probanden im Verlauf des L2-Erwerbs ihre syntaktischen Fähigkeiten ständig weiterentwickelt und gelernt, komplexe Sätze zu verbalisieren. Zeitgleich stagniere aber der Erwerb der nominalen Flexionsmorphologie, weshalb Wegener schlussfolgert, dass das Beherrschen des Genussystems für die Lerner keine notwendige Voraussetzung für gelingende Alltagskommunikation sei.

solcher Arbeiten stellen – bezogen auf den Genuserwerb im Deutschen – die Definitartikel *der, die* und *das* dar, deren Verwendung daraufhin überprüft wurde, ob sie auf die Anwendung von Genusprinzipien zurückzuführen sind. Definitartikel dienen in diesen Arbeiten also dazu, Strategien der Genuszuweisung bzw. -klassifikation ausfindig zu machen.

Um diese traditionelle Herangehensweise von meiner Perspektivierung des Genuserwerbs als Kongruenzerwerb besser abgrenzen zu können, vollzieht der Forschungsbericht im zweiten Teil zunächst diese traditionelle Untersuchungsperspektive und damit den L1- und L2-Erwerb von Artikelwörtern als Genusanzeiger nach. Dabei wird erörtert, warum welche Genusprinzipien als relevant für den Genuserwerb erachtet werden und welche Erwerbsreihenfolgen für ihren Erwerb vorgeschlagen worden sind. In diesem Abschnitt wird außerdem ein Vorschlag unterbreitet, wie der Erwerb von Genusprinzipien im Rahmen von gebrauchsbasierten Netzwerkmodellen zu modellieren ist.

Mit dem Blick auf den Erwerb von Genus als Kongruenzkategorie wird im dritten Teil des Forschungsüberblicks dann angezweifelt, ob der Genuserwerb tatsächlich mit der Verwendung von Artikelwörtern als Genusanzeiger beginnt. Indem die funktionalistische Perspektive konsequent verfolgt wird, verlagert sich der Blickwinkel wieder dahingehend, den Erwerb von Genus als Kongruenzkategorie nachzuvollziehen. Hier wird zusammengetragen, was zum Erwerb weiterer genussensitiver Targets – attributiver Adjektive, Relativ- und Personalpronomen – aus bereits vorliegenden Arbeiten zum Genuserwerb im Deutschen bekannt ist. Im Zuge dieser Diskussion werden auch Überlegungen dazu angestellt, auf der Basis welcher Strategien die Lerner die unterschiedlichen Targets in ihrer Lernergrammatik miteinander verknüpfen, um in der mentalen Grammatik morphologisch konsistente Genusparadigmen aufzubauen.

Im Verlauf des Forschungsüberblicks wird sich zeigen, dass zwischen L1- und L2-Lernern z.T. unterschiedliche Verläufe im Genuserwerb zu beobachten sind. Für den L2-Erwerb werden unterschiedliche Faktoren diskutiert, um diese Differenzen zu erklären. Deshalb erörtere ich mit dem Blick auf die von mir untersuchten L2-Lerner in den letzten beiden Abschnitten dieses Kapitels drei dieser kontrovers diskutierten Faktoren – (Erwerbs-)Alter, Input und Erstsprache – und gehe knapp auf die Erstsprachen meiner Probanden – Russisch und Türkisch – ein.

3.1 Gebrauchsbasierte Spracherwerbsmodelle

Mit der Verortung dieser Untersuchung im gebrauchsbasierten Ansatz verstehe ich den Spracherwerb als dynamischen Prozess, in dem Variation und unterschiedliche Entwicklungsverläufe möglich sind, die sich aus der Interaktion von sprachinternen wie -externen Faktoren ergeben. Ich nehme einen engen Zusammenhang zwischen der allgemeinen kognitiven, der sozialen und der sprachlichen Entwicklung an und messe der sprachlichen Interaktion und dem sprachlichen Input eine zentrale Rolle bei. Für den L2-Erwerb gehe ich davon aus, dass dieser vor dem Hintergrund der in der L1 bereits erworbenen sprachlichen Strukturen, Muster und Kategorien erfolgt, die darauf Einfluss nehmen, wie das Formeninventar einer neu zu erwerbenden Sprache erschlossen wird. Damit vertrete ich einen holistischen, funktionalistischen und lern(er)orientierten Ansatz und teile somit nicht die Annahmen nativistischer, reifungsorientierter Ansätze, denen zufolge sprachliche Universalien angeboren sind und der Spracherwerb unabhängig von der allgemeinen kognitiven und sozialen Entwicklung erfolgt.[17]

Vor dem Hintergrund funktionalistisch basierter Grammatiktheorien wie der Kognitiven Grammatik (Langacker 2008) und der Konstruktionsgrammatik (Goldberg 2006; Goldberg & Casenhiser 2008; Croft 2015) gehe ich für den Spracherwerb davon aus, dass Lerner im Erwerbsprozess sprachliche Formen und Strukturen im Hinblick auf ihre kommunikativen Funktionen interpretieren. Der Spracherwerb erfolgt also in Abhängigkeit vom Sprachgebrauch und ist als durch kommunikative Funktionen gelenkt zu modellieren: „The forms of natural languages are created, governed, constrained, acquired and used in the service of communicative functions" (Bates & MacWhinney 1987: 160).

Den Ausgangspunkt für den Erwerb einer Sprache stellt deshalb das sprachliche Angebot dar, das von Lernern in konkreten Kommunikationssituationen verarbeitet wird. Sprache wird kognitiv durch Erfahrung, also Sprachgebrauch, organisiert, wobei in einem aktiven analytischen Prozess die mentale, abstrakte Repräsentation von Sprache entsteht. Lerner verbinden aus dem Input abstrahierte sprachliche Einheiten gemäß der Sprachverwendungssituation mit kommunikativen Funktionen. Durch die wiederholte Assoziation von sprachlichen Einheiten – beginnend mit Morphemen, Wörtern, Idiomen bis hin zu Satz- und Textmustern – mit ihren semantischen bzw. diskursiven Funktionen werden im Sprachaneignungsprozess Form-Funktions-Paare ausgebildet (Ellis 2013: 365),

---

[17] Allerdings sind z.B. nach Klein (2001: 616) und Eisenbeiß (2003) aktuelle minimalistische Ansätze darum bemüht, „den Gegensatz zwischen diesen beiden Extrempositionen aufzuheben: Es werden zwar genetisch determinierte Prädispositionen für den Spracherwerb angenommen, man versucht aber, die Annahmen zu angeborenen domänenspezifischen Universalien und Reifungsplänen zu minimieren." (Eisenbeiß 2003: 119). Auf diesen Aspekt gehe ich bei der konkreten Modellierung des Erwerbs von Genus als Klassifikations- und Kongruenzkategorie detaillierter ein.

die kognitiv verankert und repräsentiert werden. Dieser Prozess wird als ‚form-function-mapping' (Bates & MacWhinney 1987) bezeichnet: Eine Form wird mit einer Funktion verknüpft.

Die Voraussetzung für das Herstellen von Form-Funktions-Relationen sind zunächst holistische Speicherungen sprachlicher Einheiten, sog. ‚Chunks' (Ellis 1996), die im Input identifiziert werden. Diese sprachlichen Einheiten können aus einzelnen Wörtern, aber auch aus Phrasen oder Sätzen bestehen, die hinsichtlich ihrer grammatischen Struktur zunächst noch unanalysiert bleiben. Durch die wiederholte Wahrnehmung von wiederkehrenden sprachlichen Einheiten stabilisiert und automatisiert sich deren Verarbeitung, so dass sie im Lexikon des Sprechers gespeichert werden können (Behrens 2009).

Erst wenn ein bestimmter Schwellenwert im Aufbau des Lexikons bzw. der als Chunks gespeicherten Einheiten erreicht ist (‚Critical Mass Hypothesis' nach Plunkett & Marchman 1991, 1993; Elsen 1999), können diese sprachlichen Einheiten bezogen auf ihre Strukturen miteinander verglichen werden. Ausgehend von dem Lexikon, das Lerner aufbauen, können sie Hypothesen über mögliche Muster der zu erwerbenden Sprache ausbilden. Eine Voraussetzung für diese sprachliche Musterbildung (‚Pattern-finding', Tomasello 2009: 70) sind allgemeine kognitive Fähigkeiten wie Abstraktions- und Kategorisierungsfähigkeit. Generalisiertes Sprachwissen entsteht durch den Vergleich holistisch gespeicherter Einheiten, zwischen denen Ähnlichkeiten auf Form- und Funktionsebene festgestellt werden.

Grammatisches Wissen emergiert also aus dem gespeicherten und verarbeiteten Sprachwissen eines Lerners und verändert sich im Laufe des Spracherwerbsprozesses durch zunehmende sprachliche Interaktion (Spracherfahrung), sich verändernde Kommunikationsbedürfnisse sowie die parallel voranschreitende allgemeine kognitive Entwicklung. Diese Faktoren stehen in einer wechselseitigen Beeinflussung. Spracherwerb im Allgemeinen bzw. Grammatikerwerb im Besonderen ist demnach ein aktiver Konstruktionsprozess, bei dem „Konstruktions-", „Kopier-" und „Kommunikationsvermögen" (Klein 2005) des Lerners interagieren.

Charakteristisch für die in diesem Konstruktionsprozess entstehende Lernergrammatik ist, dass sie dynamisch und transitorisch ist, d.h. dass sie im Verlauf des Spracherwerbsprozesses immer wieder modifiziert wird (Klein & Perdue 1992). Der Lerner durchläuft unterschiedliche Phasen der Form-Funktions-Verknüpfung, wobei die von ihm ausgebildeten Form-Funktions-Paare nicht von Beginn an dem zielsprachlichen System entsprechen müssen. Im Vordergrund steht für den Lerner, durch die von ihm abstrahierten sprachlichen Formen die für ihn relevanten kommunikativen Funktionen zum Ausdruck zu bringen. Bei

Misserfolg in der Kommunikation und aufgrund von negativer Evidenz aus dem Input reanalysiert der Lerner die von ihm vorgenommenen Form-Funktions-Verknüpfungen, um zu erschließen, durch welche Formen bzw. Formenkombinationen die von ihm intendierten kommunikativen Absichten im zielsprachlichen System symbolisiert werden.

3.2 Genuserwerb als Klassifikationserwerb

3.2.1 Erwerb von Artikelwörtern als Genusanzeiger

Welche Phasen der Form-Funktions-Verknüpfung für Artikelwörter durchlaufen werden, bis (L1- und L2-)Lerner sie dazu verwenden, um die Kategorie Genus zu markieren, stelle ich im folgenden Abschnitt dar. Verschiedene Arbeiten zum Genuserwerb, in denen der Erwerb von Artikelwörtern als Genusanzeiger untersucht wurde, diskutieren zunächst ihre Polyfunktionalität und die daraus resultierende Herausforderung für die Form-Funktions-Verknüpfung (L2-Erwerb: Pfaff (1987), Wegener (1995a, 1995b); L1-Erwerb: Bittner (2006)). Da durch Artikelwörter verschiedene grammatische Funktionen symbolisiert werden, ohne dass sie eine 1:1-Form-Funktions-Beziehung aufweisen, sind die Wortformen als morphologisch opak zu bezeichnen (Dressler 2010), vgl. Tabelle 4.

Tab. 4: Flexionsparadigmen deutscher Artikelwörter

	Definitartikel				Indefinitartikel		
	Singular			Plural	Singular		
	M	N	F	M/N/F	M	N	F
Nom	der	das	die	die	ein	ein	eine
Akk	den				einen		
Dat	dem		der	den	einem		einer
Gen	des			der	eines		

Zu den durch die Artikelwörter symbolisierten Funktionen zählen die drei Kategorien Genus, Kasus und Numerus, die in ihrem morphologischen Ausdruck fusionieren; zudem determinieren Artikelwörter Nomen semantisch-pragmatisch (definit vs. indefinit). Die nominalen Formenparadigmen zeichnen sich überdies durch eine Vielzahl an Synkretismen aus, so dass nicht für alle drei

Genera ein morphologisch differenziertes Formeninventar gegeben ist. Beispielsweise ist die Artikelform *der* einerseits Definitartikel von maskulinen Nomen im Nominativ Singular, andererseits begleitet sie auch feminine Nomen im Dativ und Genitiv Singular sowie alle Nomen im Genitiv Plural. Lerner sind also vor die Aufgabe gestellt, herauszufinden, welche Form für welche Funktion bzw. welche Funktionen steht.

Aus einer funktionalistischen und gebrauchsbasierten Spracherwerbsperspektive ist anzunehmen, dass eindeutige Wortformen vor uneindeutigen erworben werden. Außerdem ist davon auszugehen, dass semantisch transparente vor semantisch intransparenten Form-Funktions-Verbindungen aus dem Input abstrahiert werden. Ein weiteres, den Erwerb beeinflussendes Kriterium stellt die Validität von Form-Funktions-Verknüpfungen dar. Validität erlangt eine Form dadurch, dass sie eindeutig ist oder aber aufgrund ihrer Frequenz, in entsprechenden Kontexten eine Funktion zu symbolisieren (Slobin 1985; Bates & MacWhinney 1987; Zangl 1998; Ellis 2013).

Bezogen auf den Genuserwerbs sollten Lerner Artikelwörter also zunächst mit validen, d.h. eindeutigen und semantisch transparenten Funktionen verknüpfen und ihre Form-Funktions-Verknüpfungen in aufeinander folgenden Phasen immer wieder reorganisieren, um sich das zielsprachliche System zu erschließen. Einen viel zitierten Vorschlag für eine solche Phasierung mit aufeinander folgenden Phasen der Form-Funktions-Verknüpfung zur Symbolisierung der unterschiedlichen nominalen Kategorien hat Wegener (1995a) für den sukzessiven L2-Erwerb vorgelegt.[18] Demnach werden Artikelwörter zuerst zur semantisch-pragmatischen Determination verwendet und erst darauf als Marker für Kasus und Numerus reinterpretiert.[19] Dass durch Artikelwörter auch die Kategorie Genus markiert wird, entdecken die Lerner erst zum Schluss. Diese Erwerbsreihenfolge (Kasus, Numerus > Genus) wird dadurch begründet, dass

---

18 Ähnlich auch schon Pfaff (1987) für jugendliche L2-Lerner, Bittner (2006) für den L1-Erwerb.
19 Es liegen nur wenige Genuserwerbsstudien vor, in denen Artikelverwendungen oder auch Verwendungen anderer genusanzeigender Targets von Lernern dezidert dahingehend überprüft wurden, mit welchen Funktionen die Lerner die Artikel verknüpfen, bevor sie diese tatsächlich dazu verwenden, die Kategorie Genus anzuzeigen. Meist wird lediglich konstatiert, ob ein Genusmerkmal bereits erworben wurde oder nicht (vgl. z.B. Jeuk 2008; Turgay 2010; Rizzi 2013). Dagegen wurde in den Studien von Mills (1986a, 1986b), Pfaff (1987), Wegener (1995a), Müller (2000), Bewer (2003) und Bittner (2006) die Verwendung genusanzeigender Formen nicht nur hinsichtlich des Erwerbs von Genusprinzipien bzw. zielsprachlicher Genusmarkierungen untersucht. Vielmehr analysieren die genannten Autorinnen nicht-zielsprachlich genusmarkierte Formen im Hinblick auf systematische Verwendungsweisen im Sinn von Interimssymbolisierungen der Lerner, d.h. als Symbolisierungen anderer kategorieller Inhalte.

Kasus und Numerus für die Kommunikation unmittelbarere Relevanz aufzuweisen scheinen, da durch sie semantische bzw. quantitative Konzepte symbolisiert werden können.

Obwohl sich Wegener (1995a) selbst in keiner spezifischen Spracherwerbstheorie verortet, interpretiert sie ihre Daten konsequent aus funktionalistischer Perspektive, indem sie aufdeckt, welche Form-Funktions-Verknüpfungen die Lerner im Laufe des Genuserwerbs nach und nach vornehmen.[20] Die von Wegener vorgeschlagene Phasierung verdeutlicht deshalb aus funktionalistischer Perspektive sehr anschaulich, wie sich der Prozess der Form-Funktions-Verknüpfung vollzieht und welcher Stellenwert den Kriterien Validität und semantische Transparenz von Formen beim Aufbau und der Erschließung des Formeninventars zukommt, das u.a. dazu dient, die Kategorie Genus anzuzeigen. Nachfolgend wird dieser Erwerbsverlauf wiedergegeben, wobei ich Befunde anderer Studien, die diesen Erwerbsverlauf bestätigen, einbette.

3.2.1.1 Form-Funktions-Verknüpfungen vor der Markierung der Kategorie Genus

Phase 1: Fehlen jeglicher Markierung

Zu Beginn des Aufbaus des nominalen Lexikons werden Nomen ohne Artikel verwendet. Erst in einem zweiten Schritt wird das Nomen um ein Artikelwort erweitert. Mills (1986a), Bittner (1997), Bewer (2004), Szagun et al. (2007) und Schlipphak (2008) dokumentieren für den monolingualen L1-Erwerb, dass der Indefinitartikel vor dem Definitartikel erworben wird. Diese Erwerbsreihenfolge wird auch für den L2-Erwerb durch kindliche Lerner unterschiedlicher L1 im Vor- und Grundschulalter beobachtet (Wegener 1995a; Kostyuk 2005; Kaltenbacher & Klages 2006; Marouani 2006; Lemke 2008; Montanari 2010). Abgesehen vom Zeitpunkt, ab dem Artikel verwendet werden (L1 zwischen 1,6 und 2,0 Jahren und L2 je nach L2-Kontaktbeginn später), kann die Erwerbsreihenfolge [artikelloses Nomen] > [Indefinitartikel+Nomen] > [Definitartikel+Nomen][21] für L1- als auch L2-Lerner als identisch beschrieben werden.

---

[20] Wegener resümiert für ihre Untersuchung zum sukzessiven L2-Erwerb, eine Mittelposition zwischen formalistischen und funktionalistischen Spracherwerbskonzepten einnehmend, dass die Lerner „nicht nur bedeutungsvolle Strukturen und funktionale Elemente [lernen], [...] aber diese wesentlich leichter als die afunktionalen" (Wegener 1995a: 23).

[21] Bittner (1997: 268) führt noch eine weitere Phase an und zeigt für den L1-Erwerb, dass zwischen dem Erwerb des Indefinit- und Definitartikels der Possessivartikel erworben wird.

Phase 2: Semantische Determination
Sobald neben indefiniten auch definite Artikelformen verwendet werden, sind die Lerner schnell dazu in der Lage, die unterschiedlichen Artikeltypen auf semantisch-pragmatischer Ebene zur Kennzeichnung von indefiniter und definiter Referenz zu nutzen (Wegener 1995a; Bewer 2004; Szagun et al. 2007; Lemke 2008, Binanzer 2016). In dieser Phase werden unterschiedlichen Formen also bereits unterschiedliche Funktionen zugeordnet: Durch Indefinitartikel werden im Diskurs unbekannte Referenten eingeführt, durch Definitartikel bekannte Referenten fortgeführt. Dabei gebrauchen die Lerner Artikelwörter aber noch nicht dazu, die Kategorie Genus zu symbolisieren, obwohl sie vermeintlich bereits genuskongruente Artikelformen verwenden. Dies ist darauf zurückzuführen, dass von Beginn des Artikelerwerbs an zweigliedrige NGr auch holistisch gespeichert werden, was durch das „invariante Positionierungsschema" (Zangl 1998: 135) [DET+NOMEN] erwartbar ist. Bei solchen holistisch gespeicherten NGr müssen die Genusmarkierungen allerdings noch als unanalysierte Chunks gewertet werden, da die Produktion der NGr automatisiert erfolgt (vgl. MacWhinney 1978: 59, dort als „Amalgam" bezeichnet).[22] Dieser Genuserwerb – sofern überhaupt als solcher zu bezeichnen – vollzieht sich nach einer „imitativen Lernstrategie" (Wegener 1995a: 18), in der die Formen des Inputs, Artikel und Nomen, zunächst ganzheitlich als Einheit gespeichert werden. Zum anderen wird auch beobachtet, dass die unterschiedlichen Artikelformen als freie Varianten verwendet werden, d.h. ein und dasselbe Nomen durch unterschiedliche Artikelformen determiniert wird (z.B. Wegener 1995a: 8).

Phase 3: Aufbau des Formenrepertoires und Übergeneralisierung
Bevor alle drei Artikelformen verfügbar sind, stellen z.B. Mills (1986a) oder Müller (2000) für den monolingualen bzw. simultanen bilingualen L1-Erwerb und Wegener (1995a: 9), Jeuk (2006, 2008), Marouani (2006: 75), Kaltenbacher & Klages (2006: 86), Turgay (2010: 17, 22), Montanari (2010: 251, 256) und Ruberg (2013: 218) für kindliche Lerner des Deutschen als L2 (Vor- und Grundschule) fest, dass zunächst die Artikelformen *der* oder *die* übergeneralisiert werden, bevor beide Artikelformen parallel verwendet werden. Die Übergeneralisierung einer Form folgt einer „kognitiv-analytischen Strategie" (Wegener 1995a: 18), bei der einer ermittelten Funktion (Determination) nach Möglichkeit genau eine Form zugeordnet wird. Die Artikelform *das* wird erst nach den Formen *der* und *die* in das dann dreigliedrig werdende Artikelsystem integriert.

---

[22] So beobachtet auch für den Genuserwerb in anderen Sprachen, vgl. z.B. für das Spanische Mariscal 2008, für das Französische Chevrot, Dugua & Fayol 2008.

Aus gebrauchsbasierter Perspektive ist es erwartbar, dass in Singularkontexten entweder die Artikelform *der* oder die Artikelform *die* übergeneralisiert wird, wenn die Verteilung der Genera und damit die Häufigkeit ihres Vorkommens berücksichtigt wird. Tabelle 5 gibt eine Übersicht über die Verteilung der Genera in verschiedenen Korpora. Von meiner eigenen Auswertung der 812 ranghöchsten Nomen im produktiven Grundwortschatz nach Pregel & Rickheit (1987) und der Auszählung von Schiller & Caramazza (2003: 171) abgesehen sind die Angaben Korecky-Kröll (2011: 62) entnommen. Aus der Gegenüberstellung wird ersichtlich, dass in den meisten Korpora die Maskulina die größte Klasse darstellen, gefolgt von den Feminina.[23]

Tab. 5: Genusverteilung im Deutschen

		M	F	N	multiples Genus
Pregel & Rickheit (1987) (eigene Auszählung)	produktiver kindl. Grundwortschatz	42,4	31,0	26,6	
Schiller & Caramazza (2003)	CELEX	42,7	35,4	19,2	2,7
Augst (1975)	Kernwortschatz	67,0	13,0	20,0	
Oehler (1966)	Grundwortschatz	38,8	38,8	22,4	
Wegener (1995a)	Grundwortschatz	43,6	32,8	23,5	
Korecky-Kröll (2011)	CELEX (Tokenfrequenz)	35,1	41,2	22,6	1,1
Wegener (2007)	Fremdwortschatz Hübner (1999)	26,0	49,0	24,8	

Sobald alle drei Artikelformen erworben sind, beobachtet Wegener (1995a: 9) bei ihren Probanden, dass das erworbene Formeninventar nur in Ausschnitten angewendet wird. Insofern erfolgt eine Formenreduktion. Dies begründet sie damit, dass die Lerner versuchen, „der Vielfalt an Formen Herr zu werden". Von einer systematischen Markierung der Kategorie Genus ist deshalb noch immer nicht auszugehen.

---

[23] Die hohe Anzahl der Feminina in der Berechnung von Wegener (2007) für Fremdwörter werden von Korecky-Kröll auf die Vielzahl der Abstrakta zurückgeführt. Für ihre eigene Auswertung des CELEX-Korpus gibt Korecky-Kröll keinen Grund für das Überwiegen der Feminina an.

Phase 4: Festlegen von Funktionswerten: Interpretation von Artikelwörtern als Kasus- und Numerusmarker

Sobald die Lerner registrieren, dass die Variation der Artikelformen durch den syntaktischen und semantischen Kontext bestimmt ist, werden die unterschiedlichen Artikelformen im Hinblick auf ihre möglichen Funktionen interpretiert (vgl. Bittner (2006) für den L1-Erwerb, Wegener (1995a) für den kindlichen sukzessiven L2-Erwerb, Pfaff (1987) für den sukzessiven L2-Erwerb im Jugendalter). Einer Form wird in dieser Phase nur eine Funktion zugeschrieben, d.h. dass die Polyfunktionalität der Artikelformen, gleichzeitig mehrere Kategorien (Genus, Kasus und Numerus) zu kennzeichnen, noch nicht durchschaut und stattdessen das Prinzip ‚eine Form – eine Funktion' angewendet wird.

Wegener (1995a: 12) beobachtet bei ihren Probanden, dass die *r*-Formen (*der, er, dieser*)[24] zunächst zur Kennzeichnung von Subjektrollen und *s*-Formen (*das, es, dieses*) zur Kennzeichnung von Objektrollen verwendet werden (z.B. *Er will, dass der Mutter das Lutscher kauft.*). Die Daten von Wegeners Probandin Ne veranschaulichen, dass das Kind

> „[...] die verschiedenen Formen miteinander verglichen und im Hinblick auf ihre Funktion als Subjektmarker gewertet hat und nun den validesten Nominativmarker zur Kodierung von Subjekten übergeneralisiert, denn die r-Formen zeigen „Nominativ" zuverlässiger an als die e- und s-Formen, die ja zugleich Akkusativ sind."
>
> Wegener (1995a: 12–13)

Später werden zur Objektmarkierung die *s*-Formen von den aufgrund ihrer Eindeutigkeit noch valideren *n*-Formen (*den, ihn, diesen*) abgelöst. Konsistent dazu ist die Beobachtung von Pfaff (1987: 100), die den Erwerb der Nominalflexion von Jugendlichen mit der L1 Türkisch, die Deutsch sukzessiv als L2 erworben haben, untersucht. Sie stellt fest, dass ihre Probanden eher Kasus als Genus markieren, unabhängig davon, ob die Markierungen zielsprachlich sind oder nicht. „Definite article forms are nonstandardly, but in a semantically well motivated manner, predominantly associated with subject and object: *der* and *die* with subject, *dem* and *den* with objects."

---

24 Ich bediene mich hier und im Folgenden der Terminologie von Wegener (1995a), die für die verschiedenen Targets gemäß ihrer (partiellen) Formidentität qua Genusparadigmen jeweils eine übergreifende Bezeichnung verwendet, nämlich *r*-Formen (*der, dieser*, Adj.-*er, er*), *e*-Formen (*die, diese*, Adj.-*e, sie*) und *s*-Formen (*das, dieses*, Adj.-*es, es*). Damit umgehe ich das Problem, Formen als maskuline, feminine oder neutrale Formen zu bezeichnen – aus der Lernerperspektive symbolisieren diese Formen nämlich nicht von Anfang an die drei Genera.

Wegener stellt in dieser Phase der Form-Funktions-Verknüpfung vereinzelt auch fest, dass die *e*-Formen (*die, sie, diese*) bei femininen NGr im Singular untergeneralisiert, dafür aber als Pluralmarker uminterpretiert werden. Dabei werden *der* und *die* zur Unterscheidung von Singular und Plural verwendet (Wegener 1995a: 11–13). Auch Wecker (2016) zeigt in ihrer L2-Erwerbsstudie mit Grundschulkindern, dass die L2-Lerner die Artikelform *die* als validen Pluralmarker interpretieren. In einem Perzeptionstest wurden den Kindern Kunstwörter mit den drei Artikelformen *der, die* oder *das* präsentiert. Die Kinder sollten entscheiden, ob es sich um eine NGr im Singular oder Plural handelte. Es zeigte sich eindeutig, dass jene NGr häufiger als plurale NGr interpretiert wurden, denen die Artikelform *die* vorangestellt war.

Die Formen bzw. Flexive werden zunächst also wie folgt interpretiert und verwendet: *r*-Formen entsprechen der syntaktischen Kategorie [SUBJEKT], *s*-Formen der syntaktischen Kategorie [OBJEKT] und *e*-Formen der semantischen Kategorie [PLURAL]. Durch diese Form-Funktions-Verknüpfungen wird noch einmal das Bestreben der Lerner, einer Form genau eine Funktion zuzuordnen, ersichtlich.

Dieses Ergebnis stimmt mit dem Befund einer gebrauchsbasierten Validitätsanalyse von Definitartikeln bzw. Demonstrativpronomen (*der, dieser*) überein. Anhand des Frequenzwörterbuchs von Ruoff (1981: 514) habe ich überprüft, in welchen Funktionskontexten Definitartikel und Demonstrativpronomen am häufigsten verwendet werden. Das Ergebnis ist Tabelle 6 ist zu entnehmen.

Aus der ersten Spalte geht in absteigender Reihenfolge hervor, welche Artikelformen und Demonstrativpronomen insgesamt die frequentesten Formen darstellen. Die Spalten rechts zeigen (ebenfalls in absteigender Reihenfolge) an, in welcher Häufigkeit sich die synkretischen Formen auf welche Funktionskontexte verteilen und damit, wie valide sie für die Anzeige einer bestimmten Funktion sind.

Die Artikelform *die* wird laut dieser Auszählung am häufigsten zur Anzeige von Nomen im Plural verwendet. Im Singular kommen dagegen die Artikelformen *der* und *das* deutlich häufiger als die Artikelform *die* vor. Dadurch ist die Artikelform *die* sehr valide, die Funktion Plural zu kennzeichnen und sollte zum präferierten Artikelwort zur Kennzeichnung dieser Funktion werden. Dagegen sollte eine der beiden Artikelformen *der* oder *das* mit der Agensfunktion verknüpft werden. Sie kommen aber in etwa mit gleicher Häufigkeit vor und weisen damit einen ähnlichen Validitätswert auf.[25]

---

[25] Anzumerken ist, dass in der Übersicht nach Ruoff nicht unterschieden wird, wann die Formen als Artikelwörter oder Pronomen verwendet wurden. Für die Form *der* wird explizit darauf

Tab. 6: Form-Funktions-Validität von *der, die, das* bzw. *dieser, diese, dieses*

	Σ (in %)	Funktion	Σ (in %)	Σ (abs.)
die/diese	29,9	NOM PL	45,1	5.026
		F AKK SG	22,8	2.562
		F NOM SG	19,7	2.208
		AKK PL	12,4	1.39
das/dieses	27,1	N NOM SG	65,2	6.645
		N AKK SG	34,8	3.541
der/dieser	24,9	M NOM SG	65,5	6.125
		F DAT SG	33,8	3.166
		GEN PL	0,4	42
		F GEN SG	0,2	21
den/diesen	10,9	M AKK SG	54,3	2.229
		DAT PL	45,7	1.875
dem/diesem	6,9	M DAT SG	87,2	2.270
		N DAT SG	12,8	333
des/dieses	0,2	M GEN SG	100	62
		N GEN SG	0	0

Mit Blick auf die Häufigkeitsverteilung der Artikelformen in Objektfunktion zeigt sich aber, dass die Artikelform *das* (3.541 Tokens) deutlich häufiger als die Artikelformen *die* (2.208 Tokens) und *den* (2.229 Tokens) zur Patiensmarkierung vorkommt. Deshalb liegt es nahe, dass *das* zum präferierten Artikelwort zur Kennzeichnung der syntaktischen Funktion Objekt, *der* zum präferierten Artikelwort zur Kennzeichnung der syntaktischen Funktion Subjekt wird. In einer späteren Erwerbsphase sollte dieses System umorganisiert werden und beispielsweise die Artikelformen *den* und *dem* als Objektmarker interpretiert werden, da diese Formen ausschließlich in Objektkasus auftreten und daher valide, da eindeutig sind. Erst wenn Lerner erkennen, dass im Deutschen u.a. durch die Artikelformen auch Genus zum Ausdruck kommt, sollten die Lerner Artikelwörter dahingehend reanalysieren und das Formeninventar in der mentalen Grammatik neu organisieren.

---

verwiesen, dass sie „überaus häufig" (Ruoff 1981: 25) pronominale Verwendung findet. Gleiches kann für die Artikelform *das* angenommen werden, die das am häufigsten verwendete Demonstrativpronomen mit unspezifischer Referenz (z.B. *Das gefällt mir.*) darstellt.

3.2.1.2 Form-Funktions-Verknüpfungen zur Markierung der Kategorie Genus

Nachfolgend setze ich mit der Frage auseinander, ab wann Lerner durch Artikelwörter tatsächlich die Kategorie Genus markieren. Voraussetzung dafür ist die Erkenntnis, dass Artikelwörter nicht ausschließlich die in der dynamischen Lernergrammatik zunächst zugewiesenen Funktionen erfüllen. Lerner müssen erkennen, dass Artikelwörter nicht nur zur semantisch-pragmatischen Determination bzw. zur Markierung der Kategorien Kasus und Numerus verwendet werden, sondern dass durch sie im Deutschen auch die Kategorie Genus markiert wird. Der dafür notwendige Reanalyseschritt der von den Lernern vorgenommenen Form-Funktions-Verknüpfungen impliziert die Einsicht, dass das Auftreten der Artikelformen *der, die* bzw. *das* unterschiedliche nominale Klassen kennzeichnet (Montanari 2010: 227; Ruberg 2013: 269). Für den Genuserwerb heißt das, dass die Lerner das Vorhandensein der Kategorie Genus im Deutschen nur aus Kongruenzbeziehungen zwischen Nomen und genusanzeigenden Formen ableiten können. Lerner können sich die Klassenzugehörigkeit deutscher Nomen aber erst dann erschließen, wenn sie Nomen hinsichtlich ihrer formalen und semantischen Merkmale analysieren. Entsprechend muss eine wortübergreifende Kookkurrenzanalyse von kombinatorischen Beziehungen zwischen den sprachlichen Formen, also den Nomen und ihren genusmarkierten Formen, erfolgen. Die Kookkurrenzanalyse von Artikeln und ihrem Vorkommen im Kontext von Nomen mit bestimmten formalen und semantischen Merkmalen führt also zum Erwerb der in Kapitel 2 erörterten Genusprinzipien. Erst wenn diese in der mentalen Grammatik des Lerners repräsentiert sind, kann die Artikelverwendung systematisch bezogen auf Genus erfolgen.

Zu diesem Erwerbsprozess, der die Reanalyse der bereits hergestellten Form-Funktions-Verknüpfungen beschreibt, liegen meines Wissens bisher keine detaillierten Arbeiten vor. Wird etwa eine systematische Artikelverwendung gemäß Genusprinzipien festgestellt, schlussfolgern viele Autoren, dass die Genusprinzipien ‚angewendet' werden. So heißt es etwa bei Montanari (2010):

> „In einer Reihe von Arbeiten (Karmiloff-Smith 1979; Levy 1983; Berman 1985, 1986, 2004; Mills 1986; Wegener 1995a; Müller 2000; Eisenbeiß 2003) wird davon ausgegangen, dass Zuweisungsprinzipien im Spracherwerb wirken bzw. dass Kinder phonologische und semantische Genusregelmäßigkeiten für den Erwerb nutzen, und für diese Annahme wurden in Daten Belege gefunden."
>
> Montanari (2010: 258)

Was aber genau mit der ‚Anwendung von Genusprinzipien' bzw. ‚Nutzung von Genusregelmäßigkeiten' gemeint ist, wird nicht näher definiert. Auch in den von Montanari zitierten Studien finden sich dazu keine konkreten Aussagen. So schreibt etwa Müller (2000: 378) dazu: „The phonological shape as well as semantic properties of the noun are important for the choice of a particular form of the definite article". In Wegener (1995a: 16) heißt es, dass „Regeln zur Verfügung stehen", die die Lerner „erkennen" und „zur Genuszuweisung nutzen".

In welchem Verhältnis die nach linguistischen Kriterien beschreibbaren Genusprinzipien und ihre tatsächliche mentale Repräsentation stehen, soll nachfolgend beleuchtet werden. Schon Köpcke (1982: 141) hebt hervor, dass eine linguistische Beschreibung nicht mit dem Spracherwerbsprozess gleichzusetzen ist. Es darf nicht einfach davon ausgegangen werden, dass Lerner Genusprinzipien erkennen und ‚anwenden'. Vielmehr muss das Wissen über sprachliche Strukturen, hier die Verknüpfung von nominalen Merkmalen mit Genusklassen, im Verlauf des Erwerbsprozesses erst aufgebaut werden, bevor sie schließlich produktiv ‚angewendet' werden können. Die Phase der Reanalyse der Form-Funktions-Verknüpfungen, in der die genusanzeigenden Formen auch als Anzeiger der neu entdeckten Kategorie Genus interpretiert werden müssen, wird aber in keiner der Studien konkret beschrieben.

Deshalb möchte im nächsten Abschnitt ausführen, wie die mentale Repräsentation der Genusprinzipien im Rahmen gebrauchsbasierter Spracherwerbsmodelle gefasst und die Verknüpfung zwischen Artikelformen und Nomen modelliert werden kann. Vor dem Hintergrund dieser spracherwerbstheoretischen Basierung setze ich danach den Forschungsüberblick mit der Darstellung der in verschiedenen Studien ermittelten Erwerbsreihenfolgen der deutschen Genusprinzipien fort.

3.2.1.3 Netzwerkmodelle und Genusschemata

Zur Modellierung des Genuserwerbs im Rahmen gebrauchsbasierter Spracherwerbskonzepte greife ich auf lexikalische Netzwerkmodelle zurück, die u.a. von Bybee (1988, 2006), Elman (2001), Elsen (1999), Köpcke (1993), Langacker (2000) oder Rogers & McClelland (2014) beschrieben wurden und in (weiteren) Spracherwerbsstudien (z.B. Azizi, Sayedi & Saoudeh 2012; Lowie, Verspoor & Seton 2010; Schlipphak 2008; Wecker 2016) theoretisch und empirisch validiert worden sind. Bybee (1988) geht z.B. davon aus, dass das gesamte mentale Lexikon als neuronales Netzwerk organisiert ist. In diesem neuronalen Netzwerk sind alle gespeicherten Wörter bzw. Wortformen und Wortgruppen miteinander verknüpft. Das sprachliche Wissen ist also in sprachlichen Einheiten und durch die Verbindungen zwischen den sprachlichen Einheiten organisiert. In erster Instanz sind nach Bybee semantische Ähnlichkeiten ausschlaggebend für die Verbindung einzelner Wörter bzw. Wortformen und/oder Wortgruppen. Ebenso existieren zwischen Wörtern und Wortgruppen auch Verbindungen aufgrund phonologischer Ähnlichkeiten, z.B. durch den Anlaut, den Silbenreim. Die Beziehungen zwischen Wörtern und Wortgruppen äußern sich nach Bybee (1988: 126) deshalb in der gemeinsamen Teilmenge gleicher Eigenschaften: „Relations among words are set up according to shared features". Alle Wörter sind demnach aufgrund von semantischen und phonologischen Eigenschaften mit anderen Wörtern verbunden.

Beziehe ich dieses Modell auf die Kategorie Genus, müssen alle Nomen und Artikelwörter als miteinander verknüpft angenommen werden. Auf der Basis solcher von Lernern vorgenommenen Verknüpfungen bilden sie abstrakte Genusmuster aus. Diese Genusmuster bezeichne ich im Folgenden als ‚Genusschemata', wobei ich diesen Terminus an den Terminus ‚Pluralschemata' anlehne, der in der Arbeit zum deutschen Pluralsystem von Köpcke (1993) geprägt wurde und sich in der Arbeit von Wecker (2016) zum Erwerb des deutschen Pluralsystems durch kindliche Lerner des Deutschen als L2 als angemessener Interpretationsrahmen erwiesen hat.

Verdeutlichen möchte ich die Entwicklung von Genusschemata in der mentalen Grammatik am Beispiel von einfachen NGr, bestehend aus Definitartikel und Nomen. Alle holistisch im mentalen Lexikon gespeicherten NGr, die semantische und phonologische Ähnlichkeit aufweisen, werden im assoziativen neuronalen Netzwerk aufgrund ihrer semantischen und phonologischen Ähnlichkeiten miteinander verbunden. Je mehr Ähnlichkeiten zwischen den einzelnen NGr hinsichtlich ihrer Bedeutung oder der Artikelform, der Silbenanzahl, des An- oder Auslauts bestehen, umso stärker ist deren Verbindung. In Anlehnung an Bybee (1988, 2006, 2008) stelle ich solche Verknüpfungen in Abbildung 5 am Beispiel der NGr *die Wiese*, *die Wanne*, *die Sonne* und *der Löwe*, *der Bote* dar.

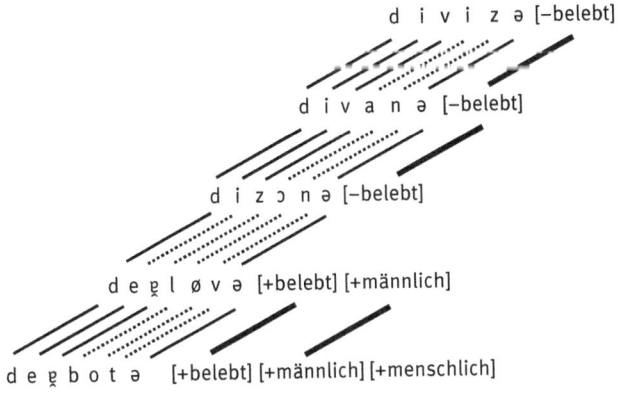

Abb. 5: Netzwerkmodell für Genusschemata

Die unterschiedlich starken Verbindungen zwischen den einzelnen sprachlichen Einheiten werden durch den Stärkegrad der Verbindungslinien symbolisiert. Die stärksten Verbindungen weisen die semantischen Merkmale auf, da diese nach Bybee (1988: 125) die bedeutendsten Verbindungen zwischen sprachlichen Einheiten darstellen. Die auf phonologischen Merkmalen basierenden Verbindungen weisen in Abhängigkeit von ihrem Übereinstimmungsgrad stärkere bzw. weniger starke Verbindungslinien auf. Während für alle drei femininen NGr die Verbindungen zwischen der Artikelform und dem Schwa-Auslaut die gleiche Stärke aufweisen, sind die Verbindungen zwischen den übrigen Konsonanten und Vokalen in Abhängigkeit von ihrer Formidentität stark oder nicht stark ausgeprägt. Sofern sie nicht identisch sind, begründet sich die Verbindung auf der abstrakteren Übereinstimmung von Konsonant und Konsonant (C) bzw. Vokal und Vokal (V). Zwischen den Artikelformen der Feminina und den schwachen Maskulina *Löwe* und *Bote* ist aufgrund der im Anlaut der Artikelform partiell gegebenen lautlichen Identität (/d/) nur noch diese Verbindung stark; dagegen sind die maskulinen NGr durch die ganze Artikelform sowie den Schwa-Auslaut stark miteinander verbunden.

Die schwachen Maskulina, die die gleiche phonologische Struktur wie die Feminina aufweisen – [CVCe] –, sind zwar durch den Auslaut auf Schwa mit den Feminina verknüpft; die unterschiedlichen Artikelformen bewirken aber auf phonologischer Ebene eine stärkere Verbindung zwischen den Feminina einerseits – [*die* CVCe] – und den Maskulina – [*der* CVCe] – andererseits. Von der konkreten lautlichen Struktur der Nomen abstrahiert sind deshalb Schemata wie [*die* Xe] und [*der* Xe] anzunehmen, unter Berücksichtigung der semantischen Merkmale Schemata wie [*die* Xe$_{[-belebt]}$] und [*der* Xe$_{[+belebt]}$].[26]

Als konstituierende Merkmale für Genusschemata erweisen sich bei den besprochenen Beispielen semantische und formale Merkmalsbündel. Nomen der Struktur [Xe] mit dem semantischen Merkmal [+belebt] indizieren Zugehörigkeit zur maskulinen Genusklasse (vgl. Köpcke 2000, 2005). Die Struktur [Xe] und das semantische Merkmal [-belebt], das die Nomen *Wiese*, *Wanne* und *Sonne* aufweisen, ist im Deutschen ein determinierendes Merkmal für die feminine Genusklasse. Für die schwachen Maskulina könnte darüber hinaus das abstrak-

---

[26] Die Notation [X] bezeichnet hier nicht einen Stamm, sondern steht für unterschiedlich strukturierte Formen. Eine Notation wie z.B. [Xchen] stellt dann auch keine Verbindung segmentierbarer Morpheme dar, sondern hebt Formmerkmale hervor, aufgrund derer eine Musterbildung möglich ist.

te Genusschema [der Xe$_{[+belebt]}$] durch weitere semantische Merkmale spezifiziert werden: [der Xe$_{[+belebt], [+menschlich], [+männlich]}$].[27]

Würde die Abbildung 5 um NGr wie [der Mann], [der Bruder] oder [der Onkel] erweitert, wären diese NGr mit den schwachen Maskulina durch die Merkmale [+belebt], [+menschlich] und [+männlich] und die Artikelform *der* verbunden. Ein solches auf semantischen Merkmalen basierendes Genusschema, das sich durch NGr wie [der Mann], [der Bruder], [der Onkel] etc. konstituiert, weist dann die Struktur [der X$_{[+belebt], [+menschlich], [+männlich]}$] auf. Zwischen *Bruder* und *Onkel* könnte aufgrund ihres Auslauts auf die geschlossenen Schwasilben *-er* und *-el* außerdem eine weitere formale Verknüpfung hergestellt werden. Diese Merkmale teilen sie mit anderen Maskulina (z.B. *der Sommer, der Hocker, der Löffel, der Pinsel*), wodurch wiederum phonologisch basierte Genusschemata der Struktur [der Xer] bzw. [der Xel] entwickelt werden können etc. Es entstehen Genusschemata auf der Basis von prototypischen Vertretern einer Klasse, da es deren geteilte semantische und phonologische Merkmale sind, die sie konstituieren.

Aus Spracherwerbsperspektive heißt das: Lerner leiten in Abhängigkeit von der konkreten Zusammensetzung ihres nominalen Lexikons solche abstrakten Genusschemata von holistisch gespeicherten NGr ab. Ein neu zu erwerbendes Nomen, für das Lerner das abstrakte Genusmerkmal noch festlegen müssen, wird aufgrund seiner semantischen oder formalen Merkmale in das Schema integriert, das auf den Merkmalen, die das konkrete zu erwerbende Nomen aufweist, basiert. Bei der Verarbeitung des Nomens werden Verbindungen über semantische und phonologische Merkmale zu bereits im Lexikon gespeicherten Einheiten hergestellt. Weist ein Nomen verschiedene Merkmale auf, aufgrund derer es mit verschiedenen Genusschemata verknüpft werden könnte, sagt Bybee (2008: 219) für den L2-Erwerb voraus, dass ein solches Nomen in der Lernergrammatik zunächst in das Genusschema integriert wird, das dem neu zu erwerbenden Nomen am besten entspricht. Anders formuliert: Je mehr Merkmale das neu zu erwerbende Nomen aufweist, die mit einem spezifischen Genusschema konvergieren, umso größer ist die Wahrscheinlichkeit, dass das Nomen mit diesem Genusschema assoziiert wird. Weist das Nomen tatsächlich ein anderes Genus auf, weil es sich um ein schemadivergierendes Nomen handelt, kann es erst nach ausreichender negativer Evidenz aus dem zielsprachlichen

---

[27] In Abbildung 5 habe ich für die schwachen Maskulina das semantische Merkmal [+männlich] annotiert, obwohl dieses möglicherweise sekundär zuzuordnen ist. *der Bote* und *der Löwe* sind gerade auch generische Bezeichnungen, die sowohl männliche als auch weibliche Referenten bezeichnen können, vgl. Eisenberg (2000) oder Ágel (2005) sowie die Ausführungen zu den Hybrid Nouns im weiteren Sinne im Kapitelabschnitt 2.3.1.

Input reanalysiert und dem zielsprachlichen Schema zugeordnet werden. Entsprechend wird auch für eine andere Genusklasse ein Genusschema etabliert, das dann aber als weniger prototypisch zu bezeichnen ist. Ist beispielsweise für Nomen mit der Struktur [Xe] ein valides Genusschema etabliert, das mit der Artikelform *die* verknüpft ist, könnte ein Nomen wie *Löwe* bei der Aufnahme in das nominale Lexikon aufgrund seiner Formidentität zunächst mit dem Schema [*die* Xe] verknüpft werden. Ist hingegen aufgrund der nach Bybee ausschlaggebenderen semantischen Verknüpfungen schon ein stärkeres Genusschema ausgebildet, das sich durch die o.g. semantischen Merkmale konstituiert, würde *Löwe* unmittelbar in das Genusschema [*der* $Xe_{[+belebt]}$] integriert werden. Bis das abstrakte Genusmerkmal solcher Nomen durch die wiederholte Verarbeitung vollständig festgelegt ist, sind z.B. Schwankungen in der Wahl von Artikelwörtern zu erwarten, da zwei Genusschemata miteinander konkurrieren. Die Festlegung eines Genusmerkmals für ein Nomen ist demnach ein gradueller Prozess, denn „[l]earning is likewise graded and continuous: It arises from changes to connection weight values" (Rogers & McClelland 2014: 1040).

Aus dieser Perspektive sind Nomen auch nicht als ‚reguläre' oder ‚irreguläre' Vertreter ihrer Klasse zu bezeichnen. Konsequenterweise kann aus dieser Perspektive auch nicht angenommen werden, dass zur Verfügung stehende ‚Genusregeln' auf das Lexikon angewendet werden. Die sog. ‚Genusregeln' emergieren vielmehr aus dem Lexikon, das der Lerner gespeichert und analysiert hat:

> „[...] morphological rules and lexical representations are not separate from one another. Rather, morphological and morphophonemic rules are patterns that emerge from the intrinsic organisation of the lexicon [...]. [T]he model does not have a lexicon and a morphological component as separate compartments of the grammar. Rather the model has only a lexicon. The morphological facts of natural language are described in terms of independently necessary mechanisms of lexical storage: the ability to form networks among stored elements of knowledge and the ability to register the frequency of individual items and patterns."
>
> Bybee (1988: 125)

Ausgehend von miteinander verknüpften konkreten sprachlichen Einzelbeispielen werden so abstrakte Genusschemata ausgebildet, die unabhängig von den einzelnen konkreten schemakonstituierenden Merkmalen (phonologisch: z.B. Auslaut auf Schwa, Auslaut auf geschlossene Schwasilbe oder semantisch: z.B. [+männlich], [+weiblich] etc.), durch ein Artikelwort verbunden sind. Dadurch entstehen auf einer hierarchisch übergeordneten, noch abstrakteren Ebene Genusschemata für die einzelnen Genusklassen, durch die das nominale Lexikon organisiert ist. In Abbildung 6 wird ein solches Genusschema beispielhaft für das Maskulinum illustriert.

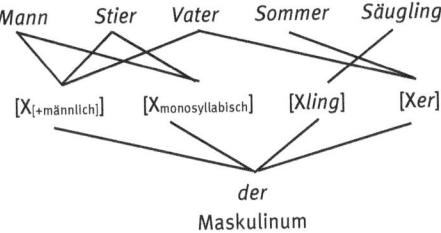

Abb. 6: Netzwerkmodell maskulines Genusschema

In diesem Genusnetzwerk sind formale Merkmale von Nomen, die bei der Beschreibung der Genusprinzipien in phonologische und morphologische unterschieden wurden, prinzipiell nicht zu differenzieren, weil dieses Modell mit semantischen und phonologischen Ähnlichkeiten und nicht mit morphologischer Segmentierung operiert. Bei morphologischen Merkmalen wird ihre phonologische Struktur zugrunde gelegt und nicht ihr Morphemstatus. Für phonologische und morphologische Merkmale gilt deshalb, dass sie durch die gleiche Analyseoperation erschlossen werden müssen, indem die phonologische Form des Auslauts der Nomen mit einer Genusklasse assoziiert wird (z.B. phonologisch: Auslaut auf -e = Feminina, Auslaut auf -er = Maskulina, etc. oder morphologisch: Auslaut auf -chen = Neutra, Auslaut auf -ling = Maskulina etc.). Aus dieser Perspektive sind Genusschemata wie [der Xling] oder [der Xel] miteinander gleichzusetzen. Für (strukturalistisch betrachtet) Derivationssuffixe ist aber anzumerken, dass sie phonologisch salienter als unbetonte schwahaltige Auslaute (vgl. -heit, -keit, -ung vs. -er, -en, -el, -e) und als Indikatoren für die Genusklassenzugehörigkeit nahezu ausnahmslos sind.

Ein weiterer konstituierender Aspekt dieser Modellierung zur Entwicklung von Genusschemata ist die Frequenz. Je mehr Vertreter eines Types (z.B. [der Xling], [das Xchen] etc.) im produktiven nominalen Lexikon verfügbar sind, umso weniger sind deren geteilte Merkmale auf ein singuläres Nomen zurückzuführen, so dass durch die Mustererkennung bei der aktiven kognitiven Verarbeitung wiederkehrender ähnlicher Formen bzw. Formenkombinationen Genusschemata ausgebildet werden. Eine erfolgreiche Schemabildung wird v.a. dann begünstigt, wenn ein konkreter Vertreter eines Schemas eine hohe Tokenfrequenz aufweist. Dies zeigen Casenhiser und Goldberg (2005) in einer Studie, in der sie die Relevanz der Type- und Tokenfrequenz bei der Musterbildung im Spracherwerb untersuchten. Dazu führten sie mit 51 englischsprachigen Kindern (5–7 Jahre) eine Testreihe durch, in der die Kinder das dem Englischen fremde syntaktische Muster SOV erlernen sollten. Die Kinder wurden in drei Untersuchungsgruppen eingeteilt und erhielten bezogen auf die Tokenfrequenz der im Test eingesetzten Kunstverben unterschiedlichen Input. In der Überprüfungsphase, in der das aus dem Input ggf. abstrahierte Muster auf neue Types von Kunstverben übertragen werden musste, erzielte die Testgruppe das beste Ergebnis, deren Input verschiedene Types an Kunstverben enthalten hatte, eines dieser Kunstverben aber auch eine hohe Tokenfrequenz aufwies.

Bezogen auf die Entwicklung von Genusschemata bedeutet das, dass eine hohe Type- und Tokenfrequenz von bestimmten Artikelformen in Kombination mit bestimmten nominalen Merkmalen begünstigt wird. Weist ein Vertreter eines Genusschemas zudem eine hohe Tokenfrequenz auf, wirkt sich dies auf die Erwerbsgeschwindigkeit eines Genusschemas aus.

Zur Untermauerung dieser Vorstellungen ist ein nochmaliger Blick auf Annahmen konkurrierender theoretischer Konzepte hilfreich. Auch in neueren, formal ausgerichteten Ansätzen wird nicht ausgeschlossen, dass sich Lerner beim Genuserwerb an formalen und semantischen Merkmalen von Nomen orientieren. Bezeichnend für diese Ansätze ist, dass nicht mehr davon ausgegangen wird, dass sprachliche Strukturen direkt angeboren sind, sondern dass dem Kind stattdessen „ein minimales Strukturformat mit hierarchischen Struktureigenschaften mitgegeben ist, das durch Auseinandersetzung mit der Umgebungssprache entfaltet werden muss" (Kauschke 2012: 142). Meisel (2009: 27) nimmt z.B. neben den „priciples of Universal Grammar" auch „discovery principles" an, die beide Bestandteil der „Language Making Capacity" seien. Die beiden Prinzipien unterscheiden sich nach Meisel aber dadurch, dass durch „discovery principles" zwar grammatisches Wissen entwickelt werden kann, „principles of Universal Grammar" aber Eigenschaften von grammatischen Einheiten definieren. Für den Genuserwerb im Speziellen führt er am Beispiel des Französischerwerbs aus, dass sich Lerner an formalen oder semantischen Merkmalen von Nomen orientieren und der Genuserwerb entsprechend durch „discovery principles" gelenkt wird:

> „As for gender assignment, what is of particular interest is that (2)L1 children focus on formal properties of nouns and on distributional properties (e.g. Art_N combinations). In doing so, they do not rely on principles of UG but on discovery mechanisms, reminiscent of the learning and discovery mechanisms alluded to above. These are domain specific in that they refer to abstract linguistic entities (morphemes, words, etc.) and to formal prop-

erties of such units. In L2 acquisition,[28] on the other hand, learners seem to rely primarily on functional properties (semantic, contextual, etc.). They are thus distracted by overemphasizing functional to the detriment of formal cues; see Carroll (1999)."

Meisel (2009: 27)

Durch diese Modellierung des Genuserwerbs wird deutlich, dass sich die ehemals konträr gegenüberstehenden nativistischen und gebrauchsbasierten Erwerbsmodelle einander angenähert haben. Außerdem nimmt Meisel für den sukzessiven L2-Erwerb funktionale Aspekte als auschlaggebende Triebfeder für den Genuserwerb an, denen im traditionellen Programm der Generativen Grammatik keine Relevanz eingeräumt wurde.[29]

Eisenbeiß (2003), Hawkins & Franceschina (2004) oder Ruberg (2013), die den Genuserwerb im Rahmen des minimalistischen Programms untersuchen, schließen wie Meisel nicht aus, dass Genusmarkierungen durch die Orientierung an semantischen und formalen Merkmalen von Nomen erfolgen können; allerdings werden von diesen Autoren solche musterbasierten Genusmarkierungen als optional, aber nicht notwendig angesehen. Sie werden nur solange angenommen, bis das zielsprachliche Genusmerkmal aufgrund von ausreichender Evidenz aus dem Input im Lexikon auf seinen korrekten Wert festgelegt worden ist. Bis zur Festlegung des korrekten Genuswerts gehen die Autoren der genannten Studien davon aus, dass eine Genusmarkierung über einen Defaultmechanismus erfolgt. Dieser basiert im Verständnis der Autoren auf einer rein syntaktischen Operation (Marcus et al. 1995), die unabhängig von den formalen und semantischen Genusinformationen des Nomens greift. So stellt z.B. Ruberg (2013: 324) zwar sowohl für monolingual deutschsprachige Kinder als auch für Kinder mit Deutsch als L2 musterbasierte Genusmarkierungen fest. Im Gesamtergebnis kommt er aber zu dem Schluss, dass „der musterbasierte Mechanismus der Genuszuweisung [...] eine optionale Ergänzung zum Defaultmechanismus darstellt" und insofern nicht Voraussetzung für den Genuserwerb ist. Diese Position ist mit gebrauchsbasierten Ansätzen nicht vereinbar.

---

[28] Mit „(2)L1 children" sind bei Meisel Lerner gemeint, die von Geburt an simultan zwei Sprachen erwerben (simultaner bilingualer L1-Erwerb). Diesen Spracherwerbstyp grenzt er von „L2 learners" ab, die eine zweite Sprache zeitlich versetzt zur L1 erwerben (vgl. ausführlicher Kapitelabschnitt 3.5.1)

[29] Auch Klein & Perdue (1997) – Vertreter des Lernervarietäten-Ansatzes – finden für die Grundvarietät von Lernern einen „Ausbau im Sinne des Minimalismus" (Klein 2001: 616) vor. Da dieser Befund mit den Annahmen des minimalistischen Programms übereinstimmt, schließt Klein deshalb auch nicht mehr aus, dass durch eine Konvergenz der beiden ursprünglich entgegengesetzten Positionen eine einheitliche und geschlossene Theorie des Spracherwerbs entstehen könnte.

3.2.1.4 Validität von Genusschemata

Nicht alle formalen und semantischen Merkmale sind gleichermaßen valide. Aus gebrauchsbasierter Sicht ist deshalb anzunehmen, dass die Ausbildung von Genusschemata in Abhängigkeit von ihrer Validität erfolgt. Mit dem Blick auf die unterschiedlichen Spracherwerbstypen schließt sich auch die Frage an, ob für den L1- bzw. frühen oder späten L2-Erwerb die gleichen nominalen Merkmale die gleiche Validität besitzen, da u.a. Faktoren wie das Alter der Lerner, die damit einhergehende kognitive Entwicklung oder die typologische Ähnlichkeit der L1 Einfluss auf die Schemaausbildung in einer zweiten Sprache nehmen können.

Der soeben ausgeführten Modellierung des Genuserwerbs zufolge ist sowohl für den L1- als auch L2-Erwerb anzunehmen, dass für die Entwicklung eines Genusschemas zunächst ausschlaggebend ist, welchen Wortschatz der Lerner aufgebaut hat, von dem er die Genusschemata abstrahieren kann. Der Aufbau des Wortschatzes ist wiederum vom sprachlichen Input, konkret von der Type- und Tokenfrequenz von NGr mit entsprechenden Artikelformen und nominalen Merkmalen, abhängig, den der Lerner zu verarbeiten hat (vgl. schon Köpcke 1982: 140–141).

Welche Genusschemata aufgrund der Validität bestimmter nominaler Merkmale mit hoher Wahrscheinlichkeit ausgebildet werden können, wurde von Wegener (1995b: 90–94) in Anlehnung an das psycholinguistisch fundierte Competition Model (Bates & MacWhinney 1987; MacWhinney et al. 1989; MacWhinney 1997, 2012) ermittelt.[30] Wegener analysierte dazu im Rahmen von Überlegungen zum Erwerb der deutschen Nominalflexion durch L2-Lerner den deutschen Grundwortschatz von Oehler (1966). Ihrer Analyse legte sie zwei Kriterien zu Grunde, die Validität eines Genusprinzips und dessen Skopus. Die Validität eines Genusprinzips bemisst sie daran, wie häufig ein Nomen mit einem bestimmten Merkmal tatsächlich der Genusklasse angehört, die diesem Merkmal zufolge vorauszusagen ist (z.B. wie viele der im Grundwortschatz verzeichneten Nomen der Struktur [Xe] tatsächlich Feminina sind). Mit dem Skopus berechnete Wegener zudem, welchen prozentualen Anteil diese Nomen im Grundwortschatz von Oehler (1966) ausmachen – damit ermittelt sie die

---

[30] Dieses Modell war bzw. ist zentral für die Modellierung des funktional und gebrauchsbasierten Spracherwerbsansatzes, da darin seine grundlegenden Annahmen, die ich eingangs dieses Kapitels dargelegt habe, für verschiedene Bereiche des Spracherwerbs in verschiedenen Sprachen und für verschiedene Spracherwerbstypen (L1- und L2-Erwerb) ausbuchstabiert wurden (vgl. dazu auch die ausführliche Darstellung des Modells und seine Anwendung am Bsp. der Determination semantischer Rollen im sukzessiven L2-Erwerb in Gamper 2016).

Typefrequenz, da für die Schemaausbildung verschiedene Types einer Struktur verarbeitet werden müssen, um überhaupt ein Schema entwickeln zu können.[31]

Wegener kommt bei ihrer Analyse zu dem Schluss, dass für den L2-Erwerb nur wenige Genusprinzipien relevant sein dürften, da die Validität und der Skopus anderer Genusprinzipien zu gering seien. Die fünf von Wegener als relevant identifizierten Genusprinzipien sind in Tabelle 7 mit ihren Validitäts- und Skopuswerten dargestellt (1: Auslaut auf Schwa = Feminina; 2: Auslaut auf geschlossene Schwasilbe = Maskulina; 3: Monosyllabia = Maskulina; 4: Nomen auf -heit bzw. -ung = Feminina; 5: Sexus = Maskulina oder Feminina). Den von Wegener verwendeten Terminus „Genusregel" habe ich bezogen auf meine netzwerkbasierte Modellierung durch die Bezeichnung ‚Schema' ersetzt.

Tab. 7: Validität von formalen und semantischen Merkmalen (nach Wegener 1995a: 3)

	Schema	Genus	Validität (in %)		Skopus (in %)	
1	X*e*	F	90,5		16,9	
2	X*el*		60,5		2,4	
	X*en*	M	72,1	65,6	3,3	10,2
	X*er*		64,2		4,5	
3	X*monosyllabisch*	M	51,8		25,9	
4	X*ung*				4,6	
	X*heit*	F	100		1,9	
5	X[+männlich]	M				
	X[+weiblich]	F	86,1		5,9	
Σ					65,4	

Meine eigene Auswertung der 833 frequentesten Nomen (mit mindestens fünf Tokens) im produktiven kindlichen Grundwortschatz nach Pregel & Rickheit (1987) bestätigen die Validität dieser Schemata (auf -*e* auslautende Zweisilber: 88 % Feminina; auf -*er* auslautende Zweisilber: 64 % Maskulina; auf -*en* auslautende Zweisilber: 57 % Maskulina; auf -*el* auslautende Zweisilber: 63 % Maskulina; Monosyllabia: 52 % Maskulina; Nomen mit inhärenten Sexusmerkmalen [+männlich] bzw. [+weiblich]: 84,6% Maskulina oder Feminina), womit ihre

---

31 Die Tokenfrequenz, die von Casenhiser & Goldberg (2005) als begünstigendes Kriterium für die erfolgreiche Schemabildung identifiziert worden ist, findet in dieser Analyse keine Berücksichtigung, da der Grundwortschatz von Oehler (1966) kein Frequenzwörterbuch ist.

Validität auch für den produktiven kindlichen Grundwortschatz anzunehmen ist.[32]

Aus der Spracherwerbsperspektive ist zu fragen, ob die durch die Analyse des Grundwortschatzes ermittelten Validitätswerte für die Entwicklung von Genusschemata tatsächlich die gleiche Validität besitzen. Werden beispielsweise morphologische Prinzipien zuerst erworben, da sie deterministisch sind, auch wenn ihr Skopus sehr gering ausfällt? Einen nicht wesentlich höheren Skopus weist das Sexusprinzip auf, allerdings ist es semantisch transparent, was aus funktionaler Perspektive dafür spricht, dass es früh erworben wird. Das phonologisch basierte Schwaprinzip weist dagegen sowohl eine hohe Validität als auch einen vergleichsweise hohen Skopus, also viele Types auf, so dass davon auszugehen ist, dass auch dieses Prinzip früh erworben wird.

Auf die Diskussion der von z.B. Köpcke (1982) oder Wegener (1995a) prognostizierten Erwerbsreihenfolgen verzichte ich an dieser Stelle. Stattdessen gehe ich direkt dazu über, Ergebnisse verschiedener L1- und L2-Erwerbsstudien mit Lernern unterschiedlichen Alters und ggf. unterschiedlicher L1 zu Formverwendungen, die auf Genusschemata basieren, darzustellen.

3.2.1.5 Erwerb von Genusschemata

Semantische Genusschemata
Systematische, auf Sexusschemata basierende Artikelverwendungen wurden durch Lerner verschiedener Spracherwerbstypen, mit ggf. unterschiedlichen L1 und unterschiedlichen Alters dokumentiert. Beispielhaft zu nennen sind Mills (1986a) für den monolingualen L1-Erwerb, Müller (2000: 387) für den simultanen bilingualen Erwerb, Marouani (2006) für den sukzessiven L2-Erwerb von Kindern im Alter ab zwei Jahren mit der L1 Arabisch, Wegener (1995a) bei Grundschulkindern mit den L1 Türkisch, Russisch und Polnisch, Bast (2003) bei Nastja, einer Seiteneinsteigerin im Alter von acht Jahren mit der L1 Russisch, und Spinner & Juffs (2008) bei erwachsenen Lernern mit den L1 Italienisch und Türkisch. Die Probanden dieser Studien determinieren Personen- und Tierbezeichnungen mit dem Merkmal [+männlich] systematisch durch die Artikelform *der*, Personen- und Tierbezeichnungen mit dem Merkmal [+weiblich] systematisch durch die Artikelform *die*. Alle Lerner stellen durch den Artikel also semantische Kongruenz zwischen Personen- bzw. Tierbezeichnungen und Arti-

---

[32] Jeuk & Schäfer (2008) bestätigen Wegeners Werte auch durch die Überprüfung der 636 im Grundschulwörterbuch „Schlag auf, schau nach" (Wetter 2006) enthaltenen Nomen.

kelwort her. Einzuwenden bleibt, dass bei vielen der als sexusbasiert interpretierten Artikelverwendungen nicht entscheidbar ist, ob die Probanden dieser Studien tatsächlich Nomen nach Sexus klassifizieren, da viele der in den Korpora verzeichneten Nomen hochfrequent sind und die Artikel somit auch auswendig gelernt sein könnten (vgl. Kapitel 3.2.1).

Da in einigen Studien aber eine Ausdehnung des Sexusschemas auf Hybrid Nouns und auf generische Personen- und Tierbezeichnungen beobachtet wird, kann im Kontext dieser Nomen geschlossen werden, dass die Probanden die Artikelformen *der* und *die* tatsächlich sexusbasiert verwenden. Solche semantische Kongruenz ist z.B. für das Nomen *Mädchen* in den Daten von Wegener (1995a: 14), Marouani (2006: 160) und Pagonis (2009: 253) belegt. Aus den Daten von Bewer (2004: 116) geht hervor, dass die monolingual deutschsprachige Probandin Simone den neutralen Märchennamen *Aschenputtel* mehrfach durch *die* determiniert. Auch generische Personenbezeichnungen, denen kein Sexusmerkmal inhärent ist (z.B. *Kind*, *Baby*), aber deren außersprachliche Referenten Sexus aufweisen, werden nach dem Sexusschema determiniert. Belege für also referentielle Kongruenz zwischen den Nomen *Kind* und *Baby* und der Artikelform *der* sind ebenfalls in Bewer (2004: 116), Wegener (1995a: 14) und Marouani (2006: 160), für referentielle Kongruenz zwischen dem Nomen *Kind* und der Artikelform *die* in Mills (1986a: 99) dokumentiert. Marouani (2006: 160) und Bast (2003: 238) vermuten referentielle Sexusmarkierungen auch bei Artikelverwendungen im Kontext generischer Tierbezeichnungen, weil ihre kindlichen Probanden die Artikelformen *der* und *die* gemäß Sexus der außersprachlichen Referenten verwenden (z.B. *der Katze*, *der Schwein*, *die Schwein*, *eine Pony*).

Eine nicht auf Sexus, aber auch auf semantischen Kriterien beruhende Markierung von Kongruenz stellen Müller (2000: 359) für den simultanen bilingualen L1-Erwerb und Wegener (1995a: 14) für den sukzessiven L2-Erwerb fest. Aus Müllers Daten geht hervor, dass einer ihrer Probanden noch vor der Etablierung des Sexusschemas durch seine Artikelwahl dichotomisch zwischen Referenten mit den Merkmalen [±belebt] zu unterscheiden scheint: Belebte Referenten determiniert der Proband systematisch durch die phonologisch reduzierte Indefinitartikelform *a*, unbelebte Referenten durch die Definitartikelform *das*. Auch Mills (1986a: 87-88) kommt zu dem Schluss, dass die Artikelform *das* zur Kennzeichnung des Merkmals [−belebt] verwendet wird. Für die gleiche, semantisch basierte Funktionsteilung der drei Artikelformen *der*, *die* und *das* sprechen auch die Daten von Wegener (1995a: 14): Mit einsetzender sexusbasierter Formverwendung, in der für Referenten mit dem Merkmal [+weiblich] *e*-Formen (z.B. *die*, *sie*) und für Referenten mit dem Merkmal [+männlich] *r*-Formen (z.B. *der*, *er*) verwendet werden, erfolgt die Kennzeichnung von Referenten mit dem

Merkmal [–belebt] durch neutrale Formen: „*s*-Formen [werden] für Sachen gebraucht und übergeneralisiert". Als (einzigen) Beleg führt sie das Beispiel *das Wagen* an.

Keine Evidenz für sexusbasierte Artikelverwendungen ist folgenden Studien zu entnehmen: Bei der Halbschwester der oben bereits erwähnten Probandin Nastja (Dascha, ebenfalls L1 Russisch, 14 Jahre) kann Bast (2003) bei gleicher Sprachkontaktdauer keine systematische, auf Sexus basierende Artikelverwendungen feststellen. Personenbezeichnungen mit inhärentem Sexus wie *Oma, Opa, Mutter, Tante, Schwester, Frau, Cousine* oder *Bruder* determiniert Dascha zu den gleichen Erhebungszeitpunkten beispielsweise sowohl durch *der* als auch durch *die*. Insofern liegt im Vergleich zu ihrer jüngeren Halbschwester, die fast von Beginn des Deutscherwerbs an verschiedene Artikelwörter (Definit-, Indefinit-, Possessiv-, Demonstrativartikel) sexusbasiert verwendet, ein Unterschied vor, der auf das unterschiedliche Alter der Probandinnen, in dem der L2-Kontakt eingesetzt hat, zurückgeführt werden könnte.

Obwohl Bewer (2004) für die Verwendung des Artikels *die* im Kontext des Nomens *Aschenputtel* annimmt, dass ihre Probandin Simone das Sexusschema übergeneralisiert, kommt sie in der Gesamtauswertung ihrer Daten zu dem Schluss, dass keine eindeutige Evidenz für systematische sexusbasierte Artikelverwendungen vorliegt, da ihre Probandin bei anderen Personenbezeichnungen mit inhärentem Sexus die Artikelwörter *der* und *die* variiert und nicht konsistent gemäß Sexus verwendet (Bewer 2004: 125). Übereinstimmend dazu nehmen Szagun et al. (2007: 450) im Rahmen ihrer Untersuchungen des erstsprachlichen Genuserwerbs von Lernern im Alter von 1,4–3,8 Jahren an, dass semantische Genusschemata erst mit weiter entwickelten kognitiven Fähigkeiten relevant werden. Kritisch anzumerken bleibt für die letztgenannte Studie allerdings, dass diese Annahme nicht empirisch belegt ist, zumal nur auf phonologischen und morphologischen Genusschemata basierende, nicht aber auf dem Sexusschema beruhende Artikelverwendungen untersucht wurden.

Phonologische Genusschemata

Auf phonologischen Genusschemata basierende Artikelverwendungen werden ebenfalls unabhängig von den unterschiedlichen Erwerbstypen, Altersstufen und L1 beobachtet. Mills (1986a: 79–85) und Müller (2000: 380) stellen bei ihren monolingualen bzw. bilingualen Probanden eine auf dem Schwa- und Einsilberschema ([*die* Xe], [*der* $X_{monosyllabisch}$]) beruhende Artikelverwendung fest. Szagun et al. (2007: 460) und Ruberg (2013: 232–236) bestätigen diesen Befund nur für das Genusschema [*der* $X_{monosyllabisch}$]. Dagegen findet Bewer (2004: 120–

123) weder für das Schema [die Xe] noch für das Schema [der X$_{monosyllabisch}$] eindeutig zu interpretierende Belege.

Dass die Artikelwahl gemäß dieser beiden Genusschemata im sukzessiven L2-Erwerb erfolgt, zeigen dagegen Wegner (1995a) Kaltenbacher & Klages (2006: 87), Marouani (2006: 172), Flagner (2008: 164), Dieser (2009: 346-348), Montanari (2010: 259-263) und Ruberg (2013: 246-252), allerdings z.T. auch in Abhängigkeit von den L1 der Probanden und der Kontaktdauer zur L2 Deutsch (Wegener 1995a; Dieser 2009; Ruberg 2013). Bei den Probanden von Wegener (1995a: 17) zeigte sich z.B. ein Unterschied zwischen den Kindern mit slawischen L1 (Russisch und Polnisch) und den Kindern mit der L1 Türkisch. Für die Kinder mit der L1 Türkisch war für keines der beiden phonologisch basierten Genusschemata eine systematische Artikelwahl zu beobachten. Konsequent folgten die Kinder mit russischer und polnischer L1 auch nur dem Genusschema [die Xe], mit steigender Kontaktdauer zur L2 Deutsch gewannen sie aber offenbar auch mehr Sicherheit bezogen auf das Genusschema [der X$_{monosyllabisch}$]. Dass Kinder mit der L1 Russisch eher als Kinder mit der L1 Türkisch phonologische Genusschemata entwickeln, bestätigen auch die Kunstwörtertests, die Dieser (2009: 346-348) und Ruberg (2013: 246-252) mit Kindern dieser L1 durchführten. Alle drei Autoren erklären das Ergebnis für slawischsprachige Kinder dadurch, dass sie wie in ihren L1 den Auslaut von Nomen als Genushinweise zu deuten wissen, während für Kinder mit der L1 Türkisch die Kategorie Genus aus ihrer L1 völlig unbekannt ist und somit keine Transfermöglichkeiten vorhanden sind.

Bast (2003: 241) deutet für die Seiteneinsteigerin Nastja an, dass sie ab dem achten Kontaktmonat zur deutschen Sprache phonologische Genusschemata ausgebildet hat, führt jedoch nicht näher aus, um welche es sich dabei handelt. Dagegen zeigt die ältere Halbschwester Dascha hinsichtlich phonologischer Genusschemata „keine Regelmäßigkeiten für die Zuweisung des Genus" (Bast 2003: 217), womit also auch die Entwicklung phonologisch basierter Genusschemata vom Alter des Erwerbsbeginns abhängig zu sein scheint.

Zu berücksichtigen ist im Zusammenhang mit diesen Ergebnissen allerdings, anhand welcher Daten die ‚Anwendung von Genusprinzipien' postuliert wird. Zu unterscheiden sind in dieser Hinsicht natürlichsprachliche Daten und Daten, die durch Kunstwörtertests elizitiert wurden. Für natürlichsprachliche Daten gilt es zu bedenken, dass Artikelwörter holistisch mit den Nomen gespeichert sein könnten. In diesem Fall geben streng genommen nur Artikelverwendungen bei schemadivergierenden Nomen darüber Aufschluss, ob ein Genusschema erworben wurde. Als schemadivergierende Nomen wurden in Kapitelabschnitt 2.3.4 solche Nomen definiert, deren Genus nicht mit dem qua Genusprinzip prognostizierten Genus übereinstimmt wie z.B. die Nomen *Gabel* oder *Leiter*. Diese Nomen sind Feminina, obwohl das Genusprinzip aufgrund ihres Auslauts auf geschlossene Schwasilbe maskuline Klassifikation favorisiert. Nur bei solchen Nomen kann zweifelsfrei geschlussfolgert werden, dass eine Artikelform gemäß Genusschema verwendet wurde; wird dagegen ein Nomen wie *Sessel* durch *der* determiniert, ist nicht entscheidbar, ob das Artikelwort holistisch gespeichert wurde oder aber die Artikelwahl durch ein Genusschema motiviert ist. Nur Bewer (2004), Szagun et al. (2007) und Ruberg (2013) unterscheiden in dieser Hinsicht konsequent zwischen Artikelverwendungen bei (formal) schemakonvergierenden und schemadivergierenden Nomen.

Demgegenüber ist beim Einsatz von Kunstwörtertests (Mills 1986a; Wegener 1995a; Marouani 2006; Dieser 2009 und Ruberg 2013) auszuschließen, dass die Artikelwörter holistisch mit den Nomen gespeichert wurden, da die Kunstwörter im realen Wortschatz nicht existieren. Mit Kunstwörtertests kann der Erwerb spezifischer Genusschemata gezielt getestet werden, so dass die für natürlichsprachliche Daten problematisierte holistische Speicherung sowie das Problem der fehlenden Evidenz umgangen werden kann. So zeigt sich für spontansprachliche Daten, dass die Vorkommenshäufigkeit von Nomen, die bestimmte phonologische, morphologische oder semantische Merkmale aufweisen, stark variiert bzw. bestimmte Nomen mit spezifischen Merkmalen gar nicht vorkommen. Entsprechend kann durch solche Korpora aufgrund von Datenlücken nicht auf den Erwerb spezifischer Genusschemata geschlossen werden. Gleichzeitig kann deren Erwerb aber auch nicht mit Sicherheit ausgeschlossen werden, da er möglicherweise in den vorliegenden Daten nur nicht sichtbar wird.

Für die Ergebnisse von Kunstwörtertests bleibt zu fragen, inwiefern diese mit spontansprachlichen Daten vergleichbar sind. Der Einsatz von Kunstwörtertests wird verschiedentlich kritisiert, da die Artikelformen in Analogie zu realen Nomen gewählt werden könnten oder die Fremdheit der Kunstwörter die kognitive Verarbeitung beeinflusst und dadurch möglicherweise nur eingeschränkt valide Ergebnisse erzielbar sind (vgl. auch Berko 1958; Bartke 1998: 75; Marouani 2006: 172). Mills (1986a: 78) stellt z.B. schon Unterschiede zwischen natürlichsprachlichen Diskursdaten und einem Elizitationsverfahren[33] mit echten deutschen Nomen fest, demnach in spontansprachlichen Daten weniger Abweichungen von der Zielsprache zu beobachten sind als in Elizitationsverfahren.

---

[33] Mills (1986a: 78) führt ein Beispiel für das Elizitationsverfahren an: „Ich vergesse das immer. Heißt es *der Pferd, die Pferd* oder *das Pferd?*"

Morphologische Genusschemata

Am deutlichsten zeigt sich das Problem der fehlenden Evidenz für Formverwendungen, die auf morphologischen Genusschemata beruhen könnten. Für morphologische Genusschemata gibt es nur wenig empirische Evidenz, die aus spontansprachlichen Daten gewonnen werden konnte. Das Korpus von Bewer (2004) stellt in dieser Hinsicht eine Ausnahme dar, da 6,9 % des untersuchten nominalen Wortschatzes aus abgeleiteten Nomen besteht. Dabei stellt Bewer (2004: 124) für ihre monolinguale deutschsprachige Probandin Simone „keine Schwierigkeiten" bei der zielsprachlichen Artikelverwendung von derivierten Nomen fest. Insgesamt verzeichnet sie 49 Types, 29 davon weisen das Derivationssuffix *-chen* auf. Außerdem enthalten sind Nomen, die auf die Suffixe *-erei*, *-in*, *-lein*, *-ling*, *-fon* auslauten. Bewer führt die zielsprachlichen Artikelverwendungen darauf zurück, dass die Suffixe silbisch sind und hohe lautliche Salienz aufweisen und deshalb problemlos als genusdeterminierende Elemente erkannt werden können. Auch in der Studie von Szagun et al. (2007: 455) sind keine Abweichungen unter derivierten Nomen vorzufinden. Zu fragen ist natürlich auch bei diesen Belegen, ob die Artikel möglicherweise holistisch mit den Nomen erworben wurden.

Ein nahezu identisches Ergebnis erzielt auch Marouani (2006: 169) bei ihren kindlichen L2-Lernern mit arabischer L1: Bis auf eine Ausnahme (*ein Kleidung*) werden alle derivierten Nomen mit zielsprachlichen Artikelwörtern versehen. Alle anderen Belege sind auf *-er* (43 Tokens) bzw. *-in* (1 Token) derivierte Nomen. Allerdings vermutet Marouani für diese Nomen, die zur Bezeichnung von Personen verwendet werden, eine Orientierung am Sexschema. Marouani (2003: 169) geht davon aus, dass Oppositionspaare wie *Lehrer* und *Lehrerin* holistisch gelernt und nicht etwa morphologisch analysiert werden und demnach die semantische Information gegenüber der morphologischen „höhere Priorität [besitzt]".

Im Kunstwörtertest von Wegener (1995a: 15) sind auf die Derivationssuffixe *-ling*, *-chen* und *-heit* auslautende Kunstwörter enthalten. Auch für die morphologischen Genusschemata erhärtet sich das Ergebnis, das Wegener bereits für den Erwerb phonologischer Genusschemata zeigt. Die Kinder mit russischer bzw. polnischer L1 erzielen insgesamt bessere Ergebnisse als die Kinder mit der L1 Türkisch. Auch hier ist hervorzuheben, dass nur für die Kinder mit längerer Kontaktdauer zur L2 Deutsch gilt, dass sie morphologische Genusschemata erworben haben und die zielsprachlichen Ergebnisse nicht als zufällige Treffer zu werten sind.

3.2.1.6 Erwerbsreihenfolgen von Genusschemata

Abschließend soll nun ein Überblick darüber gegeben werden, in welcher Reihenfolge die semantischen und formalen Genusschemata erworben werden. Je nachdem, welche Genusschemata zuerst erworben werden, kann darauf geschlossen werden, ob semantische oder formale Merkmale von Nomen den Genuserwerb in stärkerem Maß beeinflussen.

Der Vergleich der ermittelten Erwerbsreihenfolgen der Genusschemata ergibt ein heterogenes Bild. Zusammenfassend sind die postulierten bzw. von mir ermittelten Erwerbsreihenfolgen (sofern von den Autoren nicht selbst ausdrücklich formuliert) der Tabelle 8 zu entnehmen. Die Erwerbsreihenfolgen sind darin bezogen auf den Spracherwerbstyp und das Alter der untersuchten Probanden geordnet, da gezeigt werden kann, dass sich die Erwerbsreihenfolge von Genusschemata in Abhängigkeit von diesen Variablen verändert. Die Anzahl der Probanden, ggf. ihre L1 und die zugrunde liegenden Datentypen sind in der zweiten Spalte angeführt.

Die hier gegenübergestellten Erwerbsreihenfolgen sind unter Berücksichtigung der im Laufe dieses Kapitels angeführten Kritikpunkte zu bewerten. Zum einen konnte der Erwerb der drei Typen von Genusschemata nicht in allen Studien systematisch verglichen werden, weil nicht in allen hinreichende Belege für die einzelnen Genusschemata vorzufinden waren (z.B. gab es kaum Belege für morphologische Genusschemata in Montanari 2010), von vornherein nicht alle Genusschemata berücksichtigt wurden (z.B. die semantischen Genusschemata in Szagun et al. 2007) bzw. manche Genusschemata gar keine Erwähnung finden (z.B. die morphologischen Genusschemata in Müller 2000; Bast 2003; Kaltenbacher & Klages 2006; Spinner & Juffs 2008). Zum anderen beruht die Beweisführung mancher Studien auf der Auswertung zielsprachlicher Artikelverwendungen und nicht auf der von systematischen Abweichungen bei schemadivergierenden Nomen (z.B. in Müller 2000 und Montanari 2010, z.T. auch in Marouani 2003). Bei der Berücksichtigung hochfrequenter Nomen bleibt zu hinterfragen, ob die zielsprachlichen Artikelverwendungen auf holistischen Speicherungen beruhen. Allerdings ist der Einsatz experimenteller Datenerhebungsmethoden, wie eines Kunstwörtertests, mit denen dieses Analyseproblem hätte umgangen werden können, nicht mit allen Probandengruppen (z.B. mit Kleinkindern) möglich. Für die Ergebnisse der Kunstwörtertests, in denen die Anwendung beliebiger Genusschemata systematisch abgefragt und holistische Speicherungen ausgeschlossen werden konnten (Mills 1986a; Wegener 1995a; Marouani 2006; Dieser 2009; Ruberg 2013), bleibt wiederum deren Vergleichbarkeit mit natürlichsprachlichen Daten problematisch.

Tab. 8: Erwerbsreihenfolgen von Genusschemata

Studie	Probanden, Alter, ggf. L1 Datentyp	Erwerbsreihenfolge
monolingualer bzw. simultaner bilingualer L1-Erwerb		
Bewer (2004)	eine Probandin (1,9–4,0 Jahre) spontansprachliche, mündliche Daten	morph > phon, sem
Szagun et al. (2007)	21 Probanden (1,4–3,8 Jahre) spontansprachliche, mündliche Daten	morph > phon (> sem)
Mills (1986a)	ca. 223 Probanden (2,2–10 Jahre)[34] spontansprachliche, mündliche Daten, Kunstwörtertest	sem = phon
Müller (2000)	drei Probanden (1,5–3 Jahre; L1 Deutsch u. Französisch) spontansprachliche, mündliche Daten	
sukzessiver L2-Erwerb Vorschulalter		
Kaltenbacher & Klages (2006)	200 Probanden (5–6 Jahre, L1 mehrheitlich Russisch, Polnisch, Türkisch) spontansprachliche u. elizitierte mündliche Daten	
Montanari (2010)	17 Probanden (5,4–7,0 Jahre; 15 versch. L1) spontansprachliche u. elizitierte mündliche Daten	phon > sem
Dieser (2009)	drei Probanden (2,1–7,7 Jahre; L1 Russisch) spontansprachliche u. elizitierte mündliche Daten, Kunstwörtertest	
Marouani (2006)	9 Probanden (3–5 Jahre; L1 Arabisch) spontansprachlich u. elizitierte mündliche Daten, Kunstwörtertest	sem > phon, morph
sukzessiver L2-Erwerb Grundschulalter		
Wegener (1995a)	10 Probanden (6–10 Jahre; L1 Russisch, Polnisch, Türkisch) spontansprachliche u. elizitierte mündliche Daten, Kunstwörtertest	sem > morph > phon
Dost (2003)	eine Probandin (8 Jahre; L1 Russisch)[35] spontansprachliche, mündliche Daten	sem > phon
sukzessiver L2-Erwerb Erwachsenenalter		
Spinner & Juffs (2008)	zwei Probanden (17 und 21 Jahre; L1 Türkisch, Italienisch) spontansprachliche, mündliche Daten	sem > phon

---

[34] Mills (1986a) führte verschiedene Datenerhebungen durch, wobei aber nicht deutlich wird, ob es sich immer bzw. teilweise um die gleichen Probanden handelt (vgl. Mills 1986a: 70, 79, 82, 92, 103).
[35] Für die zweite Probandin (14 Jahre) liegt keine Evidenz für die systematische Nutzung von Genusprinzipien vor.

In manchen Studien ist überdies die Datengrundlage nicht offen gelegt; stattdessen werden Erwerbsreihenfolgen nur anhand einzelner Datenbelege illustriert (vgl. z.B. die natürlichsprachlichen Daten von Wegener 1995a und Kaltenbacher & Klages 2006).

Für die L2-Erwerbsstudien gilt es außerdem im Hinterkopf zu behalten, dass der Genuserwerb der Probanden i.d.R. nicht von Beginn an untersucht wird – die Probanden der Studien von Kaltenbacher & Klages (2006) oder Montanari (2010) sind beispielsweise zum Zeitpunkt der Erhebung bereits im 2. bzw. 3. Kontaktjahr zur deutschen Sprache. Ab wann also der Erwerb welcher Genusschemata einsetzte, ist nicht zu rekonstruieren, sondern nur feststellbar, welche Genusschemata zum Zeitpunkt der Datenerhebung die Artikelwahl motivieren. Werden die ermittelten Erwerbsreihenfolgen ungeachtet dieser Vorbehalte miteinander verglichen, können für den L1- bzw. sukzessiven L2-Erwerb unterschiedliche Befunde abgeleitet werden, die bezogen auf die von Wegener (1995a) ermittelte Validität von Genusschemata qua ihres Vorkommens im Grundwortschatz unterschiedliche Schlüsse zulassen. In Abhängigkeit vom Spracherwerbstyp, vom Alter der Lerner, ihren L1 und ihrer Kontaktintensität zur L2 erwerben die Lerner die als valide bewerteten Genusschemata nämlich in unterschiedlichen Reihenfolgen. Der Dreh- und Angelpunkt für die unterschiedlichen Erwerbsreihenfolgen ist offenbar die semantische Transparenz des Sexusschemas, das im sukzessiven L2-Erwerb ab dem Grundschulalter bewirkt, dass dieses Schema als erstes erworben wird.

Im monolingualen Erstsprachspracherwerb bzw. im frühen sukzessiven L2-Erwerb (Vorschulalter) spielt die semantische Transparenz des Sexusschemas gegenüber validen formalen Genusschemata offenbar keine übergeordnete Rolle. Die erhobenen Daten legen entweder die gleichzeitig einsetzende Entwicklung von semantischen und formalen Genusschemata bzw. sogar die zuerst einsetzende Entwicklung von formalen Genusschemata nahe.

Dagegen wird das Kriterium der semantischen Transparenz im sukzessiven L2-Erwerb spätestens ab dem Grundschulalter ausschlaggebend, da das semantisch basierte Sexusschema bei diesen Probanden auch unabhängig von ihren konkreten L1 (Türkisch, Italienisch, Russisch, Polnisch) an Relevanz gewinnt. Die Artikelverwendungen dieser Lerner sind im Kontext von Personen- und Tierbezeichnungen systematisch sexusbasiert. Die konsistente Nominalklassifikation findet bei diesen Probanden (ab dem Grundschlalter) ihren Ausgangspunkt offenbar im semantischen Kern des deutschen Genussystems. Obwohl das deutsche Genussystem wie in Kapitelabschnitt 2.3.4 dargelegt mehrheitlich formal basiert ist, werden phonologisch und morphologisch motivierte Genusschemata von Lernern dieses Alters erst nach semantischen erworben.[36] Morphologische Genusschemata sind zwar als die validesten Genusschemata zu werten; auch das phonologisch basierte Genusschema für auf Schwa auslautende Nomen zeichnet sich aufgrund seines hohen Skopus als sehr valide aus – nichtsdestotrotz ist die semantische Transparenz des Sexusprinzips für sukzessive L2-Lerner offenbar ausschlaggebender bezogen auf die konsistente Verwendung von Artikelwörtern im Kontext von Personen- und Tierbezeichnungen und damit für die Entwicklung von semantisch basierten Genusschemata.

Zudem scheint beim Erwerb der phonologischen Genusschemata, unabhängig vom Spracherwerbstyp, die Typefrequenz eine Rolle zu spielen. Frequente phonologische Genusschemata wie die Schemata [der $X_{monosyllabisch}$] und [die Xe] werden, zumindest einigen Studien zufolge, vor anderen phonologischen Genusschemata erworben.

Bezogen auf den Erwerb der formal basierten Genusschemata gilt es noch einmal zu betonen, dass die L1, die Kontaktdauer und -intensität zur L2 ausschlaggebend sind (vgl. Wegener 1995a; Dieser 2009 und Ruberg 2013). Wegener (1995a) hat z.B. gezeigt, dass die von ihr untersuchten Kinder mit genusaufweisenden L1 (Russisch und Polnisch) im Vergleich zu den Kindern mit der L1 Türkisch (genuslose L1) formale Genusschemata in einer höheren Erwerbsgeschwindigkeit ausbilden als die Probanden der Vergleichsgruppe. Sie hebt außerdem hervor, dass die Kinder mit den slawischen L1 im Gegensatz zur Vergleichsgruppe häufigeren und längeren Kontakt zur L2 aufwiesen, da sie z.B. durchgängig deutschsprachigen Unterricht besuchten, während der Unterricht der Kinder mit der L1 Türkisch zweisprachig war und sie entsprechend weniger Input aus der und Instruktion in der L2 erhielten. Da die Faktoren L1 und intensiverer Kontakt zur L2 bei den slawischsprachigen Probanden von Wegener korrelieren, kann nicht eindeutig bestimmt werden, welcher dieser Faktoren der ausschlaggebendere sein könnte. Darauf wird in Kapitel 3.5 – Einflussfaktoren im L2-Erwerb – detailliert eingegangen.

---

36 Als Ausnahme zu dieser Feststellung bleibt ein Ergebnis der Studie von Bast (2003) in Erinnerung zu rufen. Der Befund, dass die ältere ihrer beiden Probandinnen keines der Genusprinzipien – also auch nicht das Sexusprinzip – systematisch anzuwenden scheint, steht im Widerspruch zu dem soeben resümierten Ergebnis, dass des semantische Sexusprinzip mit zunehmenden Alter an Relevanz gewinnt.

3.3 Genuserwerb als Kongruenzerwerb

In diesem Abschnitt verlagert der Forschungsbericht seine Perspektive wieder auf den Genuserwerb als Kongruenzerwerb. Im Folgenden trage ich Ergebnisse aus bereits vorliegenden Genuserwerbsstudien im Deutschen zusammen, die darüber Aufschluss geben, wann Lerner auch andere genussensitive Targets (attributive Adjektive, Relativ- und Personalpronomen) als Artikelwörter dazu verwenden, um an/mit ihnen genusbasiert Referenten zu markieren. Dabei wird die Frage verfolgt, auf der Basis welcher Strategien Lerner die genusspezifischen Formen (r-Formen, e-Formen, s-Formen) der unterschiedlichen Targets miteinander verknüpfen, so dass zum Zweck der morphologisch einheitlichen Referentenmarkierung konsistente Kongruenzmuster entstehen.

Der analytische Vorteil bei der Auswertung von attributiven Adjektiven, Relativ- und Personalpronomen besteht gegenüber Artikelwörtern darin, dass für diese Targets aufgrund ihrer geringeren morphosyntaktischen Bindung zum Nomen bzw. im Fall von attributiven Adjektiven aufgrund ihrer lexikalischen Varianz auszuschließen ist, dass sie holistisch mit dem Nomen gespeichert wurden. Entsprechend geben diese Targets mit höherer Sicherheit darüber Aufschluss, ab wann Lerner die nach Genus flektierten Formen tatsächlich produktiv zur auf Genus basierenden Referentenmarkierungen nutzen.

Vorwegzunehmen ist, dass in den ausgewerteten Studien nicht konkret ausformuliert wird, wie sich die Ausbildung von konsistenten Kongruenzmustern vollzieht. Stattdessen wird i.d.R. ausgehend von einer auf den Genusprinzipien basierenden Artikelverwendung geschlussfolgert, dass die Genusmarkierung von dort auf andere Targets übertragen wird. So heißt es etwa bei Wegener (1995a) unter einem Verweis auf Pinker (1984):

> „Tatsächlich muß das Kind jedem Substantiv ein abstraktes Genus zuordnen, ein abstraktes Genusmerkmal entwickeln und im Lexikoneintrag festlegen, das dann an den Determinatoren und Pronomina unter Berücksichtigung von Kasus und Numerus in bestimmten Flexiven ausbuchstabiert wird. Es muß für jedes der drei Genera ein Paradigma aufbauen, die Zellen des Paradigmas besetzen."
>
> Wegener (1995a: 5)

Zuerst erfolgt also die Festlegung eines Genusmerkmals, dann wird es auf die genussensitiven Targets übertragen. Wie dieser Lernprozess verläuft und ob die unterschiedlichen semantischen oder formalen Merkmale der Nomen bzw. die unterschiedlichen morphosyntaktischen Bindungsgrade der verschiedenen Targets dabei eine Rolle spielen, bleibt offen. In der Studie von Marouani (2006: 142) zum L2-Erwerb des Deutschen durch arabischsprachige Kinder heißt es zu genuskongruenten Pronomen etwa: „Wird das Nomen maskulin gebraucht [gemeint ist: durch die Artikelform *der* determiniert, A.B.], so taucht das anaphorische Pronomen ebenfalls als maskulin auf, und zwar unabhängig davon, ob das zugewiesene Genus korrekt ist oder nicht. Dies bedeutet, dass durchgehend ein Zusammenhang zwischen dem Nomen und seinem Vertreter angenommen wird". Auch Pagonis (2009: 253) geht in seiner Studie zum sukzessiven L2-Erwerb des Deutschen der beiden russischsprachigen Seiteneinsteigerinnen Nastja (8 Jahre) und Dascha (14 Jahre)[37] davon aus, dass „abstrakte Genuszuweisungsstrategien", die der Artikelverwendung zugrunde gelegt werden, „systematisch für die Adjektivflexion verwertet" werden – in welcher Relation die auf Genusprinzipien basierenden Artikelverwendungen und die genuskongruent markierten Adjektive bzw. Pronomen zueinander stehen, führen die Autoren aber nicht aus. Montanari (2010: 235–247), die dem Aspekt Kongruenz in ihrer Arbeit ein ganzes Kapitel widmet, beschreibt darin am Beispiel von verschiedenen Transkriptauszügen zwar, welche ihrer Probanden bereits in der Lage sind, nominalgruppeninterne und nominalgruppenexterne Genuskongruenz herzustellen. Aufgrund welcher Lernerstrategien die Phasen von der inkongruenten Markierung bis zur teilweise kongruenten Markierung hin zur kongruenten Markierung durchlaufen bzw. wie die unterschiedlichen Targets miteinander verknüpft werden, bleibt offen.

Um etwaige Lernerstrategien zu eruieren, wird die Zusammenstellung der vorliegenden Befunde danach strukturiert, ob die Referentenmarkierung an den genussensitiven Targets in einem Zusammenhang mit den phonologischen, morphologischen oder semantischen Merkmalen der Nomen steht. Außerdem unterscheidet die Darstellung die unterschiedlichen morphosyntaktischen Bindungsgrade der Targets und beginnt mit den eng an das Nomen gebundenen attributiven Adjektiven, widmet sich dann dem Erwerb von Relativpronomen als Genusanzeiger, um schließlich mit den Befunden zum syntaktisch autonomsten Target, dem Personalpronomen, zu enden.

3.3.1 Erwerb von attributiven Adjektiven als Genusanzeiger

Den in diesem Abschnitt auszuführenden Ergebnissen zum Erwerb des Adjektivs als Genusanzeiger sei vorangestellt, dass in keiner der mir bekannten Stu-

---

[37] Bei diesen Probandinnen handelt es sich um die gleichen, die auch von Bast (2003) untersucht und im Kapitel 3.2 bereits zitiert wurden. Das Korpus stammt aus dem DFG-Forschungsprojekt „Deutsch als Zweitsprache – Der Altersfaktor" (Stephany & Dimroth, vgl. z.B. Dimroth 2008).

dien explizit überprüft wird, ob ein Zusammenhang zwischen den Genusprinzipien (bzw. den Genusschemata) und den am Adjektiv vorgenommenen Markierungen vorliegt. Vielmehr steht im Vordergrund, welcher Flexionstyp – schwache oder starke Adjektivflexion – zuerst erworben wird. Als Genusanzeiger kann das Adjektiv nur bei starker Flexion fungieren.

Für den monolingualen L1-Erwerb (Mills 1986a; Bittner 1997; Tracy 1991) bzw. simultanen bilingualen Erwerb (Repetto 2008; Rizzi 2013) wird festgestellt, dass die Probanden die unterschiedlichen Flexionsformen des attributiven Adjektivs zunächst unsystematisch verwenden. Häufig treten in dieser Phase auch noch endungslose Adjektive auf, wie sie in prädikativer Verwendung zielsprachlich sind. Danach übergeneralisieren die Probanden aber das schwache Flexionsmuster (Adjektiv auslautend auf -e).

Beim sukzessiven kindlichen L2-Erwerb beobachten Wegener (1995a), Marouani (2006: 151–154) und Ruberg (2013: 196) ebenfalls, dass die schwache Adjektivflexion vor der starken Adjektivflexion erworben wird. Auch Pagonis (2009: 230–259) stellt bei den von ihm untersuchten beiden Seiteneinsteigerinnen Dascha und Nastja grundsätzlich diesen Erwerbsverlauf fest. Nur in der Anfangsphase, in der die Adjektivformen noch unsystematisch verwendet werden, unterscheiden sich die Probandinnen in Abhängigkeit vom Alter beim Beginn des L2-Kontakts.

Die zunächst zu beobachtende Präferenz für die hinsichtlich Genus nicht spezifizierte Flexionsform auf -e wird dadurch begründet, dass Kinder zunächst jene Form in ihr produktives Lexikon aufnehmen, die im Input am häufigsten vorkommt. Da das Adjektiv sowohl im Nominativ nach den Definitartikeln aller drei Genera (*der/die/das schöne ...*) als auch nach der femininen Indefinitartikelform *eine* auf -e flektiert wird, stellt diese Flexionsform die frequenteste Form im Nominativ Singular dar. Wie bereits in Kapitel 3.2.1 erörtert wurde, geht der Erwerb des Indefinitartikels dem Erwerb des Definitartikels sowohl im L1- als auch L2-Erwerb voraus. Der Untersuchung von Bewer (2004) und Szagun et al. (2007) zufolge werden aber Definitartikel – sobald erworben – ca. drei Mal so häufig wie Indefinitartikel verwendet. Diese Vorkommenshäufigkeit entspricht auch ihrer Frequenz in der Erwachsenensprache, wie durch verschiedene Korpora belegt ist. Grimm (1986: 11) kommt bei seiner Auswertung eines deutschen Textkorpus[38] z.B. zu dem Ergebnis, dass Definitartikelformen 56 % der verwendeten Artikelformen ausmachen, Indefinitartikel hingegen nur 8 %. Für 36 % der Nomen ist es nicht obligatorisch, sie durch ein Artikelwort zu determinieren

---

38 Grimm macht keine detaillierten Angaben zu seinem Korpus, aus denen hervorgehen könnte, um welche Texte es sich handelt und wie viele Texte das Korpus umfasst.

(‚Nullartikel'). Kupisch (2008: 140–141) zeigt in einer Studie zum Erwerb zur Unterscheidung von Individual- und Massennomen durch zehn monolinguale deutschsprachige Kinder, dass Definitartikel auch in der kindgerichteten Sprache häufiger vorkommen als Indefinitartikel. Demnach ist es aus gebrauchsbasierter Perspektive plausibel, dass auf -e auslautende attributive Adjektive die frequenteste Adjektivform darstellen, die aus dem Input abstrahiert werden kann. Entsprechend wird das attributive Adjektiv erst spät als potentieller Träger grammatischer Information entdeckt.

Im Zusammenhang mit den Genusprinzipien sind nur zwei Beobachtungen von Pagonis (2009) anzuführen, die ich als Belege für semantische Kongruenz werte. Für die jüngere Probandin Nastja vermutet Pagonis nämlich einen Zusammenhang zwischen dem Erwerb „abstrakter Genuszuweisungsstrategien" am Artikel

> „und deren systematischer Verwertung für die Adjektivdeklination. Einerseits scheint das Sexusprinzip als Genuszuweisungsregularität evident zu werden (NAS: *wir haben eine [*] neue [*] mädchen*), außerdem werden auf Schwa auslautende Substantive dem Genus Femininum zugewiesen."
>
> Pagonis (2009: 253)

Was „abstrakte Genuszuweisungsstrategien" und deren „systematische Verwertung für die Adjektivdeklination" aber genau meint und in welcher Relation sexusbasierte Artikelverwendung und Adjektivflexion zueinander stehen, differenziert Pagonis nicht weiter.

Die zweite, im Zusammenhang mit den Genusprinzipien hervorzuhebende Feststellung von Pagonis lässt sich auf das semantisch basierte Sexusschema beziehen. Die ältere Probandin Dascha verwendet ab dem 6. Kontaktmonat zur deutschen Sprache auf -*er* auslautende Adjektive systematisch im Kontext von maskulinen Nomen, die meistens das Merkmal [+belebt] aufweisen, im Nominativ Singular (Pagonis 2009: 234). Da die Formverwendung zielgerichtet erfolgt, wäre entweder eine sexusbasierte Markierungsstrategie zur Kennzeichnung des Merkmals [+männlich] oder aber eine generische Markierung des Merkmals [+belebt] konsequent.

In diesem Zusammenhang sei an den Befund von Bast (2003) erinnert, dass Daschas Artikelverwendung im Kontext von Bezeichnungen für Lebewesen nicht systematisch sexusbasiert erfolgt. Möglicherweise hat Dascha das Adjektiv, noch nicht aber die Artikelwörter als Anzeiger semantischer bzw. grammatischer Merkmale identifiziert. Diese Deutung drängt sich unter der Perspektive von Transfermöglichkeiten aus der L1 auf, da das Russische einerseits keine Artikel kennt, andererseits im Russischen am Adjektiv Genus markiert wird. Für die polyfunktionalen Artikelwörter des Deutschen, die Determinationsgrad, Genus, Kasus und Numerus anzeigen, hat Dascha noch keine Funktion festgelegt. Die Adjektivflexive sind hingegen bereits mit der Funktion verknüpft, den Sexus der Referenten zu markieren.[39]

3.3.2 Erwerb von Relativpronomen als Genusanzeiger

Der Erwerb von Relativpronomen als Genusanzeiger wird in den mir bekannten Studien entweder gar nicht oder nur vereinzelt besprochen. Sie finden nur in der Studie von Mills (1986a), Rothweiler (1993) und einer Studie von Brandt, Diessel & Tomasello (2008) zum Erwerb des Relativsatzes durch einsprachige Kinder Berücksichtigung. Mills (1986a: 75–77) stellt für ihre spontansprachlichen Daten fest, dass bis zu einem Alter von vier Jahren kaum Relativpronomen verwendet werden. Rothweiler (1993: 132) merkt an, dass am Relativpronomen nur singulär Genusabweichungen zu verzeichnen sind, ohne jedoch nähere Angaben dazu zu machen. Auch Brandt, Diessel & Tomasello (2008) konzentrieren sich in ihrer Untersuchung darauf, wie die Wortstellung des Relativsatzes erworben wird und wann das Relativpronomen in unterschiedlichen semantischen Rollen (Subjekt > direktes Objekt > Präpositionalobjekt > indirektes Objekt) Verwendung findet.

---

[39] Im Zusammenhang mit dem Erwerb der starken Adjektivflexion ist auch eine Untersuchung von Sahel (2010) zu nennen. Er untersuchte den Erwerb der Nominalgruppenflexion sowohl bei monolingualen Sprechern als auch Lernern des Deutschen als L2, allerdings bei bereits älteren Lernern (Realschülern). Die Studie untersucht, „nach welchen Prinzipien sich die Flexive [zur Markierung von Genus, Kasus und Numerus, AB] auf die Komponenten der NP, in erster Linie auf das Artikelwort und das Adjektiv, verteilen" (Sahel 2010: 186). M.E. stellt Sahel vor allem heraus, dass die Markierung des obliquen Kasus Dativ am Adjektiv (z.B. *eine Villa mit prächtigem Dach*) sowohl von Schülern mit Deutsch als L1 als auch von Schülern mit der L2 Deutsch häufig nicht zielsprachlich realisiert wird. Sahel kann ausschließen, dass die Form zur Markierung des Dativs noch nicht erworben ist, weil präpositionsregierte NGr, bestehend aus Artikelwort und Nomen, durch Dativmarkierungen am Artikel fast ausschließlich zielsprachlich realisiert werden (z.B. *hinter dem Pool, vor dem Haus, an einem Strand*). Genusmarkierungen an attributiven Adjektiven im Nominativ Singular wurden hingegen nicht systematisch untersucht, da im Testset nur eine dreigliedrige NGr im Nominativ Singular (*ihr perfektes Aussehen*) enthalten war. Bei dieser NGr waren keine Abweichungen zu verzeichnen. Zumal acht der zwölf im Lückentest eingesetzten NGr durch den Dativ regiert waren und davon wiederum nur ein Nomen ein Femininum war, fokussiert Sahel eher die Frage, an welchem Target – Artikel oder Adjektiv – die Dativmarkierung von Maskulina und Neutra zuerst zielsprachlich ist.

Untersuchungen zum L2-Erwerb des Relativpronomens als Genusanzeiger sind mir nicht bekannt. Zu nennen ist aber ein didaktisch orientierter Beitrag von Bryant (2015) zur Vermittlung von Relativsätzen, der die von Brandt, Diessel & Tomasello (2008) festgestellte Erwerbsreihenfolge in die didaktischen Überlegungen mit einbezieht. Den Ausgangspunkt für diese Überlegungen stellt aber der Befund in einer von Bryant durchgeführten Untersuchung mit Kindern nichtdeutscher L1 (62 Probanden, 8–10 Jahre) dar, dass Relativsätze in mündlichen und schriftlichen Erzählungen häufig von der Zielsprache abweichen. In ihren didaktischen Überlegungen, die sich v.a. auf die Lernaufgabe der Wortstellungsregeln im Relativsatz beziehen, geht Bryant nicht detaillierter auf die von ihr vorgefundenen Abweichungen ein, die Aufschluss über den Erwerb des Relativpronomens als Genusanzeiger geben könnten. Allerdings weist sie dezidiert darauf hin, dass das Relativpronomen auch aus morphologischer Sicht, d.h. als Genusanzeiger, erworben werden muss.

3.3.3 Erwerb von Personalpronomen als Genusanzeiger

Im Gegensatz zu Relativpronomen kann für Personalpronomen konstatiert werden, dass deren Erwerb häufig unter dem Aspekt der sexusbasierten Verwendung untersucht wurde. Mills (1986a: 98–109) weist für den L1-Erwerb nach, dass ihre Probanden bereits im Alter von zwei Jahren nicht nur bei Artikelformen, sondern auch bei Personalpronomen auf der Grundlage von Sexus kaum Abweichungen produzieren.[40]

Auch für den Erwerb des Deutschen als L2 konnte in verschiedenen Studien gezeigt werden, dass Sexus bei Personalpronomen durch Lerner verschiedenen Alters, unterschiedlicher L1 und unterschiedlicher L2-Kontaktdauer Grundlage für die Pronomenwahl zu sein scheint: Beispielsweise zeigt Bast (2003: 99), dass die beiden Seiteneinsteigerinnen Dascha und Nastja im Kontext belebter Referenten mit dem Merkmal [+weiblich] bzw. [+männlich] systematisch die zielsprachlichen Pronomen *sie* und *er* wählen. Für die ältere Probandin Dascha sei an dieser Stelle noch einmal daran erinnert, dass ihre Artikelverwendungen

---

40 In der von Bittner (2007) durchgeführten Querschnittsstudie zum Erwerb von Personal- und Demonstrativpronomen steht nicht deren Erwerb als Genusanzeiger, sondern der Erwerb der unterschiedlichen Funktionen der d-Pronomen (*der, die, das* als Demonstrativpronomen) und Personalpronomen im Fokus. In diesem Zusammenhang stellt sie heraus, dass das Merkmal der Belebtheit einen Einfluss auf die Pronomenwahl nimmt – fünfjährige Kinder verwenden die d-Pronomen präferiert zur Wiederaufnahme unbelebter Referenten, bei belebten Referenten hingegen selten.

noch nicht am Sexus der außersprachlichen Referenten orientiert sind. Übereinstimmend dazu ist der Befund Wegeners (1995a: 14), die beobachtet, dass ihre Probanden zuerst konsequent Personalpronomen, erst darauf folgend Artikelwörter gemäß Sexus der Referenten wählen. Auch die von Ahrenholz (2005: 35–39) in einer Longitudinalstudie untersuchte erwachsene Probandin Franca mit der L1 Italienisch wählte die Personalpronomen *er* und *sie* in Abhängigkeit vom natürlichen Geschlecht von Anfang an zielsprachlich. Spinner & Juffs (2008: 337, 341) stellen im Rahmen einer longitudinalen L2-Erwerbsstudie bei ihren ebenfalls erwachsenen Probanden (17 und 21 Jahre, L1 Türkisch und Italienisch) fest, dass die Lerner bei Nomen mit Genus-Sexus-Konvergenz nicht nur an Artikelwörtern, sondern auch pronominal konsistent das zielsprachliche Genus (oder aber Sexus) markieren. Die Autoren stellen außerdem heraus, dass die beiden Probanden Referenten mit dem Merkmal [–belebt] kaum pronominalisieren, weshalb sich der angestrebte Vergleich mit belebten Referenten, die Sexus aufweisen, als nicht möglich erwies. Als Beobachtung im Kontext von unbelebten Referenten halten sie jedoch fest, dass diese i.d.R. durch das generische Demonstrativpronomen *das* wieder aufgenommen werden (z.B.: Interviewer: *Aber ohne den Kassenzettel ...* Proband Cevet: *Das habe ich schon weggeschmissen*, Spinner & Juffs 2008: 340).[41] Diese Formverwendung stimmt mit den von Mills (1986a), Wegener (1995a) und Müller (2000) beobachteten Form-Funktions-Verknüpfung von *das* als Artikelwort überein, das den Autorinnen zufolge zur Determination unbelebter Referenten verwendet wird (vgl. Kapitelabschnitt 3.2.1).

Auch im Kontext von Hybrid Nouns und generischen Personen- bzw. Tierbezeichnungen wurden sexusbasierte Pronominalisierungen beobachtet. Wegener (1995a: 14) illustriert bei ihren kindlichen Probanden mit den L1 Russisch, Polnisch und Türkisch eine sexusbasierte Pronomenwahl am Beispiel der Nomen *Baby* und *Rotkäppchen*, die durch *er* für [+männlich] bzw. *sie* für [+weiblich] wieder aufgenommen werden. Auch in Marouani (2006: 144) sind für Personalpronomen zwei Beispiele angeführt, die ich als sexusbasierte Pronomenwahl deute, nämlich Pronominalisierungen von *Mädchen* und *Kind* durch *sie*.

Für Personalpronomen liegt also deutliche Evidenz für semantisch-referentielle bzw. referentielle Kongruenz vor.

---

41 Auch in Genuserwerbsstudien in anderen Sprachen als dem Deutschen können die o.g. Beobachtungen zu sexusbasierten Pronominalisierungen repliziert werden, vgl. z.B. Karmiloff-Smith (1979) für das Französische, Mills (1986a) für das Englische, Rodina (2008, 2014) für das Russische.

3.4 Synthese: Genuserwerb als Kongruenz- und Klassifikationserwerb

Der Forschungsüberblick zum Genuserwerb im Deutschen hat gezeigt, dass in bisherigen Studien drei Fragen systematisch untersucht wurden:
1. In welcher Funktion werden Artikelwörter verwendet, bevor Lerner mit diesen Formen tatsächlich die Kategorie Genus markieren?
2. Welche Genusprinzipien besitzen aus der Spracherwerbsperspektive psychische Realität, so dass mentale Genusschemata ausgebildet werden können?
3. In welcher Reihenfolge werden semantisch bzw. formal basierte Genusschemata erworben?

Im Untersuchungsinteresse stand also meist, wie Lerner das dem Nomen vermeintlich inhärente lexikalische Genus erwerben, d.h. an (präferiert) Definitartikeln wurde untersucht, ob das Genusmerkmal eines Nomens erworben ist bzw. welche Strategien der Genuszuweisung-/klassifikation entwickelt werden.

Sowohl aus dem L1- als auch L2-Erwerb gibt es Evidenz dafür, dass Lerner im Verlauf des Genuserwerbs ihrer Artikelwahl valide Genusschemata zugrunde legen (Einsilber-, Schwa- und Sexusschema; vereinzelt morphologische Genusschemata unter Beachtung von Derivationssuffixen). Lerner erkennen, dass phonologische, morphologische und semantische Merkmale von Nomen Indikatoren für deren Genusklassenzugehörigkeit sind, in der mentalen Grammatik werden abstrakte Genusschemata entwickelt. Die Genusklassenzugehörigkeit von Nomen markieren sie durch die systematische Wahl entsprechender genuskongruenter Artikel.

In Abhängigkeit vom Spracherwerbstyp wurden für die verschiedenen Genusschemata unterschiedliche Erwerbsreihenfolgen ermittelt. Im monolingualen bzw. simultanen bilingualen Spracherwerb wurden zwei unterschiedliche Reihenfolgen festgestellt, nämlich a) formal > semantisch und b) formal = semantisch. Auch für den sukzessiven L2-Erwerb wurden unterschiedliche Erwerbsreihenfolgen ermittelt. Diese lassen sich aber in Abhängigkeit vom (Erwerbs-)Alter der Probanden beschreiben. Für Probanden im Vorschulalter wurde mehrfach die Reihenfolge formal > semantisch dokumentiert. Für Probanden ab dem Grundschulalter wurde dagegen überwiegend die Reihenfolge semantisch > formal belegt. Für den sukzessiven L2-Erwerb legen die Studien das Resümee nahe, dass formale Genusschemata nur im Vorschulalter vor dem semantisch basierten Sexusschema erworben werden und sich danach die Reihenfolge umkehrt. Je älter und kognitiv weiter entwickelt die Probanden sind, umso höhere Relevanz gewinnt das semantisch basierte Sexusschema. Semantische Transparenz und die von den Lernern zugeschriebene Funktion der Targets, semantische Merkmale anzuzeigen, spielt also scheinbar die größte Rolle.

Bezogen auf den Erwerb weiterer genussensitiver Targets liegen vergleichsweise wenig Erkenntnisse vor. Zwar wurde in einigen Studien auch der Erwerb von attributiven Adjektiven, Relativ- und Personalpronomen untersucht; allerdings gingen diese Arbeiten nicht dezidiert darauf ein, auf der Basis welcher Lernerstrategien auch an diesen Targets Kongruenz hergestellt wird. Folgende Fragen bezogen auf den Genuserwerb als Kongruenzerwerb bleiben deshalb zu beantworten:

1. In welcher Reihenfolge werden die unterschiedlichen genussensitiven Targets dazu verwendet, um (Genus-)Kongruenz zu markieren?
2. Auf der Basis welcher Strategien – formaler oder semantischer – werden die unterschiedlichen genussensitiven Targets miteinander verknüpft, um konsistente Kongruenzmuster auszubilden?
3. Orientieren sich Lerner auch bei attributiven Adjektiven, Relativ- und Personalpronomen an phonologischen, morphologischen und semantischen Merkmalen der Nomen, um (Genus-)Kongruenz herzustellen?
4. Welche Rolle spielt in diesem Zusammenhang der unterschiedliche morphosyntaktische Bindungsgrad der einzelnen Targets an das Bezugsnomen?

Ausgangspunkte zur Beantwortung dieser Fragen sind verschiedene Befunde der in diesem Kapitel zum L2-Erwerb rekapitulierten Studien. Diese legen m.E. nahe, dass der Erwerb von Genuskongruenz im sukzessiven L2-Erwerb seinen Anfang auf semantischer Basis nimmt, d.h. semantische Kongruenz vor formalgrammatischer Genuskongruenz erworben wird. Unter dieser Prämisse interpretiere ich die Daten der Studien von Wegener (1995a), Bast (2003), Marouani (2006), Spinner & Juffs (2008) und Pagonis (2009). Laut diesen Studien verknüpfen die Lerner des Deutschen als L2 nämlich nicht nur Artikelwörter, sondern auch andere genussensitive Targets bzw. deren Flexive mit semantischen Merkmalen von Nomen bzw. mit Merkmalen der außersprachlichen Referenten: *r*-Formen mit dem Merkmal [+männlich], vereinzelt auch mit dem Merkmal [+belebt], *e*-Formen mit dem Merkmal [+weiblich], *s*-Formen vereinzelt mit dem Merkmal [–belebt], vgl. Tabelle 9. Verschiedene Formen repräsentieren ein und dasselbe Merkmal – in diesem Sinne ist semantische Kongruenz zwischen verschiedenen Formen hergestellt.

Tab. 9: Semantisch basierte Verknüpfungen genussensitiver Targets

Form-Funktions-Verknüpfungen basierend auf semantischen Merkmalen	r-Formen [+männlich] oder [+belebt]	e-Formen [+weiblich]	s-Formen [−belebt]
Wegener (1995a)	der, er	die, sie	das, es
Bast (2003)	der, er	die, sie	
Marouani (2006)	der, er	die, sie	
Spinner & Juffs (2008)	der, er	die, sie	
Pagonis (2009)	der, ADJ-er	die, ADJ-e	

Zu fragen bleibt, mit welchem Target diese Form-Funktions-Verknüpfung beginnt und wie sie von einer Form ausgehend auf andere Formen ausgedehnt wird. Anregung dazu geben die Studien von Wegener (1995a) und Bast (2003). Beide Autorinnen dokumentieren auch die Reihenfolge, in der die Probanden die in Tabelle 9 angeführten Targets (Artikel, Adjektive, Pronomen) mit der Funktion verknüpfen, semantische Merkmale zu repräsentieren. Sie stellen fest, dass ihre Probanden Personen- und Tierbezeichnungen schon sexusbasiert pronominalisieren, bevor sie dieses Prinzip ihrer Artikelwahl zugrunde legen.[42] Artikel werden in dieser Phase noch mit anderen Funktionen verknüpft, d.h. diese werden noch nicht dazu verwendet, dasselbe Merkmal/dieselbe Funktion wie die Personalpronomen zu repräsentieren. Dass unterschiedliche Formen u.a. die Funktion haben, ein und dieselbe Kategorie bzw. dasselbe Merkmal anzuzeigen, haben sie noch nicht erkannt. In der mentalen Grammatik sind die unterschiedlichen Formen im Sinne eines mentalen morphologischen Genusparadigmas also noch nicht miteinander verknüpft, sondern werden noch unabhängig voneinander verwendet.[43]

---

[42] So beobachtet auch von Chini (1998: 55) für erwachsene Lerner des Italienischen als L2.
[43] Dass Lerner zu Beginn des Genuserwerbs noch nicht erkennen, dass zwischen nominalgruppeninternen und nominalgruppenexternen Targets eine auf Kongruenz beruhende Beziehung besteht, zeigt auch Karmiloff-Smith (1979: 148–164) durch das Ergebnis eines mit drei- bis vierjährigen französischsprachigen Kindern durchgeführten Kunstwörtertests. Den Kindern wurden Kunstwörter präsentiert, deren Genus nach formalen Prinzipien des Französischen vorauszusagen war. Gleichzeitig wurden den Probanden zu den Nomen Bilder gezeigt, die männliche und weibliche Referenten (Tiere und Personen) abbildeten. Bei der Artikelverwendung und bei attributiven Adjektiven wählten die Probanden die Formen nach formalen Prinzipien. Bei der Pronomenwahl richteten sie sich jedoch nach der durch das Bild gegebenen Sexusinformation, auch wenn diese dann inkongruent zu den vorangegangenen nominalgruppeninternen Targets waren.

Da die Probanden danach aber auch ihrer Artikelwahl das Sexusprinzip zugrunde legen, kann angenommen werden, dass sie die Funktion, mit der sie Personalpronomen verknüpft haben (nämlich Sexusmerkmale zu kennzeichnen), auch auf die nominalgruppeninternen Formen ausdehnen. Davon zeugen nicht nur die verschiedenen Belege für sexusbasierte Artikelverwendungen. Auch die Beobachtung von Pagonis, dass die starke Adjektivflexion zuerst bei belebten Maskulina auftritt (möglicherweise um die Merkmale [+belebt] oder [+männlich] zu kennzeichnen), deutet darauf hin.[44]

Sollte die Erwerbsreihenfolge tatsächlich die hier beschriebene sein, wirft dies bezogen auf den Erwerb von Genus bzw. Genuskongruenz weitere Fragen auf. Der Blick bei der Herstellung von Genuskongruenz wurde bisher i.d.R. stets von der NGr aus, d.h. von Artikelwörtern und Nomen ausgehend, gedacht. Die Markierung der Kategorie Genus wurde ja meist daran festgemacht, ob Lerner Artikelwörter genuskongruent zum Nomen wählen und sich dafür an den phonologischen, morphologischen und semantischen Merkmalen der Nomen orientieren. Wenn aber der Einstieg in das Genussystem auf der Form-Funktions-Verknüpfung von Pronomen mit sexusspezifischen Merkmalen beruht, legt dieser Befund nahe, dass sich der Erwerb der Kategorie Genus, als das, was sie tatsächlich ist, nämlich eine Kongruenzkategorie, von Personalpronomen und nicht von Artikelwörtern aus entfaltet wird und zwar auf der Basis außersprachlicher Merkmale. Damit wäre der erste Schritt zum Aufbau eines Kongruenzsystems die Herstellung von semantisch-referentieller bzw. sogar referentieller Kongruenz. Der Genuserwerb verliefe damit parallel zur Entstehung von Genussystemen, zumal deren Ursprung in einem belebtheitsbasierten Pronominalsystem zu suchen ist (vgl. Kapitelabschnitt 2.2.1).

Für sexusbasierte Markierungen muss betont werden, dass es sich dabei nicht notwendigerweise um formal-grammatische Genuskongruenz zwischen Bezugsnomen und Pronomen handeln muss. Vielmehr kann die Kongruenz bezugnehmend auf das Sexusmerkmal eines außersprachlichen Referenten hergestellt werden. Bei sexusbasierter Pronominalisierung muss also nicht das sprachliche Zeichen mit seinem formal-grammatischen Genusmerkmal Referenzadresse sein. Beispielsweise ist es für Lerner nicht notwendig zu wissen,

---

[44] Einen Hinweis darauf, dass flektierte Adjektive möglicherweise zunächst auf semantischer Basis interpretiert werden, gibt z.B. auch eine von Alarcón (2009) durchgeführte Reaktionszeitmessungsstudie mit Sprechern des Spanischen als L1 und als L2. Die getesteten Sprecher konnten zwischen Nomen und Adjektiv bei belebten Referenten schneller Kongruenz herstellen als bei unbelebten Referenten. Dies könnte ein Indiz dafür sein, dass am Adjektiv semantische Kongruenz vor formal-grammatischer Genuskongruenz erworben wird.

dass *Mann* ein Maskulinum ist, um durch das Pronomen *er* Kongruenz herzustellen. Wenn diese pronominale Form mit der Funktion verknüpft wurde, auf männliche Referenten zu verweisen, reicht dafür bereits das Wissen aus, dass der (sprachliche oder außersprachliche) Referent männlich ist. Um welche Form der Kongruenz – formal-grammatisch oder außersprachlich motivierte – es sich handelt, wird letztlich nur an genussensitiven Targets im Kontext von Hybrid Nouns deutlich sichtbar, weil bei diesen Nomen Genus und Sexus divergieren, vgl. das von Wegener (1995a) angeführte Beispiel:

A.:   Das Rotkäppchen geht in den Wald, da sieht sie den Wolf.
Interv.:   Warum hast du *sie* gesagt?
A.:   Weil es Rotkäppchen ist, weil es ein Mädchen ist.

Wegener (1995a: 14)

Die Pronomenwahl bei dem Hybrid Noun *Rotkäppchen* ist hier eindeutig durch das natürliche Geschlecht der Märchenfigur und nicht durch das formal-grammatische Genus motiviert. An diesem Beispiel wird nicht nur deutlich, dass die Pronomenwahl unabhängig von dem dem Nomen vermeintlich lexikalisch inhärenten Genus (Neutrum) erfolgt, sondern auch unabhängig von der nominalgruppeninternen Genusmarkierung (*das*). Für den genuskongruenten Artikel könnte argumentiert werden, dass er holistisch mit dem Nomen gespeichert sein könnte. Selbst in diesem Fall symbolisieren die beiden Targets, die zielsprachlich ein und dieselbe Kategorie symbolisieren, nämlich Genus, nicht die gleiche Kategorie bzw. das gleiche Merkmal. Nur beim Artikel ist es (wenn nicht unanalysiert gespeichert) Genus, beim Personalpronomen aber Sexus. Dass tatsächlich die grammatische Kategorie Genus und formal-grammatische Genuskongruenz markiert wird, kann aber erst dann angenommen werden, wenn Lerner genusanzeigende Formen im Kontext von Nomen, die sich einer semantischen Klassifikation entziehen, konsistent und invariant verwenden.

Erfolgt im Spracherwerb der Einstieg in das Genussystem tatsächlich über sexusbasierte Pronominalisierung, wird auch erklärbar, warum erwachsene Sprecher des Deutschen, deren Genuserwerb als abgeschlossen bezeichnet werden kann, im Kontext von Hybrid Nouns präferiert semantische Kongruenz und nicht formal-grammatische Genuskongruenz markieren (vgl. Kapitelabschnitt 2.3.1). Die Personalpronomen *er* und *sie* bleiben im Kontext von Personen- und Tierbezeichnungen mit dieser Sexussemantik aufgeladen. Obwohl im Laufe des Genuserwerbs sprachliches Wissen über Genuskongruenz auf rein formal-grammatischer Ebene aufgebaut wird und Sprecher lernen, dass Pronomen zur Wiederaufnahme aller Nomen unabhängig von ihren semantischen Merkmalen verwendet werden können, halten auch erwachsene Sprecher immer dann, wenn sich die Möglichkeit bietet, bei Personalpronomen an der sexusbasierten Markierungsstrategie fest. Die Sexussemantik, mit der Sprecher Personalpronomen aufgeladen haben, dominiert bei Personen- und Tierbezeichnungen das formal-grammatische Genusmerkmal, auf dessen Grundlage also Genuskongruenz hergestellt werden könnte (z.B. *Mädchen – es/*sie; Katze – sie/*er*). Aus der Erwerbsperspektive bedeutet das gleichzeitig, dass für genussensitive Targets im Kontext von Hybrid Nouns nur NGr-intern negative Evidenz gegeben ist, aufgrund derer der Lerner zu einer Revision seiner Form-Funktions-Verknüpfung gelangen kann. Wenn auch erwachsene Sprecher Personen- und Tierbezeichnungen ungeachtet von ihren formal-grammatischen Genusmerkmalen semantisch basiert pronominalisieren, besteht für den Lerner keine Notwendigkeit, sein semantisch aufgeladenes Pronominalsystem zu modifizieren – er kann dadurch Referenz herstellen, ohne dass kommunikative Missverständnisse entstehen.

Aufgrund von wiederholter positiver Evidenz aus dem Input verknüpft der Lerner in der mentalen Grammatik also zuerst die Personalpronomen *er* und *sie* mit Sexusmerkmalen. Es entsteht zuerst ein Netzwerk zwischen Nomen und Pronomen, das auf Sexusmerkmalen beruht. Der Ankerpunkt für die Verknüpfung mit anderen Targets könnte dann deren (partielle) Formidentität sein, vgl. Abbildung 7.

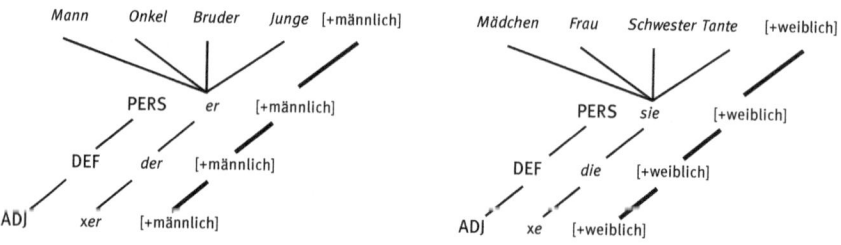

Abb. 7: Sexusbasiertes Formennetzwerk

Neben Artikelwörtern und attributiven Adjektiven müssten auch Relativpronomen als Funktoren zur Kennzeichnung der semantischen Merkmale entdeckt werden. Sind alle Targets mit dieser Funktion verknüpft, sollten Lerner an diesen semantische Kongruenz markieren können.

Mit dem Blick auf eine mögliche Hierarchisierung der Genusschemata nehme ich deshalb an, dass semantischen Schemata eine Priorität gegenüber formalen Schemata zukommt. Dieser Erwerbsverlauf wäre aus funktionaler Perspektive übereinstimmend mit der für den Spracherwerb angenommenen Priorität des Kriteriums der semantischen Transparenz. Der Verknüpfungsprozess entspräche zudem der von Bybee (1988) angenommenen Hierarchisierung der Verbindungen zwischen Wortformen bzw. Wortgruppen, zumal sie Verbindungen, die auf semantischer Ebene bestehen, die höchste Priorität zuspricht (vgl. Kapitelabschnitt 3.2.1.3). Außerdem deckt sie sich mit den Befunden zur Entstehung von Genussystemen (vgl. Kapitelabschnitt 2.2.1).

Zu fragen bleibt natürlich, wie Lerner solche Nomen in das semantisch basierte Kongruenzsystem integrieren, die (zielsprachlich) nicht auf semantischer Basis klassifiziert werden können. Zwar gibt es Hinweise darauf, dass Lerner das gesamte nominale Lexikon zunächst auf semantischer Basis in Klassen einteilen. Neben der Symbolisierung der Merkmale [+weiblich] bzw. [+männlich] wurde auch beobachtet, dass (generisch) belebte und unbelebte Referenten mit unterschiedlichen Formen gekennzeichnet werden ([+belebt]: *r*-Formen; [–belebt]: *s*-Formen). Eine solche Interimsklassifikation muss aber aufgrund von negativer Evidenz aus dem zielsprachlichen Input revidiert werden. Die Targets, denen – wie von mir hypothetisch angenommen – zunächst die Funktion zugeschrieben wird, semantische Merkmale zu kennzeichnen, begegnen den Lernern schließlich im Kontext aller deutschen Nomen. Semantisch basierte Kongruenz ist im Deutschen aber nur bei dem Teil des nominalen Lexikons möglich, bei dem das symbolisierte außersprachliche Merkmal mit der Genusklasse des Nomens übereinstimmt, also bei Genus-Sexus-konvergierenden Nomen. Die Lerner müssen deshalb erkennen, dass die Funktion der Targets nicht auf die Symbolisierung außersprachlicher Merkmale beschränkt ist, sondern dass alle Nomen einer grammatischen Klasse angehören und diese Klassen ihren formalen Ausdruck in eben jenen Formen finden, die sie bisher mit der Funktion, semantische Merkmale zu symbolisieren, verknüpft haben. Die semantische Strategie muss auf jene Nomen eingeschränkt werden, bei denen Genus-Sexus-Konvergenz gegeben ist und die Lerner müssen neben der semantisch basierten Strategie eine formal-grammatische Strategie entwickeln, um bei allen Nomen zielsprachlich formal-grammatische Genuskongruenz markieren zu können. Die Funktion der Formen muss ausgedehnt werden – erst dann kann die formal-grammatische Kategorie Genus als erkannt bezeichnet werden.

An genau diesem Erkenntnispunkt setzt möglicherweise die Suche nach anderen, auf die Genusklassenzugehörigkeit deutscher Nomen hinweisende Merkmale ein. Wenn es nämlich nicht ausschließlich semantische Merkmale der Nomen sind, aufgrund derer sie einer Klasse zuzuordnen sind, können sich die Lerner schließlich nur noch an der Formseite der sprachlichen Zeichen orientieren. Durch die Analyse formaler Merkmale der Nomen stellen sie Kookkurrenzen zu den genusanzeigenden Formen fest, so dass sie das sprachliche Wissen aufbauen, welches Merkmal mit welcher Klasse verbunden ist. Die Entwicklung formal basierter Genusschemata beginnt. Wie der Forschungsüberblick für die Studien mit dem Fokus auf die Artikelwahl gezeigt hat, äußert sich dieser Reanalyseschritt ja auch in der zunehmend genuskongruenten Wahl von Artikelwörtern bei solchen Nomen, die sich (zielsprachlich) einer semantischen Klassifikation entziehen. In diesen Studien ist lediglich der diesem Reanalyseschritt möglicherweise vorangehende Entwicklungsprozess des außersprachlich motivierten pronominalen Kongruenzsystems nicht dokumentiert.

In welcher Reihenfolge und auf der Basis welcher Strategien die Lerner formal-grammatische Genusmarkierungen dann auch an Adjektiven, Relativ- und Personalpronomen vornehmen, kann durch die Befunde der bisherigen Arbeiten nicht rekonstruiert werden. In genau diesem Zusammenhang führt möglicherweise die Frage nach der morphosyntaktischen Reichweite der phonologischen und morphologischen Genusschemata zu einer Erklärung: Wenn sich Lerner bei der Artikelwahl an formalen Merkmalen der Nomen orientieren, könnte zumindest für Targets mit enger morphosyntaktischer Bindung (also für attributive Adjektive und adjazente Relativpronomen) angenommen werden, dass formale Merkmale die Wahl dieser Targets beeinflussen. Dagegen ist zu erwarten, dass die Lerner bei autonomen Targets (Personalpronomen) am längsten an ihrer semantischen Strategie festhalten, da diese Pronomen ja zuerst mit der Funktion, außersprachliche Merkmale zu repräsentieren, verknüpft wurden. In der Phase, in der das formal-grammatische Genus noch nicht stabil in der Lernergrammatik verankert ist, sollte also eine Konkurrenz zwischen der formal-grammatischen und semantischen Strategie feststellbar sein, die sich möglicherweise in Abhängigkeit von der morphosyntaktischen Bindung der unterschiedlichen Targets dokumentieren lässt. Semantisch basierte Markierungen sollten demnach zuerst nominalgruppenintern aufgegeben werden, formal-grammatische Genuskongruenz an autonomen Targets demgegenüber als letztes festzustellen sein. Im empirischen Teil dieser Studie gilt es also auch zu prüfen, ob der Erwerb von formal-grammatischer Genuskongruenz als gradueller Entfaltungsprozess, ausgehend von der NGr, endend bei den morphosyntaktisch in geringstem Maß gebundenen Targets, beschrieben werden kann.

3.5 Einflussfaktoren im L2-Erwerb

In den vorangehenden Abschnitten wurde gezeigt, dass beim Genuserwerb sowohl im L1- als auch im L2-Erwerb vergleichbare Erwerbsphasen durchlaufen werden, insofern z.b. Übergeneralisierungen der gleichen Formen, identische Phasen der Form-Funktions-Verknüpfung oder die gleichen Erwerbsreihenfolgen von Genusschemata festgestellt wurden. Allerdings kann für den Genuserwerb von Lernern des Deutschen als L2 konstatiert werden, dass sich dieser über einen längeren Erwerbszeitraum erstrecken kann, z.T. Erwerbsstrategien in unterschiedlichen Reihenfolgen entwickelt werden und er in Abhängigkeit vom Erwerbsalter unter Umständen nicht mehr vollständig (zielsprachlich) erfolgen kann (vgl. letztere Beobachtung in Pfaff 1987; Spinner & Juffs 2008; Menzel 2004; für das Spanisch Andersen 1984; für das Französische Carroll 1999).

Nachfolgend gehe ich auf drei in der Literatur zum L2-Erwerb stark diskutierte Einflussfaktoren ein, die als mögliche Erklärungsansätze für die unterschiedlichen Erwerbsverläufe – nicht nur hinsichtlich des Genuserwerbs – herangezogen werden, die Rolle des (Erwerbs-)Alters, des Inputs und der L1.[45] Im Zuge der Diskussion dieser Faktoren systematisiere ich die in diesem Kapitelabschnitt bereits referierten Ergebnisse zum Genuserwerb in der L2 Deutsch gelegentlich noch einmal unter dieser Perspektive.

3.5.1 Alter

Das Erwerbsalter und die damit einhergehenden unterschiedlichen kognitiven, psychischen und physischen Voraussetzungen für den Erwerb einer Sprache werden als wesentliche Einflussfaktoren auf den Sprachlernerfolg diskutiert. In Abhängigkeit vom Alter beim Erwerbsbeginn einer Sprache werden entsprechend unterschiedliche Spracherwerbstypen differenziert. Erfolgt die Aneignung der zu erwerbenden Sprache als erste Sprache von Geburt an und damit parallel zur allgemeinen kognitiven, psychischen und physischen Entwicklung wird dieser Spracherwerbstyp als monolingualer Spracherwerb bezeichnet. Diese Erwerbsbedingung trifft auch auf den simultanen bilingualen Spracherwerb (oder „doppelten Erstspracherwerb" (Tracy 2002) bzw. „bilingual first language acquisition" (De Houwer 2006) bzw. „simultaneous acquisition of two first languages" (Meisel 2009) oder „simultanen Erstspracherwerb" (Müller et

---

[45] Als weitere Einflussfaktoren auf die Kompetenzentwicklung in der L2 sind z.B. die Motivation der Lerner (Dörnyei & Schmidt 2001, Edmondson 2004) oder sozial bedingte Einflussfaktoren zu nennen. Beispielsweise diskutieren Wiese (2011) und Brizić (2013) das Prestige der L1 bzw. der L2 und daraus resultierende bzw. nicht resultierende Motivation für den L2-Erwerb, Esser (2006) oder Gogolin et al. (2011) den sozioökonomischen Status des Lerners bzw. seiner Familie oder die Bildungsambitionen des Elternhauses als Einflussfaktoren.

al. 2007)) zu, bei dem von Geburt an zwei (bzw. mehrere) Sprachen gleichzeitig erworben werden. Davon abzugrenzen gilt es den sukzessiven L2-Erwerb. Bei diesem Erwerbstyp erfolgt der Erwerbsbeginn der zweiten Sprache zeitlich versetzt zur Erstsprache. Damit gehen für den sukzessiven L2-Erwerb vom L1-Erwerb bzw. simultanen L1-Erwerb zweier Sprachen zu unterscheidende Sprachrezeptions- und -produktionsmöglichkeiten einher. Laut Zangl (1998: 63) ergeben sich die Unterschiede „[...] durch selektive Mechanismen, wobei die vorhandene biologische, kognitive und sprachliche Basis die Art und Weise der Informationsverarbeitung (Diskrimination, Segmentierung und Knacken des strukturellen Codes) beeinflußt".

Einen Ausgangspunkt für kontroverse Diskussionen zur Rolle des Alters beim Erwerbsbeginn einer Sprache stellte die von Lenneberg (1996 [1967]) formulierte ‚Critical Period Hypothesis' (CPH) dar. Diese Hypothese besagt, dass der Spracherwerb bei postpubertären Lernern nicht mehr vollständig erfolgreich verlaufen kann, weil er nach der Pubertät aufgrund von neurobiologischen Veränderungen Beschränkungen unterliegt. Nach Pagonis (2009: 49) beherrschte die CPH in den 60er Jahren die Diskussion über eine altersbedingte Spracherwerbsbeschränkung. In zahlreichen Studien wurde die CPH demnach kritisiert und im Laufe der Zeit immer wieder modifiziert. So entstand die ‚Sensitive Period Hypothesis', in der Kritik an der CPH begegnet wurde: Es wurde nicht länger angenommen, dass die kindliche Spracherwerbsfähigkeit in der Pubertät abrupt ende, sondern das Ende der kritischen Periode allmählich einsetze. In der ‚Multiple Critical Period Hypothesis' wurden außerdem spezifische grammatische Erwerbsbereiche unterschieden (Morphologie, Syntax etc.), die zu differenzierenden kritischen Perioden unterlägen. Als weitere Kritikpunkte, die gegenüber der CPH angebracht wurden, führt Pagonis (2009: 58–59) an, dass verschiedene Autoren den kausalen Zusammenhang von Unterschieden in der Plastizität des Gehirns und dem Spracherwerbsvermögen hinterfragten. Z.B. zeigten Aphasiestudien mit prä- und postpubertären Patienten, dass solche Sprachstörungen bei beiden Patientengruppen zu den gleichen Beeinträchtigungen des Sprachvermögens führten und die Hypothese dadurch nicht uneingeschränkt aufrecht erhalten werden konnte.[46] Außerdem konnte auch für postpubertäre Lerner das Erreichen von L2-Kompetenz auf erstsprachlichem Niveau festgestellt werden (z.B. Ioup et al. 1994). In der Arbeit von Pagonis (2009: 63, 335) wird v.a. herausgehoben, dass nicht ein einzelner, also ein monokausaler

---

[46] Pagonis verweist in seinem Forschungsüberblick zur Critical Period Hypothesis u.a. auf folgende Studien: Snow (1987), Bialystok & Hakuta (1999), Birdsong (1999), Singelton & Ryan (2004), Long (2007).

Hauptfaktor als Einflussgröße isoliert werden könne, sondern der (erfolgreiche) L2-Erwerb durch die Interaktion verschiedener Faktoren bedingt sei. Dabei rekurriert Pagonis u.a. auf die von Klein (1986, 1990) genannten Komponenten Input (Zugang), Spracherwerbsvermögen (Kognitive Fähigkeit) und Motivation (Antrieb), wobei in Pagonis Studie v.a. letztgenanntem Faktor erhöhte Aufmerksamkeit zukommt.

Nach wie vor wird die Rolle des Alters beim L2-Erwerbsbeginn kontrovers diskutiert. Bezogen auf den Erwerb grammatischer Teilbereiche geht z.B. Meisel (2009) als Vertreter der ‚Fundamental Difference Hypothesis', einer weiteren Version der CPH, davon aus, dass die fragliche Altersschwelle bereits in der frühen Kindheit anzusetzen sei. Meisel (2009: 7) unterscheidet dabei in Abhängigkeit vom Erwerbsbeginn der L2 drei unterschiedliche Typen des L2-Erwerbs. Bis zum Alter von vier Jahren geht er von „simultaneous acquisition" zweier L1 (2L1) aus. Beginnt der L2-Erwerb zwischen fünf und zehn Jahren, handelt es sich um „child L2 acquisition". Dieser L2-Erwerbstyp ähnle bereits weniger dem simultanen L2-Erwerb als dem dritten L2-Erwerbstyp, den Meisel als „adult L2 acquisition" bezeichnet und den er ab einem Alter von zehn Jahren ansetzt. Meisel (2009: 7) resümiert auf der Basis verschiedener empirischer Studien, dass bis zum Alter von ca. vier Jahren keine Erwerbsbeschränkungen anzunehmen, danach allerdings im Bereich der Grammatikkompetenz Unterschiede zu beobachten seien. Grießhaber (2014: 90) fasst im Gegensatz dazu für die Gesamtkontroverse zusammen, dass derzeit weitgehend Einstimmigkeit darüber herrsche, dass Erwachsene eine L2 nicht mehr auf erstsprachlichem Niveau erwerben könnten, dies für Kinder dagegen bis zu einem Alter von sechs bis sieben Jahren noch möglich sei.

Zur Rolle des Alters im sukzessiven L2-Erwerb Deutsch liegen verschiedene Studien vor. Z.B. untersuchten wie bereits erwähnt Bast (2003), Czinglar (2014), Dimroth (2008) und Pagonis (2009) bei den beiden Seiteneinsteigerinnen Nastja (8 Jahre) und Dascha (14 Jahre) mit der L1 Russisch den Erwerb der Nominal- und Verbalflexion und der Verbstellungsregeln und konnten in Abhängigkeit vom Alter der Probandinnen beim Erwerbsbeginn Unterschiede feststellen. Tahiri (2008) untersuchte bei DaZ-Lernern mit Tarifit, einer Berbersprache als L1, die L2-Entwicklung in den Bereichen der Phonologie, der Nominal- und Verbalflexion sowie der Syntax. Die insgesamt 19 Probanden wiesen ein Migrationsalter zwischen 0 bis 16 Jahren auf – entsprechend unterschied sich der Kontaktbeginn mit dem Deutschen. Tahiri (2008: 446–447) kommt zu dem Ergebnis, dass ihre Daten die von Meisel (2004) vertretene Reifungshypothese nicht bestätigen können, da sie neben dem Altersfaktor andere Einflussfaktoren – Sprachgebrauch bzw. -häufigkeit in L1 und L2, schriftsprachliche Sozialisation und Bildung – als offenbar maßgeblich interagierende Einflussfaktoren identifizieren konnte. Insofern kommt sie zum gleichen Resümee wie Pagonis (2009: 345), der fordert, dass nicht nur der Altersfaktor, sondern auch entwicklungs- und sozialpsychologische Aspekte stärker berücksichtigt werden müssen.

Für den Erwerb von Genusschemata sind sehr wohl altersbedingte Unterschiede festzustellen, wie ich im Forschungsüberblick herauszuarbeiten versucht habe (vgl. Kapitelabschnitt 3.2.1.6). Außerdem habe ich darin gezeigt, dass L2-Lerner in Abhängigkeit von ihrem Erwerbsalter bei der Erschließung von Genusmerkmalen unterschiedliche Strategien entwickeln. Je älter sie sind, umso höhere Relevanz muss semantisch transparenten Genusschemata zugeschrieben werden. Phonologisch bzw. morphologisch basierte Genusschemata werden offenbar von jüngeren Lernern problemloser ausgebildet als von älteren Lernern. Die Schwelle zum Strategiewechsel stellt gemäß den unterschiedlichen Studien der Eintritt in das Grundschulalter dar.

Bezogen auf den Erwerb von Genuskongruenz zwischen Artikelwörtern und Nomen stellt aber z.B. Ruberg (2013: 318) heraus, dass bis zum Erwerbsalter von vier Jahren kein Unterschied zwischen den Erwerbsverläufen der Kinder mit Deutsch als L1 oder L2[47] festzustellen sei. Wenn Lerner ein Nomen konsistent durch eine Artikelform determinieren, zielsprachlich oder auch nicht, stellten sie dadurch Genuskongruenz zwischen Artikelwort und Nomen her. Er geht deshalb davon aus, dass „für den [sukzessiven zweitsprachlichen, A.B.] Erwerb des nicht-interpretierbaren Genusmerkmals von Artikeln keinerlei Entwicklungsbeschränkungen im Sinne einer kritischen Periode" (Ruberg 2013: 318) anzunehmen seien.

3.5.2 Input

Auch die Inputqualität und -quantität der L2 bedingt den Erfolg des L2-Erwerbs (vgl. Weizman & Snow 2001; Casenhiser & Goldberg 2005; Gathercole & Hoff 2007; Ellis & Collins 2009; Dressler et al. 2015; Madlener 2015; Bebout & Belke 2017; zur Rolle des Inputs vor dem Hintergrund nativistischer Spracherwerbsmodelle, u.a. zur ‚Poverty of the Stimulus Hypothesis' vgl. Carroll 1999, 2001). Ellis & Collins (2009) oder Madlener (2015) zeigen beispielsweise Interdepen-

---

[47] Ruberg untersuchte 16 monolinguale deutschsprachige Kinder, 16 Probanden mit L1 Russisch oder Polnisch, 11 Probanden mit L1 Türkisch im Alter von 4,0–6,3 Jahren mit einer Kontaktdauer zur deutschen Sprache zwischen 12 und 30 Monaten.

denzen zwischen L2-Lernerfolg und Frequenz, Distribution, Salienz, Validität und Reliabilität sprachlicher Form-Funktions-Relationen im Input.

Bedeutend ist dabei außerdem, unter welchen Aneignungsbedingungen der Input angeboten und verarbeitet wird. Ahrenholz (2017a: 9) oder Grießhaber (2014: 91) unterscheiden diesbezüglich den ungesteuerten und den gesteuerten L2-Erwerb. Beim ungesteuerten L2-Erwerb erfolgt der Spracherwerb nicht durch eine systematische und an der Progression eines Lerners ausgerichteten Unterweisung durch eine Lehrkraft, die den Input orientiert an den oben genannten erfolgversprechenden Kriterien ausrichten kann. Vielmehr vollzieht sich der ungesteuerte L2-Erwerb in alltäglichen Kommunikationssituationen ohne systematische Unterweisung. Für den gesteuerten L2-Erwerb ist es dagegen typisch, dass die Sprachaneignung primär in der bzw. durch die Unterrichtskommunikation erfolgt (etwa in der Schule oder Universität), während in der Alltagskommunikation außerhalb des Unterrichts weiterhin die L1 die dominante Sprache bleibt.[48]

Für die Ausbildung von Genusschemata im Deutschen wurde bereits im Kapitelabschnitt 3.2.1.5 ausführlich thematisiert, welche Rolle die Validität der Schemata spielt, die in Abhängigkeit von ihrer Type- und Tokenfrequenz ja aus dem Input abstrahiert werden müssen. In den verschiedenen besprochenen Arbeiten werden aber auch allgemeinere Rückschlüsse bezogen auf die Inputquantität, -qualität sowie auf die Interaktionspartner der L2-Lerner gezogen.

Marouani (2006: 182–183) korreliert den Erfolg bzw. Misserfolg im Genuserwerb im Deutschen zweier ihrer neun untersuchten Kinder mit arabischer L1 mit der Inputquantität. In den Familien der Kinder wurde Arabisch gesprochen, L2-Kontaktmöglichkeiten ergaben sich also hauptsächlich in den von den Kindern besuchten Kindertagesstätten. Während ein Proband eine Kindergruppe mit mehrheitlich monolingual deutschsprachigen Kindern besuchte, waren in der Kindergruppe des anderen Probanden 13 deutschsprachige Kinder und acht Kinder mit einer anderen L1. Das erste Kind, das bei der ersten Datenaufnahme außerdem erst 3,5 Jahre alt war, markierte Genus an Definitartikeln, Adjektiven und Possessivpronomen deutlich häufiger zielsprachlich als das zweite Kind, das bei der ersten Datenaufnahme zwar bereits 5 Jahre und einen Monat alt war, seine Kindergruppe aber schon seit 1,5 Jahren besuchte. Marouani (2006: 183)

---

48 Zwar wird der ungesteuerte L2-Erwerb auch in alltäglichen Kommunikationssituationen, z.B. im Kindergarten oder auf dem Spielplatz gesteuert, indem beispielsweise Abweichungen von der zielsprachlichen Struktur durch Kommunikationspartner korrigiert werden. Solche Interventionen sind aber nicht mit systematischem, regelmäßigen Sprachunterricht gleichzusetzen, die für den gesteuerten L2-Erwerb spezifisch sind.

schlussfolgert deshalb, dass „weder die Lerndauer noch das Alter [...] eine Rolle spielen, sondern ausschließlich der Input". Auch wenn diese Konklusion auf der Datenbasis von nur zwei Kindern beruht, kommt Marouani zu dem Schluss, dass die Lerngeschwindigkeit in der L2 also durch die Quantität des zielsprachlichen Inputs beschleunigt werde.

Auch in der Studie von Wegener (1995a) wurde bezogen auf den Genuserwerb im Deutschen der Faktor Inputquantität als möglicherweise ausschlaggebend identifiziert, worauf bereits hingewiesen wurde. Für die Kinder mit slawischen L1, deren Genuserwerb bereits weiter fortgeschritten war als jener der Kinder mit der L1 Türkisch, verweist Wegener auf deren länger andauernde Kontaktdauer zur L2 als möglichen Erklärungsansatz. Allerdings kann für Wegeners Studie nicht eindeutig beantwortet werden, ob die Inputquantität den ausschlaggebenden Faktor darstellt, zumal die Kinder mit slawischen L1 möglicherweise über einen weiteren Erwerbsvorteil verfügten, da ihnen die Kategorie Genus bereits aus ihrer L1 bekannt war.

Dass diese verschiedenen genannten Einflussfaktoren interagieren, unterstreicht auch Montanari (2010). Sie stellt in ihrer Studie zum Genuserwerb durch kindliche L2-Lerner im Vergleich zu Wegener (1995a) und Marouani (2006) keine eindeutigen Korrelationen zwischen der Inputquantität in der L2 und dem Erwerb des deutschen Genussystems fest. Sowohl die stärksten als auch die schwächsten Kinder besuchten ein didaktisches Angebot zur Förderung der L2. Montanari resümiert deshalb, dass die Inputquantität nicht als die alleinige, ausschlaggebende Größe in der Genusaneignung festlegt werden könne. Dagegen stellt sie aber Korrelationen zwischen der Inputqualität der L2 und dem Genuserwerb fest. Zwei Kinder, die sich das deutsche Genussystem weitgehend angeeignet haben, erhielten bis zum dritten Lebensjahr ausschließlich Input in ihrer L1. Ein drittes Kind, dessen Genusaneignung Montanari als abgeschlossen bezeichnet, erhielt neben dem Input in der L1 auch L2-Input auf einem mittleren Lernerniveau. Dagegen erhielten die Kinder, deren Genusaneignung Montanari als wenig weit fortgeschritten bezeichnet, von Beginn an häufig L2- Input auf niedrigem Lernerniveau:[49]

> „Der Input einer Zweitsprache auf niedrigem Lernerniveau geht bei den hier untersuchten Kindern mit einem problematischen Aneignungsverlauf einher. Das gilt insbesondere dann, wenn den Kindern vorwiegend bzw. ausschließlich lernersprachlicher Input von allen Bezugspersonen für ihre eigene Aneignung zur Verfügung steht."
>
> Montanari (2010: 285)

---

[49] Montanari vergibt die Prädikate „niedriges" und „mittleres" Lernerniveau vermutlich auf der Grundlage von selbst geführten Elterngesprächen (Montanari 2010: 285).

3.5.3 Erstsprache

Mit dem Blick auf die Frage, welche Rolle die L1 beim L2-Erwerb spielt, sind zum einen die drei sog. „großen L2-Erwerbshypothesen", nämlich die Kontrastivhypothese (Lado 1957), die Identitätshypothese (Dulay & Burt 1974) und die Interlanguagehypothese (Selinker 1972) zu nennen. Zum anderen ist unter diesem Aspekt auch die Interdependenzhypothese von Cummins (1979, 1982) anzuführen. Da diese Hypothesen bis heute maßgebliche Impulse für die L2-Erwerbsforschung gegeben haben, sollen sie in dieser Arbeit nicht unerwähnt bleiben. Außerdem stehen sie exemplarisch für die Debatte zwischen den sich damals noch stark konträr gegenüberstehenden nativistischen und funktionalistischen Spracherwerbskonzepten. Bei ihrer Darstellung beschränke ich mich allerdings auf die Kernaussagen, ohne diese ausführlich zu diskutieren (vgl. zusammenfassend, Kritikpunkte an den einzelnen Hypothesen und offene Fragen diskutierend Bausch & Kasper (1979) oder Grießhaber (2014: 91–98). Daran anschließend gehe ich dafür detailliert auf die Rolle der L1 beim L2-Erwerb einer Genussprache ein, da dieser Aspekt für meine empirische Untersuchung wesentlich ist.

In der ursprünglichen Version der Kontrastivhypothese gingen deren Vertreter davon aus, dass der Erwerb einer zweiten Sprache durch die L1 beeinflusst wird, weshalb negative wie positive Transfereffekte aus der L1 angenommen wurden. Weist die zu erlernende L2 ähnliche Strukturen wie die L1 auf, können diese leicht erworben werden. Stimmen die Strukturen nicht überein, sind sog. ‚Interferenzfehler' zu erwarten.

Vertreter der nativistischen Spracherwerbstheorie stellten dieser Hypothese die Identitätshypothese gegenüber. Sie gingen davon aus, dass im L2-Erwerb wie im L1-Erwerb universalgrammatische, angeborene, mentale Prozesse aktiviert werden. Eine L2 würde demnach auf der Grundlage der in der Universalgrammatik enthaltenen Kategorien, Regeln und Prinzipien wie eine L1 erworben. Dabei determinierten die Strukturen der L2 den Erwerbsprozess, weshalb in der ersten sog. ‚starken Version' der Identitätshypothese Transfereffekte aus der L1 völlig ausgeschlossen wurden. Der Vergleich von L1- und L2-Erwerbsprozessen spezifischer grammatischer Teilbereiche zeigt zwar chronologisch identische Sequenzen bzw. identische Erwerbsstrategien (z.B. Verbstellungsregeln: L1-Erwerb Tracy & Thoma (2009) und früher L2-Erwerb Meisel (2009); Verbalflexion: L1-Erwerb Bittner (2000), L2-Erwerb Dimroth & Haberzettl (2008) oder Determination: L1-Erwerb Bittner (1997), L2-Erwerb Lemke (2008)), andererseits liegen in anderen Teilbereichen (z.B. Genuserwerb, Phonologie, Wortschatzerwerb) nicht gleichermaßen vergleichbare Erwerbsreihenfolgen vor.

Erwerbsstudien, die diese beiden kontrovers diskutierten Positionen empirisch validieren sollten, zeigten, dass keine der beiden Hypothesen in ihren ursprünglichen Versionen haltbar war. Nicht zuletzt resultierte aus dieser die L2-Erwerbsforschung vorantreibenden Diskussion eine Mittelposition, die sich in der Interlanguagehypothese manifestierte. Die Grundannahme dieser Hypothese lautete, dass L2-Lerner eine sog. ‚Interlanguage' ausbilden, die sowohl durch Strukturen der L1 als auch durch Strukturen der L2 gesteuert wird. Die Modellierung des L2-Erwerbs als dynamischen Entwicklungsprozess, in dem individuelle, lernerspezifische Strategien und Regeln in einer transitorischen Interimsgrammatik ausgebildet werden, nimmt in dieser Hypothese ihren Ausgangspunkt und wurde in verschiedenen empirischen Studien, die die sog. ‚Lernervarietäten' (Klein 2001: 615) aufspüren, konkretisiert.

Die Interdependenzhypothese von Cummins (1979, 1982) fokussiert dagegen die Frage, welchen Einfluss der Lernstand in der L1 auf den L2-Erwerb ausübt. Zuvor gingen bereits Skutnabb-Kangas & Toukomaa (1976) diesem Aspekt nach. Sie zeigten anhand der L2-Kompetenzentwicklung von 351 finnischsprachigen Kindern, dass jene Kinder, die bereits in Finnland die Grundschule besucht und literale Kompetenzen in ihrer L1 Finnisch aufgebaut hatten, in der L2 Schwedisch bessere Kenntnisse aufwiesen als jüngere Kinder, deren erstsprachliche Entwicklung nach der Migration nach Schweden nicht weiter gefördert worden war. Die Interdependenzhypothese besagt demnach, dass die Kompetenzentwicklung in der L2 davon abhängig ist, inwieweit die Kompetenz in der L1 beim Kontaktbeginn mit der L2 ausgebildet ist. Bei unzureichender Entwicklung der L1 wirkt sich dies negativ auf den L2-Erwerb aus.

Zur wechselseitigen Beeinflussung der L1 und der L2 Deutsch liegen mit dem Blick auf z.B. die schriftsprachliche Kompetenz in der L2 Deutsch Studien von Knapp (1997) oder Schroeder & Dollnick (2013) vor. Knapp (1997) zeigt beispielsweise, dass die von ihm untersuchten Seiteneinsteiger mit geringerer L2-Kontaktdauer, dafür aber entwickelter literaler Kompetenz in ihrer L1, deutlich bessere Phantasieerzählungen[50] in der L2 Deutsch verfassten als die Probanden, die die gesamte Schullaufbahn in Deutschland durchlaufen hatten. Schroeder & Dollnick (2013) zeigen am Beispiel mehrsprachiger Gymnasiasten, dass sich der Erwerb literaler Strukturen in der L2 Deutsch auch positiv auf die Verwendung literaler Strukturen in der L1, hier Türkisch, auswirken kann.

---

50 Knapp (1997) bemisst die Erzählkompetenz durch die Kriterien a) Aufbau der Erzählung, b) Aktantenein- und Referentenfortführung sowie c) affektive Markierung der Plötzlichkeit von Ereignissen.

Ahrenholz (2017b: 110) fasst für den gegenwärtigen Forschungsstand zusammen, dass der Einfluss der L1 nach wie vor umstritten ist. In gewissen Bereichen wie Lexik, Aussprache oder allgemeiner literaler Kompetenz scheint er nicht in Abrede gestellt werden zu können, im Bereich der Flexionsmorphologie wird von verschiedenen Autoren beispielsweise aber kein direkter Transfer aus der L1 angenommen. Deshalb gilt es einerseits die möglichen betroffenen sprachlichen Teilbereiche, andererseits aber auch die Art des Transfers zu unterscheiden. Jarvis & Pavlenko (2008) differenzieren zwischen „linguistic transfer" und „conceptual transfer". Während bei linguistischem Transfer direkte Übertragungen auf phonologischer, orthographischer, lexikalischer, semantischer, syntaktischer, diskursiver, pragmatischer und soziolinguistischer Ebene gemeint sind, ist konzeptueller Transfer auf abstrakterer Ebene definiert, d.h. im Hinblick auf die Wechselwirkung mentaler Repräsentationen von sprachlichen Konzepten und Kategorien in L1 und L2.

Bezogen auf den Genuserwerb zeigen verschiedene Studien, dass sich das Vorhandensein der Kategorie Genus in der L1 positiv auf den L2-Erwerb einer Genussprache auswirkt und damit auf konzeptueller bzw. kategorieller Ebene Transfer möglich ist. Sabourin, Stowe & de Haan (2006: 3) konnten für erwachsene Lerner des Niederländischen als Fremdsprache mit den L1 Deutsch, Italienisch, Spanisch, Französisch und Englisch „deep transfer" und „surface transfer" unterscheiden. Die jeweiligen L1 erlauben hinsichtlich des zu erwerbenden niederländischen Genussystems unterschiedliche Transfermöglichkeiten: Während das Deutsche v.a. bei definiten NGr dem Niederländischen morphologisch sehr ähnliche Genusmarkierungen zeigt, weisen die romanischen Sprachen zwar ebenfalls Genus auf, jedoch unterscheiden sich die Genusmarkierungen morphologisch von jenen des Niederländischen. Im Englischen, das nur im pronominalen Bereich ein semantisch basiertes Genussystem kennt, ist die Markierung von Genus in der NGr hingegen nicht notwendig. Für die Sprecher des Deutschen war demnach „surface transfer" im Sinne eines direkten Transfers, für die Sprecher der romanischen Sprachen „deep transfer" im Sinne eines abstrakteren Transfers möglich, während die Sprecher mit englischer L1 keine Transfermöglichkeiten hatten. In beiden durchgeführten Tests – a) Genusmarkierung am Definitartikel, b) Genusmarkierung an Relativpronomen – schnitt die Gruppe mit Sprechern mit der L1 Deutsch am besten ab. Darauf folgten gemäß der Erwartung qua Transfermöglichkeiten die Sprecher der romanischen Sprachen, danach erst die Sprecher des Englischen.

Auch für den Erwerb des Deutschen als L2 liegen empirische Evidenzen vor, die nahelegen, dass beim Genuserwerb mindestens konzeptueller Transfer erfolgt, wenn die L1 die Kategorie Genus aufweist. In den Daten von Ruberg (2013:

261) zeigt sich, dass seine Probanden in Abhängigkeit von ihrer L1 Genusmerkmale beachten bzw. nicht beachten: Während die Kinder mit Genus aufweisenden slawischen L1 bestimmte formale Merkmale (Auslaut auf Schwa, Einsilbigkeit) und das Sexusprinzip teilweise berücksichtigen, beachten die Kinder mit der genuslosen L1 Türkisch weder semantische noch formale Genusmerkmale. Bei Genusmarkierungen an stark zu flektierenden attributiven Adjektiven beobachtet er zudem, dass die Kinder mit slawischen L1 zu 40 % alle drei genusspezifizierenden Flexive (-e, -er, -es) verwenden, während die Kinder mit der L1 Türkisch dies nur zu 24 % taten (Ruberg 2013: 213).

In den Daten von Wegener (1995a) zeigen sich wie bereits erwähnt ebenfalls

> „große Unterschiede [...] zwischen den Kindern mit L1 Türkisch, einer genuslosen Sprache, und den Kindern aus Polen und Rußland, denen die Kategorie Genus als solche vertraut ist, wogegen die türkischen Kinder erst einmal erkennen müssen, daß die drei Formen der Funktoren keine freien Varianten darstellen"
>
> Wegener (1995a: 7)

Auch Dieser (2009: 346–348) beobachtet wie Ruberg (2013) und Wegener (1995a) bei einem Kunstwörtertest, der mit Kindern mit den L1 Türkisch und Russisch durchgeführt wurde, dass sich die Kinder mit der L1 Russisch das deutsche Genussystem schneller aneignen als die Kinder mit der L1 Türkisch. Turgay (2010: 26) argumentiert ebenfalls, dass die Grundschulkinder ihrer Studie mit der L1 Italienisch deshalb weniger Abweichungen bei Genusmarkierungen aufweisen als die Kinder mit der L1 Türkisch, weil das Italienische eine Genussprache ist, die wie das Deutsche Artikel aufweist, an denen diese Kategorie markiert wird. Kaltenbacher & Klages (2006: 87) bestätigen diesen Befund: Für Vor- und Grundschulkinder mit der L1 Türkisch erweisen sich „die Probleme mit dem Genussystem" als ausgeprägter als für Kinder mit slawischen Ausgangssprachen. Auch Jeuk (2006: 197, 2008: 146) stellt fest, dass Kinder artikelloser Sprachen (bei seinen Probanden Tschechisch und Türkisch) im Deutschen zur Elision von Artikeln und auch von Pronomen neigen und damit potentielle Genusträger noch nicht einmal verwenden.

Ellis, Conradie & Huddlestone (2012) zeigen auch für erwachsene Lerner des Deutschen als L2 Transfereffekt aus deren L1: Ihre italienischsprachigen Probanden produzierten im Vergleich zu den Probanden mit den genuslosen L1 Afrikaans und Englisch in komplexen Nominalgruppen mit attributivem Adjektiv deutlich mehr genuskongruente Markierungen.

Nur Montanari (2010: 284–285) kann keine eindeutige Position hinsichtlich der Rolle der L1 formulieren, da sie, wie bereits erwähnt, auch andere, dazu in

Wechselwirkung stehende Faktoren als ausschlaggebend für einen erfolgreichen Genuserwerb identifiziert. Dennoch ist festzuhalten, dass der Genuserwerb bei solchen Kindern am weitesten fortgeschritten ist, die als L1 eine Genussprache sprechen. Montanari (2010) resümiert deshalb:

> „Die vorteilhaftesten Bedingungen für die Aneignung von Genus bietet [...] die Kombination der Faktoren erstsprachlicher Input [und nicht eine Lernervarietät der L2, Ergänzung A.B.] und Genussprache als Familiensprache."
>
> Montanari (2010: 285)

3.5.4 Zusammenfassung

Bezogen auf meine spracherwerbstheoretischen Annahmen gilt es zusammenfassend einen engen Zusammenhang zwischen sprachexternen und sprachinternen Einflussfaktoren auf den L2-Erwerb anzunehmen. Als sprachexterne Faktoren haben sich das Alter der Probanden beim Erwerbsbeginn der L2 Deutsch sowie die Inputqualität und -quantität als einflussnehmend erwiesen. Je jünger die Probanden beim Kontaktbeginn waren und umso häufiger sie Kontakt zur L2 (auf Erstsprachniveau) hatten, umso problemloser schien sich der Genuserwerb im Deutschen zu vollziehen. Für meine empirische Untersuchung gilt es also zu überprüfen, um welchen Spracherwerbstyp es sich bei meinen Probanden handelt und ab welchem Alter/in welchem Setting (gesteuert vs. ungesteuert) der L2-Kontakt einsetzte.

Bezogen auf die Rolle der L1 als sprachinternen Einflussfaktor wurde in beinahe allen Studien festgestellt, dass die L1 maßgeblichen Einfluss auf den Genuserwerb nimmt. Lernern, deren L1 eine Genussprache ist, gelingt der Erwerb einer weiteren Genussprache offenbar reibungsloser als Lernern mit einer genuslosen L1. Die berichteten Ergebnisse stimmen insofern mit meinen gebrauchsbasierten Annahmen zum Genuserwerb in einer L2 überein, zumal ich davon ausgehe, dass die in der L1 bereits ausgebildeten sprachlichen Schemata, Muster und Kategorien mit denen der zu erwerbenden L2 verglichen werden. Die Strukturen der neu zu erwerbenden Sprache werden erschlossen, indem sie zur bereits erworbenen, bekannten L1 in Beziehung gesetzt werden. Daraus können Strategien der Sprachverarbeitung erwachsen, die durch die Strukturen der L1 bedingt sind. Bei typologischer Nähe können sich diese Strategien in direktem oder konzeptuellem Transfer äußern. Diesen Annahmen zufolge wird auch für meine Untersuchung erwartet, dass die L1 den L2-Erwerb beeinflusst und konzeptuelle Transfereffekte zu beobachten sind.

3.6 Die L1 der untersuchten Lerner: Russisch, Türkisch

Im diesem Abschnitt wird ein typologischer Vergleich zwischen den drei Sprachen Deutsch, Türkisch und Russisch im Allgemeinen sowie im Speziellen hinsichtlich der Kategorie Genus angestellt. Aus den herauszuarbeitenden Gemeinsamkeiten bzw. Unterschieden werden spezifische Hypothesen abgeleitet, inwiefern die L1 der von mir untersuchten Probanden den Genuserwerb im Deutschen beeinflussen könnten.

3.6.1 Allgemeiner typologischer Vergleich

Im allgemeinen (strukturalistisch geprägten) sprachtypologischen Vergleich sind für das Russische und Deutsche Ähnlichkeiten festzustellen, die das Türkische nicht teilt. Das Russische wird wie das Deutsche zu dem flektierend-fusionierenden Sprachtyp gezählt, während das Türkische flektierend-agglutinierende Strukturen aufweist. In Abhängigkeit von den Sprachtypen werden grammatische Funktionen unterschiedlich realisiert. Ineichen (1991: 49-50) nennt die folgenden wesentlichen Unterschiede: In flektierend-fusionierenden Sprachen können verschiedene grammatische Funktionen in ein und derselben Form fusionieren (Synkretismen: eine Form – mehrere Funktionen, z.B. im Deutschen *ein-em*: [M DAT SG] oder [N DAT SG]) und umgekehrt kann ein und dieselbe Funktion durch unterschiedliche Formen symbolisiert werden (Allomorphie: eine Funktion – mehrere Formen, z.B. die acht unterschiedlichen Pluralmarker im Deutschen). Dagegen weisen agglutierende Sprachen i.d.R. eineindeutige Form-Funktionsbeziehungen auf (eine Form: eine Funktion). Grammatische Funktionen werden im letztgenannten Sprachtyp durch jeweils eigene, spezifische Suffixe realisiert, die aneinander gereiht an die Stammelemente angefügt werden (Göksel & Kerslake 2005: 43). Im Türkischen werden beispielsweise in der Kategorienreihenfolge Numerus + Possessiv + Kasus Suffixe an den Substantivstamm affigiert, z.B. *evlerinden (aus meinen Häusern)*:

(1) ev-   ler-   in-   den
     Haus   PL   POSS   ABL

Göksel & Kerslake (2005: 43) weisen darauf hin, dass nahezu jedes Suffix verschiedene Formen aufweist, die in Abhängigkeit von den ihnen vorangehenden Konsonanten bzw. Vokalen alternieren. Diese Alternationen sind durch die sog. ‚Vokalharmonie' aber rein phonologisch bedingt. Als Beispiele führen sie die beiden Pluralsuffixe *-lar* (z.B. in *kuş-lar* (*Vögel*)) und *-ler* (z.B. in *kedi-ler* (*Kat-*

zen)) an. Dass die phonologische Varianz aber deutlich größer sein kein als beim Pluralflexiv, zeigen sie am Suffix zur Kennzeichnung der Funktion Perfekt: -dı, -di, -du, -dü, -tı, -ti, -tu, -tü (z.b. in *kal-dı* (*blieb*), aber *düş-tü* (*fiel*)).

Bei flektierend-fusionierenden Sprachen treten ebenfalls Suffixe auf, durch die grammatische Funktionen realisiert werden. In ihnen können aber mehrere, verschiedene grammatische Funktionen kumulieren, wie oben bereits anhand des Beispiels der Indefinitartikelform *ein-em* ([M DAT SG] oder [N DAT SG]) illustriert wurde. Zudem kann in flektierend-fusionierenden Sprachen im Gegensatz zu flektierend-agglutinierenden Sprachen eine nicht rein phonologisch motivierte Veränderung des Wortstamms auftreten, wodurch er selbst Träger einer grammatischen Funktion wird. Ein Beispiel für das Deutsche ist die Pluralbildung durch Umlaut (SG: *Mutter* – PL: *Mütter*), im Russischen gibt es Stammveränderungen durch die sog. flüchtige *e* bzw. *o* in bestimmten Positionen des Kasusparadigmas, vgl. die Beispiele (2) und (3) aus Jachnow (2004: 1305):

(2) *otéc-∅*   *otc-á*
     Vater NOM SG   GEN SG
(3) *okn-ó*   *ókon*
     Fenster NOM SG GEN PL

Die Gemeinsamkeiten bzw. Unterschiede bezogen auf die Kategorie Genus werden in den nächsten Abschnitten dargelegt.

3.6.2 Genus kontrastiv: Russisch – Deutsch

Wie das Deutsche kennt das Russische die drei grammatischen Genera Maskulinum, Femininum und Neutrum. Mit wenigen Ausnahmen werden alle Nomen nach den drei Genera klassifiziert (Mulisch 1996; Jelitte 1997; Jachnow 2004). Corbett (1991: 34–46) zählt das Russische zu Genussystemen mit vorwiegend „morphological assignment rules", da das Genus eines Nomens im Gegensatz zum Deutschen i.d.R. formal an ihm selbst markiert wird. Die Genusklassenzugehörigkeit wird an der Form im Nominativ Singular ersichtlich. Maskulina sind i.d.R. endungslos (enden auf Konsonant wie *student-∅* z.B. auch *sad-∅* (*Garten*), *rubl'-∅* (*Rubel*) oder enden auf *-j* wie *gerój-∅* (*Held*)). Feminina werden i.d.R. durch die Flexive *-a* nach Konsonant (wie *sestr-a* auch *kníg-a* (*Buch*) oder *nedél'-a* (*Woche*)), *-ja* nach Vokal (wie z.B. *zme-já* (*Schlange*)) und endungslos nach palatalem Konsonant (wie z.B. *kost'-∅* (*Knochen*)) markiert, während Neutra auf *-o* nach velarem Konsonant (wie z.B. *vin-o* auch *mést-o* (*Platz*)) sowie *-e* und *-ó* nach palatalem Konsonant und *-i* enden (neben *čudovišč-e* z.B. auch *pól-e* (Feld), *pit-ó* (Getränk), *znani-e* (Wissen)), vgl. Jachnow (2004: 1305).[51]

Da russische Nomen in Abhängigkeit von dem Merkmal [±belebt] ein unterschiedliches Deklinationsverhalten aufweisen, teilt Corbett russische Nomen in drei „main gender classes" (Maskulinum, Femininum, Neutrum) mit jeweils zwei „subgender" ([±belebt]) ein, vgl. Tabelle 10 nach Corbett (1991: 166).

Tab. 10: Flexionsparadigmen russischer Nomen (nach Corbett 1991: 166)

	Maskulina		Feminina		Neutra	
	[+belebt]	[–belebt]	[+belebt]	[–belebt]	[+belebt]	[–belebt]
Singular	student (Student)	dub (Eiche)	sestr-a (Schwester)	škol-a (Schule)	čudovišč-e (Monster)	vin-o (Wein)
Nominativ	student	dub	sestr-a	škol-a	čudovišč-e	vin-o
Akkusativ	student-a	dub	sestr-u	škol-u	čudovišč-e	vin-o
Genitiv	student-a	dub-a	sestr-y	škol-y	čudovišč-a	vin-a
Dativ	student-u	dub-u	sestr-e	škol-e	čudovišč-u	vin-u
Instrumental	student-om	dub-om	sestr-oj	škol-oj	čudovišč-em	vin-om
Lokativ	student-e	dub-e	sestr-e	škol-e	čudovišč-e	vin-e
Plural						
Nominativ	student-y	dub-y	sestr-y	škol-y	čudovišč-a	vin-a
Akkusativ	student-ov	dub-y	sest-er	škol-y	čudovišč	vin-a
Genitiv	student-ov	dub-ov	sest-er	škol	čudovišč	vin
Dativ	student-am	dub-am	sestr-am	škol-am	čudovišč-am	vin-am
Instrumental	student-ami	dub-ami	sestr-ami	škol-ami	čudovišč-ami	vin-ami
Lokativ	student-ax	dub-ax	sestr-ax	škol-ax	čudovišč-ax	vin-ax

Als „subgender" definiert Corbett (1991: 163) Kongruenzklassen, „which control minimally different sets of agreement, that is, agreements differing for at most a small proportion of the morphosyntactic forms of any of the agreement targets." Im Singular wirkt sich im Russischen beispielsweise nur bei Maskulina das Merkmal [±belebt] auf die Flexion des Nomens aus. Weisen Maskulina das Merkmal [+belebt] auf, wird dies morphologisch im Akkusativ markiert. Der

---

[51] Für alle drei Genera gibt es auch Ausnahmen, die nicht die oben genannten typischen Flexive bzw. Auslaute aufweisen, z.B. *muščin-a*_M (Mann), *vrém'-a*_N (Zeit), *pech'*_F (Ofen).

Akkusativ ist bei [+belebten] Maskulina synkretisch mit dem Genitiv, bei [−belebten] Maskulina synkretisch mit dem Nominativ, vgl. erneut Tabelle 10 und die Beispiele (4) und (5) aus Jachnow (2004: 1301):

(4) Anna ljúbit brát-a. M AKK [+belebt] Anna liebt ihren Bruder.
(5) Anna ljúbit teátr-∅. M AKK [−belebt] Anna liebt das Theater.

Im Plural sind dagegen Nominativ und Akkusativ bei [−belebten] Nomen aller Genera synkretisch, vgl. ebenfalls erneut Tabelle 10.

Auch im Russischen gilt wie im Deutschen das semantisch basierte Sexusprinzip für die Klassifikation von Personen- und Tierbezeichnungen: I.d.R. werden männliche Referenten maskulin (z.B. otéc (Vater), brat (Bruder), lev (Löwe), weibliche Referenten feminin klassifiziert (z.B. mat' (Mutter), tetja (Tante) l'vica (Löwin)). Maskulina wie djadja, djéduška (Großvater) oder júneša (Jugendlicher), die ihrer morphologischen Form im Singular Nominativ nach wie Feminina auf -a bzw. -ja auslauten, werden zwar selbst wie Feminina dekliniert; die genussensitiven Targets richten sich in ihrer morphologischen Form aber nach dem Sexus der bezeichneten Person und sind also aus den maskulinen Paradigmen zu wählen, z.B. horošij$_M$ djadja$_M$ (ein guter Onkel) vs. horošaja$_F$ tetja$_F$ (eine gute Tante) oder moj$_M$ djéduška$_M$ (mein Großvater) vs. mojá$_F$ bábuška$_F$ (meine Großmutter). Bei verschiedenen Berufsbezeichnungen wie z.B. vrač (Arzt/Ärztin), advokát (Anwalt/Anwältin), kollega (Kollege/Kollegin) ist ausschlaggebend, ob der Referent weiblich oder männlich ist, auch bei solchen Nomen kongruieren die Targets nach Sexus (Doleschal & Schmid 2001; Rodina 2008: 16−23).

Das Russische weist insgesamt mehr genussensitive Targets auf als das Deutsche. So wird das Genus eines Bezugsnomens im Russischen wie im Deutschen nominalgruppenintern am Adjektiv im Singular und an Grund- und Ordinalzahlen markiert. Artikel, die für das Deutsche als Genusanzeiger erworben werden müssen, kennt das Russische nicht (Gladrow 2001: 387).

Nominalgruppenextern wird im Russischen die Kategorie Genus an prädikativen Adjektiven, Verbformen im Singular (Präteritum und im Konjunktiv), an den Partizipien sowie an Pronomen der dritten Person Singular markiert. Bei den Personalpronomen der 1. und 2. Person Singular (ja − ich, ty − du) wird außerdem das Verb im Präteritum nach dem Sexus des Sprechers/der Sprecherin bzw. des/der Angesprochenen gekennzeichnet, vgl. die Beispiele aus Rodina (2008: 9):

(6a) ja čital-∅   ich las   männlicher Sprecher
(6b) ja čital-a   ich las   weibliche Sprecherin
(7a) ty čital-∅   du last   männlicher Adressat
(7b) ty čital-a   du last   weibliche Adressatin

Zusammenfassend kann im Hinblick auf das Genussystem der beiden Sprachen Russisch und Deutsch grundsätzlich eine Übereinstimmung festgestellt werden: Beide Sprachen weisen die drei Genera Maskulinum, Femininum und Neutrum auf. Während im Deutschen das Genus in den meisten Fällen nicht am Nomen selbst eindeutig morphologisch overt wird, sondern nur an seinen Begleitern und Stellvertretern zu kennzeichnen ist, verfügt das Russische über eine weitgehend formal einheitliche Markierung der Genera am Nomen selbst. Das Russische weist als Genussprache wie das Deutsche Genuskongruenz auf. In beiden Sprachen werden Nomen mit inhärentem Sexus i.d.R. sexusbasiert klassifiziert – insofern weisen beide Sprachen das Charakteristikum auf, das von Corbett (1991), Grinevald (2000) oder Lehmann & Moravcsik (2000) als Spezifikum für Genussprachen beschrieben wurde (vgl. Kapitelabschnitt 2.2.2).

In beiden Sprachen ist die Reichweite von Genuskongruenz auf den Singular beschränkt, Genus wird im Plural nicht markiert. Auch hinsichtlich der genussensitiven Targets gibt es Übereinstimmungen: So erfolgt die Flexion nach Genus bei der Mehrzahl der Pronomen, beim attributiven Adjektiv, bei Ordinalzahlen. Im Russischen gibt es noch weitere sprachliche Einheiten, an denen Genus markiert wird, nämlich an Präterital- und Konjunktivformen des Verbs. Außerdem wird das Genus bei Verbformen nicht nur an der 3. Person Singular abgebildet, sondern auch in der 1. und 2. Person Singular in Abhängigkeit vom Sexus des Sprechers bzw. Angesprochenen. Das russische Adjektiv wird nicht nur im attributiven, sondern auch im prädikativen Gebrauch nach Genus flektiert. Dafür kennt das Russische keine Artikel. Insgesamt weist das Russische damit mehr genussensitive Targets auf als das Deutsche.

Eine noch zu nennende Gemeinsamkeit besteht darin, dass im Russischen wie im Deutschen in den Genusparadigmen Synkretismen vorzufinden sind. Außerdem sind die genusanzeigenden Formen bzw. Flexive in beiden Sprachen polyfunktional, da in ihnen verschiedene grammatische Funktionen (Genus, Kasus und Numerus) kumulieren.

3.6.3 Genus kontrastiv: Türkisch – Deutsch

Das Türkische kennt, anders als das Deutsche und Russische, die grammatische Kategorie Genus nicht. Das natürliche Geschlecht von Personenbezeichnungen wird morphologisch nicht markiert, es gibt also auch kein semantisch basiertes Sexusprinzip. Mit türkischen Personenbezeichnungen wie z.b. *öğretmen* (*Lehrer/Lehrerin*) kann sowohl auf männliche als auch auf weibliche Personen referiert werden. Ausnahmen stellen Personenbezeichnungen wie Verwandtschaftsbezeichnungen dar, durch die Sexus lexikalisch kodiert wird (z.b. *baba* (*Vater*), *anne* (*Mutter*). Außerdem kann Sexus im Türkischen (wieder bei Verwandtschaftsbezeichnungen und Adressierungsformen) auch durch Suffigierung oder Komposition markiert werden (Braun 2003: 285–286). Solche sexusanzeigenden Suffixe sind ihrem Ursprung nach nicht türkisch, sondern aus Genussprachen entlehnt, wobei sie meistens mit ebenso entlehnten Stämmen auftreten. Das frequenteste Suffix stellt dabei das aus dem Arabischen stammende *-e* zur Kennzeichnung weiblicher Personen dar, z.b. *sahib-e* (*Besitzer-in*). Diese Suffixe sind im Türkischen jedoch nicht produktiv. Als Beispiele für sexusmarkierende Kompositionen können *kız çocuğu* (*Mädchen+Kind: Mädchen, Tochter*) oder *kız kardeş* (*Mädchen+Geschwister: Schwester*) genannt werden. Sexusspezifizierte Nomen dieses Typs sind im Türkischen aber als Randerscheinungen zu betrachten.

Auch das Türkische ist eine artikellose Sprache, allerdings gibt es das indefinite, nicht flektierbare Zahlwort *bir* (*eins*). Hansen (1995: 32) bezeichnet *bir* als lexikalisches Äquivalent des indefiniten deutschen Artikels. Seine Verwendung ist aber – anders als im Deutschen – nur in gewissen Kontexten obligatorisch (Bassarak 2004: 1360; Hansen 1995: 32–34; Selmani 2011: 47–48).

Personal- und Possessivpronomen sind im Türkischen zwar vorhanden. Die Personen- bzw. Besitzverhältnisse werden i.d.R. aber durch Suffixe am Verb bzw. am nominalen Possessum markiert, weshalb Personal- und Possessivpronomen als freie lexikalische Elemente nur zur besonderen Hervorhebung verwendet werden. In der dritten Person Singular wird morphologisch nicht wie im Deutschen und Russischen zwischen weiblichen oder männlichen Referenten unterschieden. So kann nachfolgender Satz, ein aus Braun (2003: 285) entnommenes Beispiel, vier verschiedene Bedeutungen haben, da eine multiple Sexus-Ambiguität vorherrscht:

(8) Kardeş-   im,   araba-   sı-   na   bin-di.
    Schwester/   mein   Auto   ihr/   in   einsteigen
    Bruder   sein
                 POSS 1 SG   POSS 3 SG

(8a) *Meine Schwester stieg in ihr Auto.*
(8b) *Meine Schwester stieg in sein Auto.*
(8c) *Mein Bruder stieg in sein Auto.*
(8d) *Mein Bruder stieg in ihr Auto.*

Relativpronomen kennt das Türkische – bis auf das selten gebräuchliche *ki* – nicht (Tekinay 1987: 32–40).

Zusammenfassend gilt es für das Türkische festzuhalten, dass es sprachtypologisch nicht mit dem Deutschen verwandt ist, da es zu den flektierend-agglutinierenden Sprachen gehört. Das Türkische kennt kein Genus und keine Genuskongruenz. Auch das natürliche Geschlecht eines Nomens wird bis auf wenige Ausnahmen nicht grammatisch indiziert. Zwar ist dem Türkischen im Hinblick auf Kasus- oder Personenmarkierungen Kongruenz prinzipiell bekannt; Mehrfachmarkierungen für ein und dieselbe grammatische Funktion – wie bei Genuskongruenz – werden jedoch selten realisiert, da agglutinierende Sprachtypen Redundanz vermeiden. Wird eine grammatische Funktion an einem sprachlichen Element markiert, muss sie nicht obligatorisch an einem weiteren markiert werden. Im Türkischen werden grammatische Funktionen durch eineindeutige Flexive gekennzeichnet, die durch Suffixe realisiert werden. Entsprechend weist das Türkische kaum Synkretismen auf, sondern folgt dem Prinzip ‚eine Form – eine Funktion'.

3.6.4 Zusammenfassung

Der Vergleich des Deutschen, Russischen und Türkischen hat gezeigt, dass das Russische und Deutsche bezogen auf das Genussystem strukturelle Ähnlichkeiten aufweisen, während sich das Türkische von diesen beiden Sprachen grundsätzlich unterscheidet, da es die Kategorie Genus nicht kennt. Die wesentlichen herausgearbeiteten Gemeinsamkeiten bzw. Unterschiede zwischen der deutschen, russischen und türkischen Sprache, insbesondere bezogen auf die Kategorie Genus, sind zusammengefasst der Tabelle 11 zu entnehmen.

Tab. 11: Deutsch, Russisch, Türkisch kontrastiv

	Deutsch	Russisch	Türkisch
Sprachtyp	flektierend-fusionierend 1 Form : mehrere Funktionen 1 Funktion : mehrere Formen		flektierend- agglutinierend 1 Form : 1 Funktion
Genera	Maskulinum Femininum Neutrum	Maskulinum Femininum Neutrum	–
Genus- klassifikation	phonologisch, morphologisch, semantisch	– morphologisch, semantisch	–
genussensitive Targets	Artikel Adjektiv Pronomen – + Genuskongruenz	– Adjektiv Pronomen Verb (Prät., Konj.) + Genuskongruenz	– – Genuskongruenz

Konsequenzen für den Genuserwerb

Die von mir untersuchten Lerner mit der L1 Russisch sollten aufgrund der gegebenen konzeptuellen Transfermöglichkeiten vom russischen zum deutschen Genussystem vorteilhaftere L2-Erwerbsbedingungen als die Lerner mit der L1 Türkisch aufweisen. Sie sollten in einer höheren Erwerbsgeschwindigkeit als die Kinder mit der L1 Türkisch erwerben, dass die Kategorie Genus im Deutschen vorhanden ist. Dies impliziert im Detail die Erkenntnis, dass Genus im Deutschen in seinem morphologischen Ausdruck an genussensitiven Targets mit den Kategorien Kasus und Numerus fusioniert, dass das Deutsche die drei Klassen Maskulinum, Femininum und Neutrum aufweist und die Kategorie an verschiedenen Targets markiert werden muss. Da auch im Russischen verschiedene Kategorien in einer Form fusionieren können, sollten sie die in verschiedenen Erwerbsstudien beobachtete Strategie, zunächst einer Form nur eine Funktion zuzuweisen, eher aufgeben als die Kinder mit der L1 Türkisch, die aus ihrer L1 keine polyfunktionalen Formen kennen.

Die semantischen Zugänge zum Erschließen des Formeninventars werden für beide L2-Gruppen postuliert, da die kognitive Dichotomie männlich/weiblich einzelsprachenunabhängig als Kategorisierungsprinzip angenommen werden kann (vgl. die Kapitelabschnitte 2.2.1 und 2.2.2). Konzeptuell haben die Kinder mit der L1 Russisch diesbezüglich keine Vorteile, allerdings hinsichtlich des Wissens, dass diese kognitiv-konzeptuelle Dichotomie durch Genusmarkierungen grammatischen Ausdruck finden kann, da Sexus im Russischen wie im Deutschen relevant für die Genusklassifikation ist. Für die Kinder mit der L1 Türkisch kann in dieser Hinsicht nur bei wenigen Nomen auf eine lexikalische bzw. morphologische Differenzierung nach Sexus verwiesen werden.

Für den Erwerb des Russischen als L1 beobachtet Rodina (2008, 2014) an den Formverwendungen im Kontext von Hybrid Nouns (z.B. Maskulinum *djedja* (Onkel) mit Auslaut auf -*a* bzw. -*ja*, die entgegen der russischen formalen Genusprinzipien keine Feminina sind), dass sich die Kinder zunächst an morphologischen Merkmalen orientieren, bevor sie damit beginnen, semantische Kongruenz zu markieren. Rodina erklärt diese Reihenfolge dadurch, dass das Russische morphologisch transparente nominale Genusmerkmale aufweist, die deshalb auch bei Nomen, bei denen Genuskongruenz semantisch markiert werden müsste, nach morphologischen Kriterien erfolgt.[52] Entsprechend überdehnen die Kinder zunächst die morphologische Strategie. Für den L2-Erwerb könnte daraus negativer Transfer resultieren, da die Kinder mit der L1 Russisch bei Personenbezeichnungen in ihrer L1 erworben haben, dass in diesen Fällen semantische Merkmale formale Merkmale dominieren. Im Deutschen müssten bei solchen Nomen dagegen formal-grammatische Genusmarkierungen vorgenommen werden. Eine Überdehnung der semantischen Strategie bei deutschen Hybrid Nouns entspräche somit den aus der L1 bekannten Kongruenzstrukturen und wird deshalb bei dieser Probandengruppe erwartet.

Gerade aufgrund der Tatsache, dass die russische Nominalklassifikation überwiegend auf morphologischen Genusprinzipien basiert, sollten die Kinder mit der L1 Russisch formale Merkmale in einer höheren Erwerbsgeschwindigkeit als die Kinder mit der L1 Türkisch als Indikatoren für die Genusklassenzugehörigkeit deutscher Nomen erkennen.

Für die Lerner mit der L1 Türkisch sind sowohl grammatische als auch semantische Zugänge gleichermaßen plausibel. Da bei dieser Untersuchungsgruppe Transfereffekte ausgeschlossen werden können, kann durch sie eindeutig und unabhängig von der L1 bestimmt werden, welche nominalen Merkmale – semantische oder formale – für die Erschließung eines Genuskongruenzsystems ausschlaggebender sind.

---

[52] Analog dazu im Tschechischen vgl. Henzl (1975).

4 Hypothesen

In diesem Kapitel werden für die empirische Studie Hypothesen formuliert. Dies geschieht auf der Grundlage der theoretischen Überlegungen zur Modellierung der Kategorie Genus als nicht-lexikalische Kongruenz- und Klassifikationskategorie, zu ihrer mentalen Repräsentation in Form von netzwerkbasierten Genusschemata, der bereits vorliegenden Befunde zum Genuserwerb in der L2 Deutsch, der Erkenntnis zu den besonderen Erwerbsbedingungen im sukzessiven L2-Erwerb sowie der typologischen Unterschiede bzw. Gemeinsamkeiten zwischen den L1 meiner Probanden.

Die Hypothesen zum Erwerb von Genus als Kongruenzkategorie folgen bereits einer angenommenen Phasierung, deren Ausgangspunkt sich insbesondere aus den Annahmen zur Entstehung von Genussystemen, den Kongruenzphänomenen im Kontext von semantischem bzw. referentiellem bzw. pragmatischem Genus sowie der vergleichenden Diskussion der verschiedenen, bereits vorliegenden L2-Genuserwerbsstudien ergibt: Der Erwerb setzt durch eine semantisch bzw. referentiell basierte Form-Funktions-Verknüpfung von Personalpronomen ein.

Hypothese 1
Genuserwerb ist Kongruenzerwerb, d.h. der Erwerb eines Verweissystems zur Referentenidentifikation. Der Erwerb der deutschen Genuskongruenz setzt mit semantisierten Personalpronomen ein. Personalpronomen werden, unabhängig von dem formal-grammatischen Genusmerkmal eines Nomens, als Träger von semantisch transparenten Merkmalen interpretiert und mit semantischen Merkmalen wie [±belebt] und [+weiblich] bzw. [+männlich] verknüpft. Von den Personalpronomen ausgehend, den morphosyntaktisch autonomsten Targets, übertragen die Lerner diese Interimssymbolisierungen auf andere Targets, die Formidentität aufweisen (*r*-Formen, *e*-Formen, *s*-Formen). Auf diese Weise etablieren die Lerner in ihrer Interimsgrammatik zunächst ein semantisch basiertes Referenzsystem.

Hypothese 2
Die semantisch basierte Strategie wird aufgrund zunehmender Gegenevidenz aus dem zielsprachlichen Input eingeschränkt, weil sie nur im Kontext von Genus-Semantik-konvergierenden Nomen zu zielsprachlichen Markierungen führt. Eine Reanalyse der Nomen hinsichtlich ihrer formalen Merkmale und des semantisierten Formeninventars beginnt.

Der Erwerb der Kategorie Genus als formal-grammatische Kongruenzkategorie setzt dann mit Artikelverwendungen ein, die an validen phonologischen oder morphologischen Merkmalen der Nomen orientiert sind, d.h. Lerner entwickeln neben semantisch basierten auch phonologisch bzw. morphologisch basierte Genusschemata. Dazu analysieren sie Kookkurrenzen zwischen Artikelwörtern und formalen Merkmalen von Nomen. Im Gegensatz zur semantischen Strategie, die ihren Ausgangspunkt bei den Personalpronomen nimmt, setzt die formal-grammatische Strategie damit bei dem Target ein, das die engste morphosyntaktische Bindung zum kongruenzauslösenden Nomen aufweist.

Hypothese 3

Die morphosyntaktische Bindung der Targets an das kongruenzauslösende Nomen beeinflusst die Entwicklung formal-grammatischer Genuskongruenz. Formal-grammatische Genuskongruenz dehnt sich schrittweise vom Artikel auf die anderen Targets aus: Zunächst werden morphosyntaktisch eng an das Bezugsnomen gebundene Targets (attributives Adjektiv und adjazentes Relativpronomen), danach weniger eng gebundene Targets (Personalpronomen) formal-grammatisch genuskongruent markiert.

Die auf phonologischer bzw. morphologischer Basis abstrahierten Genusmerkmale konkurrieren in dieser Phase auf dem Weg zum zielsprachlichen System mit den semantischen Merkmalen der Nomen: An pränominalen Targets, die sich in der gleichen syntaktischen Domäne wie das kongruenzauslösende Nomen befinden, markieren die Lerner mehrheitlich bereits formal-grammatische Genuskongruenz, an den Pronomen aber noch semantische Kongruenz.

Hypothese 4

Das (Erwerbs-)Alter bzw. die allgemeine L2-Kompetenz korreliert mit den angenommenen Genuserwerbsphasen: Je höher das (Erwerbs-)Alter bzw. die allgemeine L2-Kompetenz ist, umso weniger semantisch basierte Formverwendungen sollten – einzelsprachenunabhängig – feststellbar sein, da der Erwerb der formal-grammatischen Markierungsstrategie in Abhängigkeit von der allgemeinen L2-Kompetenz erfolgt. Umgekehrt sollte sich zeigen, dass diejenigen Lerner, die ein niedriges (Erwerbs-)Alter aufweisen bzw. nur über eine gering ausgebaute allgemeine L2-Kompetenz verfügen, noch häufiger der semantischen Markierungsstrategie folgen, weil sich diese Lerner erst im Erwerbsprozess der formal-grammatischen Markierungsstrategie befinden.

Hypothese 5
Unabhängig von ihrer L1 durchlaufen beide Probandengruppen die in Hypothesen 1–3 angenommenen Erwerbsphasen. Für beide Untersuchungsgruppen wird postuliert, dass die Erschließung des Formeninventars auf der Basis semantischer Konzepte, wie z.b. der kognitiven Dichotomie [+männlich] – [+weiblich], beginnt. Die Lerner mit der L1 Russisch entwickeln diese Strategie aber deshalb vor den Kindern mit der L1 Türkisch, weil sie bereits aus ihrer L1 wissen, dass semantische Merkmale in der Referentenidentifikation/Nominalklassifikation grammatischen Ausdruck finden.

Die Lerner mit der L1 Russisch geben aufgrund der aus der typologischen Ähnlichkeit zwischen dem Russischen und Deutschen resultierenden konzeptuellen Transfermöglichkeiten das semantisch basierte Kongruenzsystem eher auf als die Vergleichsgruppe mit der L1 Türkisch. Sie orientieren sich deutlich früher an formalen Merkmalen von Nomen, da in ihrer L1 das Genussystem überwiegend morphologisch transparenten Genusprinzipien folgt. In einer höheren Erwerbsgeschwindigkeit als die Kinder mit der L1 Türkisch dehnen sie die formal-grammatischen Genusmarkierungen auf andere Targets aus.

5 Empirische Untersuchung

Der empirische Teil umfasst Daten von zwei Teilstudien, die mit insgesamt 195 Kindern im Alter von sechs bis elf Jahren durchgeführt wurden. Neben L2-Kindern mit den L1 Türkisch (N 75) und Russisch (N 61) wurden auch monolingual deutschsprachige Kinder (N 59) als Kontrollgruppe getestet. Die Kinder besuchten an zwölf verschiedenen Grundschulen in NRW die Klassen zwei, drei und vier.[53]

Für die erste Studie, an der 65 Kinder teilnahmen, wurde ein Mixed Method Design konzipiert, in dem zwei Elizitationsverfahren zur Untersuchung des Erwerbs der deutschen Genuskongruenz erprobt wurden. Das erste Elizitationsverfahren stellte ein Textproduktionsverfahren mittels Bildimpulsen dar. Da es sich bei einem solchen Datenerhebungsverfahren um ein gering lenkendes Elizitationsverfahren handelte (,task-naturalness', vgl. Purpura 2005: 110), konnten Daten authentischen Charakters gewonnen werden, die darüber Aufschluss gaben, wie die Kinder welche genussensitiven Targets in der (weitgehend) spontanen schriftlichen Sprachproduktion verwenden. Beim zweiten Verfahren handelte es sich um einen Multiple Choice Test und damit um ein experimentelles, stark lenkendes Elizitationsverfahren unnatürlichen Charakters. Der Vorteil dieses Verfahrens bestand gegenüber dem Textproduktionsverfahren darin, dass von allen Kindern gezielt die gleichen genusanzeigenden Targets – Indefinit- und Definitartikel, attributives Adjektiv, Relativ- und Personalpronomen – elizitiert werden konnten, weil das Testformat die Kinder dazu aufforderte, sich unter vorgegebenen, nach Genus flektierten Targets für eine Form zu entscheiden (,task-essentialness', vgl. Purpura 2005: 110).

Die durch das Textproduktionsverfahren gewonnenen Daten bestätigten die Nachteile, die bereits in anderen Genuserwerbsstudien beobachtet wurden: Spontansprachliche Datenkorpora zeichnen sich zwar als authentische Daten aus, weisen aber häufig das Problem der fehlenden Evidenz auf, weil darin nicht alle fraglichen genussensitiven Targets enthalten sein müssen, die für eine umfassende Analyse zum Erwerb der deutschen Genuskongruenz unerläss-

---

[53] Bei der empirischen Untersuchung habe ich wissenschaftsethische Aspekte berücksichtigt: Alle Daten wurden mit dem Einverständnis der Erziehungsberechtigten erhoben, die ich im Vorfeld der Untersuchung über die Erhebungsmethoden informiert habe. Es liegen schriftliche Zustimmungen darüber vor, die Daten im Rahmen wissenschaftlicher Untersuchungen verwenden und veröffentlichen zu dürfen. Bespreche ich Datenbelege einzelner Kinder, so verwende ich für diese Kürzel (drei bzw. vier Kapitälchen), um die Anonymität der Probanden zu gewährleisten.

lich sind (vgl. Kapitelabschnitt 3.2.1.6). So verwendeten die Kinder in ihren Texten zwar genussensitive Targets; durch die relativ freie Aufgabenstellung variierte aber zum einen die Textlänge in Abhängigkeit vom (Schreib-)Alter der Kinder und somit die Anzahl der vorgefundenen Targets; zum anderen konnten nicht in allen Texten alle fraglichen Targets vorgefunden werden. Die Aussagekraft und die Vergleichbarkeit der gewonnenen Daten wurde somit erschwert.

Die durch den Multiple Choice Test gewonnen Daten stellten dagegen eine sehr gut vergleichbare Datenbasis bereit. In der Folgestudie kam deshalb nur noch dieses Verfahren zum Einsatz. Dabei wurden die in der ersten Erhebung explorativ generierten Hypothesen mit einer größeren Probandengruppe (N 130) im Hinblick auf die Gewinnung empirisch belastbarer, inferenzstatistisch auswertbarer Daten überprüft. Um gezielt diejenigen Variablen testen zu können, die sich in der ersten Erhebung als einschlägig erwiesen hatten, wurde der Multiple Choice Test entsprechend überarbeitet.[54] Das Erhebungsinstrument wurde außerdem um einen Genuszuweisungstest ergänzt.

Da sich die in der zweiten Erhebung gewonnenen Multiple Choice Daten als die wichtigste Datenquelle für die Überprüfung meiner Hypothesen zum Erwerb der deutschen Genuskongruenz erwiesen haben, werden nachfolgend im ersten Abschnitt des empirischen Teils zunächst diese Daten diskutiert (im Folgenden: Multiple Choice Studie). Ergänzend dazu diskutiere ich im zweiten Abschnitt des empirischen Teils die durch die (weitgehend) freie Textproduktion gewonnenen Daten der ersten Studie (im Folgenden: Bildimpulsstudie). Obwohl die frei geschriebenen Texte im Hinblick auf die Anzahl der vorgefundenen genussensitiven Targets weniger aussagekräftig sind als die Multiple Choice Daten und aufgrund von fehlender Evidenz nur eingeschränkt Einblicke in die Formverwendungsstrategien der Lerner gewähren, sollen sie dennoch in Relation zu den Ergebnissen des Multiple Choice Verfahrens gestellt werden. Zum einen stellen sie Evidenz aus einem anderen Datentyp bereit, zum anderen wurden sie durch eine andere Untersuchungskohorte gewonnen, in der sich zudem auch Kinder der 2. Klasse (sechs – sieben Jahre) befanden. Während sich in der ersten Untersuchung für Kinder dieses Alters gezeigt hatte, dass sie die Multiple Choice Tests aufgrund noch nicht ausreichend ausgebildeter Lesekompetenz nicht selbstständig bearbeiten konnten, war die Datenelizitation mittels Bildimpuls und Schreibproduktionsaufgabe möglich. Durch die Daten- und Proban-

---

[54] Dazu wurde die Auswahl der eingesetzten Nomen verändert und die syntaktischen Kontexte, in denen die genussensitiven Targets präsentiert wurden, einheitlicher balanciert. Zudem wurde in der zweiten Multiple Choice Studie auf die Überprüfung von Possessivpronomen sowie von Targets in obliquen Kasus verzichtet.

dentriangulation soll überprüft werden, ob die durch das Multiple Choice Verfahren gewonnenen Daten mit den durch die (weitgehend) freie Textproduktion gewonnenen Daten übereinstimmen und die Ergebnisse der Multiple Choice Tests nicht lediglich als Effekte des stark gelenkten, experimentellen Erhebungsverfahrens zu interpretieren sind.

Beide Abschnitte des empirischen Teils sind auf die gleiche Weise strukturiert: In einem ersten Schritt stelle ich die eingesetzten Testitems und Datenerhebungsverfahren vor. Darauf charakterisiere ich die Untersuchungskohorte hinsichtlich ihres sprachbiographischen Hintergrunds und ihrer allgemeinen L2-Kompetenz, um schließlich die durch die unterschiedlichen Elizitationsverfahren gewonnenen Daten bezogen auf die in Kapitel 4 postulierten Hypothesen zu analysieren und zu diskutieren.

5.1 Multiple Choice Studie

Das gewählte Testverfahren stellt eine Kombination eines Genuszuweisungstests mit einem Multiple Choice Test dar. Beim Genuszuweisungstest mussten die Kinder zu vorgegebenen Nomen einen der drei Definitartikel *der*, *die* oder *das* in eine den Nomen vorangehende Lücke einsetzen. Der sich daran anschließende Multiple Choice Test war so konstruiert, dass die Kinder im Kontext derselben Nomen, die auch im Genuszuweisungstest eingesetzt worden waren, aus vorgegebenen Targets (Indefinit- und Definitartikel, attributive Adjektive, Relativ- und Personalpronomen), variiert nach den drei Genera, eine Auswahl treffen mussten. Bevor ich das Testdesign im Detail erläutere, begründe ich zunächst die Auswahl der eingesetzten Nomen.

5.1.1 Testitems

Die im Genuszuweisungs- bzw. Multiple Choice Test eingesetzten Nomen mussten verschiedenen Kriterien entsprechen, um die aufgestellten Hypothesen zum Erwerb der deutschen Genuskongruenz überprüfen zu können. Es wurde gezeigt, dass der Genuserwerb auf der Basis von validen semantischen und formalen Genusschemata erfolgt (vgl. Kapitelabschnitt 3.2.1.5). Deshalb wurden zum einen Nomen ausgewählt, die unterschiedliche semantische und formale, dabei aber möglichst valide Merkmale aufweisen, auf deren Grundlage semantisch bzw. formal basierte Genusschemata für die drei Genera Maskulinum, Femininum und Neutrum entwickelt werden können. Zum anderen sollten die Nomen zumindest im rezeptiven Lexikon der Probanden verfügbar sein, so dass die

Kinder bei jedem Nomen sicher auch ein semantisches Konzept aufrufen können sollten.[55] Andererseits sollten die Nomen eine ähnliche, nach Möglichkeit niedrige Frequenz aufweisen, um holistisch mit den Nomen gespeicherte Artikelformen besser ausschließen zu können. Nach diesen Kriterien und der Variation der Nomen nach den drei Genera Maskulinum, Femininum und Neutrum wurden aus Personen- und Gegenstandsbezeichnungen insgesamt 26 Nomen ausgewählt, die in den Tabellen 12 und 13 gelistet sind.

Tab. 12: Testitems [+belebt] (Multiple Choice Studie)

Genus	Testitem [+belebt]	semantisches Schema	formales Schema	Tokenfrequenz kindlicher Wortschatz	Tokenfrequenz Erwachsenen- wortschatz
M	Mann	= der $X_{[+männlich]}$	= der $X_{monosyllabisch}$	294	442
	Bruder	= der $X_{[+männlich]}$	= der Xer	257	203
	Junge	= der $X_{[+männlich]}$	= die Xe	225	6[56]
F	Frau	= die $X_{[+weiblich]}$	= der $X_{monosyllabisch}$	233	242
	Tante	= die $X_{[+weiblich]}$	= die Xe	139	18
	Tochter	= die $X_{[+weiblich]}$	= der Xer	7	100
N	Mädchen	≠ die $X_{[+weiblich]}$	= das $Xchen$	75	189[57]
	Fräulein	≠ die $X_{[+weiblich]}$	= das $Xlein$	17	9
	Weib	≠ die $X_{[+weiblich]}$	= das $X_{monosyllabisch}$	1	79
	Kind	≠ der $X_{[+belebt]}$ ≠ der $X_{[+männlich]}$ ≠ die $X_{[+weiblich]}$	= das $X_{monosyllabisch}$	150	416
	Baby	≠ der $X_{[+belebt]}$ ≠ der $X_{[+männlich]}$ ≠ die $X_{[+weiblich]}$	–	19	–

---

55 Um dies sicherzustellen, wurden die Nomen im Genuszuweisungstest zunächst gemeinsam mit einem Bild präsentiert, vgl. nachfolgenden Abschnitt, in dem für den Aufbau des Genuszuweisungstest ein Beispiel gegeben wird.
56 Das geringe Vorkommen des Nomens *Junge* im erwachsenen Wortschatz lässt durch die regionsspezifische Präferenz für das Synonym *Bub* erklären (227 Tokens).
57 Die Frequenzangabe gilt hier für das Nomen *Mädlein* und nicht *Mädchen*, was ebenfalls auf die regionsspezifische Verteilung der Derivationssuffixe *-lein* und *-chen* zurückzuführen ist.

Tab. 13: Testitems [–belebt] (Multiple Choice Studie)

Genus	Testitem [–belebt]	semantisches Schema	formales Schema	Tokenfrequenz kindlicher Wortschatz	Tokenfrequenz Erwachsenenwortschatz
M	Becher	≠ das X$_{[-belebt]}$	= der Xer	9	4
	Koffer	≠ das X$_{[-belebt]}$	= der Xer	5	–
	Anker	≠ das X$_{[-belebt]}$	= der Xer	–	–
F	Leiter	≠ das X$_{[-belebt]}$	≠ der Xer	15	10
	Feder	≠ das X$_{[-belebt]}$	≠ der Xer	7	7
	Klammer	≠ das X$_{[-belebt]}$	≠ der Xer	2	–
M	Käse	≠ das X$_{[-belebt]}$	≠ die Xe	8	17
	Funke	≠ das X$_{[-belebt]}$	≠ die Xe	1	1
	Buchstabe	≠ das X$_{[-belebt]}$	≠ die Xe	1	–
F	Seife	≠ das X$_{[-belebt]}$	= die Xe	5	–
	Schraube	≠ das X$_{[-belebt]}$	= die Xe	6	8
	Bürste	≠ das X$_{[-belebt]}$	= die Xe	11	1
N	Gitter	= das X$_{[-belebt]}$	≠ der Xer	20	–
	Zepter	= das X$_{[-belebt]}$	≠ der Xer	1	–
	Ruder	= das X$_{[-belebt]}$	≠ der Xer	1	3

Schemakonvergenz, -divergenz und -konkurrenz der Testitems

Um den Erwerb von Genusschemata zu testen, wurden sowohl semantisch als auch formal schemakonvergierende und schemadivergierende Nomen ausgewählt. Zur Überprüfung sexusbasierter Genusschemata wurden Genus-Sexus-konvergierende und Genus-Sexus-divergierende bzw. generische Personenbezeichnungen eingesetzt. Bei den Nomen *Mann, Bruder, Junge, Frau, Tante* und *Tochter* ist es möglich, durch eine auf Sexus basierende Form-Funktions-Verknüpfung semantische Kongruenz herzustellen, die gleichzeitig formalgrammatischer Genuskongruenz entspricht (Genus-Sexus-Konvergenz). Die Nomen *Junge, Frau* und *Tochter* weisen allerdings außerdem ein phonologisches Merkmal auf, das mit dem semantischen konkurriert (*Junge*: [die Xe] vs. [der X$_{[+männlich]}$]; *Frau*: [der X$_{monosyllabisch}$] vs. [die X$_{[+weiblich]}$]; *Tochter*: [der Xer] vs. [die X$_{[+weiblich]}$]). Durch den Einsatz solcher Nomen kann untersucht werden, welche Merkmale – semantische oder formale – die höhere Validität aufweisen bzw. an welchen Merkmalen sich die Lerner präferiert orientieren, um Kongruenz herzustellen.

Auch die Hybrid Nouns *Mädchen*, *Fräulein* und *Weib* weisen Genus-Sexus-divergierende Schemata auf, da ihr semantisches Merkmal [+weiblich] mit den unterschiedlichen formalen Merkmalen der Nomen ([*das Xchen*], [*das Xlein*], [*der X$_{monosyllabisch}$*]) konkurriert.

Für die generischen Personenbezeichnungen *Kind* und *Baby* sind verschiedene semantisch basierte Genusschemata denkbar ([*der X$_{[+belebt]}$*], [*der X$_{[+männlich]}$*] oder [*die X$_{[+weiblich]}$*]), von denen allerdings keines zu zielsprachlichen Genusmarkierungen führt.

Zur Überprüfung des Erwerbs von phonologischen Genusschemata wurden Nomen eingesetzt, die den validen Genusschemata [*die Xe*] und [*der Xer*] entsprechen (vgl. erneut Wegener (1995a) im Kapitelabschnitt 3.2.1.4 und Köpcke & Panther (2016) im Speziellen für das Schema [*der Xer*]). Dabei wurden für beide Schemata sowohl Genus-Form-konvergierende als auch Genus-Form-divergierende Nomen ausgewählt. Nur die Maskulina *Becher*, *Koffer* und *Anker*, nicht aber die Feminina *Leiter*, *Feder* und *Klammer* bzw. die Neutra *Gitter*, *Zepter* und *Ruder* konvergieren mit dem Schema [*der Xer*]. Mit dem Schema [*die Xe*] konvergieren nur die Feminina *Seife*, *Schraube* sowie *Bürste*, nicht aber die Maskulina *Käse*, *Funke* und *Buchstabe*.[58]

Ob die Lerner die genannten phonologischen Genusschemata ausgebildet haben, kann sich zum einen dadurch zeigen, dass die Formen im Kontext der Genus-Form-konvergierenden Nomen häufiger zielsprachlich markiert werden als die Formen im Kontext der Genus-Form-divergierenden Nomen; zum anderen sollte sich durch die Abweichungen im Kontext der Genus-Form-divergierenden Nomen zeigen, dass die Lerner präferiert Formen verwenden, die mit den Schemata [*die Xe*] bzw. [*der Xer*] verknüpft sind.

Sollten die Lerner diese phonologischen Genusschemata noch nicht ausgebildet haben und stattdessen noch eine rein semantisch basierte Strategie der Form-Funktions-Verknüpfung verfolgen, sollte sich dies im Kontext der Gegenstandsbezeichnungen wie folgt zeigen: In Opposition zu *r*- und *e*-Formen, die mit den Merkmalen [+männlich], [+weiblich] bzw. [+belebt] verknüpft sind, nutzen die Lerner *s*-Formen dazu, das Merkmal [–belebt] zu symbolisieren. Demnach sollten bei den Neutra *Gitter*, *Zepter* und *Ruder* weniger Abweichungen vorzufinden sein als bei den maskulinen und femininen Gegenstandsbezeichnungen, weil deren formal-grammatisches Genus (Neutrum: *s*-Formen) auch mit der Semantik der Nomen ([–belebt]: *s*-Formen) übereinstimmt.

---

[58] Neutra des Typs [*das Xe*] wurden aufgrund ihres geringen Vorkommens nicht getestet (werden derivierte Nomen wie z.B. *das Schöne*, *das Alte* etc. nicht berücksichtigt, sind drei native Neutra auf Schwa zu zählen: *das Auge*, *das Erbe*, *das Ende*).

Frequenz der Testitems
Für welche Nomen die Wahrscheinlichkeit groß ist, dass sie holistisch mit dem Artikel gespeichert sein könnten, geht aus der Analyse der Testitems hinsichtlich ihrer Tokenfrequenz im produktiven Lexikon von Kindern nach Pregel & Rickheit (1987) bzw. von Erwachsenen nach Ruoff (1981) hervor (vgl. die beiden rechten Spalten in Tabellen 12 und 13). Beide Korpora können als repräsentativ bezeichnet werden. Der von Pregel & Rickheit (1987) zusammengestellte produktive Wortschatz basiert auf mündlichen und schriftlichen Textproduktionen von 1.049 Grundschulkindern im Alter von sechs bis zehn Jahren, dem Ruoffschen Frequenzwörterbuch liegen Aufnahmen mit 2.500 erwachsenen Sprechern aus dem Raum Baden-Württemberg[59] zugrunde. Der Abgleich mit dem Frequenzwörterbuch der Erwachsenensprache ermöglicht zum einen die Abbildung des anzunehmenden sprachlichen Inputs, der Abgleich mit dem Frequenzwörterbuch des produktiven Lexikons von Grundschulkindern spiegelt zum anderen wider, ob die durch den Input als bekannt anzunehmenden Nomen bei den Kindern tatsächlich als mindestens rezeptiv verfügbar vorausgesetzt werden können.

Da Personenbezeichnungen sowohl im erwachsenen als auch im kindlichen produktiven Wortschatz zu den frequentesten Nomen gehören, konnten in diesem Feld keine niedrigfrequenten Nomen gefunden werden. Die ausgewählten Personenbezeichnungen *Mann, Junge, Bruder, Frau, Tante* und *Kind* sind im kindlichen produktiven Wortschatz unter den frequentesten 33 Nomen zu finden. Da diese Nomen auch im Erwachsenenwortschatz unter den am häufigsten verwendeten Nomen verzeichnet sind, ist davon auszugehen, dass die Nomen auch im Input der Kinder häufig vorkommen und wiederholt verarbeitet werden müssen.[60] Für diese Nomen sind holistische Speicherungen der Artikelwörter besonders zu erwarten. Die verbleibenden Personenbezeichnungen mit dem

---

[59] Die damit möglicherweise einhergehenden dialektalen Einflüsse konnten für die im Testset verwendeten Nomen ausgeschlossen werden.
[60] In beiden Frequenzwörterbüchern sind die Nomen nur in ihrer Grundform, d.h. im Nominativ, verzeichnet. Das Vorkommen der Nomen in Objektkasus und damit einhergehend in Verbindung mit anderen Artikelformen, die das Genusmerkmal der Nomen nicht eindeutig overt anzeigen, wurde in den Frequenzwörterbüchern nicht erfasst. Im Ruoffschen Frequenzwörterbuch gibt aber eine Auswertung zur Frequenz von Artikel- und Demonstrativartikelformen (Ruoff 1981: 514) darüber Aufschluss, dass die Artikelformen im Nominativ mit ca. 40 % am häufigsten verwendet werden. Damit kann davon ausgegangen werden, dass die Artikel, sofern sie mit dem Nomen holistisch gespeichert werden, tatsächlich am ehesten in der Nominativform auswendig memoriert sind, vgl. Tabelle 6, Kapitel 3.2.1.2.

Merkmal [+belebt] – *Tochter*, *Mädchen*, *Fräulein*, *Weib* und *Baby* – sind dagegen weniger frequent.

Für die Gegenstandsbezeichnungen konnten niedrigfrequentere Nomen gefunden werden, die den anderen, o.g. Kriterien entsprechen und für die aufgrund ihrer niedrigeren Tokenfrequenz holistische Speicherungen eher ausgeschlossen werden können. Bei diesen Testitems sind im Gegensatz zu den hochfrequenten Personenbezeichnungen häufiger Genusschwankungen, auch schon an Artikelwörtern, zu erwarten.

Auch wenn manche der Nomen aufgrund ihrer Frequenz im nominalen Lexikon holistisch mit ihren Artikelwörtern gespeichert sein könnten, ist es bei allen anderen Targets notwendig, unabhängig vom möglicherweise gespeicherten Artikelwort, eine Genusmarkierung vorzunehmen. Für diese Targets wird ausgeschlossen, dass sie gemeinsam mit den Nomen holistisch gespeichert sind, weil sie nicht ein derart hochfrequentes und dabei invariantes Positionierungsschema wie Artikelwort und Nomen aufweisen. Von nicht-zielsprachlich verwendeten Formen können, sofern deren Verwendung systematisch erfolgt, Lernerstrategien der Form-Funktions-Verknüpfungen abgeleitet werden.

5.1.2 Testdesign

Die insgesamt 26 Nomen wurden, verteilt auf zwei Datenerhebungen mit jeweils 13 Nomen, Genuszuweisungs- und Multiple Choice Test eingesetzt. Dazu wurden zwei Testbooklets angefertigt, die die Kinder selbstständig in Einzelarbeit bearbeiteten.

Auf der ersten Seite des Testbooklets wurden den Kindern jeweils 13 Nomen präsentiert, zu denen sie auf einer ihnen vorangehenden Linie (Lückentest) eine der drei Artikelformen *der*, *die* oder *das* eintragen sollten, vgl. Abbildung 8.

Abb. 8: Genuszuweisungstest

Um sicherzustellen, dass die Kinder die Bedeutung der Nomen erschließen konnten (für den Fall, dass sie ihnen nicht bekannt sein sollten), wurde zu jedem Testitem ein Bild hinzugefügt. Im sich daran anschließenden Multiple

Choice Test kamen die im Genuszuweisungstest eingesetzten Nomen weitere zwei Mal (ohne Bilder) vor, wobei sie in zwei unterschiedliche Satztypen eingebettet wurden. Die beiden Satztypen unterschieden sich dadurch, dass das Nomen entweder im Kontext eines Indefinitartikels, eines (zielsprachlich) stark zu flektierenden Adjektivs und eines Relativpronomens oder aber im Kontext eines Definitartikels, eines (zielsprachlich) schwach zu flektierenden Adjektivs und eines Personalpronomens erschien. Damit wurden im Kontext eines jeden Nomens insgesamt fünf verschiedene genussensitive Targets (Indefinitartikel, Definitartikel, attributive Adjektive, Relativ- und Personalpronomen), ausschließlich im Nominativ, abgefragt. Die Targets wurden dabei als Multiple Choice Items präsentiert, d.h. die Kinder mussten aus drei bzw. bei Synkretismen (*ein* für Maskulinum und Neutrum) aus zwei vorgegebenen Formen eine Form auswählen. Die Multiple Choice Items der genussensitiven Targets wurden randomisiert, um automatisiertes Ankreuzen einer Form ausschließen zu können. Die Abbildung 9 veranschaulicht anhand des Testitems *Fräulein* das Multiple Choice Verfahren als solches und die beiden unterschiedlichen Satztypen, in die die Nomen eingebettet waren.[61]

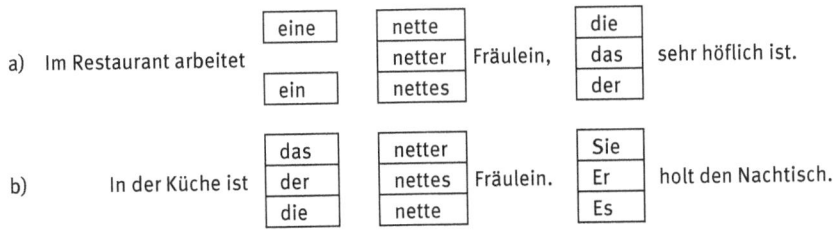

Abb. 9: Multiple Choice Test

Mit diesen fünf Targets konnte der Einfluss des morphosyntaktischen Bindungsgrads für insgesamt drei unterschiedliche syntaktische Domänen überprüft werden. Als Targets, die sich innerhalb der gleichen syntaktischen Domäne wie das kongruenzauslösende Bezugsnomen befinden, wurden Indefinitartikel, Definitartikel, stark bzw. schwach zu flektierende Adjektive präsentiert. In beiden Satztypen sind die NGr dreigliedrig, d.h. um ein pränominales attributives Adjektiv erweitert. Je nach Artikeltyp – indefinit oder definit – musste

---

61 Vgl. die Multiple Choice Tests im Anhang.

unter den nachfolgend vorgegebenen Adjektivformen eine stark bzw. schwach flektierte Form gewählt werden.

Außerhalb der syntaktischen Domäne des kongruenzauslösenden Nomens wurden Relativ- und Personalpronomen in postnominaler Position präsentiert. Dabei wurden beide Pronomen unmittelbar adjazent zum kongruenzauslösenden Nomen positioniert, d.h. in der gleichen linearen Distanz zum Nomen. Das Relativpronomen steht allerdings in der syntaktischen Domäne des von ihm eingeleiteten Attributsatzes, das Personalpronomen erscheint dagegen in einem neuen Matrixsatz und befindet sich entsprechend in dessen syntaktischer Domäne. Dadurch kann ausgeschlossen werden, dass der Faktor der linearen Distanz die Entscheidung für semantische Kongruenz bzw. formal-grammatische Genuskongruenz beeinflusst (vgl. Kapitel 2.3.1).

Auf jeder Seite des Testbooklets wurden zwei Testsätze präsentiert (abwechselnd Typ a und Typ b, jeweils mit unterschiedlichen Nomen), nach deren Bearbeitung die Kinder zur nächsten Seite umblättern mussten. Nach jedem zweiten Testsatz wurde ein Filler eingesetzt, der sich entwickelnde Routinen beim Ankreuzverhalten durchbrechen sollte. Bei den Filleraufgaben mussten die Kinder vorgegebene Antworten zu Sachfragen ankreuzen, die ihrem Wissenshorizont entsprachen (z.B. *Wie lange dauert ein Fußballspiel? 80 Minuten/ 90 Minuten/ 100 Minuten*). Insgesamt umfasste jedes Testbooklet somit 26 Sätze und 14 Filler.

Um sicherzustellen, dass das Verständnis für beide Testverfahren bei den Probanden gegeben war, bearbeiteten die Versuchsleiterinnen bei den Datenerhebungen zunächst im Klassenverband zwei Beispielaufgaben zum Genuszuweisungstest und zum Multiple Choice Test mit nicht im Testbooklet enthaltenen Nomen, bevor die Kinder den Test in Einzelarbeit durchführten.

5.1.3 Probanden

An der Studie, in der das oben beschriebene kombinierte Testverfahren des Genuszuweisungs- und Multiple Choice Tests eingesetzt wurde, nahmen insgesamt 130 Grundschulkinder sieben verschiedener Grundschulen in Nordrhein-Westfalen (Ahlen, Münster, Paderborn, Warendorf) im Alter von sieben bis elf Jahren teil. Diese Kinder besuchten entweder die 3. oder die 4. Klasse. Unter den Kindern mit Deutsch als L2 sprachen 57 Kinder die L1 Türkisch, 29 Kinder die L1 Russisch. Die monolingual deutschsprachige Kontrollgruppe umfasste 44 Kinder. Die Kinder wurden in ihren Schulen insgesamt zweimal im Abstand von zwei Wochen getestet.

Allgemeine L2-Kompetenz der Probanden

Bei der ersten Datenerhebung wurde von allen Kindern der allgemeine Sprachstand erhoben. Die Sprachstandsmessung diente dazu, die Probanden in homogene Vergleichsgruppen mit schwach und stark ausgebauter allgemeiner L2-Kompetenz einzuteilen, um im Querschnittsvergleich der unterschiedlichen Gruppen die angenommene Phasierung des Genuskongruenzerwerbs ermitteln zu können. Dazu wurde mit dem C-Test ein leseschreibbasiertes Diagnoseverfahren eingesetzt. Bei den verwendeten C-Tests mussten die Kinder jeweils drei kurze, inhaltlich geschlossene Texte als Lückentest bearbeiten, wobei – wie bei C-Tests für Kinder üblich – jeweils die Hälfte jedes dritten Wortes getilgt wurde. In Abhängigkeit von der von den Kindern besuchten Klassen drei oder vier variierten die C-Tests in ihrem Schwierigkeitsgrad.

Der C-Test ist ein standardisiertes Sprachstandsdiagnoseverfahren, das den drei Testgütekriterien Validität, Reliabilität und Objektivität genügt (Baur & Meder 1994; Grießhaber 1999; Eckes & Grothjahn 2006; Baur & Spettmann 2007; Kniffka & Linnemann 2009). Der Einfluss nichtsprachlicher Faktoren wie z.B. von Vermeidungsstrategien kann entsprechend ausgeschlossen werden. Eine oft genannte Kritik am C-Test ist, dass er als schriftbasierter Test nicht alle vier Kompetenzen (zwar Schreiben und Lesen, nicht aber Sprechen und Hören) teste. Dieser Kritik ist jedoch entgegenzusetzen, dass die Ergebnisse des C-Tests i.d.R. mit den einzeln getesteten Kompetenzen in den vier Fertigkeiten korrelieren (Eckes & Grothjahn 2006).

In Abhängigkeit der ermittelten C-Test-Werte wurden sechs Vergleichsgruppen gebildet. Diese setzen sich wie in Tabelle 14 dargestellt zusammen. Als Grundlage für die Gruppeneinteilung der Kinder mit den L1 Türkisch und Russisch in jeweils zwei Gruppen mit schwach bzw. stark ausgebauter L2-Kompetenz wurde der Median aller C-Test-Werte (Richtig-/Falsch-Werte) der Kinder mit der L2 Deutsch herangezogen (m 71,2 %).[62] Da der Median der Kontrollgruppe um 10 % höher lag als der Median der Kinder mit Deutsch als L2, wurde die Kontrollgruppe nach ihrem eigenen Median (m 81,7 %) in zwei Vergleichsgruppen eingeteilt. Die Kürzel für die Probandengruppen wurden nach folgender Systematik vergeben: Der Buchstabe kennzeichnet die L1 (T: Türkisch; R: Russisch; D: Deutsch), die Nummer bildet den Sprachstand ab (1: Kinder der 3. und 4. Klasse mit schwach ausgebauter Deutschkompetenz; 2: Kinder der 3. und 4. Klasse mit stark ausgebauter Deutschkompetenz).

---

[62] Die C-Test-Ergebnisse der einzelnen Kinder sind den Tabellen 29–34 im Anhang zu entnehmen.

Tab. 14: Vergleichsgruppen (Multiple Choice Studie)

L1	Klasse	Sprachstand	Gruppe	N	Median C-Test	Median C-Test Einzelgruppen
Türkisch	3, 4	schwach	T1	32	< 71,2	58,3
		stark	T2	25	≥ 71,2	75,0
Russisch	3, 4	schwach	R1	12	< 71,2	62,0
		stark	R2	17	≥ 71,2	76,7
Deutsch	3, 4	schwach	D1	20	< 81,7	72,0
		stark	D2	24	≥ 81,7	88,2

Die Kinder mit der L1 Russisch weisen in beiden Testgruppen (R1 und R2) in der L2 Deutsch im Vergleich zu den türkischsprachigen Vergleichsgruppen T1 und T2 eine leicht stärker ausgebaute L2-Kompetenz auf (vgl. Median des C-Tests der Einzelgruppen).

Sprachbiographische Daten

Von allen Kindern wurden außerdem sprachbiographische Daten erhoben. Die Kinder erhielten dazu einen Fragebogen,[63] den sie selbstständig durch schriftliche Antworten ausfüllten. Diese Daten gaben darüber Aufschluss, um welchen Spracherwerbstyp es sich beim Deutscherwerb der Probanden handelte (bilingualer L1- oder sukzessiver L2-Erwerb, vgl. Kapitelabschnitt 3.5) und inwiefern unterschiedliche Spracherwerbsbedingungen wie L2-Kontaktmöglichkeiten, -dauer, -häufigkeit gegeben waren, die als L1-unabhängige Faktoren Einfluss auf den L2-Erwerb nehmen.

In die Untersuchung wurden nur Kinder aufgenommen, die Deutsch sukzessiv als L2 erworben haben. Für die Datenauswertung wurden deshalb alle Kinder ausgeschlossen, auf die die beiden nachfolgenden Kriterien zutrafen:
1. Sie gaben in den sprachbiographischen Interviews an, Deutsch als L1 vor Russisch/Türkisch erworben zu haben.
2. Sie gaben an, mit mehr Familienmitgliedern (Eltern, Geschwistern, Großeltern, anderen Verwandten) Deutsch als Russisch oder Türkisch zu sprechen (Deutsch als dominante Familiensprache).

---

[63] Die sprachbiographischen Daten wurden mit einem Fragebogen erhoben, der sich an den von Grießhaber (o.J.) für das Projekt „Deutsch & PC" (2002–2006) entwickelten Fragebogen anlehnt, vgl. dazu den Fragebogen im Anhang. Die individuellen sprachbiographischen Angaben eines jeden einzelnen Probanden sind ebenfalls den Tabellen 29–34 im Anhang zu entnehmen.

Für die in die Stichprobe aufgenommenen Kinder trafen diese Kriterien nicht zu, weshalb für sie davon ausgegangen werden kann, dass ihr L2-Erwerb tatsächlich sukzessiv ab einem Alter von ca. drei Jahren einsetzte.[64] Zum Zeitpunkt der Datenerhebung hatten die Probanden in Abhängigkeit von ihrem Alter (acht bis elf Jahre) demnach zwischen fünf und acht Jahren Sprachkontakt zum Deutschen. Der stetige Kontakt zur zu erwerbenden L2 Deutsch dürfte sich aber erst mit dem Besuch einer deutschsprachigen Bildungsinstitution (entweder Kindergarten oder Schule) eingestellt haben. Systematischen, durch eine ausgebildete Lehrkraft gesteuerten Deutschunterricht erhielten die Kinder wahrscheinlich erst mit dem Schuleintritt,[65] so dass ihr L2-Erwerb erst ab diesem Zeitpunkt nicht mehr ausschließlich ungesteuert erfolgte.

Bezogen auf die Verwendung der deutschen Sprache im familiären Umfeld konnte durch die sprachbiographischen Interviews im Vergleich der beiden Probandengruppen festgestellt werden, dass sie relativ ähnliche Sprachgepflogenheiten aufwiesen. In beiden Untersuchungsgruppen wurde in den Familien mehrheitlich die L1 gesprochen bzw. fand sowohl die L1 als auch die L2 in gleicher Häufigkeit Verwendung (vgl. Tabelle 15).[66] Deutsch als dominante Familiensprache kam dagegen seltener vor, wobei dies auf ein Fünftel der Kinder mit der L1 Russisch und nur auf ein Zehntel der Kinder mit der L1 Türkisch zutraf.

Tab. 15: Sprachgebrauch in der Familie (Multiple Choice Studie)

Sprachgebrauch Familie	nur L1 oder L1 > L2	L1 + L2	nur L2 oder L2 > L1
L1 T (N 57)	34 (59,6 %)	14 (24,6 %)	6 (10,5 %)
L1 R (N 29)	15 (51,7 %)	8 (27,6 %)	6 (20,7 %)

---

64 Ausnahmen bilden die vier Probanden ÖKSA (T2), HZLN (R1), MSVA (R2) und WRSNX (R2), vgl. die sprachbiographischen Angaben in den Tabellen 30–32 im Anhang. Sie wurden trotzdem in die Stichprobe aufgenommen, da ihr C-Test-Wert unterhalb des Medians der monolingual deutschsprachigen Vergleichsgruppe lag.
65 Beim Besuch eines Kindergartens ist es zwar möglich, dass die Kinder bereits eine sog. „alltagsintegrierte Sprachförderung" erhielten. Eine Studie von Kiziak, Kreuter & Klingholz von 2012 ergab allerdings, dass das Personal in solchen Einrichtungen in Deutschland für eine alltagsintegrierte Sprachförderung noch nicht ausreichend qualifiziert ist und „[b]is vor kurzem der Bereich der Sprachentwicklung und -förderung in den Lehrplänen der pädagogischen Fachschulen nur wenig Raum eingenommen [hat]" (Kiziak, Kreuter & Klingholz 2012: 12).
66 Ergeben die Werte in den Tabellen 15–17 nicht 100 %, ist dies darauf zurückzuführen, dass einzelne Kinder einzelne Fragen des Fragebogens nicht bearbeitet haben.

Beim Sprachgebrauch mit Freunden war für beide Probandengruppen festzustellen, dass die L2 dominant war und nur wenige Kinder ausschließlich die L1 verwendeten. Dies traf häufiger auf die Kinder mit der L1 Türkisch als auf die Kinder mit der L1 Russisch zu (vgl. Tabelle 16).

Tab. 16: Sprachgebrauch in der Peer-Group (Multiple Choice Studie)

Sprachgebrauch Peer-Group	L1	L1 + L2	L2
L1 T (N 57)	4 (7,0 %)	19 (33,3 %)	29 (50,9 %)
L1 R (N 29)	1 (3,4 %)	7 (24,1 %)	20 (69,0 %)

Hinsichtlich der häufiger gegebenen L2-Kontaktmöglichkeiten, die sich von der Aufenthaltsdauer in Deutschland oder dem Besuch einer deutschen Kindertagesstätte ableiten lassen, waren für die Kinder mit der L1 Russisch positivere L2-Erwerbsbedingungen festzustellen (vgl. Tabelle 17). So zeigte sich, dass alle Kinder mit der L1 Russisch in Deutschland geboren wurden, während dies nur auf gut 86 % der türkischsprachigen Kinder zutraf. Alle Kinder mit der L1 Russisch besuchten in Deutschland einen Kindergarten, unter den Kindern der Vergleichsgruppe waren es mit 88 % etwas weniger.

Tab. 17: L2-Kontaktmöglichkeiten (Multiple Choice Studie)

Gruppe	Geburtsort in D		Kita in D	
	ja	nein	ja	nein
L1 T (N 57)	49 (86,0 %)	5 (8,8 %)	50 (87,7 %)	3 (5,3 %)
L1 R (N 29)	29 (100 %)		29 (100 %)	

Insgesamt sind den sprachbiographischen Interviews zufolge bezogen auf mögliche positive Einflussfaktoren auf den L2-Erwerb für die Kinder mit der L1 Russisch tendenziell vorteilhaftere Erwerbsbedingungen zu konstatieren. Diese positiven sprachexternen Bedingungen sowie die in Kapitelabschnitt 3.6 diskutierte typologische Nähe des Russischen zum Deutschen können als Gründe herangezogen werden, dass die Kinder mit der L1 Russisch bei der Messung des allgemeinen Sprachstands durch den C-Test insgesamt eine bereits etwas stärker ausgebaute L2-Kompetenz aufweisen als die türkischsprachige Vergleichsgruppe.

5.1.4 Datenanalyse und -diskussion

Für die Datenanalyse zum Erwerb der deutschen Genuskongruenz wurden die Ergebnisse zu den einzelnen Targets all jener Probanden zusammengefasst, die in Abhängigkeit von ihrer L1 und ihrem C-Test-Wert einer Vergleichsgruppe zugeteilt worden waren (T1 vs. T2 vs. R1 vs. R2 vs. D1 vs. D2). D.h. dass die Datenauswertung nicht für jeden Probanden und nicht für jeden der beiden Erhebungszeitpunkte einzeln erfolgt. Dadurch wird ein Querschnittsvergleich, gemessen an der durchschnittlichen L2-Kompetenz und der L1 der Probanden, ermöglicht. Die Datenauswertung strebt damit an, über alle Probanden und Targets hinweg Strategien der Form-Funktions-Verknüpfung zu identifizieren und dabei Erwerbsreihenfolgen und Erwerbssequenzen, die verallgemeinerbar sind, zu bestimmen.

Die Datenanalyse ist in erster Linie nach den semantischen Merkmalen der Nomen strukturiert. Innerhalb dieser Datendiskussionskapitel stellt das Kriterium der semantischen bzw. formalen Schemakonvergenz bzw. -divergenz ein weiteres Datengliederungs- bzw. Vergleichsmerkmal dar, weshalb nacheinander folgende Daten analysiert und diskutiert werden:

Personenbezeichnungen
a. Genus-Sexus-konvergierende Personenbezeichnungen:

- [der $X_{[+männlich]}$]: *Mann, Bruder, Junge*
- [die $X_{[+weiblich]}$]: *Frau, Tante, Tochter*

b. Genus-Sexus-divergierende und generische Personenbezeichnungen:

- [das $X_{[+weiblich]}$]: *Mädchen, Fräulein, Weib*
- [das $X_{[+belebt]}$]: *Kind, Baby*

Gegenstandsbezeichnungen
a. Genus-Form-konvergierende Gegenstandsbezeichnungen:

- [der Xer]: *Anker, Becher, Koffer*
- [die Xe]: *Seife, Bürste, Schraube*

b. Genus-Form-divergierende Gegenstandsbezeichnungen:

- [der Xe]: *Käse, Funke, Buchstabe*
- [die Xer]: *Leiter, Feder, Klammer*
- [das Xer]: *Gitter, Zepter, Ruder*

Von den vorliegenden Daten wurde für die Analyse eine Auswahl getroffen. Unter den erhobenen pränominalen Targets werden von den Definitartikeln nur jene des Genuszuweisungstests, nicht aber jene des Multiple Choice Tests berücksichtigt. Diese Auswahl wurde getroffen, weil es sich bei den NGr im Genuszuweisungstest um einfache NGr handelt, bestehend aus Definitartikel mit unmittelbar folgendem Nomen, während die NGr mit Definitartikeln im Multiple Choice Test expandierte NGr, erweitert um ein attributives Adjektiv, darstellen. Von den Adjektiven wurden nur die stark flektierten Adjektive, die im Multiple Choice Test in durch Indefinitartikel eröffnete NGr abgefragt wurden, berücksichtigt, da die schwach flektierten Adjektive aufgrund ihrer synkretischen Form (Auslaut auf Schwa) keinen Aufschluss über ihr Genus geben.[67] Diese beiden pränominalen Targets werden mit den beiden postnominalen Targets (Relativ- und Personalpronomen) verglichen, so dass für drei unterschiedliche syntaktische Domänen der Einfluss der morphosyntaktischen Reichweite semantischer bzw. formaler Schemata eruiert werden kann. Darüber hinaus werden jeweils Vergleiche zwischen schemakonvergierenden und schemadivergierenden Personen- und Gegenstandsbezeichnungen angestellt, um den Einfluss semantischer bzw. formaler Schemata bzw. die angenommenen semantisch bzw. formal basierten Form-Funktions-Verknüpfungen belegen zu können. Schließlich werden auch noch Vergleiche zwischen den Itemgruppen angestellt, die semantisch bzw. formal schemakonvergierend sind, um herauszufinden, welche Genusschemata – semantische oder formale – im sukzessiven Zweitspracherwerb höhere Validität aufweisen.

Die Datenanalyse erfolgt durch deskriptive und inferenzielle Statistik.[68] Deskriptive Statistiken werden in Säulendiagrammen dargestellt, wobei die Ergebnisse der unterschiedlichen Probandengruppen prozentual berechnet miteinander verglichen werden.[69] Die inferenzielle statistische Analyse wurde mit R (The R Foundation for Statistical Computing 2016) und den R Paketen lme4 (Bates, Maechler & Bolker 2012) und languageR (Baayen 2011) durchgeführt. Da vor allem die Lernerstrategien der L2-Lerner zum Erwerb des deutschen Genussystems im Fokus der Untersuchung stehen, wurden bei den inferenzstatistischen Tests nur die Daten der L2-Lerner berücksichtigt, weil die Lernerstrategien bei diesen, sich noch stärker in der Entwicklung befindlichen Probanden

---

67 Diese Daten werden in Binanzer (i.V.) zum Erwerb der schwachen bzw. starken Adjektivflexion diskutiert.
68 Für die Unterstützung bei den statistischen Analysen bedanke ich mich bei Sarah Schimke.
69 Die Datenbasis für das Kapitel 5 ist in absoluten Zahlen sowie in tabellarischer Form prozentual berechnet den Tabellen 44–51 im Anhang zu entnehmen.

deutlicher ersichtlich werden sollten als bei den L1-Lernern. Es wurden gemischte Modelle berechnet, in denen der Prozentsatz zielsprachlicher Antworten die abhängige Variable war. Versuchspersonen und Items wurden als random factors berücksichtigt. Außerdem wurden die random slopes für die einzelnen Prädiktorvariablen grundsätzlich berücksichtigt.[70] Da der Effekt aller relevanten unabhängigen Variablen nicht an den gleichen Datensätzen überprüft werden kann, wurden Prädiktorvariablen in verschiedenen Modellen überprüft. Der Einfluss von Sprachstand und L1 wurde anhand eines Modells überprüft, das jeweils alle Daten eines jeden einzelnen Targets (DEF, ADJ, REL, PERS) jeder einzelnen Itemgruppe (a. Genus-Sexus-konvergierende Personenbezeichnungen; b. Genus-Sexus-divergierende und generische Personenbezeichnungen; c. maskuline und feminine Genus-Form-konvergierende Nomen; d. maskuline und feminine Genus-Form-divergierende Nomen) enthielt.

Der Einfluss der morphosyntaktischen Bindung der unterschiedlichen Targets wurde wie folgt überprüft: Es wurden jeweils alle Daten für ein bestimmtes Target mit allen Daten für das auf der Agreement Hierarchy nachfolgende Target zusammengenommen und überprüft, ob die unterschiedlichen morphosyntaktischen Bindungsgrade der Targets signifikante Unterschiede zeigten. Diese Berechnungen wurden für alle Targets und alle Itemgruppen einzeln durchgeführt (DEF vs. ADJ; ADJ vs. REL; REL vs. PERS; berechnet jeweils für a. Genus-Sexus-konvergierende Personenbezeichnungen; b. Genus-Sexus-divergierende und generische Personenbezeichnungen; c. maskuline und feminine Genus-Form-konvergierende Gegenstandsbezeichnungen; d. maskuline und feminine Genus-Form-divergierende Gegenstandsbezeichnungen).

Der Einfluss semantischer Schemata wurde für jedes Target anhand eines Modells überprüft, das nur die Daten der [+belebten] Nomen enthielt (maskuline und feminine Genus-Sexus-konvergierende Personenbezeichnungen vs. neutrale Genus-Sexus-divergierende und neutrale generische Personenbezeichnungen). Der Einfluss phonologischer Schemata wurde für jedes Target anhand eines Modells überprüft, das nur Daten [–belebter] Nomen enthielt (maskuline und feminine Genus-Form-konvergierende Gegenstandsbezeichnungen vs. maskuline und feminine Genus-Form-divergierende Gegenstandsbezeichnungen).

Schließlich wurde die Validität semantischer gegenüber formalen Schemata inferenzstatistisch für jedes Target anhand eines Modells überprüft, das nur die Daten der maskulinen und femininen Genus-Sexus-konvergierenden Personen-

---

[70] Einfachere Modelle ohne random slopes wurden dann berechnet, wenn die komplexeren Modelle nicht konvergierten. Die Modelle ohne random slopes sind bei den Ergebnisdarstellungen jeweils durch eine hochgestellte Raute[#] gekennzeichnet.

bezeichnungen und der maskulinen und femininen Genus-Form-konvergierenden Gegenstandsbezeichnungen enthielt. Dieser Vergleich ist für eine inferenzstatistische Überprüfung besonders geeignet, da eine ausreichende Zahl an Items in jeder Bedingung vorhanden ist (jeweils sechs semantisch konvergierende und sechs formal konvergierende Maskulina und Feminina, die miteinander verglichen werden konnten).[71]

5.1.4.1 Formal-grammatische Genuskongruenz

Den Ausgangspunkt für die Datenanalyse stellt die Abbildung 10 dar. Die Einzelabbildungen illustrieren die zielsprachlichen – also formal-grammatischen – Genusmarkierungen, die die Probanden im Kontext der unterschiedlichen Itemgruppen (a. Genus-Sexus-konvergierende Personenbezeichnungen, b. Hybrid Nouns bzw. generische Personenbezeichnungen c. maskuline und feminine schemakonvergierende Gegenstandsbezeichnungen, d. maskuline und feminine schemadivergierende Gegenstandsbezeichnungen) an den unterschiedlichen untersuchten Targets (DEF, ADJ, REL, PERS) realisiert haben. Innerhalb jeder Teilabbildung sind die Ergebnisse für die einzelnen Targets von links nach rechts entlang der Agreement Hierarchy, also mit abnehmendem morphosyntaktischen Bindungsgrad, angeordnet (DEF – ADJ – REL – PERS). Die Anordnung der Ergebnisse für die unterschiedlichen Probandengruppen richtet sich nach ihrer allgemeinen Deutschkompetenz, wobei diese von links nach rechts zunimmt (T1, R1 > T2, R2 > D1, D2). Diese Anordnung erlaubt zum einen den Vergleich der Ergebnisse bezogen auf die gering bzw. stark ausgebaute L2-Kompetenz der Probanden. Zum anderen ermöglicht sie auch den Vergleich zwischen den L2-Probandengruppen mit der gleichen L2-Kompetenz, aber mit unterschiedlichen L1, so dass der angenommene Erwerbsvorteil der Lerner mit der L1 Russisch gegenüber den Kindern mit der L1 Türkisch ggf. direkt ersichtlich wird (T1 vs. R1, T2 vs. R2).

---

[71] Auf eine inferenzstatistische Überprüfung derjenigen Nomen, die miteinander konkurrierende semantische und formale Merkmale aufweisen (*Junge, Frau, Tochter; Mädchen, Fräulein, Weib*) wurde verzichtet, da mehrmalige Tests mit den gleichen Datensätzen vermieden werden sollen und im Testset vergleichsweise wenige solcher Items eingesetzt wurden, so dass eine auf Generalisierbarkeit angelegte inferenzstatistische Analyse nicht sinnvoll erscheint.

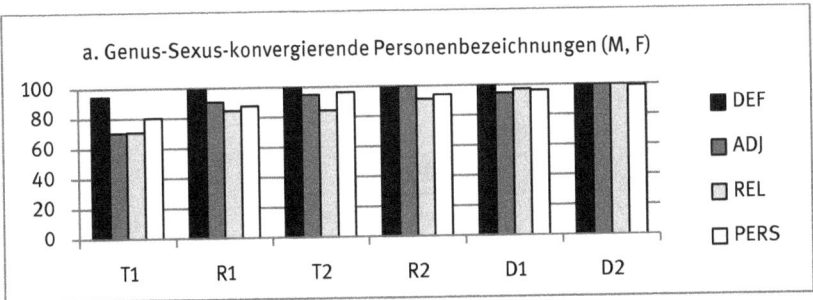

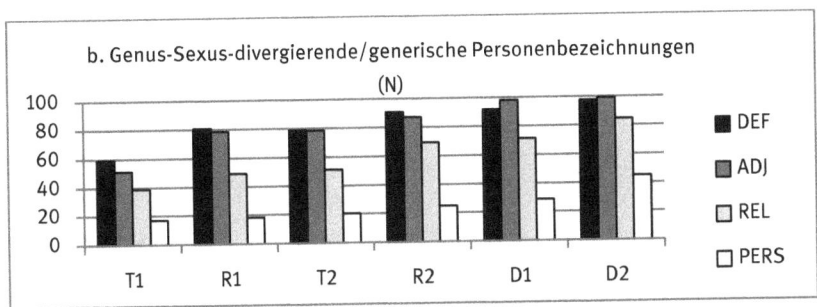

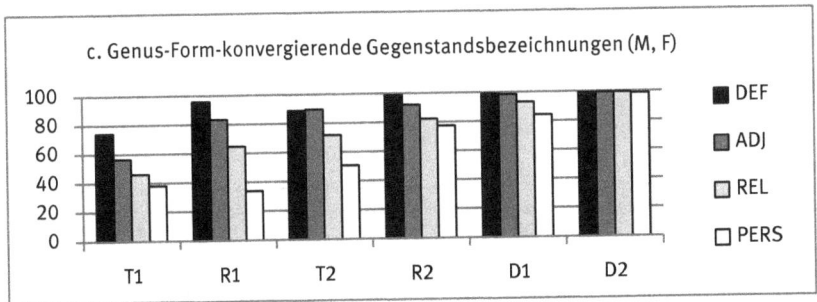

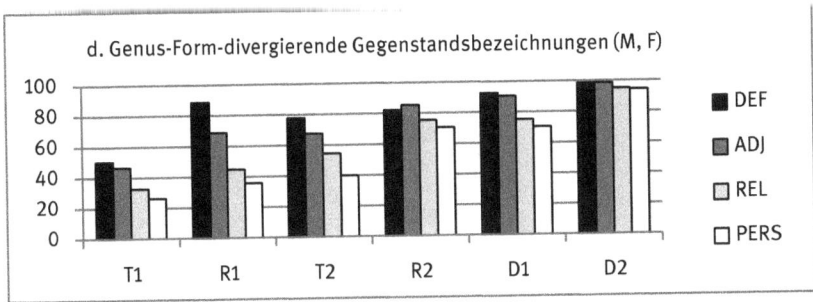

Abb. 10: Ergebnisse formal-grammatische Genuskongruenz

Tab. 18: Inferenzstatistische Analyse: Einfluss von L1, Sprachstand und morphosyntaktischer Bindung auf formal-grammatische Genuskongruenz

Einfluss L1, Sprachstand, morphosyntaktische Bindung				
a. Genus-Sexus-konvergierende Personenbezeichnungen				
	L1	Sprachstand	Morphosyntaktische Bindung	
DEF	z = 1.693, p < .1	z = -0.150, p > .1	DEF vs. ADJ	z = 1.758, p < .1
ADJ	z = 2.637, p < .01	z = -4.470, p < .001	ADJ vs. REL	z = 1.694, p < .1
REL	z = 1.993, p < .05	z = -2.623, p < .01	REL vs. PERS	z = -2.176, p < .05
PERS	z = 0.655, p > .1	z = -3.741, p < .001		
b. Genus-Sexus-divergierende und generische Personenbezeichnungen				
	L1	Sprachstand	Morphosyntaktische Bindung	
DEF	z = 2.779, p < .01	z = -3.249, p < .01	DEF vs. ADJ[#]	z = 2.366, p < .05
ADJ	z = 2.411, p < .05	z = -3.720, p < .001	ADJ vs. REL	z = 3.890, p < .001
REL	z = 2.051, p < .05	z = -3.350, p < .001	REL vs. PERS	z = 2.479, p < .05
PERS	z = -0.917, p > .1	z = -1.321, p > .1		
c. Genus-Form-konvergierende Gegenstandsbezeichnungen				
	L1	Sprachstand	Morphosyntaktische Bindung	
DEF	z = 2.772, p < .01	z = -2.984, p < .01	DEF vs. ADJ[#]	z = 6.093, p < .001
ADJ	z = 2.140, p < .05	z = -5.389, p < .001	ADJ vs. REL	z = 2.039, p < .05
REL	z = 2.427, p < .05	z = -4.393, p < .001	REL vs. PERS	z = 2.688, p < .01
PERS	z = 1.734, p < .1	z = -3.592, p < .001		
d. Genus-Form-divergierende Gegenstandsbezeichnungen				
	L1	Sprachstand	Morphosyntaktische Bindung	
DEF	z = 3.320, p < .001	z = -2.821, p < .01	DEF vs. ADJ[#]	z = 4.297, p < .001
ADJ	z = 3.169, p < .01	z = -4.992, p < .001	ADJ vs. REL	z = 1.987, p < .05
REL	z = 2.898, p < .01	z = -4.592, p < .001	REL vs. PERS	z = 1.484, p > .1
PERS	z = 2.764, p < .01	z = -3.657, p < .001		

Für die Personenbezeichnungen, denen die semantischen Merkmale [+männlich] bzw. [+weiblich] inhärent sind, sind zwei zentrale Ergebnisse abzulesen: Zielsprachliche bzw. formal-grammatische Genuskongruenz wird im Vergleich zu den anderen Testitems
1. weitgehend unabhängig vom morphosyntaktischen Bindungsgrad zwischen den verschiedenen Targets und dem kongruenzauslösenden Nomen etabliert und
2. von allen Probandengruppen weitgehend unabhängig von ihrem Sprachstand und ihrer L1 hergestellt.

Bei den Definitartikeln erreichen alle Probandengruppen eine zielsprachliche Quote von mindestens oder nahezu 90 %, womit die Lerner nach Brown (1973) die Schwelle erreicht haben, derzufolge eine sprachliche Struktur als erworben gilt. Dieser Befund gilt – bis auf die Gruppe T1 – auch für die Personalpronomen. Lediglich bei den attributiven Adjektiven und Relativpronomen liegen die Werte noch nicht bei allen Probandengruppen bei der 90 %-Schwelle.

Dagegen zeigen die Daten zu den Hybrid Nouns bzw. generischen Personenbezeichnungen und den Gegenstandsbezeichnungen bei allen Targets deutlich mehr Abweichungen und bezogen auf die Prädiktorvariablen L1, Sprachstand und morphosyntaktische Bindung die folgenden Befunde: Nicht-zielsprachliche Genuskongruenz
1. nimmt nahezu ausnahmslos signifikant zu, umso höher der morphosyntaktische Bindungsgrad zwischen Target und kongruenzauslösendem Nomen ausfällt (DEF > ADJ > REL > PERS) und
2. nimmt nahezu ausnahmslos signifikant ab, je höher der Sprachstand in der L2 ist, wobei die Kinder mit der L1 Russisch gegenüber den Kindern mit der L1 Türkisch bei vergleichbarem Sprachstand in der L2 Deutsch nahezu ausnahmslos signifikant häufiger zielsprachliche Kongruenz realisieren (R1 > T1, R2 > T2).

Die Zielsprachlichkeit wird auch von den semantischen und formalen Schemata signifikant beeinflusst (vgl. Tabelle 19). Die Targets im Kontext von Nomen, die mit einem Schema konvergieren, werden signifikant häufiger zielsprachlich gewählt als die Targets im Kontext von Nomen, die nicht mit einem Schema übereinstimmen. Schließlich wird auch ersichtlich, dass die Zielsprachlichkeit im Kontext von Genus-Sexus-konvergierenden Nomen signifikant häufiger ist als die Zielsprachlichkeit im Kontext von Genus-Form-konvergierenden Nomen.

Tab. 19: Inferenzstatistische Analyse: Schemakonvergenz/-divergenz und Validität semantischer vs. formaler Schemata

Schemakonvergenz/-divergenz und Validität semantischer vs. formaler Schemata	
Semantische Schemakonvergenz vs. -divergenz Personenbezeichnungen	
DEF	z = 4.131, p < .001
ADJ#	z = 3.521, p < .001
REL	z = 4.825, p < .001
PERS	z = 5.250, p < .001
Formale Schemakonvergenz vs. -divergenz Gegenstandsbezeichnungen	
DEF	z = 2.430, p < .05
ADJ	z = 2.413, p < .05
REL	z = 1.994, p < .05
PERS	z = 1.998, p < .05
Validität semantisch konvergierender vs. formal konvergierender Schemata	
DEF#	z = -1.971, p < .05
ADJ	z = -3.454, p < .001
REL#	z = -4.524, p < .001
PERS	z = -5.408, p < .001

Mit diesen Ergebnissen lässt sich bereits die Hypothese bestätigen, dass Kongruenz über alle Targets hinweg eher bei solchen Nomen realisiert wird, bei denen Genus und Semantik übereinstimmen (*Mann, Bruder, Junge* und *Frau, Tante, Tochter*), als bei Nomen, bei denen Genus und Semantik divergieren bzw. bei denen die Genusklassenzugehörigkeit der Nomen durch ihre formalen Merkmale zu entschlüsseln ist. Entsprechend ist davon auszugehen, dass semantische Kongruenz vor formal-grammatischer Genuskongruenz erworben wird. Zwar ist bei den Genus-Sexus-konvergierenden Personenbezeichnungen an und für sich nicht entscheidbar, ob es sich um semantische Kongruenz oder um formal-grammatische Genuskongruenz handelt; da aber bei den anderen Testitems zielsprachliche Genuskongruenz ausschließlich auf formal-grammatischer, nicht aber auf semantischer Basis hergestellt werden kann, lassen die Daten im Vergleich zueinander den Schluss zu, dass es sich bei der im Kontext der Genus-Sexus-konvergierenden Personenbezeichnungen realisierten Kongruenzform tatsächlich um semantische Kongruenz handelt. Würde es sich um formal-grammatische Genuskongruenz handeln, müssten die Lerner auch bei den maskulinen und femininen Gegenstandsbezeichnungen im Stande sein, alle Targets formal-grammatisch genuskongruent zu wählen – das Formeninventar ist schließlich dasselbe. Der signifikante Unterschied zwischen den Itemgruppen verdeutlicht aber, dass die L2-Lerner offenbar zuerst semantische Strategien der Form-Funktions-Verknüpfung ausbilden bevor sie formal-grammatische Strategien entwickeln.

In der nachfolgenden Datendiskussion, in der ich die Ergebnisse zu den unterschiedlichen Testitemgruppen nacheinander im Detail erörtere, werden die von mir postulierten Erwerbsphasen – von semantischer Kongruenz zu formalgrammatischer Genuskongruenz – rekonstruiert. Dabei werden die bereits dargestellten zielsprachlichen Daten mit den nicht-zielsprachlichen Formverwendungen in Beziehung gesetzt, da sich von den vorgefundenen systematischen Abweichungen Lernerstrategien ableiten lassen, die die hier postulierten Erwerbssequenzen untermauern. Die Verteilung der nicht-zielsprachlichen und zielsprachlichen Formen auf die unterschiedlichen Targets mit hohem bzw. niedrigem morphosyntaktischen Bindungsgrad und auf die unterschiedlichen Untersuchungsgruppen mit gering bzw. stark ausgebauter L2-Kompetenz sowie mit typologisch verwandter bzw. typologisch nicht verwandter L1 ermöglicht es, den Erwerb der deutschen Genuskongruenz als Erwerbsprozess zu modellieren, der sich von semantischer Kongruenz hin zu formal-grammatischer Genuskongruenz vollzieht.

5.1.4.2 Personenbezeichnungen (M, F)

Semantisch basierte Form-Funktions-Verknüpfungen
Semantische Kongruenz manifestiert sich im Kontext der Genus-Sexus-konvergierenden Personenbezeichnungen darin, dass die Lerner *r*-Formen zur Symbolisierung des Merkmals [+männlich] und *e*-Formen zur Symbolisierung des Merkmals [+weiblich] verwenden, vgl. Abbildungen 11 und 12. Die Verwendung dieser Formen ist dabei durch die semantischen Merkmale der Nomen und nicht durch die formal-grammatischen Genusmerkmale motiviert. Im Vergleich der unterschiedlichen Targets, die nicht holistisch mit dem Nomen gespeichert sein können (ADJ, REL, PERS), zeigen die Daten, dass die wenigsten Abweichungen bei den Personalpronomen vorzufinden sind. Dadurch bestätigt sich die Annahme, dass die Personalpronomen *er* und *sie* die ersten Targets sind, die mit den Merkmalen [+männlich] bzw. [+weiblich] assoziiert werden und ihre zielsprachliche Verwendung unabhängig vom grammatischen Genus der Nomen, auf das sie referieren, erfolgen kann.

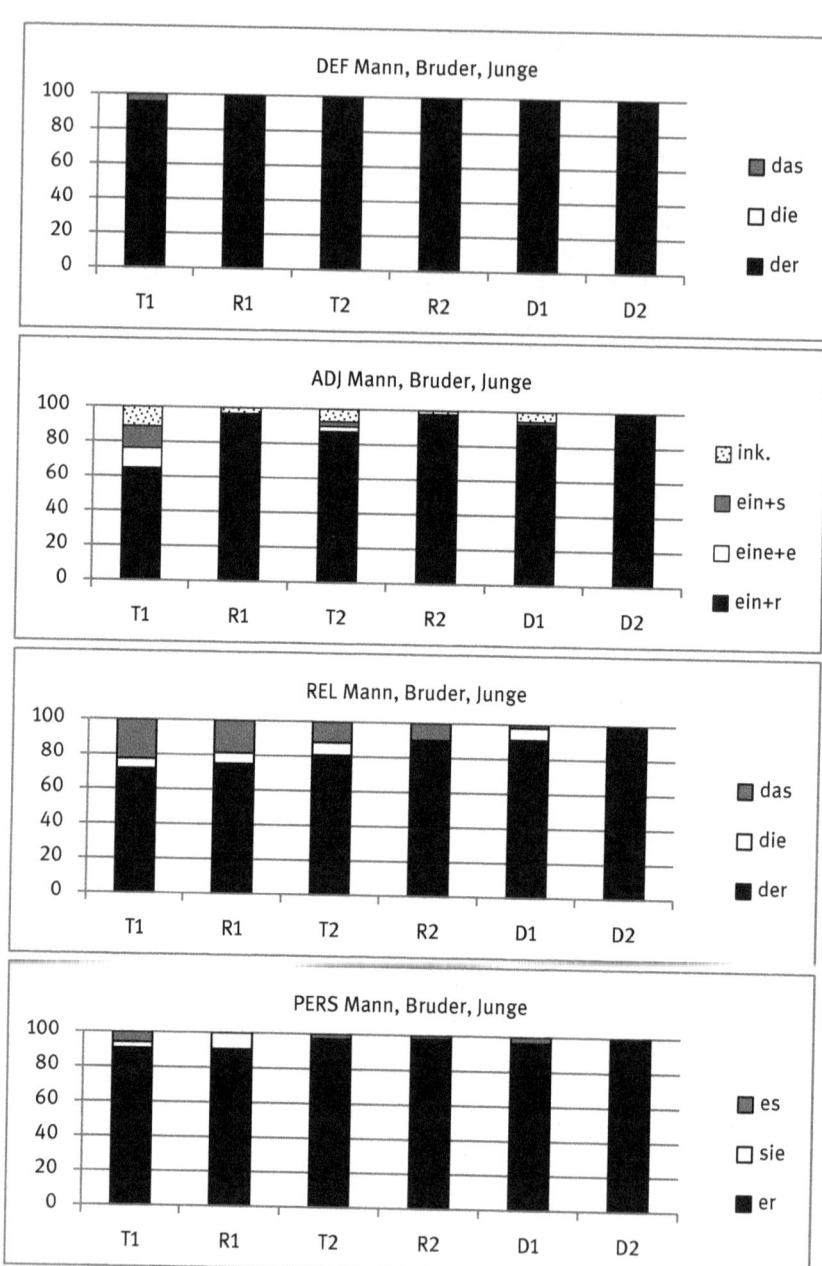

Abb. 11: Ergebnisse Genus-Sexus-konvergierende Personenbezeichnungen [+männlich]

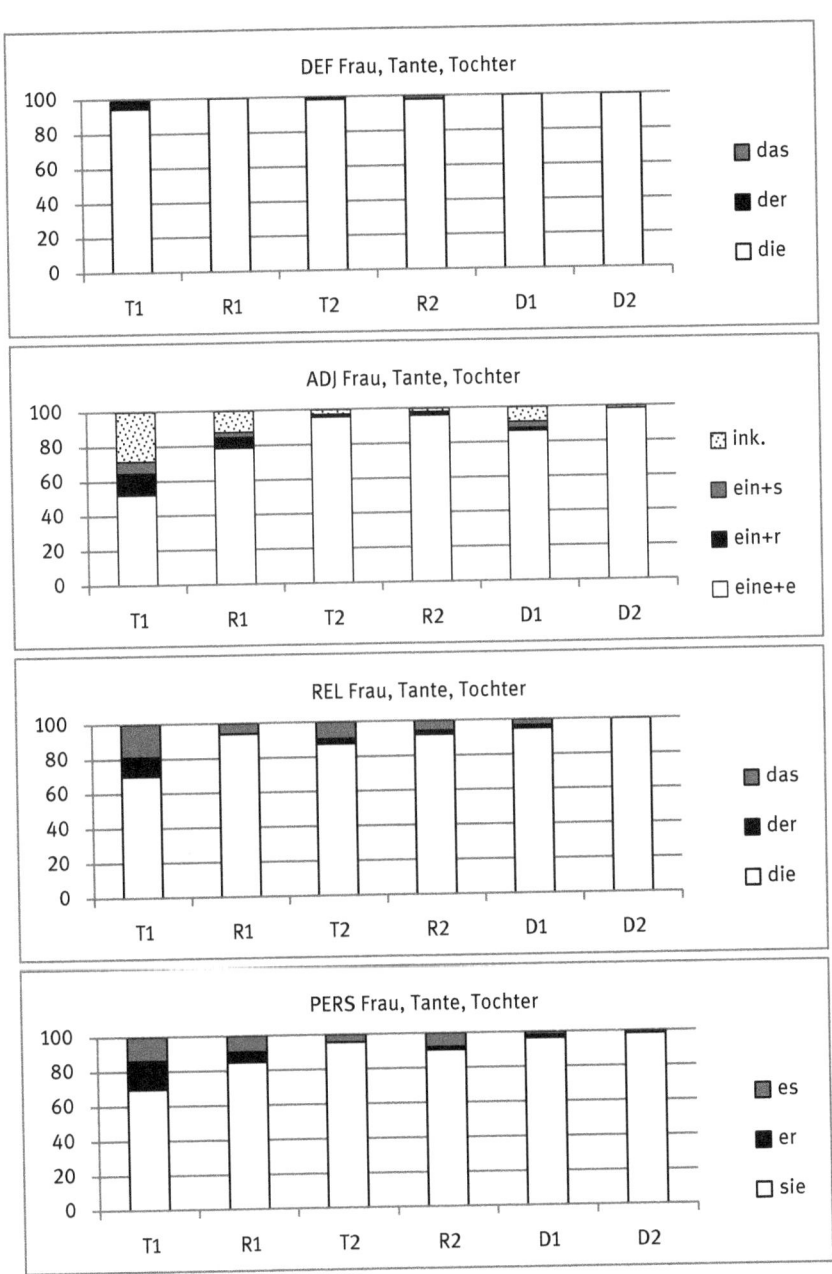

Abb. 12: Ergebnisse Genus-Sexus-konvergierende Personenbezeichnungen [+weiblich]

Von den Personalpronomen ausgehend sollten die Lerner die anderen Targets, die partielle Formidentität (r-Formen bzw. e-Formen) aufweisen, ebenfalls mit diesen Funktionen assoziieren. Da bei den Definitartikel eine ähnlich hohe zielsprachliche Kongruenzrate wie bei den Personalpronomen festzustellen ist, die Definitartikel aber häufiger zielsprachlich als die anderen Targets ADJ und REL gewählt werden, kann davon ausgegangen werden, dass zunächst tatsächlich die beiden Targets PERS und DEF auf sexussemantischer Basis miteinander verknüpft werden.

Für die zielsprachlichen Artikelverwendungen kann aufgrund der hohen Tokenfrequenz der Items *Mann, Bruder, Junge, Frau, Tante* und *Tochter* eine holistische Speicherung mit den Nomen zwar nicht ausgeschlossen werden. Da die Lerner aber im Grundschulalter sind und seit mindestens sechs Jahren Kontakt zur deutschen Sprache haben, sollten sie wie gleichaltrige Probanden in Vergleichsstudien (Wegener 1995a; Bast 2003) in dieser Phase des L2-Erwerbs bereits über die Genusschemata [*die* $X_{[+weiblich]}$] und [*der* $X_{[+männlich]}$] verfügen.

Durch den zielsprachlichen Input ist positive Evidenz für die Verwendung der Artikelformen *die* und *der* im Kontext von Nomen mit den Merkmalen [+weiblich] bzw. [+männlich] gegeben. Deshalb ist es sehr plausibel, dass die zielsprachlichen Markierungen auch darauf zurückzuführen sind, dass die Lerner, ausgehend vom Personalpronomen, auch für die Definitartikel valide semantisch basierte Genusschemata ausgebildet haben. Die Definitartikel der vorher vermutlich holistisch gespeicherten NGr werden bezogen auf ihre Formidentität mit dem Personalpronomen analysiert und entsprechend mit der gleichen Semantik aufgeladen wie das Personalpronomen.

Demgegenüber sind die bei attributiven Adjektiven und Relativpronomen häufiger festzustellenden Abweichungen ein Indiz dafür, dass diese beiden Targets noch nicht gleich stark mit den anderen verknüpft sind. Dieser Befund gilt v.a. für die beiden Probandengruppen mit gering ausgebauter L2-Kompetenz, die Untersuchungsgruppen T1 und R1. Für diese beiden Gruppen gilt, dass diese Verknüpfung mit zunehmendem sprachlichen Input und zunehmender L2-Kompetenz noch validiert werden muss. Evidenz dafür, dass der nächste Erwerbsschritt – die Übertragung der Sexussemantik vom Definitartikel auf das attributive Adjektiv und das Relativpronomen – bei den Probandengruppen T2 und R2 dagegen bereits erfolgt ist, geben die bei diesen Untersuchungsgruppen bereits mehrheitlich zielsprachlichen Markierungen.

Für beide Targets können unterschiedliche Erklärungsansätze angeführt werden, warum die L2-Lerner mehr Lernzeit als für den Definitartikel benötigen, um sie in das semantisch basierte Formennetzwerk zu integrieren. Für die attributiven Adjektive hätte angenommen werden können, dass sie zeitgleich mit dem Definitartikel integriert werden, da sie den gleichen morphosyntaktischen Bindungsgrad zum Nomen aufweisen wie der Definitartikel: Beide Targets sind obligatorisch pränominal und treten innerhalb der syntaktischen Domäne des Nomens auf. Allerdings geht mit dem Erwerb des attributiven Adjektivs als Anzeiger semantischer Merkmale bzw. als Genusanzeiger gleichzeitig die Erwerbsaufgabe der Nominalgruppenflexion einher (vgl. Kapitelabschnitt 3.3.1). Frequenter als die stark flektierten Formen, die auf Indefinitartikel folgen (*ein xer*, *ein xes*), durch die das Adjektiv überhaupt erst als Anzeiger semantischer Merkmale bzw. als Genusanzeiger erkannt werden kann, ist die bei schwacher Flexion auf -*e* auslautende synkretische Form. Diese tritt zielsprachlich im Kontext aller Genera auf (*der/die/das* xe) und bleibt im Kontext femininer NGr, unabhängig davon, ob stark oder schwach flektiert, immer unverändert (*die/eine* xe). Die Strukturierung der deutschen Nominalgruppenflexion ist deshalb als uneinheitlich[72] zu beschreiben. Zudem ist zu konstatieren, dass das attributive Adjektiv lexikalisch variabel ist und deshalb nicht in der gleichen Häufigkeit wie der Definitartikel gemeinsam mit einem Nomen vorkommt. Bei Adjektiven handelt es sich zudem um eine offene, bei Definitartikeln um eine geschlossene Klasse. Diese Aspekte sprechen dafür, dass das attributive Adjektiv erst nach dem Definitartikel als potenzieller Anzeiger semantischer Merkmale bzw. von Genus erworben wird, obwohl es den gleichen morphosyntaktischen Bindungsgrad zum Nomen aufweist wie der Definitartikel. Dadurch lassen sich die in den Teilgrafiken ADJ als inkongruent („ink.') subsummierten Formenkombinationen (z.B. **ein schöne Frau, *eine schöner Mann*) von zielsprachlich nicht miteinander kombinierbaren Formen erklären.

Beim Relativpronomen kann dagegen der unterschiedliche morphosyntaktische Bindungsgrad als Erklärungsansatz herangezogen werden. Obwohl das Relativpronomen synkretisch mit dem Definitartikel ist, sind hier mehr Abweichungen als beim Definitartikel festzustellen. Das Relativpronomen befindet sich allerdings in einer anderen syntaktischen Domäne als die pränominalen Targets, da es durch den postnominalen attributiven Relativsatz determiniert wird. Die Integration in das semantische Formennetzwerk wird zunächst also noch durch syntaktische Aspekte verzögert.

---

72 Schwach flektierte Adjektive lauten auf -*e* aus, stark flektierte Adjektive werden dagegen nur im Kontext maskuliner und neutraler Nomen um einen Genusmarker ergänzt, während sie im Kontext von Feminina eine zur schwachen Flexion synkretische Form aufweisen. Wann Genus an welcher Position – Artikel oder Adjektiv – markiert werden muss, ist damit nicht einheitlich strukturiert.

Sowohl für die attributiven Adjektive als auch die Relativpronomen hat sich gezeigt, dass die L1 der L2-Lerner und ihre L2-Kompetenz signifikant Einfluss auf die Zielsprachlichkeit der Formenwahl nimmt. Dieses Ergebnis spiegelt genau die von mir postulierte Erwerbsreihenfolge wieder: Während alle Untersuchungsgruppen die Definitartikel bereits stabil mit den Personalpronomen verknüpft haben, benötigen die Lerner mit geringerer L2-Kompetenz bzw. mit der typologisch nicht verwandten L1 Türkisch eine höhere Lerndauer, um die attributiven Adjektive und Relativpronomen gleichermaßen stabil in das semantisch basierte Formennetzwerk zu integrieren. Deshalb zeigen sich bei diesen Lernern bei diesen Targets vergleichsweise noch signifikant mehr Abweichungen, während die Vergleichsgruppen T2 und R2 diesen Erwerbsprozess bereits durchlaufen haben.

5.1.4.3 Personenbezeichnungen (N)

Semantisch basierte Form-Funktions-Verknüpfungen
Die Strategie, genussensitive Targets zur Markierung semantischer Merkmale zu nutzen, wird von den im zielsprachlichen Input vorkommenden Formen im Kontext von Genus-Sexus-konvergierenden Nomen abstrahiert und laufend bestätigt. Deshalb dehnen die Lerner diese Strategie auch auf Personenbezeichnungen aus, bei denen Genus und Semantik nicht miteinander übereinstimmen. Die Ausdehnung dieser Strategie kann anhand der zwar nicht-zielsprachlichen, aber konsistent semantisch basierten Formverwendungen im Kontext der Genus-Sexus-divergierenden und generischen Personenbezeichnungen nachvollzogen werden, vgl. Abbildungen 13 und 14.

Im Kontext der Hybrid Nouns *Mädchen*, *Fräulein* und *Weib* ist unter den nicht-zielsprachlichen Formen eine Präferenz für *e*-Formen gegeben. Diese bei allen Untersuchungsgruppen und allen Targets einheitlich vorzufindende Formenpräferenz belegt, dass die Lerner mit den *e*-Formen das Merkmal [+weiblich] markieren. Die Wahl des Definitartikels *die* macht so auch am Beispiel der Hybrid Nouns evident, dass die Artikelwahl der Lerner nicht lediglich auf holistisch gespeicherte NGr zurückzuführen ist (im zielsprachlichen Input kommt die Kombination von z.B. **die Mädchen* als Singularform schließlich nicht vor). Stattdessen wählen sie *die* tatsächlich aufgrund von semantischen Merkmalen. Dadurch kann auch für die zielsprachlich gewählten Definitartikel im Kontext der femininen Genus-Sexus-konvergierenden Personenbezeichnungen geschlossen werden, dass diese aufgrund der beschriebenen semantischen Strategie der L2-Lerner und nicht nur aufgrund holistischer Speicherung zielsprachlich gewählt werden.

Multiple Choice Studie — 143

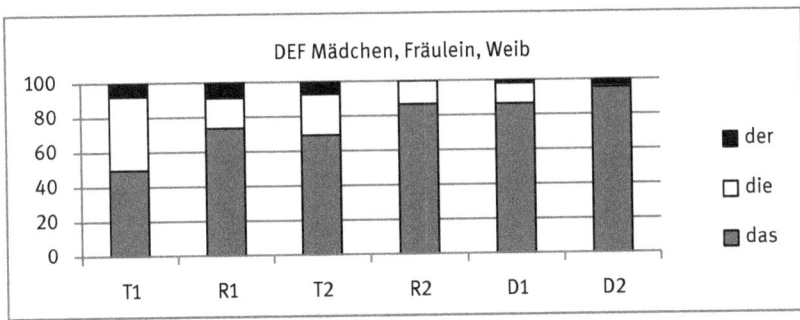

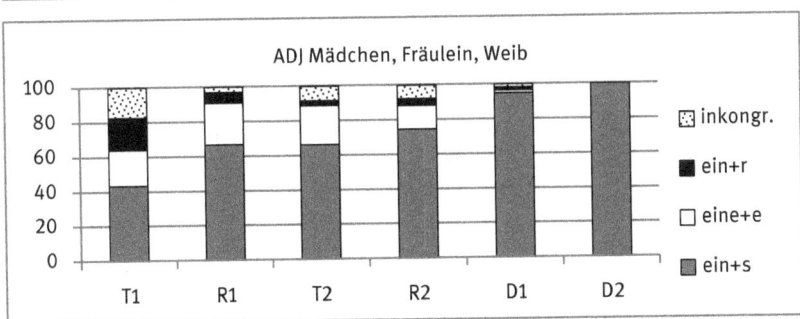

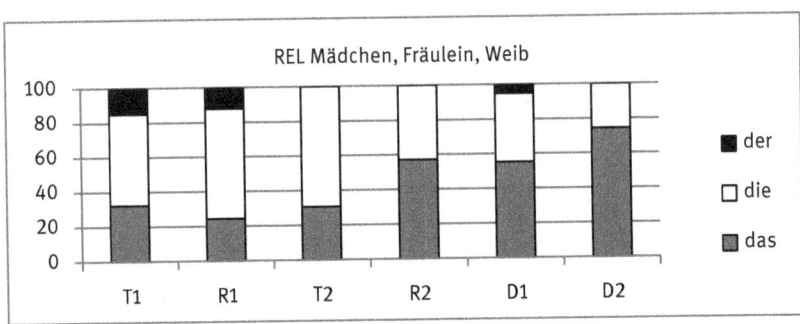

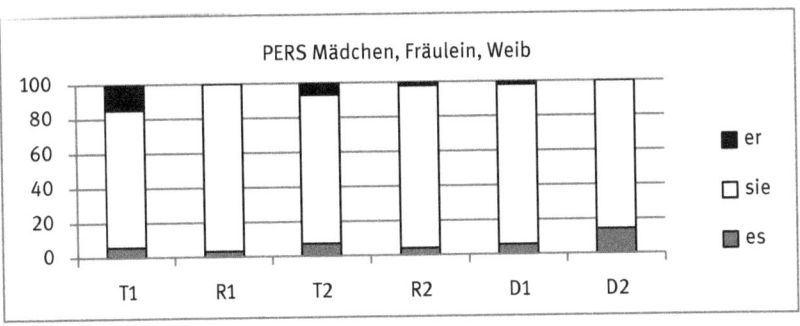

Abb. 13: Ergebnisse Genus-Sexus-divergierende Personenbezeichnungen [+weiblich]

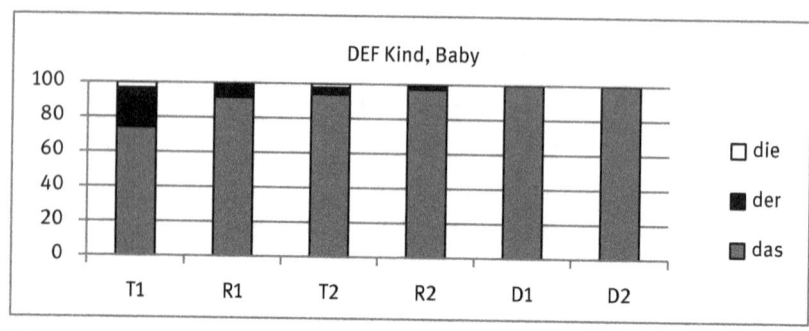
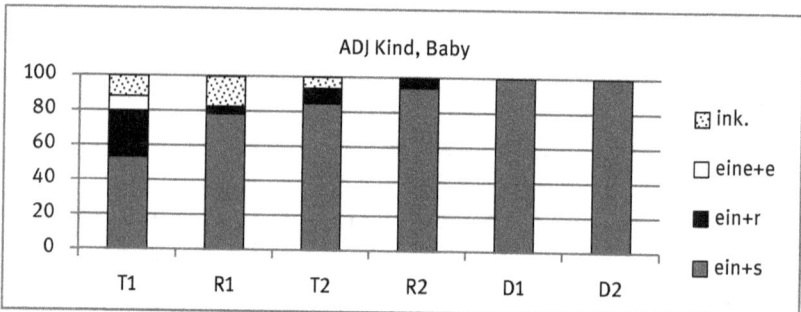
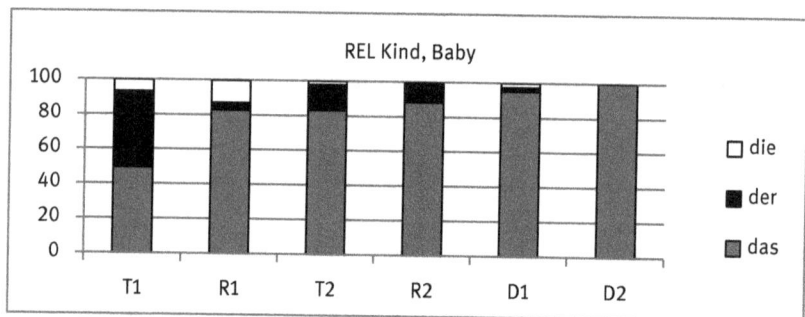
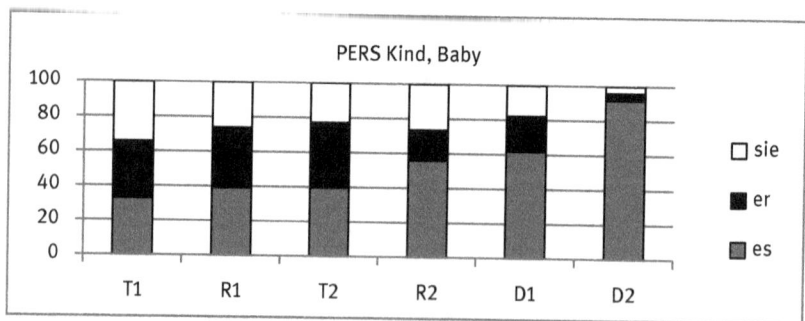

Abb. 14: Ergebnisse generische Personenbezeichnungen [+belebt]

Im Kontext der generischen Personenbezeichnungen sind unter den nicht-zielsprachlichen Formverwendungen zwar auch für alle Untersuchungsgruppen, unabhängig von ihrer L1 und ihrer L2-Kompetenz, die gleichen Formenpräferenzen zu beobachten (vgl. Abbildung 14); diese unterscheiden sich aber von jenen der Hybrid Nouns, obwohl der Targetwahl im Kontext dieser Nomen zufolge erwartbar gewesen wäre, dass die Kinder das semantisch basierte Sexusprinzip auch auf die generischen Personenbezeichnungen *Kind* und *Baby* ausdehnen. Demnach wären, wie bei den Hybrid Nouns, auch häufiger *e*-Formen zur Kennzeichnung des Sexusmerkmals [+weiblich] erwartbar gewesen als tatsächlich festzustellen sind.

Stattdessen ist unter den Abweichungen bei den nominalgruppeninternen Targets DEF, ADJ und REL eine deutliche Dominanz in der Verwendung von *r*-Formen zu beobachten. Nur bei den Personalpronomen sind nahezu zu gleichen Anteilen die Pronomen *er* und *sie* vertreten. Da argumentiert wurde, dass die Personalpronomen bei ihrem Erwerb direkt mit Sexusmerkmalen verknüpft werden, ist diese Formverwendung schlüssig. Für die anderen Targets muss aber eine andere Erklärung gefunden werden, die die Präferenz für die *r*-Formen plausibilisieren kann. Verfolgen die Kinder eine semantische Strategie, liegt es nahe, dass die systematische Verwendung der *r*-Formen ein anderes semantisches Merkmal als das Sexusmerkmal der Referenten symbolisiert. Dann wäre allerdings davon auszugehen, dass *r*-Formen mit zwei unterschiedlichen semantischen Merkmalen verknüpft sind. Da den generischen Personenbezeichnungen anders als den Hybrid Nouns kein Sexusmerkmal inhärent ist, bleibt als gemeinsames semantisches Merkmal, das beide Nomen *Kind* und *Baby* aufweisen, nur das Merkmal [+belebt]. Demnach haben die Kinder in ihrer Interimsgrammatik nicht nur das Genusschema [*der* $X_{[+männlich]}$], sondern auch das Genusschema [*der* $X_{[+belebt]}$] etabliert.

Diese Interpretation stimmt mit Befunden aus L1- und L2-Erwerbsstudien (Mills 1986a; Bittner 2006; Wegener 1995a) überein. Bittner und Wegener finden Evidenz dafür, dass die Kinder in einer Phase, die sowohl der Phase der Sexusmarkierung als auch der Phase der grammatischen Genusmarkierung vorangeht, *r*-Formen (*der, er, dieser*) zunächst zur Subjektmarkierung verwenden (hier noch einmal das Bsp. aus Wegener 1995a: 12: *Er will, dass der Mutter das Lutscher kauft.*). Diese Phase wird als Phase der „semantischen Rollenmarkierung" interpretiert. Bittner (2006) schlussfolgert aufgrund ihrer Datenanalyse des Simone-Korpus:

> „Agent arguments are typically animates and animates typically belong to the masculine class. [...] As a consequence, the prototypical candidate for the subject/nominative phrase is a masculine noun denoting an animate being. This prototypical relation leads the child to the hypothesis that *der* occurs with subject arguments."
>
> Bittner (2006: 127)

Im Übergang von der Phase der semantischen Rollenmarkierung zur Phase der Sexusmarkierung abstrahieren die Kinder aus dem sprachlichen Input, dass im Kontext von Nomen mit dem Merkmal [+belebt] am häufigsten *r*-Formen vorkommen, weshalb sie *r*-Formen im Zusammenhang mit der semantischen Rollenmarkierung als Belebtheitsmarker interpretieren. In der Phase, in der Targets aber als semantische Klassifikationsmarker reinterpretiert werden, erfolgt die sexusspezifische Aufladung. In dieser Phase werden nominalgruppeninterne *r*-Formen in ihrer Funktion gedehnt bzw. erhalten sie eine weitere Funktion, nämlich nicht nur mit dem Belebtheitsmerkmal die Agensrolle zu kennzeichnen, sondern mit [+männlich] das Sexusmerkmal des Referenten zu spezifizieren – in Opposition zur Markierung von Weiblichkeit, auf die *e*-Formen festgelegt werden. Die konsistente Verwendung von nominalgruppeninternen *r*-Formen im Kontext der Nomen *Kind* und *Baby* bzw. gerade die seltene Verwendung der *e*-Formen wird dadurch erklärbar.

Dass das Merkmal [+belebt] im deutschen Genussystem durch die maskuline Genusklasse abgebildet wird und deshalb im Input Evidenz für diese Form-Funktions-Verknüpfung gegeben ist, legen außerdem folgende Studien nahe: Köpcke (1982: 72) zeigt, dass Menschenbezeichnungen ohne Bezugnahme auf das natürliche Geschlecht generisch maskulin klassifiziert werden. Krifkas (2009) Analyse des Ruoffschen Frequenzwörterbuchs kommt übereinstimmend mit diesem Befund zu dem Ergebnis, dass Maskulina mit 69 % deutlich häufiger als Feminina (16 %) oder Neutra (9 %) belebte Referenten bezeichnen (Krifka 2009: 17). Auch die von mir vorgenommene Analyse des kindlichen produktiven Wortschatzes (Pregel & Rickheit 1987) spiegelt dieses Verhältnis im Hinblick auf die relationale Überrepräsentation des maskulinen Genus annähernd wider: Von den insgesamt 142 belebten Nomen mit mindestens fünfmaligem Vorkommen sind 80 Nomen und damit 56,3 % Maskulina. Anders als im Erwachsenenwortschatz ist mit 24,6 % das zweithäufigste Genus das Neutrum, weil mehr als die Hälfte der Neutra diminuierte Personen- oder Tierbezeichnungen sind. Das Femininum bildet deshalb mit 19,1 % das Schlusslicht.

Ein weiterer Beleg für die Assoziation zwischen Belebtheit und der maskulinen Genusklasse lässt sich auch im Hinblick auf derivierte Nomen feststellen: Bei einer Reihung von Derivationssuffixen erfolgt die Abfolge in einer linearen Ordnung, die die Belebtheitshierarchie nach Silverstein (1976) [+menschlich] >

[+belebt] > [–belebt] gemäß den Genera M > F > N abbildet (vgl. Eisenberg & Sayatz 2004: 112). Suffixe, mit denen Maskulina gebildet werden (*-er*, *-ler*, *-ling*), generieren meist belebte Nomen (*Lehrer, Dörfler, Lehrling*). Suffixe, mit denen Feminina (*-schaft*) oder Neutra (*-tum*) abgeleitet werden, bilden meist unbelebte und abstrakte Nomen (*Freundschaft, Reichtum*).[73] Nomen mit aneinander gereihten Derivationssuffixen, wie beispielsweise *Lehrerschaft* oder *Dörflertum*, bilden dann die Belebtheitshierarchie ab. Feminina oder Neutra sind demnach auf der Belebtheitshierarchie weiter entfernt vom Belebtheitspol zu verorten. Das Maskulinum ist also auch aus dieser Perspektive das Genus, das am deutlichsten mit Belebtheit und Agentivität assoziiert werden kann.[74]

Die Abweichungen der Kinder mit der L1 Russisch sollen bezogen auf mögliche Transfermöglichkeiten aus ihrer L1 noch einmal gesondert diskutiert werden. Zwar sind bei dieser Probandengruppe bei den Nomen *Kind* und *Baby* insgesamt nur wenige Abweichungen festzustellen; für sie wäre aber eigentlich zu erwarten gewesen, dass sie bei den generischen Personenbezeichnungen semantische Kongruenz nach Sexus markieren, zumal im Russischen bei generischen Personenbezeichnungen semantische Kongruenzabstimmung nach diesem Merkmal grammatisch ist. Da aber auch sie die beiden Nomen, wenn nichtzielsprachlich, mehrheitlich durch *r*-Formen, selten aber durch *e*-Formen markieren, ist es wahrscheinlicher, dass sie das generische Merkmal [+belebt] und nicht das spezifische Merkmal [+männlich] kennzeichnen.

Nicht auszuschließen ist ein negativer formal-grammatischer Genustransfer aus ihrer L1, da im Russischen beide Nomen das gleiche Genus aufweisen, das die Kinder im Deutschen (nicht-zielsprachlich) für diese Nomen verwenden könnten (vgl. *Kind*: russ.: Maskulinum: *rebjonok*; *Baby*: russ.: Maskulinum: *mladénec*). Für die Kinder mit der L1 Türkisch, bei denen im Vergleich zu den Kindern mit der L1 Russisch mehr Abweichungen vorzufinden sind, besteht mit dem Blick auf die L1 aber keine Transfermöglichkeit, da türkische Nomen nicht

---

[73] Vgl. auch in diesem Zusammenhang die Arbeiten von Leiss (1994, 2005), Bittner (1997), Weber (2000) oder Werner (2010), auf die bereits in der Diskussion zur Funktion von Genus verwiesen wurde (Kapitelabschnitt 2.1.2).
[74] Auch das Flexionsverhalten der schwachen Maskulina lässt auf einen Zusammenhang zwischen dem maskulinen Genus und dem Merkmal der Belebtheit schließen (Bittner 1987; Köpcke 2000, 2005). Gegenwärtig ist eine Tendenz zum Abbau schwacher Maskulina durch den Übertritt in die starke bzw. gemischte Deklinationsklasse beobachtbar. Ausgenommen sind hier jedoch jene schwachen Maskulina, die neben dem auslautenden Schwa auch das semantische Merkmal [+belebt] aufweisen. Köpcke (2005: 113) nimmt als Grund dafür, dass sie sich in ihrer Deklinationsklasse halten, die Tatsache an, dass das Merkmal der Belebtheit für die „Schwachdeklination zentrale Bedeutung" aufweist.

nach Genus klassifiziert werden. Deshalb wird davon ausgegangen, dass durch die Artikelform *der* im Kontext generischer Personenbezeichnungen Belebtheit markiert wird und die Formverwendung damit durch die aus dem zielsprachlichen Input abstrahierten Strukturen der L2 und nicht durch die L1 motiviert ist. Diese Interpretation wird außerdem dadurch gestützt, dass alle Lerner auch im Kontext der Hybrid Nouns die gleichen sexusbasierten Strategien verfolgen. Auch in dieser Hinsicht – bezogen auf Sexus – können die Kinder mit der L1 Türkisch im Gegensatz zu den Kindern mit der L1 Russisch nicht auf konzeptuelles Vorwissen aus ihrer L1 zurückgreifen. Dennoch verfolgen sie die gleichen Formverwendungsstrategien wie die Vergleichsgruppe, wodurch auf eine universale, semantisch basierte Erwerbsstrategie geschlossen werden kann.

Eine weitere, an dieser Stelle erwähnenswerte Auffälligkeit bezogen auf die L1 der Probanden besteht darin, dass die Probanden der Gruppe R1, die in ihrer allgemeinen L2-Kompetenz weniger weit fortgeschritten sind als die Probanden der Gruppe T2, im Kontext der Hybrid Nouns bereits entweder seltener bzw. in ähnlichem Ausmaß wie die Gruppe T2 *e*-Formen wählen. Hierin kann für die Kinder mit der L1 Russisch auf einen Vorteil, der durch konzeptuelle formalgrammatische Transfermöglichkeiten aus ihrer L1 bedingt ist, geschlossen werden. Da das Genus russischer Nomen i.d.R. morphologisch overt ist, wurde angenommen, dass die Kinder mit der L1 Russisch eher als die Kinder mit der L1 Türkisch formale Merkmale von Nomen als Indikatoren für ihre Genusklassenzugehörigkeit zu deuten wissen. Die mehrheitlich zielsprachlichen Markierungen im Kontext der Hybrid Nouns durch *s*-Formen spiegeln diesen Vorteil wider.

Formal basierte Form-Funktions-Verknüpfungen
Die Unterschiede zwischen den einzelnen Untersuchungsgruppen zeigen, dass sie sich in unterschiedlichen Erwerbsphasen befinden. Während bei den Lernern mit gering ausgeprägter L2-Kompetenz überwiegend semantisch basierte Formverwendungen festzustellen sind, orientieren sich die Lerner mit stärker ausgebauter L2-Kompetenz bereits am formal-grammatischen Genus der Nomen. Dies lässt darauf schließen, dass die ausschließlich semantische Strategie der Form-Funktions-Verknüpfung mit zunehmender L2-Kompetenz in Frage gestellt wird. Mit zunehmender negativer Evidenz aus dem zielsprachlichen Input und mit steigender L2-Kompetenz erkennen die L2-Lerner, dass Kongruenz nicht bei allen Nomen auf semantischer Basis hergestellt werden kann, sondern dass (dann Genus-)Kongruenz im Deutschen zum größten Teil formalgrammatisch basiert ist. Dieser Lernschritt wird aus den Daten zu den Genus-Sexus-divergierenden und generischen Personenbezeichnungen dadurch ersichtlich, dass die L2-Lerner mit stärker ausgebauter L2-Kompetenz bei allen

Targets bereits häufiger zielsprachliche neutrale, formal-grammatische *s*-Formen wählen als die L2-Lerner mit gering ausgebauter L2-Kompetenz. D.h. dass die fortgeschritteneren Lerner bereits damit begonnen haben, neben semantischen auch formal-grammatische Formverwendungsstrategien zu entwickeln bzw. diese bereits deutlicher ausgebaut haben als die Lerner mit niedrigerer L2-Kompetenz, die noch favorisiert die semantischen Strategien verfolgen.

Die Einsicht, dass genussensitive Targets im Deutschen dazu dienen, auf formal-grammatischer Ebene (Genus-)Kongruenz herzustellen, gewinnen die Lerner durch die Konfrontation des zielsprachlichen Inputs mit ihren semantisch motivierten Formentscheidungen (z.B. *das Mädchen* vs. *die Mädchen*). Aufgrund dieser Erkenntnis beginnen sie damit, neben semantischen auch rein formal-grammatische Form-Funktions-Verknüpfungen zu etablieren und die semantische Markierungsstrategie auf ihre reale Domäne, die Genus-Sexus-konvergierenden Personenbezeichnungen, einzuschränken. An diesem Punkt beginnt der Erwerb von Genus als grammatischer Kategorie.

Die Einschränkung der semantischen Markierungsstrategie wird in den Daten durch die zielsprachlichen Formverwendungen ersichtlich. Von der Datenverteilung kann nicht nur abgeleitet werden, dass die Ausbildung formal-grammatischer Strategien von der L2-Kompetenz und der L1 der L2-Lerner abhängig ist, sondern auch, dass die Ausbildung formal-grammatischer Genuskongruenz am Definitartikel beginnt und sich von dort allmählich – mit zunehmender Sprachkompetenz in der L2 – über das attributive Adjektiv und das Relativpronomen auf das Personalpronomen ausdehnt. Mit dem Ausbau dieser Strategie geht gleichzeitig die Einschränkung der semantisch basierten Markierungsstrategie einher. Konsequenterweise sind entsprechend beim Definitartikel die wenigsten, beim Personalpronomen die meisten semantisch basierten Formverwendungen zu verzeichnen. Das Target, das als erstes sexusbasiert erworben wurde und gleichzeitig die höchste morphosyntaktische Autonomie aufweist, wird in diesem Erwerbsprozess als letztes Target grammatikalisiert bzw. am längsten auf semantischer Basis verwendet.

Vor dem Hintergrund dieser Interpretation ermöglichen die Abbildungen 13 und 14 unterschiedliche Leserichtungen. Einerseits lässt sich durch die Verteilung der zielsprachlichen *s*-Formen die Ausbildung und die allmähliche morphosyntaktische Ausdehnung formal-grammatischer Genuskongruenz, ausgehend vom Definitartikel hin zum Personalpronomen, nachvollziehen (also von oben nach unten). Andererseits wird in entgegengesetzter Leserichtung die damit einhergehende Einschränkung semantisch basierter Kongruenzmarkierungen durch den kontinuierlichen Abbau von *e*- und *r*-Formen zugunsten formal-grammatischer Genuskongruenz ersichtlich, vgl. Abbildung 15.

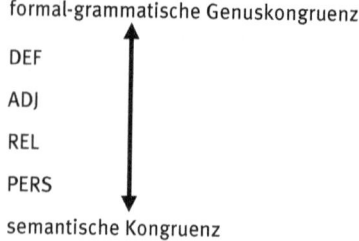

Abb. 15: Morphosyntaktische Bindung und Kongruenz

Auch die Teilgrafiken für jedes einzelne Target können in zwei Richtungen gelesen werden, um den Abbau semantischer Kongruenz bzw. den Ausbau formal-grammatischer Genuskongruenz in Abhängigkeit von der L1 und der L2-Kompetenz der L2-Lerner nachzuvollziehen (vgl. Abbildung 16). Von links nach rechts illustrieren sie die Präferenz für semantische Kongruenz (T1), die durch den zunehmenden Ausbau formal-grammatischer Genuskongruenz mit zunehmender L2-Kompetenz eingeschränkt wird. Liest man die Teilgrafiken dagegen von rechts nach links, wird die damit einhergehende Einschränkung der semantischen Strategien evident, die am deutlichsten bei der Probandengruppe D2 zu erkennen ist.

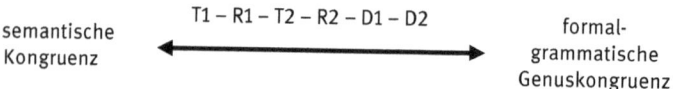

Abb. 16: Sprachstand/L1 und Kongruenz

Validität semantischer vs. formaler Genusschemata

Eigens diskutiert werden abschließend noch einmal die Daten, die im Kontext von Nomen produziert wurden, die miteinander konkurrierende formale und semantische Merkmale aufweisen. Dazu gehören aus der Itemgruppe Genus-Sexus-konvergierender Nomen die Nomen *Junge*, *Frau* und *Tochter*, aus der Itemgruppe der Genus-Sexus-divergierenden Nomen die Nomen *Mädchen* und *Fräulein*. Bei den erstgenannten drei Nomen konkurriert das Sexusmerkmal mit einem phonologischen Merkmal ([*die* Xe], [*der* X$_{monosyllabisch}$], [*der* Xer]), bei den zweitgenannten beiden Nomen das Sexusmerkmal mit einem morphologischen Merkmal ([*das Xchen, das Xlein*]).

Die Daten im Kontext aller fünf Nomen[75] zeigen, dass semantisch basierte Genusschemata für L2-Lerner eine höhere Validität aufweisen als formal basierte Genusschemata. Im Kontext der Nomen *Junge*, *Frau* und *Tochter* verwenden die L2-Lerner nahezu ausnahmslos zielsprachliche Formen und nicht solche, die gemäß phonologischer Schemata zu erwarten gewesen wären. Auch anhand der Daten im Kontext der beiden Hybrid Nouns *Mädchen* und *Fräulein* kann validiert werden, dass semantische Merkmale für L2-Lerner insgesamt eine höhere Validität aufweisen als morphologische Merkmale bzw. semantisch basierte Schemata vor morphologisch basierten Schemata ausgebildet werden. Die Daten zeigen, dass sich die Lerner zunächst offenbar an den semantischen Merkmalen orientieren, bevor sie die Nomen einer formalen Analyse unterziehen. Vor dem Hintergrund, dass die Analyse des kindlichen produktiven Wortschatzes (Pregel & Rickheit 1987) ergibt, dass mehr als die Hälfte der [+belebten] Neutra[76] auf -chen bzw. -lein diminuiert sind und damit von einer hohen Validität morphologisch basierter Genusschemata ([*das Xchen*] bzw. [*das Xlein*]) ausgegangen werden kann, indiziert dieses Ergebnis auch, dass die Semantik für die Ausbildung von Genusschemata ausschlaggebender ist als die Type- bzw. Tokenfrequenz des morphologischen Schemas. V.a. die nicht-zielsprachlichen Artikelverwendungen durch die Artikelform *die* deuten darauf hin, dass die Nomen *Mädchen* und *Fräulein* in ihrer Gesamtgestalt erworben werden und mental entsprechend als Simplicia repräsentiert sind. Die aus strukturalistischer Sicht als auf -chen bzw. -lein deriviert beschreibbaren Personenbezeichnungen werden aber zunächst nicht formal analysiert, sondern holistisch gespeichert und aufgrund ihres semantischen Merkmals in der Klasse der Nomen mit dem Merkmal [+weiblich] verortet.

Mit steigendem Sprachstand und zunehmender negativer Evidenz aus dem Input erfolgt dann ihre Reanalyse. Die Lerner etablieren erst nach der formalen Analyse aller holistisch gespeicherten Nomen auslautend auf -chen bzw. -lein entsprechende Genusschemata, mit denen aufgrund ihrer partiell formalen Übereinstimmung durch ihren gleichen Auslaut ein anderes Artikelwort verknüpft werden muss. In dieser Phase müssen die in der Interimsgrammatik vorerst auf semantischer Basis vorgenommenen Verknüpfungen für derivierte Nomen modifiziert werden, indem sich die Lerner nicht mehr an den semanti-

---

[75] Vgl. die Daten zu jedem einzelnen Item in den Tabellen 44–47 im Anhang.
[76] Ausgewertet wurden die frequentesten 142 Personen- und Tierbezeichnungen (mit mindestens fünf Tokens).

schen Merkmalen, sondern an der Form der Nomen orientieren. Semantisch basierte Verknüpfungen im neuronalen Netzwerk sind zunächst also stärker als die morphologisch basierten Verknüpfungen bzw. werden semantisch basierte Genusschemata vor morphologisch motivierten Genusschemata etabliert.[77]

5.1.4.4 Gegenstandsbezeichnungen (M, F)

Zu fragen bleibt, wie die Kinder Gegenstandsbezeichnungen mit dem Merkmal [–belebt] klassifizieren. Im Rahmen der semantisch basierten Klassifikationsstrategie für Personenbezeichnungen, die sich an den semantischen Kriterien [+belebt] oder [+männlich] bzw. [+weiblich] orientiert, wäre die Entwicklung eines semantisch basierten Genusschemas für unbelebte Gegenstandsbezeichnungen konsequent. Die Form-Funktions-Verknüpfung könnte in der ersten Phase der semantischen Kongruenz wie in Abbildung 17 am Beispiel der im Testset eingesetzten Nomen dargestellt aussehen. Entsprechend könnten bezogen auf das zur Verfügung stehende Formeninventar die verbleibenden s-Formen, die – wie verschiedene Studien gezeigt haben – zum einen als letzte erworben werden und zum anderen laut der Genusklassenverteilung im zielsprachlichen Input am seltensten vertreten sind (vgl. Kapitelabschnitt 3.2.1.1), mit der Funktion, [–belebte] Referenten zu kennzeichnen, verknüpft werden.

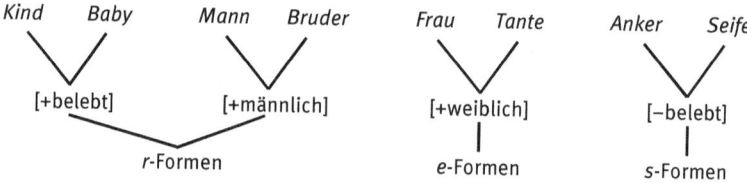

Abb. 17: Semantische Kongruenz

---

[77] Diese Schlussfolgerung müsste an weiteren Nomen mit produktiver Diminution überprüft werden. Unterstützt werden kann diese Annahme aber durch ein Ergebnis aus dem Multiple Choice Test der ersten Untersuchungsgruppe. Darin wurde das Nomen *Mäuschen* getestet. Es konnte festgestellt werden, dass die Lerner im Kontext dieses Nomens in Abhängigkeit von den gleichen Variablen – Sprachstand und L1 – unterschiedliche Formenpräferenzen aufwiesen. Lerner mit niedrigem Sprachstand verwendeten *r*-Formen zur Markierung des Merkmals [+belebt] (also *der Mäuschen*). Lerner mit höherem Sprachstand präferierten dagegen *e*-Formen (*die Mäuschen*), was darauf hindeutet, dass die Lerner auf die Formen zurückgriffen, mit denen die Basisform *Maus* verknüpft ist. In geringstem Maß verwendeten die Lerner *s*-Formen gemäß dem morphologisch basierten Genusschema [*das Xchen*], wobei diese Formen vornehmlich von Lernern mit hohem Sprachstand in der L2 gewählt wurden.

Diese Dreiteilung wurde z.b. für Artikelformen bereits von Mills (1986a) für den L1-Erwerb vorgeschlagen und von Wegener (1995a) für den sukzessiven L2-Erwerb beobachtet. Demzufolge müssten sich also auch bei den nicht-zielsprachlich gewählten Targets im Kontext der Gegenstandsbezeichnungen noch semantisch basierte Formverwendungen zeigen. Am häufigsten sollten semantisch basierte Markierungen beim Personalpronomen durch die Verwendung des Personalpronomens *es* vorkommen, wenn dieses Pronomen in einem ersten Erwerbsschritt in Opposition zu den Personalpronomen *er* und *sie* dazu verwendet wird, auf unbelete Referenten zu referieren. Die Häufigkeit der semantischen Markierungen müssten wie bei den Hybrid Nouns und generischen Personenbezeichnungen an den unterschiedlichen Targets mit abnehmendem morphosyntaktischen Bindungsgrad und mit zunehmender L2-Kompetenz weniger und durch formal-grammatische Genusmarkierungen ersetzt werden.

Die nicht-zielsprachlichen Markierungen im Kontext der Gegenstandsbezeichnungen werden nachfolgend auf diese Annahme hin überprüft. Außerdem werden sie bezogen auf die Validität der formalen Schemata [der Xer] bzw. [die Xe] diskutiert. Im Umbruch von der semantischen zur formal-grammatischen Form-Verwendungs-Strategie sollte sich bei den nicht-zielsprachlich gewählten Targets im Kontext der Genus-Form-divergierenden Nomen (*Käse*, *Funke*, *Buchstabe*; *Leiter*, *Feder*, *Klammer*) eine Formenpräferenz gemäß dieser Genusschemata zeigen. Dadurch ließe sich auch durch nicht-zielsprachliche, aber systematisch gemäß phonologischer Schemata gewählter Formen erhärten, dass die Entwicklung der formal-grammatischen Markierungsstrategie durch die Ausbildung formaler Genusschemata motiviert ist. Die nicht-zielsprachlich gewählten Targets im Kontext der maskulinen und femininen Gegenstandsbezeichnungen sind den Abbildungen 18 bis 21 zu entnehmen. Auch diese Abbildungen folgen der aus den vorangegangen Kapiteln bereits bekannten Darstellungssystematik.

Semantisch basierte Form-Funktions-Verknüpfungen
Die angenommene semantisch basierte Formverwendungsstrategie, [–belebt] Gegenstandsbezeichnungen durch *s*-Formen zu kennzeichnen, kann anhand der nicht-zielsprachlich verwendeten Formen belegt werden. Daraus wird geschlossen, dass alle Lerner, unabhängig von ihrer L1, vor dem Erwerb formalgrammatischer Genuskongruenz eine einheitliche Strategie verfolgen, die einerseits aus den Strukturen der zu erlernenden L2 Deutsch abgeleitet wird, andererseits aus der dynamischen Interimsgrammatik der Lerner emergiert: Da *r*-Formen mit dem Merkmal [+männlich] bzw. [+belebt] und *e*-Formen mit dem Merkmal [+weiblich] assoziiert sind, werden *s*-Formen in Opposition dazu mit dem Merkmal [–belebt] verknüpft.

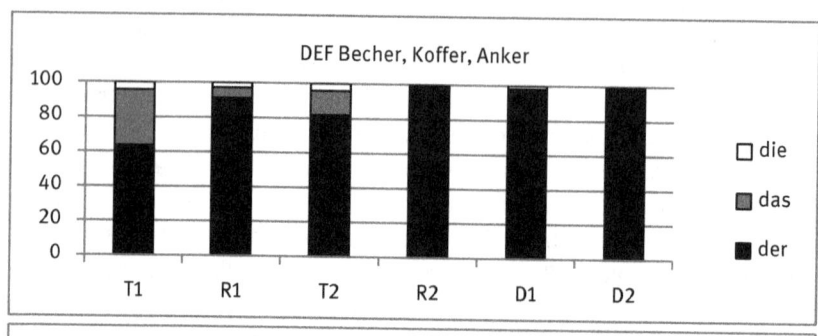
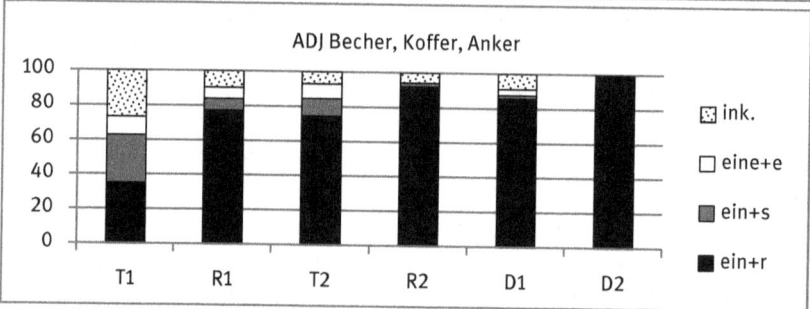
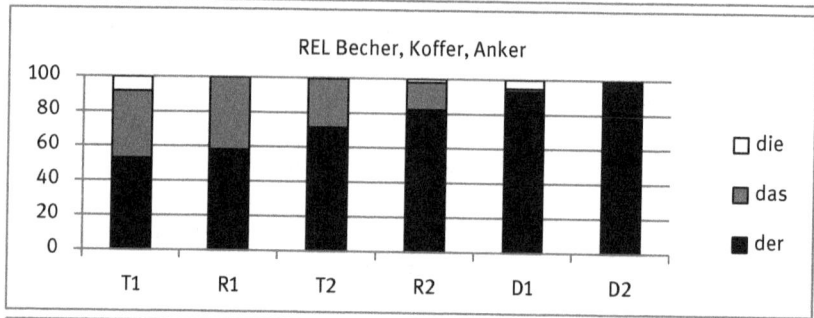
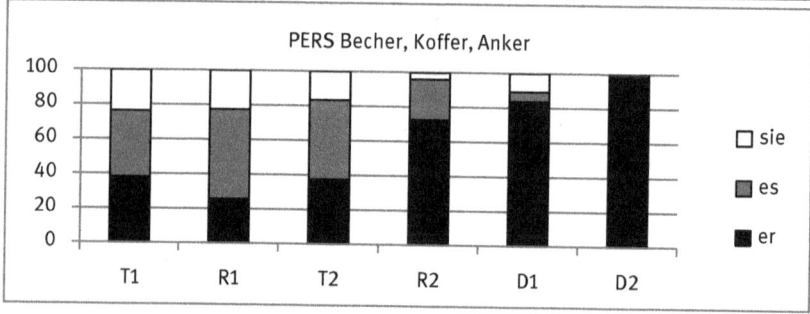

Abb. 18: Ergebnisse Genus-Form-konvergierende Gegenstandsbezeichnungen (M, X*er*)

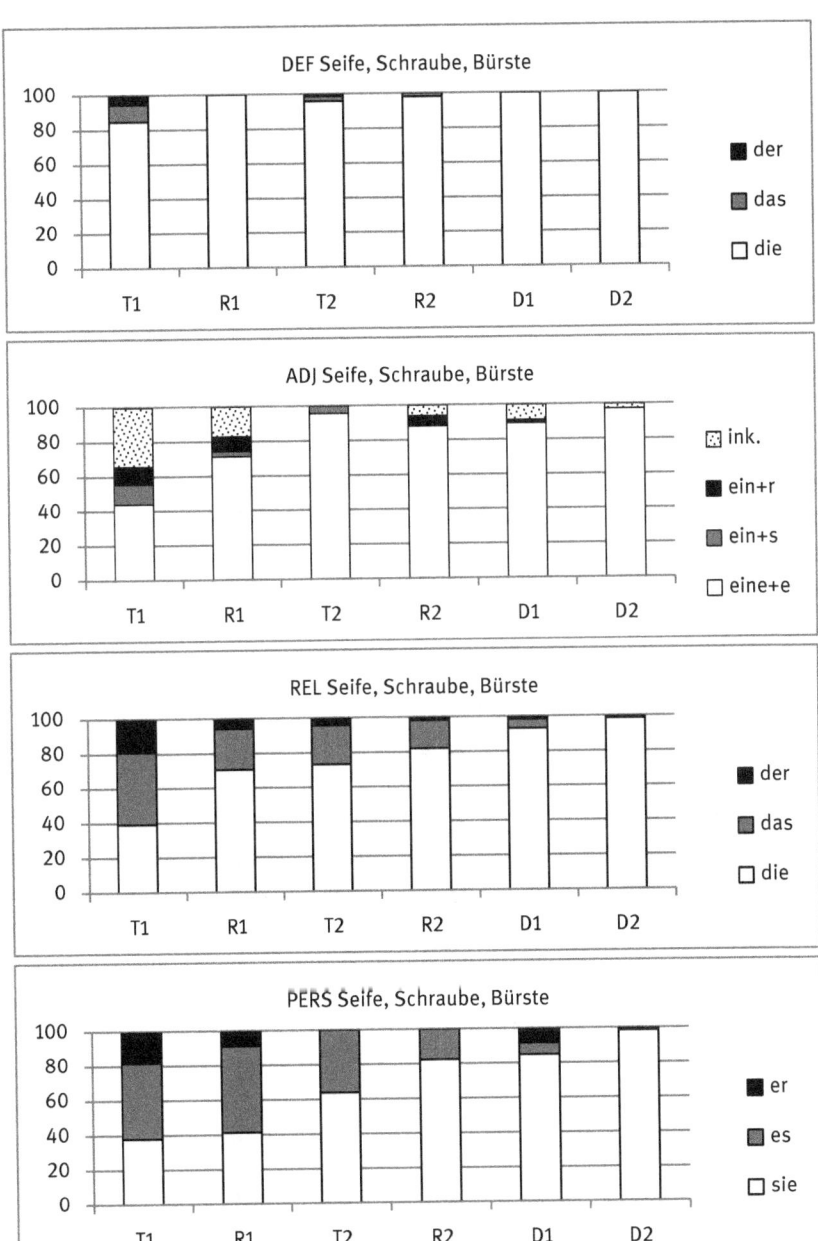

Abb. 19: Ergebnisse Genus-Form-konvergierende Gegenstandsbezeichnungen (F, X*e*)

156 — Empirische Untersuchung

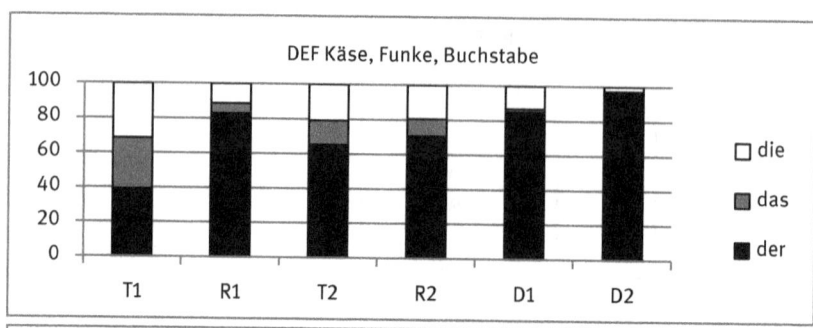
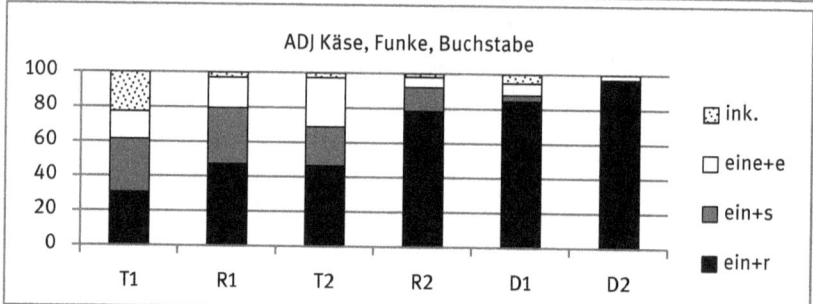
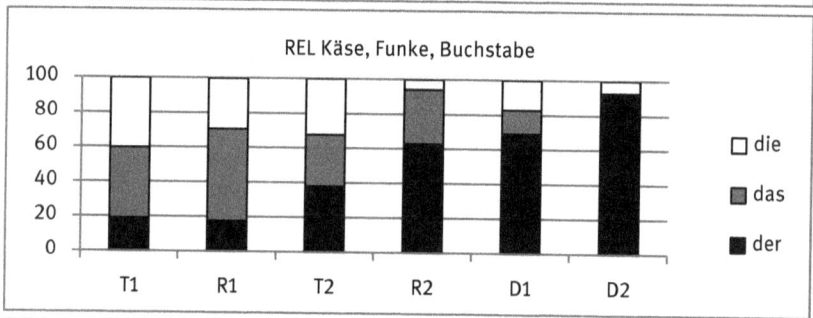
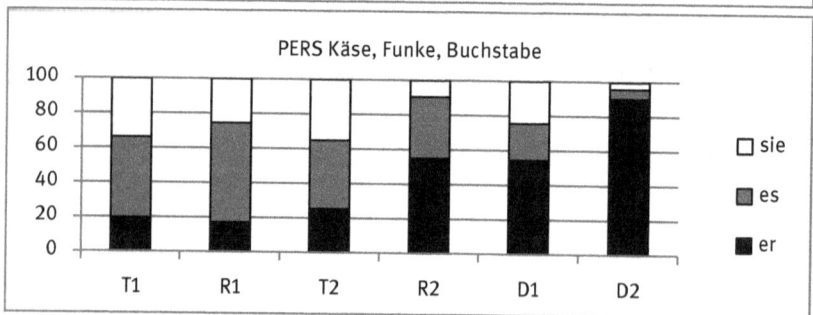

Abb. 20: Ergebnisse Genus-Form-divergierende Gegenstandsbezeichnungen (M, X*e*)

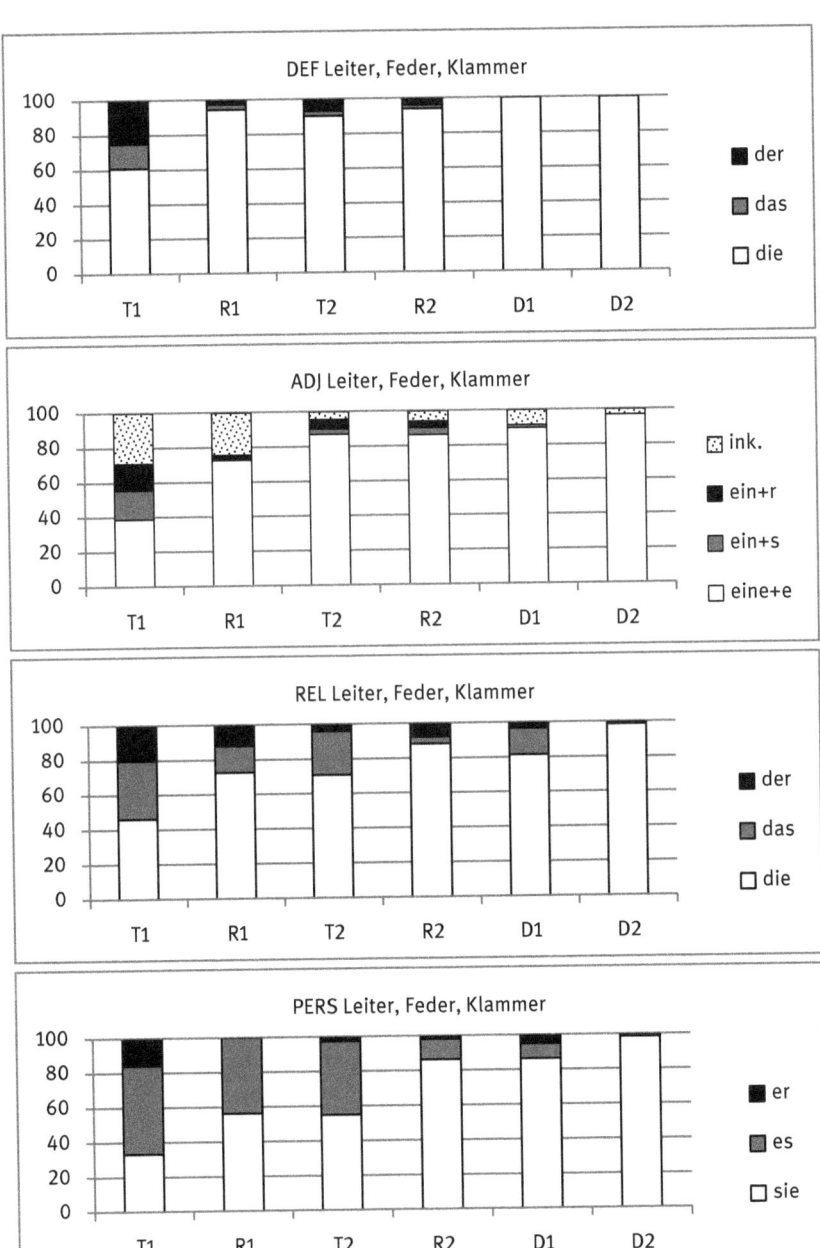

Abb. 21: Ergebnisse Genus-Form-divergierende Gegenstandsbezeichnungen (F, X*er*)

Während diese semantische Strategie bei den pränominalen Targets durch vergleichsweise wenige Belege nachzuweisen ist, sind die Relativ- und Personalpronomen *das* und *es* postnominal die am häufigsten gewählten Formen. Da sich diese Form-Funktions-Verknüpfung noch deutlicher an den Personalpronomen als an den Relativpronomen zeigt, bestätigt sich damit erneut die Annahme, dass die semantisch basierte Form-Funktions-Verknüpfung bei den Personalpronomen ihren Ausgangspunkt nimmt und von dort ausgehend auf andere Targets übertragen wird. Die Reanalyse des semantischen Kongruenzsystems als formal-grammatisches setzt dagegen beim Definitartikel ein, da die Verwendung von *s*-Formen zur Kennzeichnung des Merkmals [–belebt] in geringstem Maße bei diesem Target festzustellen ist. Dieses Ergebnis belegt analog zu den Ergebnissen im Kontext der Hybrid Nouns bzw. generischen Personenbezeichnungen meine Annahme, dass die formal-grammatische Referenzmarkierung beim Definitartikel einsetzt.

Formal basierte Form-Funktions-Verknüpfungen
Bei den Definitartikeln zeigt sich, dass die semantisch motivierte Verwendung der Artikelform *das* bereits seltener als die Artikelformen *die* bzw. *der* gewählt wird. Dies deutet darauf hin, dass die zuvor etablierte semantische Strategie zugunsten einer phonologisch motivierten Strategie aufgegeben wird. In Ermangelung einer einheitlichen semantischen Klassifikationsmöglichkeit für Nomen mit dem Merkmal [–belebt], die durch positive Evidenz aus dem zielsprachlichen Input validiert werden müsste, setzt also die (Re-)Analyse der Nomen hinsichtlich ihrer formalen Merkmale ein. Durch die kombinatorische Kookkurrenzanalyse von Artikelwörtern und den formalen Merkmalen der Nomen entwickeln die Lerner die validen phonologisch basierten Genusschemata [*der Xer*] und [*die Xe*]. Zwar wurde diese Annahme bereits durch die signifikant häufiger zielsprachlichen Markierungen im Kontext der Genus-Form-konvergierenden Nomen im Vergleich zu den Genus-Form-divergierenden Nomen belegt (vgl. Kapitelabschnitt 5.1.4.1); anhand der quantitativen Unterschiede zwischen den maskulinen und femininen Genus-Form-konvergierenden Nomen und den nicht-zielsprachlichen Formverwendungen bei den Genus-Form-divergierenden Nomen kann diese Strategie aber erneut untermauert werden.

Genus-Form-konvergierende Gegenstandsbezeichnungen
Bei den Maskulina *Becher*, *Koffer* und *Anker* weichen die Lerner häufiger von formal-grammatischer Genuskongruenz ab als bei den Feminina *Seife*, *Schraube* und *Bürste* (vgl. Abbildungen 18 und 19). Die nahezu ausschließlich zielsprachlichen Artikelverwendungen bei den Feminina auf Schwa sprechen gegenüber

den Maskulina dafür, dass das Genusschema [die Xe] in einer höheren Erwerbsgeschwindigkeit erworben wird als das Genusschema [der Xer]. Damit stimmt dieses Ergebnis mit der validitätsbasierten Analyse der unterschiedlichen phonologisch basierten Genusschemata überein.[78] Das Schema [die Xe] ist im Vergleich zum Schema [der Xer] valider, da es weniger Genus-Form-divergierende Nomen des Schemas [der/das Xe] als des Schemas [die/das Xer] gibt. Aufgrund seiner hohen Type- und Tokenfrequenz wird das Schema [die Xe] offenbar bereits eher etabliert und ist dadurch stabiler verfügbar als das Genusschema [der Xer].

Genus-Form-divergierende Gegenstandsbezeichnungen
Werden die nicht-zielsprachlichen Artikelverwendungen im Kontext der Nomen *Käse, Funke, Buchstabe; Leiter, Feder, Klammer* ebenfalls unter der Annahme phonologisch basierter Genusschemata reanalysiert, lassen auch diese Formen darauf schließen, dass die Lerner die Genus-Form-divergierenden Nomen ihren phonologischen Genusschemata entsprechend behandeln (vgl. Abbildungen 20 und 21). Die Abweichungen bestehen vornehmlich darin, phonologisch basierten Genusschemata entsprechende Artikelformen zu wählen. Bei den Maskulina *Käse, Funke* und *Buchstabe* fällt die Wahl am häufigsten auf die Artikelform *die*, die dem Schema [die Xe] entspricht. Bei den Feminina *Leiter, Feder* und *Klammer* entscheiden sich die Probanden dagegen am häufigsten für die Artikelform *der*, die dem Schema [der Xer] entsprechend vorausgesagt wurde.

Im Vergleich der Genus-Form-divergierenden Maskulina und Feminina miteinander zeigt sich wiederum, dass die Genus-Form-divergierenden Feminina *Leiter, Feder* und *Klammer* bereits von mehr Probanden zielsprachlich durch *die* determiniert werden als die Genus-Form-divergierenden Maskulina *Käse, Buchstabe* und *Funke* durch *der*. Diese Formenwahl indiziert, dass die Probanden aufgrund der unterschiedlichen Validität der beiden Schemata länger ([die Xe]) bzw. kürzer ([der Xer]) an diesen festhalten, bevor sie die Genus-Form-divergierenden Nomen aus diesen phonologisch basierten Schemata ausgliedern und mit weniger validen vernetzen.

An den gewählten Artikelformen – zielsprachlichen wie nicht-zielsprachlichen – kann auch wieder der durch die L1 motivierte Erwerbsvorteil der Lerner mit der L1 Russisch nachvollzogen werden. Die zwischen den Probandengruppen festzustellenden Unterschiede lassen sich darauf zurückführen, dass die Lerner mit der L1 Russisch die formal motivierte Genusklassifikation aus

---

[78] Vgl. erneut die von Wegener (1995) ermittelten Validitätswerte der beiden Schemata [die Xe]: 90,5 % vs. [der Xer]: 64,5 % in Kapitelabschnitt 3.2.1.4.

ihrer L1 kennen, in der das Genus überwiegend morphologisch transparent an den Nomen selbst gekennzeichnet wird. Gemäß meinen Hypothesen sollten sie vor den Lernern mit der L1 Türkisch damit beginnen, die semantisch basierte Klassifikation zu hinterfragen und eher als die Vergleichsgruppe formale Merkmale von Nomen als Genusklassenindikatoren berücksichtigen. So zeigen die Daten, dass die Lerner mit der L1 Russisch in einer höheren Erwerbsgeschwindigkeit als die Kinder mit der L1 Türkisch formal-grammatische Genusmarkierungen an den Definitartikeln erwerben und diese von diesem Target ausgehend auf andere Targets ausdehnen.

Morphosyntaktische Ausdehnung formal-grammatischer Genuskongruenz
Auch bei den Gegenstandsbezeichnungen ist beobachtbar, dass sich formal-grammatische Genuskongruenz vom Definitartikel ausgehend allmählich – mit steigendem Sprachstand in der L2 – auf die anderen Targets ADJ, REL und PERS ausdehnt. In Abhängigkeit vom morphosyntaktischen Bindungsgrad der Targets wird die grammatische Strategie allmählich von pränominalen auf postnominale Targets ausgedehnt: Die Relativpronomen werden dabei noch vor den syntaktisch autonomeren Personalpronomen formal-grammatisch genuskongruent markiert. Formal-grammatische Pronominalisierungen setzen sich aber erst dann gegen semantische Pronominalisierungen durch, wenn das durch formale Schemata abzuleitende Genusmerkmal der Nomen, die sich einer zielsprachlichen semantischen Klassifikation entziehen, stabil in der mentalen Grammatik verankert ist. D.h. dass dazu das Nomen vollständig aus dem semantisch basierten Genusschema herausgelöst worden sein muss. Dazu müssen die Formverknüpfungen zwischen den Targets des formal-grammatischen Genusschemas und dem Bezugsnomen validiert werden. Bis dieser Erwerbsprozess abgeschlossen ist, wählen die Lerner die Pronomen noch aus dem Formennetzwerk, das mit dem semantischen Genusschema verknüpft ist. Nur pränominale Targets werden bereits formal-grammatisch markiert. Wie bei den Hybrid Nouns wählen Lerner in dieser Zwischenphase der semantisch-grammatischen Genuskongruenz also systematisch Formen aus zwei unterschiedlichen Genusschemata.

An den nicht-zielsprachlich gewählten Pronomen im Kontext der Genus-Form-divergierenden Maskulina *Käse*, *Funke* und *Buchstabe* kann überdies sehr gut veranschaulicht werden, dass die Lerner bis zum Erwerb des zielsprachlichen Genus dieser schemadivergierenden Nomen zwischen unterschiedlichen Genusschemata schwanken. Die Lerner, die *s*-Formen wählen, orientieren sich an semantischen Genusschemata. Dagegen wählen die Lerner, die sich für *e*-Formen entscheiden, das Pronomen gemäß dem phonologischen Schema, dem diese Maskulina entsprechen ([*die* Xe] – *die, sie*). Nur diejenigen Lerner, die diese Nomen aufgrund von ausreichend negativer Evidenz aus dem zielsprachlichen Input bereits aus diesen beiden nicht-zielsprachlichen Genusschemata herausgelöst haben, entscheiden sich für die *r*-Formen.

Die hier vorgefundenen unterschiedlichen Formenpräferenzen bei Genus-Form-konvergierenden und Genus-Form-divergierenden Nomen legen die Schlussfolgerung nahe, dass auch phonologisch basierte Genusschemata eine über die pränominalen Targets hinausreichende morphosyntaktische Reichweite aufweisen. Den Daten im Kontext der Genus-Form-divergierenden Nomen ist Evidenz dafür zu entnehmen, dass sich die Probanden nicht nur bei der Wahl von Definitartikeln und stark flektierten Adjektiven, sondern auch bei Relativ- und Personalpronomen an den phonologisch basierten Genusschemata [X*er*] bzw. [X*e*] orientieren. Bevor die semantisch basierte Pronomenwahl aufgegeben wird und die Pronomen dem zielsprachlichen Genus entsprechend gewählt werden, folgen die Kinder auch bei Relativ- und Personalpronomen einer phonologisch motivierten Strategie. Da die Lerner erkannt haben, dass im Kontext ein und desselben Nomens Formen ein und derselben (Genus-)Klasse verwendet werden müssen, reanalysieren sie die auf semantischer Basis verknüpften Formen im Kontext formal zu klassifizierender Nomen als formal-grammatische Genusanzeiger. Sie entwickeln so allmählich neben der semantischen Strategie, die sich durch eine invariante und konsistente Formverwendung auszeichnet, auch eine rein formal-grammatische Strategie zur Markierung von formal-grammatischer Genuskongruenz. Dabei greifen sie auf Genusschemata, hier phonologisch motivierte, zurück. Erst nach ausreichend negativer Evidenz aus dem Input gliedern sie Genus-Form-divergierende Nomen aus validen phonologisch basierten Schemata aus. Wie schnell ein Genus-Form-divergierendes Nomen aus einem Schema ausgegliedert wird, hängt wiederum von der Validität der formalen Schemata ab.

5.1.4.5 Gegenstandsbezeichnungen (N)

Ein letzter Beleg für die semantisch und phonologisch basierten Form-Funktions-Verknüpfungen, die aufeinander folgend entwickelt werden, wird abschließend noch durch die Formenwahl im Kontext der neutralen Gegenstandsbezeichnungen (*Gitter, Zepter* und *Ruder*) angeführt, vgl. Abbildung 22.

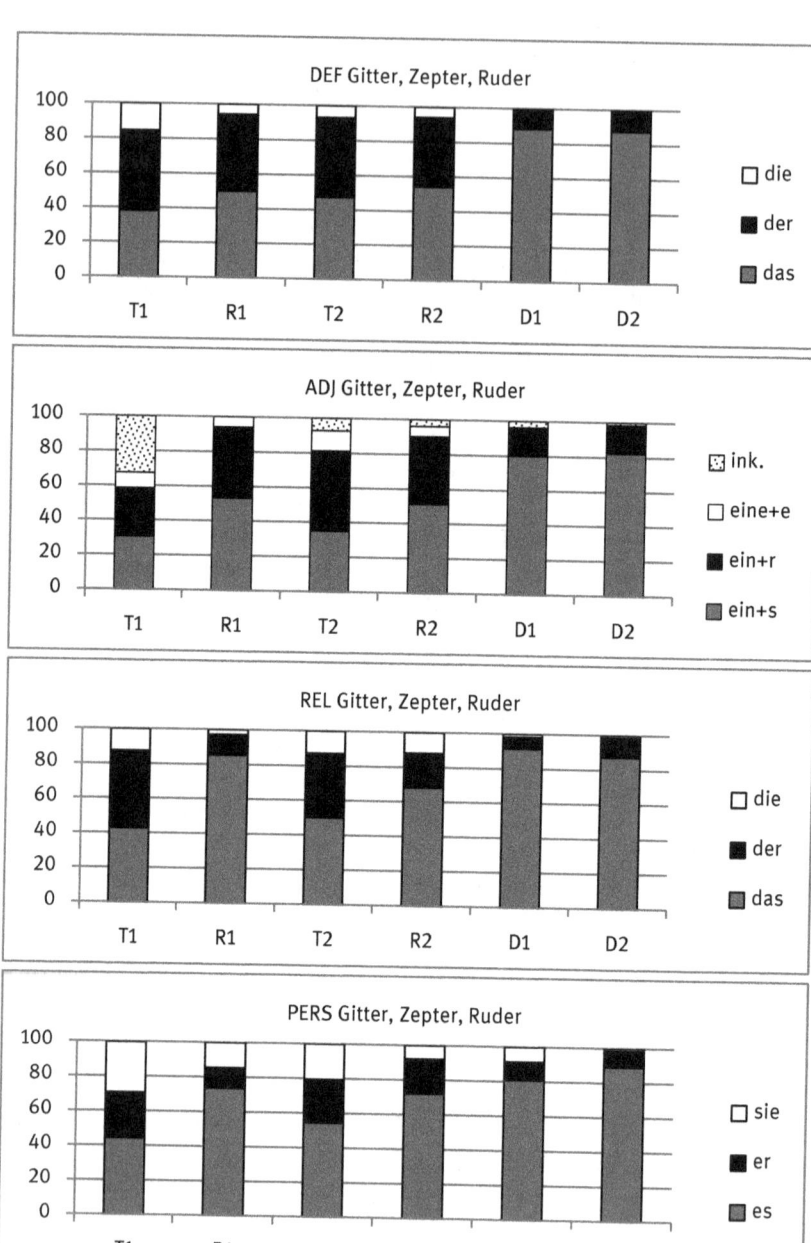

Abb. 22: Ergebnisse Genus-Form-divergierende Gegenstandsbezeichnungen (N, X*er*)

Es wurde angenommen, dass bei den Neutra *Gitter, Zepter* und *Ruder* weniger nicht-zielsprachliche Formverwendungen vorzufinden sein sollten als bei den maskulinen und femininen Gegenstandsbezeichnungen. Begründet wurde diese Annahme vor dem Hintergrund der angenommenen semantischen Strategie der Form-Funktions-Verknüpfung. Sollten Lerner die *s*-Formen dazu verwenden, das Merkmal [–belebt] zu kennzeichnen, führte diese Strategie bei den Neutra gleichzeitig zu formal-grammatischer Genuskongruenz. Tatsächlich ergibt sich für die Neutra bezogen auf die zielsprachliche Formenwahl ein zu den [–belebten] Maskulina und Feminina diametral entgegengesetztes Bild: Die höchste Zielsprachlichkeit erreichen die Kinder hier bei den pronominalen Targets, die sich außerhalb der syntaktischen Domäne des kongruenzauslösenden Nomens befinden, und nicht bei den Definitartikeln, die morphosyntaktisch stärker an das Nomen gebunden sind. Dieser Befund gilt wieder für alle L2-Gruppen, wobei er bei den Kindern mit der L1 Russisch stärker ausgeprägt ist als bei den Kindern mit der L1 Türkisch. Nur bei der Kontrollgruppe gibt es kaum einen Unterschied zwischen prä- und postnominalen Formen.

Mit dem Blick auf die nicht-zielsprachlich gewählten Formen kann dieses Ergebnis den postulierten aufeinander folgenden Formverwendungsstrategien entsprechend plausibilisiert werden. Während die Kinder im pränominalen Bereich bereits damit beginnen, die Targets entsprechend dem – bei diesen Nomen nicht zu zielsprachlicher Genuskongruenz führenden – phonologischen Schema [*der Xer*] zu wählen und damit eine formal-grammatische Strategie verfolgen, haben sie die semantische Strategie, Unbelebtes durch *s*-Formen zu kennzeichnen, im postnominalen Bereich dagegen noch nicht aufgegeben. Der Nebeneffekt der Anwendung der semantischen Strategie bei zielsprach neutralen Nomen besteht sodann darin, dass diese, zumindest im pronominalen Bereich, zu formal-grammatischer Genuskongruenz führt.

5.1.4.6 Zusammenfassung

Die vorgefundenen Form-Funktions-Verknüpfungen erlauben es, den Erwerb der deutschen Genuskongruenz als Erwerbsprozess zu modellieren, der sich von semantischer Kongruenz hin zu formal-grammatischer Genuskongruenz vollzieht. Zusammenfassend werden die verschiedenen, aufeinander folgenden Erwerbsphasen für die einzelnen Testitemgruppen noch einmal dargestellt.

Im Kontext von Personenbezeichnungen mit inhärenten Sexusmerkmalen beginnen die Probanden damit, genussensitive Targets als Marker der Referentenidentifikation zu interpretieren. Dabei wählen die Probanden die Formen sexusbasiert, indem sie *r*-Formen (*der, xer, der, er*) systematisch im Kontext männlicher Referenten und *e*-Formen (*die, xe, die, sie*) systematisch im Kontext weiblicher Referenten verwenden. Veranschaulicht wird diese Form-Funktions-Verknüpfung wie in der Abbildung 23 dargestellt.

Abb. 23: Semantische Kongruenz im Kontext Genus-Sexus-konvergierender Nomen

Der Vergleich der unterschiedlichen Targets, die nicht holistisch mit dem Nomen gespeichert sein können (ADJ, REL, PERS), hat gezeigt, dass die wenigsten Abweichungen bei den Personalpronomen vorzufinden waren. Davon wurde abgeleitet, dass die Personalpronomen *er* und *sie* die ersten Targets sind, die mit den Merkmalen [+männlich] bzw. [+weiblich] semantisiert werden. Vom Personalpronomen ausgehend wird die Sexussemantik zunächst auf den Definitartikel ausgedehnt. Anschließend werden, in Abhängigkeit von ihrer morphosyntaktischen Bindung, auch das attributive Adjektiv und das Relativpronomen mit der Sexussemantik assoziiert, so dass ein semantisch aufgeladenes Formennetzwerk entsteht.

Diese semantisch basierte Strategie wird auch auf solche Personenbezeichnungen ausgedehnt, die keine inhärenten Sexusmerkmale aufweisen (Hybrid Nouns und generische Personenbezeichnungen). Erst mit zunehmender negativer Evidenz aus dem zielsprachlichen Input und mit steigender L2-Kompetenz erkennen die L2-Lerner, dass Kongruenz nicht bei allen Nomen auf semantischer Basis hergestellt werden kann, sondern dass (dann Genus-)Kongruenz im Deutschen zum größten Teil formal-grammatisch basiert ist. Anhand der nichtzielsprachlich verwendeten Formen im Kontext Genus-Sexus-divergierenden und generischen Personenbezeichnungen konnte rekonstruiert werden, wie sich der Erwerb des Kongruenzsystems von semantischer Kongruenz hin zu formal-grammatischer Genuskongruenz entwickelt. Zusammenfassend kann dieser Erwerbsprozess auf drei Erwerbsphasen abgebildet werden. Von Phase (1) zu Phase (3) steigt die allgemeine L2-Kompetenz, die die Umbrüche bei den Formverwendungsstrategien an den verschiedenen Targets motiviert. In Abbildung 24 werden die unterschiedlichen Formverwendungen in den aufeinanderfolgenden Phasen beispielhaft anhand der Formverwendungen im Kontext der generischen Personenbezeichnungen *Kind* und *Baby* illustriert.

Phase (1): Semantische Kongruenz

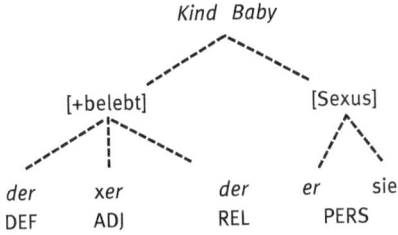

Phase (2): Semantisch-grammatische (Genus-)Kongruenz

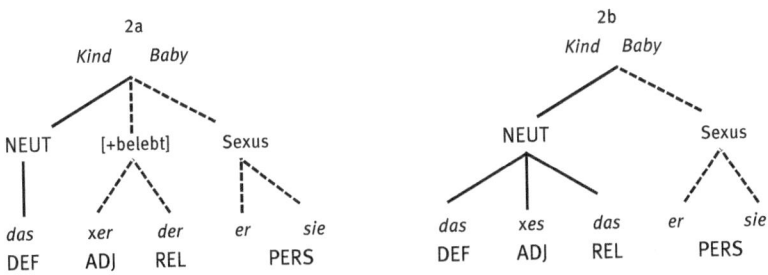

Phase (3): Formal-grammatische Genuskongruenz

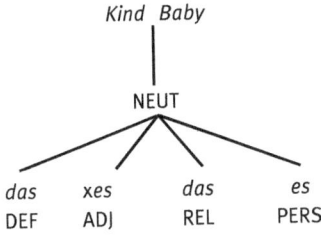

Abb. 24: Erwerbsphasen generische Personenbezeichnungen

In Phase (1), der Phase der semantischen Kongruenz, werden alle Targets – ausgehend von der zunächst erfolgten Semantisierung der Personalpronomen – zur Markierung von semantischen Merkmalen verwendet. Diese Phase konnte anhand der nicht-zielsprachlich verwendeten Formen der Lerner mit schwach ausgebauter L2-Kompetenz ausgemacht werden. Die semantischen Strategien manifestierten sich dabei in der weitgehend konsistenten Verwendung der (nicht-zielsprachlichen) *r*-Formen an Definitartikeln, Adjektiven und Relativpronomen sowie in der Verwendung der (nicht-zielsprachlichen) sexusaufgeladenen Personalpronomen *er* und *sie*.

In der Phase (2), der Phase der semantisch-grammatischen (Genus-)Kongruenz, werden die in der Interimsgrammatik vorübergehend festgelegten semantisch basierten Genusmerkmale der Nomen um das zielsprachliche formalgrammatische Genusmerkmal ergänzt. Dieser Prozess setzt bei den Definitartikeln ein, indem die Lerner aufgrund der zunehmenden negativen Evidenz aus dem zielsprachlichen Input und gleichzeitigem Kompetenzausbau in der L2 damit beginnen, den von ihnen auf semantischer Basis gewählten Definitartikel durch den formal-grammatisch zielsprachlichen zu ersetzen (Phase (2a)). Entsprechend hinterfragen die Lerner das diesen Nomen auf semantischer Basis zugeschriebene Genusmerkmal und beginnen damit, es mit einem grammatisch basierten Genusmerkmal zu konfrontieren.

Die nächsten Lernschritte bestehen darin, das Nomen entsprechend seines neu zugeordneten, formal-grammatischen Genusmerkmals auch mit den morphosyntaktisch weniger eng gebundenen Targets dieses formal-grammatischen Genusschemas zu vernetzen. Die Lerner wählen dann nicht nur die formalgrammatisch zielsprachliche Artikelform *das*, sondern auch das stark flektierte attributive Adjektive auslautend auf *-s* und mit noch weiter ausgebauter L2-Kompetenz darauf auch das Relativpronomen *das*. Das Personalpronomen wird aufgrund seiner hohen morphosyntaktischen Autonomie in dieser Phase noch nach semantischen Kriterien gewählt (Phase (2b)).

Erst in Phase (3), der Phase der formal-grammatischen Genuskongruenz, die mit stark ausgebauter L2-Komptenz korreliert, markieren die Lerner an allen Targets unabhängig von ihrer morphosyntaktischen Bindungsgrad formalgrammatische Genuskongruenz. Bis die Lerner aber formal-grammatisch konsistente Kongruenzmuster realisieren, wählen sie in Abhängigkeit vom morphosyntaktischen Bindungsgrad der Targets pränominal Targets aus dem formalgrammatischen Genusschema, postnominal weiterhin Targets aus dem semantischen Genusschema. Im Kontext ein und desselben Nomens markieren die Lerner also in einer Interimsphase einerseits semantische Merkmale, andererseits formal-grammatische Genuskongruenz.

Die Formverwendungen bei den [–belebten] Gegenstandsbezeichnungen können wie die Formverwendungen im Kontext der Hybrid Nouns und generischen Personenbezeichnungen in dieselben drei Phasen eingeteilt werden. Auch für diese Nomen wird in Abbildung 25 zusammenfassend noch einmal veranschaulicht, wie sich die Formverwendungsstrategie für die einzelnen genussensitiven Targets mit zunehmendem Sprachstand in der L2 verändert.

Phase (1): Semantische Kongruenz

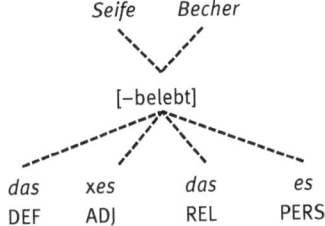

Phase (2): Semantisch-grammatische (Genus-)Kongruenz

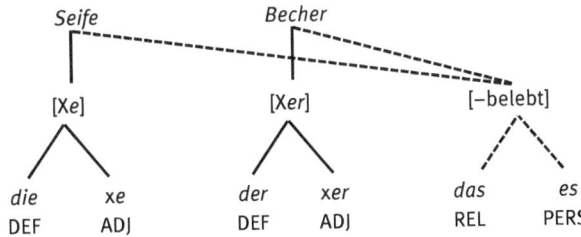

Phase (3): Formal-grammatische Genuskongruenz

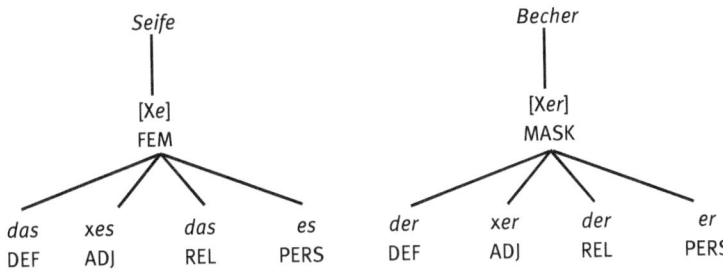

Abb. 25: Erwerbsphasen Gegenstandsbezeichnungen

Ausgangspunkt ist auch hier die Phase der semantischen Kongruenz (Phase 1), die sich im Kontext der Nomen mit dem Merkmal [–belebt] dadurch äußert, dass bei allen Targets präferiert *s*-Formen verwendet werden, um damit das Merkmal [–belebt] zu symbolisieren. Mit dieser Form-Funktions-Verknüpfung wird das zur Verfügung stehende Formeninventar der drei Genusparadigmen vollständig ausgeschöpft: *r*-Formen symbolisieren die Merkmale [+belebt] bzw. [+männlich], *e*-Formen das Merkmal [+weiblich], *s*-Formen das Merkmal [–belebt].

Mit zunehmender L2-Kompetenz und negativer Evidenz aus dem Input wird diese Strategie eingeschränkt. Dazu wird in einem ersten Schritt der Definitartikel grammatikalisiert, indem er in Abhängigkeit von den formalen Merkmalen der Nomen gewählt wird. An genau dieser Stelle beginnt der tatsächliche formal-grammatische Genuserwerb, weil die Lerner nicht mehr ausschließlich semantische Kongruenz, sondern auch formal-grammatische Genuskongruenz zwischen Nomen und Artikel herstellen. Im nächsten Schritt dehnen die Lerner diese formal-grammatischen Markierungen auch auf die anderen Targets aus. Da die Lerner in dieser Phase an Pronomen aber weiterhin das Merkmal [–belebt] markieren, kann auch an den Gegenstandsbezeichnungen illustriert werden, dass sich die Grammatikalisierung des Formennetzwerks über einen längeren Zeitraum ausdehnt. Solange befinden sich die Lerner also noch in der Phase der semantisch-grammatischen (Genus-)Kongruenz (Phase 2).

Erst in der letzten Phase, in der an allen Targets formal-grammatische Genuskongruenz markiert wird, wählen die Lerner die Pronomen aus dem gleichen Genusschema, mit dem sie die Nomen nach ihrer formalen Analyse bzw. aufgrund von negativer Evidenz aus dem Input verknüpft haben (Phase 3).

In der Phase, in der die Grammatikalisierung des Genussystems beginnt (Phase 2), war bei Genus-Form-divergierenden Nomen (z.B. *Leiter, Gitter, Funke*) zu beobachten, dass auch formal basierte Genusschemata überdehnt werden. Die Lerner wählen auch bei diesen Nomen solche Artikelformen, die ihren formalen Schemata entsprechen, vgl. Abbildung 26:

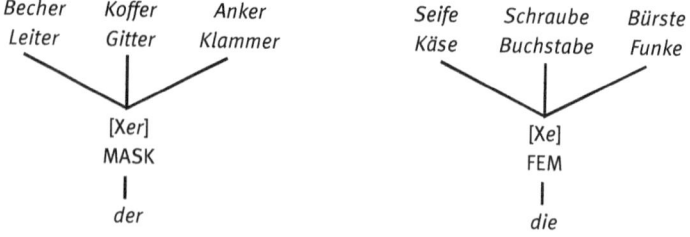

Abb. 26: Phonologisch basierte Form-Funktions-Verknüpfungen

Mit zunehmender L2-Kompetenz bzw. zunehmender Gegenevidenz aus dem zielsprachlichen Input lösen die Lerner im nächsten Erwerbsschritt die Verknüpfungen dieser Nomen mit diesen Genusschemata wieder auf und gliedern die Genus-Form-divergierenden Nomen aus (vgl. Abbildung 27).

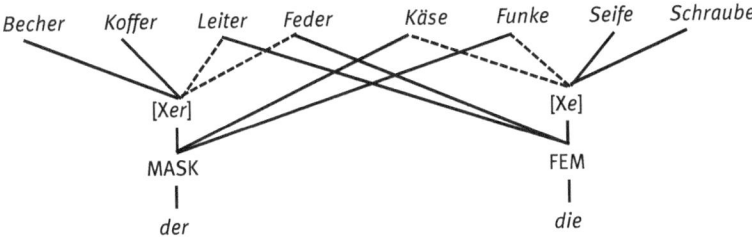

Abb. 27: Reanalyse Genus-Form-divergierender Nomen

Demnach organisieren die Lerner die auf den phonologisch basierten Genusschemata abstrahierten Genusmerkmale dieser Nomen um und speichern sie mit ihrem zielsprachlichen Genusmerkmal. So ist zu erklären, warum bei den Genus-Form-divergierenden Nomen im Vergleich zu den Genus-Form-konvergierenden Nomen die Wahl formal-grammatisch zielsprachlicher Genusformen zeitlich verzögert erfolgt.

5.2 Bildimpulsstudie

Der zweite Abschnitt des empirischen Teils widmet sich nun den Daten, die in der explorativen Studie durch ein Textproduktionsverfahren (anhand von Bildimpulsen) gewonnen wurden. Durch diese Daten soll ergänzend gezeigt werden, dass sich die vom Multiple Choice Test abgeleiteten Form-Verwendungsstrategien auch in Daten wiederfinden, die durch eine andere Untersuchungskohorte und durch ein anderes, weniger stark lenkendes Elizitationsverfahren gewonnen wurden. Zunächst beschreibe ich wieder die eingesetzten Testitems und das Elizitationsverfahren im Detail, darauf folgt die Charakterisierung der Untersuchungskohorte, um schließlich die Daten im Vergleich zur Multiple Choice Studie zu diskutieren.

5.2.1 Testitems

In der ersten Untersuchung wurden andere Testitems eingesetzt als in der Multiple Choice Studie. Die in der Bildimpulsstudie verwendeten Nomen wurden aber ebenfalls nach den drei Genera Maskulinum, Femininum und Neutrum variiert, um über den Erwerb aller drei Genusparadigmen Aussagen treffen zu können. Gemäß diesen Kriterien wurden aus den Lexikonbereichen Personen-, Tier-, Spielzeug- und Möbelbezeichnungen elf Nomen ausgewählt, für die angenommen werden konnte, dass sie mindestens im rezeptiven Wortschatz der Kinder verfügbar waren. Die Nomen sind der Tabelle 20 zu entnehmen.

Tab. 20: Testitems (Bildimpulsstudie)

Genus	Testitem [+belebt]	semantisches Schema	formales Schema	Tokenfrequenz kindlicher Wortschatz	Tokenfrequenz Erwachsenenwortschatz
M	Vater	= der X$_{[+männlich]}$	= der Xer	387	593
	Hund	= der X$_{[+männlich]}$	= der X$_{[monosyllabisch]}$	387	15
F	Mutter	= die X$_{[+weiblich]}$	≠ der Xer	834	296
	Katze	= die X$_{[+weiblich]}$	= die Xe	328	10
N	Baby	≠ der X$_{[+belebt]}$ ≠ der X$_{[+männlich]}$ ≠ die X$_{[+weiblich]}$	–	19	–

Genus	Testitem [–belebt]	semantisches Schema	formales Schema	Tokenfrequenz kindlicher Wortschatz	Tokenfrequenz Erwachsenenwortschatz
M	Drachen	≠ das X$_{[-belebt]}$	= der Xen	150	1
	Schrank	≠ das X$_{[-belebt]}$	= der X$_{[monosyllabisch]}$	140	2
F	Tafel	≠ das X$_{[-belebt]}$	≠ der Xel	137	5
	Eisenbahn	≠ das X$_{[-belebt]}$	≠ der X$_{[monosyllabisch]}$	31	9
N	Regal	= das X$_{[-belebt]}$	= das Xal	4	6
	Schiff	= das X$_{[-belebt]}$	≠ der X$_{[monosyllabisch]}$	30	27

Im Unterschied zur Multiple Choice Studie wurden neben Personenbezeichnungen mit dem Merkmal [+männlich] bzw. [+weiblich] auch zwei Tierbezeichnungen eingesetzt, *Hund* und *Katze*. Den Tierbezeichnungen *Hund* und *Katze* ist, anders als den Personenbezeichnungen *Vater* und *Mutter*, kein Sexusmerkmal inhärent, da sie wie das Nomen *Baby* auch generisch verwendet werden können. Durch den Einsatz der Tierbezeichnungen sollte aber überprüft werden, ob die Lerner in ihrem Kontext analog zu Personenbezeichnungen mit inhärentem Sexusmerkmal Sexuskongruenz markieren, wie in verschiedenen Studien (vgl. Kapitel 3.2.1.5) argumentiert wurde. Sind die Ergebnisse mit jenen der Genus-Sexus-konvergierenden Personenbezeichnungen vergleichbar, wäre Evidenz dafür gegeben.

Unter den Gegenstandsbezeichnungen wurden wie in der Folgestudie solche Nomen gewählt, die unterschiedliche phonologische Merkmale aufwiesen, aufgrund derer Genuskongruenz basierend auf phonologischen Schemata hergestellt werden kann. In der Bildimpulsstudie wurden die phonologischen Schemata in ihrer Anzahl aber breiter variiert. Als formal konvergierende Gegenstandsbezeichnungen wurden die Nomen *Drachen* ([*der* Xen]), *Schrank* ([*der* X$_{monosyllabisch}$]) und *Regal* ([*das* Xal]), als formal divergierende Gegenstandsbezeichnungen die Nomen *Tafel* (≠[*der* Xel]), *(Eisen-)Bahn* und *Schiff* (≠[*der* X$_{monosyllabisch}$]) eingesetzt.

5.2.2 Testdesign

Das im Vergleich zum Multiple Choice Test weniger stark lenkende Datenerhebungsverfahren zur Elizitation von Sprachproduktionsdaten stellte die (weitgehend) freie Textproduktion zu Bildimpulsen dar. Mit diesem Erhebungsverfahren konnten Daten gewonnen werden, die Aufschluss darüber gaben, wie welche genussensitiven Targets in der schriftlichen Sprachproduktion verwendet werden.

Insgesamt schrieben die Kinder zu vier verschiedenen Bildimpulsen einen Text (vgl. die Bildimpulse und die dazu gestellten Schreibaufgaben im Anhang, Abbildungen 29–32). Aufgrund der unterschiedlichen semantischen Merkmale der Nomen war es notwendig, anhand der Bildimpulse und der dazu konzipierten Schreibproduktionsaufgaben zwei unterschiedliche Textsorten – narrative und deskriptive Texte – zu elizitieren. Unabhängig von der Textsorte beinhalteten die Schreibaufgaben (z.T. auch die Bildüberschrift) die o.g. Nomen. Damit sollte sichergestellt werden, dass die Kinder in ihren Texten tatsächlich diese Nomen und nicht etwa Synonyme verwendeten, mit denen andere Genusassoziationen hätten einhergehen können.

a) Narrative Texte (Erzählungen)

Auf dem ersten Bildimpuls mit dem Titel „Hund und Katze" waren die beiden Tiere als Liebespaar abgebildet, so dass ein sexusindizierender Kontext generiert werden sollte. Die Kinder waren dazu aufgefordert, folgende Schreibaufgabe zu lösen: „Schau dir das Bild an. Was ist passiert? Warum verstehen sich Hund und Katze plötzlich so gut? Schreibe eine Geschichte!"

Der zweite Bildimpuls mit dem Titel „Eine schlaflose Nacht" zeigte ein Elternpaar mit einem schreienden Baby. Der Schreibauftrag lautete, eine Geschichte zu erzählen, aus der hervorgeht, warum das Baby nicht schlafen kann und was Vater und Mutter dagegen unternehmen.

Beide Bildimpulse wiesen also kombiniert mit der Sprachproduktionsaufgabe Erzählwürdigkeit auf, weil durch sie eine Exposition, eine Komplikation und eine Auflösung eines narrativen Geschehens entwickelt werden konnte (vgl. Quasthoff 1980). Dadurch sollte gewährleistet werden, dass die Kinder satzübergreifende Sprachproduktionsdaten produzierten, in denen potentiell verschiedene genussensitive Targets verwendet werden konnten.

b) Deskriptive Texte (Beschreibungen)

Die Texte, die zu den Nomen mit dem semantischen Merkmal [–belebt] (*Schrank*, *Tafel* und *Regal*; *Drachen*, *(Eisen-)Bahn* und *Schiff*) verfasst werden sollten, mussten deshalb deskriptiv sein, weil es zu vermeiden galt, dass die Kinder die Möbelstücke und Spielzeuge als belebte Handlungsträger interpretierten. Wären die Kinder dazu aufgefordert worden, zu diesen Gegenständen eine Geschichte zu ‚erzählen', hätten sie die Gegenstände möglicherweise animiert und ihnen somit die gleichen semantischen Merkmale ‚angedichtet', die die Nomen aufweisen, mit denen sie verglichen werden sollten ([+belebt], [+männlich], [+weiblich]).

Bei beiden Bildimpulsen, auf denen die Möbelstücke und Spielzeuge abgebildet waren (ein Klassenzimmer und ein Kinderzimmer), sollten diese deshalb hinsichtlich ihrer Eigenschaften bzw. Funktionen (Farbe, Größe, Position im Bild, Verwendung) beschrieben werden. Zur Beschreibung der Möbelstücke erhielten die Kinder folgenden Schreibauftrag: „Schau dir das Bild an. Beschreibe die drei rot eingekreisten Gegenstände (*Tafel*, *Regal*, *Schrank*) ganz genau. Wo sind sie im Klassenzimmer? Wie sehen sie aus? Welche Farben haben sie? Wozu brauchen wir diese Gegenstände im Klassenzimmer?". Diese Reihe an Beschreibungsaufgaben sollte sicherstellen, dass auch bei diesen Bildimpulsen satzübergreifende sprachliche Einheiten produziert werden konnten. Der Schreibauftrag zu den Spielzeugen wurde analog dazu gestellt.

Unabhängig von der Textsorte konnte für beide Textproduktionsaufgaben erwartet werden, dass die Probanden im Kontext der vorgegebenen Nomen genussensitive Targets verwendeten. Allerdings ergibt sich in der freien Textproduktion nicht für alle Targets die gleiche Verwendungsnotwendigkeit (‚task-essentialness', vgl. Purpura 2005: 110). Die einzigen Targets, die notwendigerweise verwendet werden mussten, stellten die Artikelwörter dar, da die Nomen funktional-pragmatisch als Textreferenten determiniert werden mussten. Dadurch, dass es sich um die Elizitation satzübergreifender Sprachproduktionsdaten handelte, war immerhin für Personalpronomen die Kondition der ‚task-utility' erfüllt, da durch Pronominalisierung satzübergreifende Referenzbezüge hergestellt werden können. Die Verwendung von Adjektiven oder Relativpronomen war dagegen fakultativ bzw. war die Notwendigkeit bzw. Nützlichkeit, diese Targets zu verwenden, abhängig von den im Text zu äußernden Propositionen.

Sehr wohl abhängig von der Textsorte lässt sich aber konstatieren, dass die Gegenstandsbeschreibungen durch die spezifischere Sprachproduktionsaufgabe noch stärker gelenkt waren als die narrativen Geschichten. Bei dieser Textproduktionsaufgabe habe ich im Unterschied zu den narrativen Schreibaufträgen zudem gezielt Farbadjektive elizitiert (‚task-essentialness'). Außerdem erhielten die Kinder für die Beschreibungen der unbelebten Gegenstände ein in drei Abschnitte gegliedertes Arbeitsblatt. In jedem Abschnitt sollte jeder Gegenstand für sich beschrieben werden. Die Abschnitte wurden durch die jeweils zu beschreibenden Gegenstände (*Schrank, Tafel ...*) betitelt. Dadurch sollte forciert werden, dass die Kinder das zu beschreibende Nomen ggf. auch pronominalisieren (‚task-utility').[79] Im Vergleich der beiden unterschiedlichen Textproduktionsaufgaben sind die narrativen Texte aufgrund ihrer freieren Aufgabenstellungen deshalb weniger stark gelenkt als die deskriptiven Texte.

5.2.3 Probanden

An der Bildimpulsstudie nahmen insgesamt 65 Grundschulkinder fünf verschiedener Grundschulen in Nordrhein-Westfalen (Krefeld, Rheine und Münster) im Alter von sechs bis zehn Jahren teil. Anders als in der Multiple Choice Studie befanden sich darunter nicht nur Kinder aus der 3. und 4. Klasse, sondern auch Kinder aus der zweiten Klasse. Während der Multiple Choice Test von

---

[79] In der Pilotierungsphase, in der zunächst keine vorstrukturierten Abschnitte verwendet worden waren, hatte sich gezeigt, dass die Kinder dazu neigten, ihre Texte nach den zu beschreibenden Eigenschaften zu gliedern. Dies hatte zur Folge, dass in den Textabschnitten zunächst beispielsweise für alle drei Nomen eine Eigenschaft genannt wurde (z.B. *Die Tafel hängt an der Wand. Das Regal steht unter dem Fenster. Der Schrank steht in der Ecke.*). Bei der Wiederaufnahme der zu beschreibenden Gegenstände wurden diese deshalb nicht pronominalisiert, sondern erneut benannt.

den Kindern dieses Alters bzw. dieser Entwicklungsstufe aufgrund der noch nicht ausreichend vorhandenen Lesekompetenz noch nicht bearbeitet werden konnte, waren sie dagegen bereits in der Lage, zu den ihnen vorgelegten Bildimpulsen kurze Texte zu verfassen.

Allgemeine L2-Kompetenz der Probanden
Die Probanden wurden auch bei der Bildimpulsstudie zunächst in Abhängigkeit von ihrer L1 in drei Gruppen eingeteilt: Eine Gruppe mit der L1 Türkisch (18 Kinder) und der L2 Deutsch, eine Gruppe mit der L1 Russisch (32 Kinder) und der L2 Deutsch sowie eine Kontrollgruppe, bestehend aus 15 monolingual deutschsprachigen Kindern. Von den Kindern mit der L2 Deutsch wurde der allgemeine Sprachstand ermittelt, um sie gemäß allgemeiner L2-Kompetenz in homogene Vergleichsgruppen mit stark bzw. schwach ausgebauter L2-Kompetenz einteilen zu können. Der Sprachstand der monolingual deutschsprachigen Kinder wurde nicht eigens erhoben. Der Aussage der Lehrkräfte nach waren sie kognitiv und sprachlich durchschnittlich entwickelt.

Für die L2-Kinder der dritten und vierten Klasse wurde zur Ermittlung der allgemeinen L2-Kompetenz wie in der Multiple Choice Studie der C-Test verwendet (vgl. Kapitel 5.1.3). Dieser wurde zu Beginn und am Ende des Testzeitraums, der sich insgesamt über ein halbes Jahres erstreckte, zwei Mal durchgeführt.

Der Sprachstand der Kinder der zweiten Klassen konnte aufgrund ihrer noch gering ausgeprägten Lese- und Schreibkompetenz nicht durch den C-Test überprüft werden. Stattdessen wurde bei diesen Probanden der Sprachstand durch die erweiterte Profilanalyse nach Grießhaber (2005) mündlich ermittelt. Dieses Diagnoseinstrument basiert auf der von Clahsen, Meisel und Pienemann (1979) ermittelten Erwerbsreihenfolge syntaktischer Strukturen, die jeder Lerner des Deutschen, unabhängig von seiner L1 und in irreversibler Reihenfolge, durchläuft. Ausschlaggebend ist der Erwerb der Verbstellungsregeln im Deutschen (Verbzweitstellung, Separierung von Verbteilen, Inversion, Verbendstellung, vgl. Clahsen 1985; Grießhaber 2005). Diesen bzw. den damit einhergehenden syntaktischen Strukturen werden unterschiedliche Erwerbsstufen zugeordnet.

Kritik an der Profilanalyse wird dahingehend geäußert, dass durch sie nur syntaktische Sprachfertigkeiten diagnostiziert werden könnten, morphologische, pragmatische oder lexikalische Fähigkeiten seien mit diesem Diagnoseinstrument hingegen nicht zu messen (vgl. Schmitz 1992). Grießhaber (2005: 42) weist jedoch Korrelationen zwischen syntaktischen Fähigkeiten, die durch die Profilanalyse ermittelt werden können, und anderen sprachlichen Bereichen nach, z.B. zum Lexikon oder zu sprachpragmatischen Fähigkeiten. So lassen die Ergebnisse der Profilanalyse nach Grießhaber auch auf den allgemeinen Sprachstand schließen. Außerdem wird an der Profilanalyse kritisiert, dass die zu analysierende Datenmenge mit i.d.R. kurzen Aufnahmen bzw. einzelnen Texten zu gering sei, um die Lerner eindeutig einer Erwerbsstufe zuordnen zu können (vgl. Schmitz 1992).

Insbesondere der zweite genannte Kritikpunkt konnte durch die Ergebnisse der Profilanalysen bei den von mir untersuchten Kindern sehr gut nachvollzogen werden. Mit allen Kindern wurde die Profilanalyse zweimal durchgeführt. Bei der ersten Sprachstandsmessung wurde den Kindern die Bildergeschichte ‚Katze und Vogel' aus dem ‚Hamburger Verfahren zur Analyse des Sprachstands' (HAVAS 5) vorgelegt (vgl. Reich & Roth 2007). Anhand der Bildfolge erzählten die Kinder die Geschichte nach. Bei der zweiten Sprachstandsmessung wurde der Erzählimpuls verändert, weil die Aufnahmen zur Bildgeschichte bei der ersten Erhebung gezeigt hatten, dass dieser Erzählimpuls Äußerungen der Profilstufe 3 – Inversion – provozierte, da die Kinder beim Erzählübergang von Bild zu Bild gehäuft die Adverbiale *dann* verwendeten und damit eine syntaktische Struktur vergleichsweise häufig festgestellt worden war.

Bei einzelnen Probanden waren außerdem zwischen der ersten und zweiten Erhebung Rückschritte zu verzeichnen – ein Erwerbsverlauf, den die Profilanalyse ausschließt, zumal davon ausgegangen wird, dass eine syntaktische Struktur als erworben gilt, wenn sie zu einem Erhebungszeitpunkt drei Mal verwendet wird (Grießhaber 2005). Als Erklärung kann angeführt werden, dass einzelne Probanden bei der zweiten Sprachstandsmessung vergleichsweise kurze Geschichten erzählten und dabei einfachere syntaktische Strukturen als bei der ersten Erhebung verwendeten. Hier liegt es nahe, dass dieses Ergebnis tatsächlich aufgrund der geringen Äußerungsmenge der Probanden zustande kam. Insgesamt erwies sich die Profilanalyse im Vergleich zum C-Test als weniger verlässlich, nicht zuletzt wegen der unterschiedlichen Erzählanlässe (Bildgeschichte vs. Einzelbild). Deshalb wurden die Kinder der zweiten Klasse nach den Kriterien L1, Alter bzw. Klassenstufe und nicht gemäß der Ergebnisse der Profilanalyse in Vergleichsgruppen eingeteilt.

Die Vergleichsgruppen der Bildimpulsstudie setzen sich somit wie in Tabelle 21 dargestellt zusammen. Bezogen auf den Sprachstand bedeutet ‚stark' bzw. ‚schwach' auch hier, dass das C-Test-Ergebnis der jeweiligen Probanden entweder unter oder über dem Median der zusammengenommenen Sprachstandsergebnisse beider Gruppen lag.[80] Die monolingual deutschsprachigen Kinder wurden gemäß ihrer Klassenstufe in drei unterschiedliche Gruppen eingeteilt.

Die für die unterschiedlichen Probandengruppen vergebenen Kürzel wurden zur Vergleichbarkeit analog zu den Kürzeln der Multiple Choice Studie gewählt. Der Buchstabe kennzeichnet wieder die L1 (T: Türkisch; R: Russisch; D: Deutsch), die Nummer bildet den Sprachstand bzw. das Alter ab (0: Kinder der 2. Klasse; 1: Kinder der 3. und 4. Klasse mit schwach ausgebauter L2-Kompetenz; 2: Kinder der 3. und 4. Klasse mit stark ausgebauter L2-Kompetenz). Zur Unterscheidung der Probandengruppen der Multiple Choice Studie werden die Gruppenkürzel um ein Apostroph' ergänzt.

Tab. 21: Vergleichsgruppen (Bildimpulsstudie)

L1	Klasse	Sprachstand	Gruppe	N	Median C-Test	Median C-Test Einzelgruppen
Türkisch	2	–	T0'	4	–	–
	3 und 4	schwach	T1'	6	< 68,5	53,8
	3 und 4	stark	T2'	8	≥ 68,5	80,1
Russisch	2	–	R0'	8	–	–
	3 und 4	schwach	R1'	10	< 68,5	63,0
	3 und 4	stark	R2'	14	≥ 68,5	79,8
Deutsch	2	–	D0'	5	–	–
	3	–	D1'	5	–	–
	4	–	D2'	5	–	–

Wie in der Multiple Choice Studie weisen die Kinder mit der L1 Russisch in beiden Testgruppen in der L2 Deutsch eine entweder vergleichbare oder stärker ausgebaute L2-Kompetenz als die türkischsprachigen Vergleichsgruppen auf (vgl. T1' mit R1' sowie T2' mit R2').

---

80 Die L2-Lerner wurden gemäß der C-Test-Ergebnisse zu Beginn des Erhebungszeitraums einer der beiden Gruppen (mit entweder schwach oder stark ausgebauter L2-Kompetenz) zugeordnet. Nur bei vier Probanden (LÖC, AAI, NAR und NOT) divergierten die C-Test-Ergebnisse vom ersten zum zweiten Erhebungszeitpunkt ungewöhnlich stark, so dass sie auf der Grundlage des höheren C-Test-Ergebnisses einer Probandengruppe zugeordnet wurden (vgl. die C-Test-Ergebnisse im Einzelnen in den Tabellen 35–43 im Anhang).

Sprachbiographische Daten

Zur Ermittlung sprachbiographische Informationen wurde der gleiche Fragebogen verwendet wie in der Multiple Choice Studie (vgl. Kapitel 5.1.3 bzw. den Fragebogen im Anhang). Die Kinder der 3. und 4. Klasse füllten diesen schriftlich und selbstständig aus, den Kindern der zweiten Klasse wurden die Fragen mündlich gestellt. Auch in die Bildimpulsstudie wurden nur Kinder aufgenommen, für die festgestellt werden konnte, dass sie Deutsch sukzessiv als L2 erworben haben, da in keiner der Familien Deutsch als dominante Familiensprache gesprochen wurde.

Die Untersuchungskohorten der beiden Teilstudien unterscheiden sich insofern voneinander, als dass in der Bildimpulsstudie für die Kinder mit der L1 Türkisch insgesamt vorteilhaftere L2-Erwerbsbedingungen zu konstatieren sind. So waren im Vergleich der beiden Probandengruppen in dieser Teilstudie bezogen auf den Sprachgebrauch in den Familien bzw. mit Freunden folgende Unterschiede festzustellen: Während bei den Kindern mit der L1 Russisch die Hälfte (53,1 %) dominant Russisch als Familiensprache verwendete, waren es bei den Kindern mit der L1 Türkisch nur knapp ein Viertel, die angaben, in ihren Familien hauptsächlich Türkisch zu sprechen. Zwei Drittel der Kinder mit der L1 Türkisch verwendeten in ihren Familien gleichermaßen ihre L1 und Deutsch. Dies traf bei den Kindern mit der L1 Russisch auf nur ca. ein Viertel zu, vgl. Tabelle 22.

Tab. 22: Sprachgebrauch in der Familie (Bildimpulsstudie)

Sprachgebrauch Familie	nur L1 oder L1 > L2	L1 + L2	nur L2 oder L2 > L1
L1 T' (N 18)	4 (22,2 %)	12 (66,7 %)	2 (11,1 %)
L1 R' (N 32)	17 (53,1 %)	8 (25,0 %)	7 (21,9 %)

Bezogen auf die Sprachverwendung unter Freunden ergibt sich ein ähnliches Bild wie bei der Untersuchungskohorte der Multiple Choice Studie: Beide Gruppen gaben an, in ihrer Peergroup (mit Freunden und Klassenkameraden) überwiegend Deutsch zu sprechen.[81]

---

[81] Da einzelne Kinder die Fragen zum Sprachgebrauch in der Peer-Group und die Frage zum Kindergartenbesuch im Fragebogen nicht bearbeitet haben, ergeben die Zahlen in den Tabellen 22–24 nicht immer 100 %.

Tab. 23: Sprachgebrauch in der Peergroup (Bildimpulsstudie)

Sprachgebrauch Peergroup	L1	L1 + L2	L2
L1 T' (N 18)	1 (5,6 %)	5 (27,7 %)	12 (66,7 %)
L1 R' (N 32)	1 (3,1 %)	7 (21,9 %)	23 (71,9 %)

Hinsichtlich der Faktoren, die die L2-Kontaktmöglichkeiten bzw. -häufigkeit bedingen (Geburtsort, Besuch eines Kindergartens in Deutschland), konnten ebenfalls Unterschiede zwischen den beiden Gruppen festgestellt werden. So zeigte sich, dass alle Kinder mit der L1 Türkisch in Deutschland geboren wurden, während dies auf nur 72 % der russischsprachigen Kinder zutrifft. Alle Kinder mit der L1 Türkisch besuchten in Deutschland einen Kindergarten, unter den Kindern der Vergleichsgruppe waren es mit 81 % etwas weniger. Insgesamt hatten die Kinder mit der L1 Türkisch damit deutlich mehr L2-Kontaktmöglichkeiten als die Kinder mit der L1 Russisch, vgl. Tabelle 24.

Tab. 24: L2-Kontaktmöglichkeiten (Bildimpulsstudie)

	Geburtsort in D		Kita in D	
	ja	nein	ja	nein
L1 T' (N 18)	18 (100 %)		17 (94,4 %)	
L1 R' (N 32)	23 (71,9 %)	9 (28,1 %)	26 (81,3 %)	5 (15,6 %)

Während für die Untersuchungskohorte der Multiple Choice Studie nicht eindeutig entscheidbar war, ob die höhere allgemeine L2-Kompetenz der Kinder mit der L1 Russisch auf ihre L1 oder die insgesamt besseren äußeren Erwerbsbedingungen zurückzuführen waren, ist bei dieser Untersuchungskohorte die L1 als ausschlaggebender Faktor isolierbar: Die Kinder mit der L1 Russisch weisen nämlich mindestens eine vergleichbare, wenn nicht höhere allgemeine L2-Kompetenz auf als die türkische Vergleichsgruppe, obwohl sie über die ungünstigeren L2-Erwerbsbedingungen verfügten. Demnach kann durch diese Probandengruppe die Vermutung erhärtet werden, dass die in Kapitelabschnitt 3.6 diskutierte typologische Nähe des Russischen zum Deutschen einen einflussreicheren Faktor als die anderen hier genannten Einflussfaktoren, die den L2-Erwerb positiv beeinflussen können, darstellt.

5.2.4 Datenanalyse und -diskussion

In diesem Kapitel gilt es nun durch den Vergleich der Daten der freien Textproduktion mit den Daten des Multiple Choice Tests zu illustrieren, dass die in der Multiple Choice Studie vorgefundenen Strategien der Formverwendung auch in weitgehend natürlichsprachlich produzierten Texten, die von einer anderen Untersuchungsgruppe geschrieben wurden, nachgewiesen werden können.

Bedingt durch das weniger stark gelenkte Elizitationsverfahren der weitgehend freien Textproduktion sind, wie bereits angemerkt, für einige Targets allerdings nur einzelne Belege zu finden. Attributive Adjektive oder Relativpronomen kommen in den Texten kaum vor (vgl. das Textkorpus im Anhang). Deshalb gehe ich nachfolgend nur auf die in einer relevanten Anzahl vorgefundenen Targets – Definitartikel und Personalpronomen – ein und verzichte auf die Diskussion der nur spärlich vorgefundenen Targets. Berücksichtigt werden lediglich Nominativkontexte.

Auch in diesem Kapitel gliedert sich die Datendiskussion nach den semantischen Merkmalen der Nomen. Zunächst diskutiere ich die Formverwendungen im Kontext der Personenbezeichnungen, darauf die Formverwendungen im Kontext der Gegenstandsbezeichnungen. Da die Anzahl der beiden näher untersuchten Targets in Abhängigkeit vom Sprachentwicklungsstand/dem Alter der Probanden und daraus resultierend in Abhängigkeit von der Textlänge sehr unterschiedlich ausfällt, stelle ich die Daten in absoluten Zahlen dar und berechne die Ergebnisse für die verschiedenen Gruppen nur gelegentlich prozentual. Eine inferenzstatistische Auswertung erfolgt aufgrund des nicht repräsentativen Datenumfangs nicht.

5.2.4.1 Personen- und Tierbezeichnungen (M, F, N)

Den Tabellen 25 und 26 ist zu entnehmen, wie viele zielsprachliche und nichtzielsprachliche Definitartikel und Personalpronomen die Lerner im Kontext der Personen- und Tierbezeichnungen in ihren narrativen Texten insgesamt verwendeten.

Bei den Genus-Sexus-konvergierenden Personenbezeichnungen *Vater* und *Mutter* sowie bei den Tierbezeichnungen *Hund* und *Katze* werden alle Definitartikel und Personalpronomen (bis auf eine Pronominalisierung von *Hund* durch *sie*[82]) zielsprachlich verwendet. Nur im Kontext der generischen Personenbe-

---

[82] Einige Pronominalisierungen durch *sie* (vgl. die Texte von NES – D1', RAN – D1', NIJ – R2' im Anhang) wurden nicht mit in diese Auszählung aufgenommen, da *das Baby* in diesen Geschichten mit einem weiblichen Vornamen eingeführt wurde.

zeichnung *Baby* sind in diskussionswerter Zahl Abweichungen vorzufinden, wobei unter den Personalpronomen im Vergleich zu den Definitartikeln deutlich mehr nicht-zielsprachliche Formen zu konstatieren sind.

Tab. 25: Ergebnisse DEF Personen- und Tierbezeichnungen (Bildimpulsstudie)

DEF	Vater, Hund				Mutter, Katze				Baby			
Gruppe	N	*der*	*die*	*das*	N	*der*	*die*	*das*	N	*der*	*die*	*das*
T0'	5	5			9	9			5	2		3
T1'	16	16			16	16			15	3		12
T2'	23	23			24	24			21			21
R0'	19	19			16	16			10	2		8
R1'	20	20			21	21			25			25
R2'	49	49			45	45			41			41
D0'	14	14			10	10			7			7
D1'	9	9			9	9			3			3
D2'	11	9			13	13			9			9

Tab. 26: Ergebnisse PERS Personen- und Tierbezeichnungen (Bildimpulsstudie)

PERS	Vater, Hund				Mutter, Katze				Baby			
Gruppe	N	*er*	*sie*	*es*	N	*er*	*sie*	*es*	N	*er*	*sie*	*es*
T0'					1		1		1	1		
T1'	4	3	1		7		7		2	2		
T2'									14	4	2	8
R0'	1	1							4			4
R1'	7	7			6		6		23	5	1	17
R2'	15	15			12		12		22	1	1	20
D0'									3	2		1
D1'	2	2			1		1		13	1		12
D2'	7	7			1		1		8	2		6

Das Nomen *Baby* wurde insgesamt siebenmal von sechs verschiedenen Probanden nicht-zielsprachlich determiniert. Das entspricht bei der Gesamtzahl von 136 Definitartikeln 5,2 %. Dabei verwenden alle Probanden ausschließlich die Artikelform *der*.

Durch ein Personalpronomen wird das Nomen *Baby* insgesamt 90 Mal wieder im Subjektkasus aufgenommen. In 22 Fällen (24,5 %) wird es durch *er* bzw. *sie* pronominalisiert. Die Präferenz liegt dabei deutlich auf der Form *er* (81,8 % vs. *sie*: 18,2 %). Die Gruppe R0' ist die einzige Gruppe, die *Baby* ausschließlich zielsprachlich durch *es* pronominalisiert.

Diskussion der Ergebnisse
Die Formen, die im Kontext von Genus-Sexus-konvergierenden Personenbezeichnungen und im Kontext von Tierbezeichnungen verwendet werden, stimmen mit den Ergebnissen der Multiple Choice Studie überein: Es zeigt sich auch für die narrativen Texte, dass im Kontext der Genus-Sexus-konvergierenden Personenbezeichnungen/Tierbezeichnungen sowohl Definitartikel als auch Personalpronomen nahezu ausnahmslos zielsprachlich verwendet werden. Vor der Annahme, dass zunächst Personalpronomen, darauf Definitartikel mit den gleichen semantischen Funktionen (Sexus) aufgeladen werden, kann dieser Erwerbsschritt von allen Lernern, unabhängig von ihrer L2-Kompetenz und ihrer L1, ebenfalls als bereits vollzogen gewertet werden.

Werden diese Formverwendungen mit jenen im Kontext der generischen Personenbezeichnung *Baby* verglichen, kann – ebenfalls analog zur Multiple Choice Studie – festgestellt werden, dass kindliche L2-Lerner auch in der freien Textproduktion häufiger zielsprachliche genussensitive Targets verwenden, wenn Genus und Sexus miteinander übereinstimmen als im entgegengesetzten Fall. Werden auch die nicht-zielsprachlichen Formverwendungen im Kontext der generischen Personenbezeichnung *Baby* berücksichtigt, bestätigen die Daten außerdem die von den Multiple Choice Tests abgeleiteten Formverwendungsstrategien: Die Lerner etablieren zunächst ein semantisch basiertes Formennetzwerk, indem sie *r*- und *e*-Formen dazu verwenden, außersprachliche Merkmale der Referenten ([+belebt] bzw. [+männlich] und [+weiblich]) zu kennzeichnen. Die im Kontext des Nomens *Baby* vorgefundene Präferenz für *r*-Formen (bei nicht-zielsprachlichen Formen) stimmt zwischen den beiden Studien für den Definitartikel ebenfalls überein. Die in den Texten verwendeten Personalpronomen offenbaren allerdings eine stärkere Präferenz für die Form *er*, während in der Multiple Choice Studie eine ausgewogene Verwendung von *er* und *sie* festzustellen war. Da weder durch den Bildimpuls noch durch die Aufgabenstellung das natürliche Geschlecht des Babys indiziert wurde, legt die Formverwendung in den narrativen Texten nahe, dass die generische Belebtheitsmarkierung auch bei den nominalgruppenexternen Formen (also den Personalpronomen) zu verzeichnen ist.

Bezogen auf die Ausbildung formaler Formverwendungsstrategien kann anhand der sich mit zunehmender L2-Kompetenz verändernden Formenpräferenz im Kontext des Nomens *Baby* die gleiche Strategieentwicklung wie bei den bereits diskutierten Daten aus der Multiple Choice Studie nachvollzogen werden. Mit dem Ausbau der L2-Kompetenz geht einher, dass die L2-Lerner umso häufiger zielsprachliche formal-grammatische Definitartikel und Personalpronomen verwenden und die semantisch motivierte Formverwendungsstrategie allmählich auf ihre reale Domäne einschränken. Für die Kinder mit der L1 Türkisch kann die mit dem steigenden Sprachstand einhergehende Phasierung des Erwerbs von semantischer Kongruenz zu formal-grammatischer Genuskongruenz an den Personalpronomen identisch nachgezeichnet werden: Während die Gruppe T0' ausschließlich das Pronomen *er* verwendet, sind bei der Gruppe T1' bereits beide Pronomen – *er* und *es* – vorzufinden. Bei der Gruppe T2' überwiegen schließlich die zielsprachlich formal-grammatisch kongruenten Pronomen *es*. Auch wenn dieser Erwerbsverlauf in der freien Textproduktion bei den Kindern mit der L1 Russisch nicht so deutlich nachzuweisen ist wie bei den Kindern mit der L1 Türkisch, ist dennoch zwischen der Gruppe R1' und R2' ein Rückgang von semantisch basierten Pronominalisierungen zugunsten formal-grammatischer Genuskongruenz zu beobachten. In der Tendenz deutet sich bezogen auf die Rolle der L1 auch durch die Bildimpulsstudie wieder an, dass die L2-Lerner mit der L1 Russisch diese Entwicklung in einer höheren Erwerbsgeschwindigkeit durchlaufen als die L2-Lerner mit der L1 Türkisch. Unabhängig von ihrer L1 verfolgen aber wieder beide Probandengruppen die gleichen Strategien, wie sich also auch durch die freie Textproduktion zeigt.

Einige der narrativen Texte, in denen nicht-zielsprachliche Formverwendungen im Kontext des Nomens *Baby* vorzufinden sind, seien noch im Detail diskutiert. Sie illustrieren die von der Multiple Choice Studie abgeleiteten Phasen des Genuskongruenzerwerbs, wobei festgestellt wurde, dass die L2-Lerner vor der abschließenden formal-grammatischen Reanalyse des zunächst semantisch aufgeladenen Formeninventars in der vorangehenden Interimsphase gleichzeitig sowohl semantisch als auch formal motivierte Formen verwenden.

Fünf der nicht-zielsprachlichen Artikelformen *der* sind in Texten von Zweitklässlern enthalten (T0', R0'), weitere dreimal wird *Baby* von Probanden der Gruppe T1' durch *der* determiniert. Nur IXX (Gruppe T0') verwendet ausschließlich und konsistent den Definitartikel *der*. Alle anderen Kinder verwenden in ihren Texten alternierend die Definitartikelformen *das* und *der*, vgl. nachfolgend alle sechs Texte, in denen *der Baby* vorkommt:

Text (1), IXX – T0'
Der Baby Hat Angst. Fon bungel PaPa unb MaMa kanen niscth slafen flaeit HaB Der Baby Hunger is wa mal ein Fatter unt eine Mutt und ein Baby Der Fatter und Mutter weisen.

Text (2), BAR – R0'
Das bebi schreit. Der Fater helt ein kez. Die muter helt ein Ber. Dan ist der Bebi eingeschlafen.

Text (3), DED – R0'
Das baby kann nicht schlafen weil es Angst hat Die Mutter kommt der Vater kommt Der Vater nimt einen Ball er will das der Baby schlaft Die Mutter nimmt einen Teddy Bär es ist Nacht der Baby ist eingeschlafen. die Eltern gehen auch schlafen es ist Nacht.

Text (4), VAN – T1'
Es waren einmal verheirate und sie hatten ein Baby. Es war einmal 1. April. An dieser Nacht hat das Baby ein streich gespielt. Das Baby hat die ganze Nacht-lang geweint. Die Mutter hat versucht das der Baby ein Bär gegeben. Der Vater hatte das gleiche versucht nur mit einem Ball, aber es hatte nicht geklappt. Das Baby sagte: „April, April." Die Eltern sagten: „Es hat sein erstes Wort gesagt." Jeder konnte jetzt schlafen.

Text (5), LÖC – T1'
Eines Tages in der nacht Schläfte jeder dan Wachte der Baby auf er weinte weil er sein Bär verloren hat die Eltern wachten auf die wusten nich Was die machen sollen die Mutter hat ein ede das die eine Schlafliet singen soll aber das baby weinte immer noch nan hatte der varter ein ede und gibte seinnen Bär dan schläfte das Bär.

Text (6), RUU – T1'
An einer naht hat der baby geweint und der fater und die muter sind aufgewaht sie haben ales mögliche ausprobierd aber eines haben sie nicht fersuht bevor es morgens wurde haben sie die windeln gewegselt und das baby hat aufgehört zu weinen.

Dass die L2-Lerner sowohl die semantisch motivierte Artikelform *der* als auch die formal-grammatische Artikelform *das* verwenden, zeigt, dass sie das Nomen mit zwei unterschiedlichen Genusschemata verknüpft haben – das semantische und das formal-grammatische Genusschema konkurrieren miteinander. Die Kinder befinden sich also im Übergang von der Phase der semantischen Artikelverwendung zur formal-grammatischen Artikelverwendung. Da das Nomen noch nicht stabil im zielsprachlichen Genusschema verankert ist, dominiert das abstrakte neutrale Genusmerkmal das semantische Merkmal noch nicht. Dies ist nur bei den Kindern mit weiter fortgeschrittener L2-Kompetenz der Fall, in deren Texten kein durch *der* determinierter Referent mehr vorzufinden ist.

Wie bei den Definitartikeln sind innerhalb einiger Texte auch bei den Personalpronomen alternierende Verwendungen der Formen *er* und *es* zu beobachten, vgl. z.B. die Texte von RAI, NOF (Gruppe R1') oder LOV (Gruppe R2').

Text (7), RAI – R1'
Es kann nicht schlafen weil es bauchschmerzen hat in tableten gegben und er schlif ein und die Eltan schlifen ein und die frau treumte das babi immer noch schreibt und sie hat in die tableten.

Text (8), NOF – R1'
Das baby weinte schon wieder bis in die Nacht hinein. Die Eltern waren empört und am nächsten Tag gingen sie zum Arzt er sagte „Aber warum weinte es denn so schrecklich!" Antworteten die Eltern. Die Mutter hatte eine Idee: „vielleicht vermmiste er die Babysiterin?" und der Vater meinte: „vielleicht möchte es ja ins Kino!" Da hatte die Mutter eine Idee und am nächsten Tag als sie Eltern schon zur Arbeit gingen gien die Babysiterin mit dem Baby ins Kono und kuckten garfiehlt. er hörte dann entlich auf zu weine sie war so fro.

Text (9), LOV – R2'
Das Baby fing aufeinmal an zu schrein die eltern. Dachten wiso kann es nicht schlafen. Die Mutter sagte; es hat beschtimt bauch weh," Der Vater dachte es hat nur hunger. Das baby hatte etwas gegesen es brach auch nichtz. Dann sagte die Mutter zu dem Vater ich glaube ich soll ihm etwas vorbessen dannach ist er eingeschlafen. und alles war forbei.

Die gleichzeitige Verwendung beider pronominaler Formen deutet ebenfalls darauf hin, dass die Kinder im Begriff sind, pronominal die Verknüpfungen mit einem semantisch basierten Genusschema aufzulösen. Dafür sprechen die verwendeten Pronomen *es*. Als Artikelform wird in diesen Texten bereits einheitlich und konsistent das zielsprachliche *das* verwendet. Während also am Definitartikel bereits formal-grammatische Genuskongruenz markiert wird, sind nominalgruppenexterne Markierungen z.T. noch semantisch basiert (*er*). Diese Formverwendungen bestätigen ebenfalls die Annahme, dass die formal-grammatische Reanalyse bei den Definitartikeln einsetzt und sich dann nach und nach auf die morphosyntaktisch weniger eng gebundenen Targets ausdehnt.

5.2.4.2 Gegenstandsbezeichnungen (M, F, N)

Im Kontext der Gegenstandsbezeichnungen verwenden die L2-Lerner von insgesamt 124 Definitartikeln 56 Definitartikel nicht-zielsprachlich (45,1 %), vgl. Tabelle 27, der sowohl zielsprachliche als auch nicht-zielsprachliche Artikelverwendungen zu entnehmen sind.

Tab. 27: Ergebnisse DEF Gegenstandsbezeichnungen (Bildimpulsstudie)

DEF	*Drachen, Schrank*				*Eisenbahn, Tafel*				*Schiff, Regal*			
Gruppe	N	der	die	das	N	der	die	das	N	der	die	das
T0'	8	7	1		9	1		8	6	5		1
T1'	20	16	1	3	20	3	15	1	20	6		14
T2'	28	28			31		31		28	6		22
R0'	11	10		1	20		20		14	7		7
R1'	19	19			22		22		28	12		16
R2'	38	38			50		50		49	8		41
D0'	15	15			22		22		19			19
D1'	16	16			23		23		21			21
D2'	9	9			16		16		13			13

Die Personalpronomen werden in einem ähnlichem Verhältnis zielsprachlich bzw. nicht-zielsprachlich verwendet: Von den insgesamt 111 vorgefundenen Personalpronomen sind 47 Personalpronomen (42,3 %) abweichend von der formal-grammatisch zielsprachlichen Form, vgl. Tabelle 28.

Tab. 28: Ergebnisse PERS Gegenstandsbezeichnungen (Bildimpulsstudie)

PERS	Drachen, Schrank				Eisenbahn, Tafel				Schiff, Regal			
Gruppe	N	er	sie	es	N	er	sie	es	N	er	sie	es
T0'	1		1		0				0			
T1'	5	1		4	6	1	2	3	0			
T2'	6	4	1	1	4		2	2	1			1
R0'	4	3		1	5		1	4	5	1		4
R1'	9	7	1	1	16	2	8	6	11	6	1	4
R2'	19	10	1	8	15		13	2	4			4
D0'	3	2		1	1		1		5	1		4
D1'	8	4		4	9		9		10			10
D2'	16	11	2	3	9		9		10			10

Diskussion der Ergebnisse

Übereinstimmend mit der Multiple Choice Studie ist zunächst festzustellen, dass im Kontext der Gegenstandsbezeichnungen insgesamt sowohl bei den Definitartikeln als auch bei den Personalpronomen deutlich mehr nicht-zielsprachliche Formverwendungen vorzufinden sind als bei den Personen- und Tierbezeichnungen.

Werden in einem ersten Schritt die im Kontext der maskulinen und femininen Gegenstandsbezeichnungen (*Drachen, Schrank*; *Eisenbahn, Tafel*) verwendeten Formen mit den im vorherigen Abschnitt diskutierten Formverwendungen im Kontext der maskulinen und femininen Personen- bzw. Tierbezeichnungen (*Vater, Hund*; *Mutter, Katze*) verglichen, sind im Kontext der Gegenstandsbezeichnungen erstens bei den Definitartikeln etwas mehr Abweichungen, zweitens bei den Personalpronomen deutlich mehr nicht-zielsprachliche Formverwendungen festzustellen. Damit spiegeln diese Formverwendungen jene im Kontext der generischen Personenbezeichnung *Baby* erwartungsgemäß wider. Während die Formenwahl bei den Personen- und Tierbezeichnungen semantisch basiert erfolgen konnte und damit auch nahezu zu 100 % formal-grammatische Genuskongruenz markiert wurde, gibt die Semantik der Gegenstandsbezeichnungen (wie die Semantik des Nomens *Baby*) keinen Aufschluss über das formal-grammatische Genus der Nomen. Verfolgen die L2-Lerner auch noch bei diesen Nomen eine semantische Strategie, sollte dies den von den Multiple Choice Daten abgeleiteten Strategien zufolge dazu führen, dass die L2-Lerner im Kontext von Nomen mit dem Merkmal [–belebt] s-Formen wählen. Diese Strategie bestätigt sich v.a. für die Personalpronomen, bei denen unter den nicht-zielsprachlichen Formen eine klare Präferenz für die Form *es* zu verzeichnen ist. Von den insgesamt 39 nicht zielsprachlichen Personalpronomen im Kontext der maskulinen und femininen Gegenstandsbezeichnungen wählen die L2-Lerner 33 Mal das Personalpronomen *es* (84,6 %) und lediglich sechs Mal *er* bzw. *sie*. Das Personalpronomen *es* ist unter den Abweichungen auch bei den monolingual deutschsprachigen Kindern die präferierte Form. Die semantisch basierten Referentenmarkierungen nehmen auch bei den unbelebten Gegenstandsbezeichnungen mit steigender L2-Kompetenz ab.

Zudem zeigt sich wie in der Multiple Choice Studie, dass die neutralen Gegenstandsbezeichnungen (*Schiff, Regal*) im Vergleich zu den maskulinen und femininen Gegenstandsbezeichnungen deutlich seltener nicht-zielsprachlich determiniert werden. Bei diesen Nomen stimmen Genus und Semantik (*s*-Formen: [–belebt]) in der Interimsgrammatik der Lerner ja auch wieder überein. Beispiele für die Markierung von Unbelebtheit durch das Personalpronomen *es* sind den nachfolgenden deskriptiven Texten zu entnehmen:

Text (1), CAR – R2'
Der Drache befindet sich an der Wand. Er sieht zweimal ein dreieck. Es hat grün, rot, gelb, weiße Farben.

Text (2), NOS – R2'
Der Drache ist Gelb, rot, schwarz und grün, an der wand. Es kann in der Lüft fliegen.

Text (3), LAS – R2'
Die Eisenbahn im Zimer hat ganz viele Farben es hat rote, grüne, gelbe, oronge Farben.

Text (4), LOV – R2'
Der Schrank steht fast neben der Lererin. Es hat zwei grose türen. und zwei dikere und zwei kleine. Es hat die Farbe Braun und ein bischen blau. Mann braucht es zum bläter reinlegene.

Bei den Definitartikeln scheinen die Lerner die semantische Strategie dagegen nicht mehr konsequent zu verfolgen, da die meisten Artikel bereits zielsprachlich verwendet werden. Von den noch wenigen vorzufindenden nicht-zielsprachlichen Artikelverwendungen lassen sich aber wieder zwei mit der Multiple Choice Studie übereinstimmende Befunde ableiten: Erstens determinieren die Lerner mit der L1 Russisch die Gegenstandsbezeichnungen bereits häufiger zielsprachlich als die Lerner mit der L1 Türkisch, wodurch abermals auf den typologisch bedingten Erwerbsvorteil der Lerner mit der L1 Russisch geschlossen werden kann. Zweitens ist für die Definitartikel festzustellen, dass die Abweichungen überwiegend den phonologisch basierten Genusschemata [*der* X$_{monosyllabisch}$] bzw. [*der* Xe*l*] entsprechen. *Schiff*, (*Eisen-*)*Bahn* und *Tafel* werden, wenn abweichend, fast ausschließlich durch die Artikelform *der* determiniert. Die Verwendung der Artikelform *die* kommt dagegen insgesamt nur dreimal vor.

Ähnlich den Belegen (1)–(4) illustriert auch Beleg (5) die pronominale Wiederaufnahme des Nomens die nominalgruppenexterne semantische Basierung der Formenwahl, während die Artikelform bereits nach dem phonologischen Schema [*der* X$_{monosyllabisch}$] gewählt wird, wenngleich dieses Genusschema in diesem Fall nicht zu einer zielsprachlichen Artikelform führt.

Text (5), NAR – R2'
der Schiff kann schwimmen. Der Schiff steht oben im regal. Ich kann mit den Schiff in wasser spielen. Es hat die farbe Blau weiß und rot.

5.2.4.3 Zusammenfassung

Den empirischen Teil abschließend kann für die Artikelverwendungen und Pronominalisierungen in der weitgehend freien Textproduktion festgestellt werden, dass sie mit den durch die Multiple Choice Tests durch eine andere Probandengruppe erzielten Ergebnissen übereinstimmen. Die in der Multiple Choice Studie identifizierten Formverwendungsstrategien und Erwerbsphasen können bezogen auf Definitartikel und Personalpronomen auch anhand der Bildimpulsstudie nachvollzogen werden.

Abschließend kann deshalb festgehalten werden, dass für beide Untersuchungskohorten unabhängig vom Elizitationsverfahren zum einen die gleichen Formverwendungsstrategien beobachtbar sind (semantische Kongruenz > semantisch-grammatische (Genus-)Kongruenz > formal-grammatische Genuskongruenz); zum anderen werden auch, korrelierend mit dem Ausbau der L2-Kompetenz, die gleichen Modifikationen der Form-Funktions-Verknüpfungen ersichtlich. Die durch ein weniger stark lenkendes Elizitationsverfahren von anderen Probanden erhobenen Daten verifizieren somit die Ergebnisse des Multiple Choice Tests und unterstreichen deren Wert sowie den Wert des in dieser Arbeit konzipierten Mixed Method Designs.

6 Schlussbetrachtung

Die Leitfrage meiner empirischen Untersuchung lautete, wie kindliche Lerner, im Prozess ihres sukzessiven L2-Erwerbs des Deutschen, die Kategorie Genus als (formal-grammatische) Kongruenzkategorie erwerben. Im Unterschied zu anderen bereits vorliegenden Studien lag der Fokus meiner Arbeit damit also nicht auf der Frage, wie sich der Erwerb von Genus als Klassifikationskategorie vollzieht, weil ich vor dem Hintergrund funktionalistischer Spracherwerbsmodelle angenommen habe, dass der Erwerb von Genus als Kongruenzkategorie und damit als Kategorie zur Referentenmarkierung die Bedingung für den Erwerb von Genus als Klassifikationskategorie ist. Demzufolge habe ich danach gefragt, wie L2-Lerner die unterschiedlichen Formen, an denen die Kategorie Genus morphologisch einheitlich overt wird (am Beispiel von Definitartikeln, stark flektierten attributiven Adjektiven, Relativ- und Personalpronomen im Nominativ), als Genusanzeiger erkennen und gemäß den sich morphologisch unterscheidenden Genusparadigmen der drei deutschen Genera Maskulinum, Femininum und Neutrum miteinander verknüpfen, um durch konsistente Kongruenzmarkierungen eindeutige Referenzbezüge zwischen sprachlichen Einheiten herzustellen („reference tracking'). Aus der Perspektive der Lernergrammatik galt es zu ergründen, wie sich im L2-Erwerbsprozess und darüber hinaus ein mental repräsentiertes Netzwerk morphologischer Genusparadigmen entwickelt.

Damit wurde die Perspektive auf den Genuserwerb verändert: Mit dem Fokus auf den Erwerb von Genus als Kongruenzkategorie konnte deutlich gemacht werden, dass Lerner das Vorhandensein der Kategorie Genus im Deutschen nur daran erkennen können, dass Genus an sprachlichen Elementen außerhalb des Nomens markiert wird. Die Kategorie wird formal einheitlich schließlich nur durch die mit den Nomen kongruierenden sprachlichen Einheiten, selten aber am Nomen selbst, overt. Der Erwerb des Genusmerkmals eines Nomens ist also erst dann möglich, wenn Lerner die genusanzeigenden Formen funktional als Anzeiger von nominalen Klassen zu deuten wissen. Dadurch konnte ich bestätigen, dass der Erwerb von Genus als Kongruenzkategorie die Voraussetzung für den Erwerb von Genus als Klassifikationskategorie ist.

Durch die im Erwerbsprozess identifizierten Strategien der Formverwendung konnte gezeigt werden, dass sich die kindlichen Lerner das formal-grammatische Genuskongruenzsystem, dessen Funktion im Diskurs bzw. im Text die Referentenidentifikation ist, dadurch erschließen, dass sie die unterschiedlichen genusanzeigenden Formen (zunächst) mit semantischen Merkmalen aufladen bzw. diese semantisieren. Lerner entwickeln also zuerst semantische

Strategien der Formverwendung, die unabhängig von einem dem Nomen vermeintlich lexikalisch inhärenten Genusmerkmal sind. Mit zunehmendem Sprachstand in der L2 Deutsch (und damit negativer Evidenz aus dem Input) schränken die Lerner diese semantischen Strategien ein, weil sie zunehmend erkennen, dass es sich um ein formal-grammatisches System handelt, für das sie auch formal-grammatische Strategien entwickeln müssen, um Genuskongruenz zu markieren. Der Phase der semantischen Kongruenz folgt also eine Phase, in der die Lerner das auf semantischer Basis etablierte Kongruenzsystem desemantisieren. Erst danach können auch formal-grammatische Strategien der Formverwendung neben semantischen Strategien beobachtet werden.

Die zentralen Erkenntnisse der empirischen Untersuchung fasse ich nachfolgend in zwei Schritten zusammen. Zunächst rekapituliere ich die identifizierten Phasen des Genuskongruenzerwerbs, die für beide Untersuchungsgruppen, unabhängig von ihrer L1, identisch verlaufen. Dabei zeichne ich, von den herausgearbeiteten Lernerstrategien ausgehend, noch einmal die wichtigsten Etappen auf dem Erwerbsweg zum formal-grammatischen Genuskongruenzsystem nach. In einem zweiten Schritt fasse ich darauf aufbauend noch einmal gesondert die Erkenntnisse zur Rolle der L1 zusammen.

Im letzten Abschnitt der Schlussbetrachtung reflektiere ich die Ergebnisse der empirischen Untersuchung bezogen auf die daraus resultierenden Implikationen für die theoretische Modellierung der Kategorie Genus.

6.1 Genuserwerb im Deutschen: Erwerbsphasen

Semantisierung

Unter allen in beiden Teilstudien eingesetzten Nomen zeigte sich, dass die Lerner Kongruenz konsistent am häufigsten im Kontext von Genus-Sexuskonvergierenden Nomen markierten, nahezu unabhängig von der Erstsprache und dem Sprachstand der L2-Lerner sowie dem morphosyntaktischen Bindungsgrad der unterschiedlichen Targets. Die weitgehend zielsprachlichen Genusmarkierungen im Kontext der Personenbezeichnungen mit den Merkmalen [+männlich] bzw. [+weiblich] habe ich darauf zurückgeführt, dass die Lerner bereits in einer frühen Phase des L2-Erwerbs in ihrer mentalen Grammatik ein sexusbasiertes und damit semantisch basiertes Formennetzwerk ausbilden. Darin werden die *r*-Formen (*der, xer, der, er*) mit dem Merkmal [+männlich] und die *e*-Formen (*die, xe, die, sie*) mit dem Merkmal [+weiblich] verknüpft. Für die Personalpronomen *er* und *sie* wurde aufgrund von Evidenzen aus anderen Studien (Wegener 1995a; Bast 2003) angenommen, dass sie von allen Targets die ersten sind, die mit den Merkmalen [+männlich] bzw. [+weiblich] assoziiert werden. D.h. dass sie zunächst unabhängig von anderen Targets bzw. unabhängig vom formal-grammatischen Genusmerkmal mit einer sexusspezifischen Semantik aufgeladen werden. Entsprechend basiert die erste Form-Funktions-Verknüpfung auf einem spezifischen Typus von semantischer, nämlich referentieller Kongruenz, weil die Formen direkt auf ein Merkmal außersprachlicher Referenten Bezug nehmen. Da die Personalpronomen *er* und *sie* im Erwerbsprozess von Anfang an mit dieser sexusspezifischen Semantik aufgeladen werden, kann durch sie auch unabhängig von einem formal-grammatischen Genusmerkmal einer Personenbezeichnung auf diese referiert werden. Als Referenzadresse dient dann das kognitive Konzept dieser Personenbezeichnung, das die außersprachlichen Merkmale [+männlich] bzw. [+weiblich] beinhaltet. Da die Formen *er* und *sie* mit genau diesen Merkmalen assoziiert, also spezifisch semantisiert sind, ist es nicht nötig, auf ein formal-grammatisches Genusmerkmal bzw. auf ein an anderer Stelle im Diskurs oder Text overt gewordenes formal-grammatisches Genusmerkmal (z.B. an einem Artikelwort) Bezug zu nehmen. Der Kongruenzerwerb beginnt also mit den Personalpronomen nicht nur außerhalb der NGr, sondern auch unabhängig vom formal-grammatischen Genus eines Nomens.

Die anderen Targets, die formale Ähnlichkeiten mit den pronominalen Formen aufweisen (*r*-Formen, *e*-Formen), werden vom Personalpronomen ausgehend mit den gleichen Funktionen bzw. Merkmalen verknüpft. Diese semantische Verknüpfung erfolgt zuerst zwischen Personalpronomen und Definitartikel, danach wird sie – in Abhängigkeit vom morphosyntaktischen Bindungsgrad an das Nomen – auf das attributive Adjektiv und danach auf das Relativpronomen ausgedehnt. Die zunächst außerhalb der NGr etablierte Form-Funktions-Verknüpfung findet damit also Eingang in die NGr („outside in': PERS > DEF > ADJ > REL).

Durch diesen Verknüpfungsprozess bilden die L2-Lerner konsistente semantisch basierte Kongruenzmuster aus, in denen die unterschiedlichen Targets auf der Basis der Semantik, mit der sie aufgeladen wurden, miteinander vernetzt werden. Die Kinder wählen bei Genus-Sexus-konvergierenden Personenbezeichnungen die Formen systematisch aus ein und demselben Formenparadigma, weil diese in der Lernergrammatik alle das gleiche, semantisch transparente Merkmal symbolisieren.

Da bei Genus-Sexus-konvergierenden Nomen semantische Kongruenz und formal-grammatische Genuskongruenz miteinander konvergieren, ist im Kontext dieser Nomen an und für sich nicht entscheidbar, ob die Lerner einer semantischen oder formal-grammatischen Strategie folgen. Durch den Vergleich mit den Formverwendungen im Kontext der anderen im Testset eingesetzten

Nomen (Hybrid Nouns, generische Personenbezeichnungen und Gegenstandbezeichnungen) konnte aber gezeigt werden, dass es sich bei der vorgefundenen Kongruenzform im Kontext der Genus-Sexus-konvergierenden Nomen tatsächlich um semantische Kongruenz handelt. Würde es sich um formalgrammatische Genuskongruenz handeln, hätten die Lerner zumindest auch im Kontext der maskulinen und femininen Gegenstandsbezeichnungen formalgrammatische Genuskongruenz herstellen können müssen – das Formeninventar, durch welches Kongruenz markiert wird, ist schließlich bei allen Nomen dasselbe und den Lernern offenbar bekannt. Die Ergebnisse zu den Hybrid Nouns, generischen Personenbezeichnungen und Gegenstandsbezeichnungen zeigen aber, dass nur die L2-Lerner mit hohem Sprachstand in der L2 Deutsch (T2, R2) formal-grammatische Genuskongruenz herstellen können, während die L2-Lerner mit niedrigem Sprachstand (T1, R1) noch semantisch basierte Formverwendungsstrategien verfolgen. Diese semantischen Strategien konnten von den nicht-zielsprachlichen Formverwendungen abgeleitet werden, weil diese systematische Formverwendungen bzw. konsistente Kongruenzmuster offenbarten. Am häufigsten waren sie bei den L2-Lernern mit gering ausgebauter L2-Kompetenz vorzufinden.

Die nicht-zielsprachlichen konsistenten Kongruenzmuster im Kontext der Hybrid Nouns, generischen Personenbezeichnungen und Gegenstandsbezeichnungen zeigten, dass die Lerner zunächst semantisch transparente Merkmale markieren. Bei den Hybrid Nouns handelte es sich dabei um das Merkmal [+weiblich], bei den generischen Personenbezeichnungen um die Merkmale [+belebt]/[+männlich]/[+weiblich], bei den Gegenstandsbezeichnungen um das Merkmal [−belebt]. Das Merkmal [+belebt] verknüpften die Lerner ebenfalls mit *r*-Formen, das Merkmal [−belebt] dagegen mit *s*-Formen. Da alle drei Genera bzw. ihre Formen in der Anfangsphase des Erwerbs mit spezifischen semantischen Bedeutungen aufgeladen werden, kann diese Erwerbsetappe als Phase der semantischen Kongruenz bezeichnet werden.

Am deutlichsten zeigten sich diese semantisch basierten Form-Funktions-Verknüpfungen im Kontext der Hybrid Nouns, generischen Personenbezeichnungen und Gegenstandsbezeichnungen an den syntaktisch autonomen Personalpronomen. Die Nomen *Mädchen*, *Fräulein* und *Weib* wurden, wenn nicht formal-grammatisch zielsprachlich durch *es*, systematisch durch die Form *sie*, die Nomen *Kind* und *Baby* durch *er* und *sie*, die Gegenstandsbezeichnungen systematisch durch die Form *es* wieder aufgenommen. Im Vergleich aller Targets konnten die (semantisch) konsistentesten Formverwendungen an diesem Target festgestellt werden. Damit erhärtete sich die Annahme, dass das Personalpronomen das erste genussensitive Target ist, das mit einer Referenzfunktion verknüpft wird, auch wenn die in der Interimsgrammatik der Lerner vorgenommenen Form-Funktions-Verknüpfungen zunächst noch nicht der zielsprachlichen Grammatik entsprechen.

Auch bei den anderen Targets (Artikel, Adjektiv und Relativpronomen) konnten die gleichen Form-Funktions-Verknüpfungen für *r*-Formen, *e*-Formen und *s*-Formen festgestellt werden, auch wenn bei diesen Targets nicht mehr in so hohem Maß semantische Kongruenz markiert wurde wie bei den Personalpronomen. Mit diesen Targets wurde, in Abhängigkeit von ihrer morphosyntaktischen Bindung zum Nomen, bereits deutlich häufiger formal-grammatische Genuskongruenz markiert.

Grammatikalisierung
Aus der Beobachtung, dass die Lerner mit niedrigem Sprachstand bei Artikelwörtern und Adjektiven formal-grammatische Genuskongruenz, bei den Pronomen dagegen aber noch semantische Kongruenz markieren, habe ich abgeleitet, dass die Markierung formal-grammatischer Genuskongruenz von der NGr aus entfaltet wird („inside out"). Die semantischen Strategien werden zuerst bei dem Target aufgegeben, das sich in der gleichen syntaktischen Domäne wie das kongruenzauslösende Nomen befindet und dabei am frequentesten unmittelbar pränominal adjazent vorkommt, dem Definitartikel. Von diesem Target dehnt sich dann, analog zum vorangegangenen Semantisierungsprozess der Targets, formal-grammatische Genuskongruenz auf die morphosyntaktisch weniger eng gebundenen Targets aus. Die Entwicklung formal-grammatischer Genuskongruenz respektive die Desemantisierung der genusanzeigenden Formen erfolgt also in folgender Reihenfolge: DEF > ADJ > REL > PERS. Der Ausgangspunkt formal-grammatischer Genuskongruenz liegt demnach genau entgegengesetzt zum Ausgangspunkt semantischer Kongruenz, die ja bei den syntaktisch autonomsten Targets, den Personalpronomen, einsetzt.

Der damit einsetzende Prozess einer formal-grammatischen Reanalyse des Formeninventars lässt sich wie folgt beschreiben: Aufgrund von negativer Evidenz aus dem zielsprachlichen Input beginnen die Lerner damit, ihre semantisch basierten Form-Funktions-Verknüpfungen in Frage zu stellen. Sie erkennen, dass die Funktion der Targets nicht darauf restringiert ist, semantische Merkmale von Nomen zu kennzeichnen, weil diese Strategie nur bei Genus-Sexus-konvergierenden Nomen durch positive Evidenz aus dem Input bestätigt wird. Die Lerner beginnen deshalb damit, formale Merkmale der Nomen als Indikatoren für ihre Zugehörigkeit zur *der*-Klasse, *die*-Klasse bzw. *das*-Klasse zu prüfen. Entsprechend setzt die formal-grammatische Reanalyse der Targets bei den Artikelwörtern ein, denjenigen Targets also, die am häufigsten und in unmittelbarer Nähe des Bezugsnomens seine Klassenzugehörigkeit anzeigen. Stellen die Lerner durch Kookkurrenzanalysen Korrelationen zwischen formalen Merkmalen der Nomen und den sie begleitenden Artikelwörtern fest, beginnen sie damit, auch formal basierte Muster auszubilden, die als Genusschemata bezeichnet werden können. Wird etwa ein Nomen wie *Seife* aufgrund seines semantischen Merkmals [–belebt] zunächst durch *das* determiniert, stellen Lerner in der Phase der formalen Reanalyse durch negative Evidenz aus dem Input fest, dass das Nomen *Seife* nicht zur *das*-, sondern zur *die*-Klasse gehört.

Sobald Lerner durch die Analyse aller in ihrem mentalen Lexikon gespeicherten und miteinander vernetzten NGr, die die gleichen formalen Merkmale aufweisen, formale Genusschemata ausgebildet haben, beginnt die Reklassifikation der Nomen auf phonologischer Basis. Auch formale Genusschemata werden – wie semantisch basierte Schemata – in Abhängigkeit von ihrer Validität entwickelt. Je mehr holistisch gespeicherte NGr desselben Schematyps gespeichert und verarbeitet werden, umso mehr Stärke gewinnt die Verknüpfung zwischen dem Artikelwort und dem formalen nominalen Merkmal, das das (abstrakte) Genusschema in der mentalen Grammatik konstituiert. Für das Beispiel mit dem Nomen *Seife* heißt das, dass es, sobald es mit dem phonologisch basierten Schema [*die* Xe] verknüpft wurde, nicht länger im semantisch basierten *das*-Schema verortet bleibt.

Vom Artikelwort ausgehend werden daran anschließend allmählich auch die morphosyntaktisch weniger stark gebundenen Targets grammatikalisiert. Dieser Prozess vollzieht sich auch in Abhängigkeit vom Sprachstand der Lerner. Der Grammatikalisierungsprozess des Formennetzwerks ist deshalb als graduell fortschreitend zu beschreiben. Aus den Daten wurde dieser Prozess daran ersichtlich, dass die Lerner mit niedrigem Sprachstand diejenigen Targets, die außerhalb der syntaktischen Domäne des Nomens auftreten (PERS), weiterhin semantisch basiert wählen. Determinieren sie etwa das Nomen *Seife* bereits durch *die*, pronominalisieren sie es aber weiterhin durch *es*. Aufgrund der zwar jeweils formal oder semantisch motivierten, dabei aber inkonsistenten Formenwahl im Kontext ein und desselben Nomens, habe ich diese Erwerbsetappe als Phase der semantisch-grammatischen (Genus-)Kongruenz bezeichnet, da die Lerner nominalgruppenextern semantische Kongruenz, nominalgruppenintern formal-grammatische Genuskongruenz markieren. Das Vorhandensein dieser Phase weist darauf hin, dass sich der Prozess der stabilen mentalen Verankerung eines formal-grammatischen Genusmerkmals stufenweise über einen längeren Zeitraum erstreckt. In der Interimsgrammatik der Lerner sind die Nomen nicht nur mit dem semantisch basierten Genusschema, sondern auch mit dem formal-grammatischen (zielsprachlichen) Genusschema verknüpft.

Hervorzuheben ist, dass Lerner erst dann damit beginnen, tatsächlich die formal-grammatische Kategorie Genus zu markieren, wenn sie eine nicht semantisch motivierte Form konsistent und invariant verwenden. Gebrauchen die Lerner dann verschiedene Targets aus ein und demselben Genusparadigma konsistent und invariant, ohne dass eine Motivierung durch semantische Merkmale vorliegt, haben sie die Phase der formal-grammatischen Genuskongruenz erreicht, d.h. die Kategorie Genus als grammatische Kategorie etabliert. In Abhängigkeit vom Sprachstand der Lerner ergibt sich daraus der stufenweise Erwerbsverlauf wie in Abbildung 28 dargestellt.

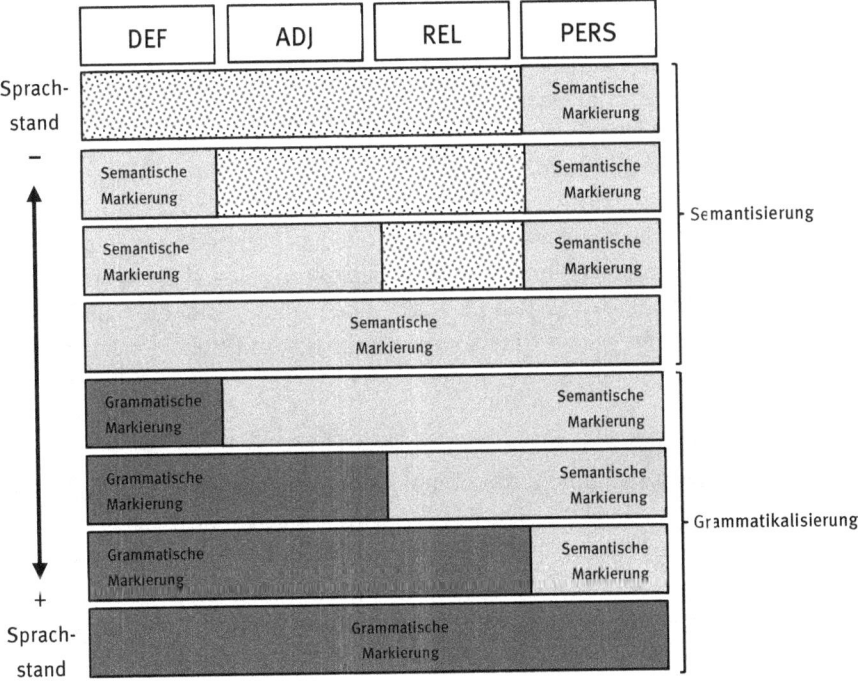

Abb. 28: Genuserwerbsmodell

6.2 Rolle der L1

Ich habe auf der Basis gebrauchsbasierter Spracherwerbsmodelle angenommen, dass der L2-Erwerb durch die in der L1 bereits erworbenen sprachlichen Strukturen, Muster und Kategorien beeinflusst wird und diese das Erschließen des Formeninventars einer neu zu erwerbenden Sprache steuern. Auf der Grundlage des kontrastiven Vergleichs der L1 der beiden Untersuchungsgruppen habe ich deshalb postuliert, dass die Lerner mit der L1 Russisch vorteilhaftere Erwerbsvoraussetzungen für den Erwerb der deutschen Genuskongruenz aufweisen als die Lerner mit der L1 Türkisch. Für die Lerner mit der L1 Russisch sind konzeptuelle Transfermöglichkeiten aus ihrer L1 gegeben, weil das Russische – im Gegensatz zur genuslosen Sprache Türkisch – wie das Deutsche
1. ein dreigliedriges Genussystem aufweist,
2. semantische und formale Prinzipien der Genusklassifikation kennt,
3. Personenbezeichnungen i.d.R. sexusbasiert klassifiziert und
4. Konkurrenz zwischen semantischer Kongruenz und formal-grammatischer Genuskongruenz kennt (vgl. Kapitel 3.6.4).

In den folgenden Abschnitten rekapituliere ich die Ergebnisse der empirischen Untersuchung nun noch einmal dezidiert bezogen auf die sich als signifikant erwiesene unabhängige Variable L1. Dazu benenne ich zuerst die Gemeinsamkeiten zwischen den beiden Untersuchungsgruppen und stelle danach die Unterschiede dar.

Gemeinsamkeiten

Als erstes gilt es festzuhalten, dass beide Probandengruppen, unabhängig von ihren L1 Türkisch oder Russisch, die gleichen Strategien entwickeln, um sich das deutsche Genuskongruenzsystem zu erschließen – sie nutzen zunächst semantische und danach formal-grammatische Strategien, um Kongruenz zu markieren. Die semantisch basierten Form-Funktions-Verknüpfungen sind für beide Gruppen als identisch zu beschreiben: *r*-Formen werden mit den Merkmalen [+belebt] und [+männlich], *e*-Formen mit dem Merkmal [+weiblich] und *s*-Formen mit dem Merkmal [–belebt] assoziiert. Die Form-Funktions-Verknüpfungen sind damit durch die aus dem zielsprachlichen Input abstrahierten Strukturen der L2 sowie aus den aus der dynamischen Lernergrammatik emergierenden Strukturen motiviert. Der Erwerbsverlauf von semantischer Kongruenz zu formal-grammatischer Genuskongruenz ist, wird von seiner Abhängigkeit vom allgemeinen Sprachstand in der L2 Deutsch abgesehen, als identisch zu beschreiben.

Obwohl die Kinder mit der L1 Türkisch im Gegensatz zu den Kindern mit der L1 Russisch aus ihrer L1 keine semantisch basierte Nominalklassifikation kennen, durchlaufen sie die gleichen Erwerbsphasen der Semantisierung und Grammatikalisierung wie die Kinder mit der L1 Russisch. Dieses Ergebnis ist gerade deshalb aussagekräftig, weil bei den Kindern mit der L1 Türkisch Transfer aus der L1 völlig ausgeschlossen werden konnte – schließlich kennen sie weder formale noch semantische Prinzipien der Nominalklassifikation. Da auch die Kinder mit der L1 Türkisch semantische Kongruenz vor formal-grammatischer Genuskongruenz (konsistent) markieren, kann deshalb eine universale Klassifikationsstrategie angenommen werden. Dabei treibt die in beiden Untersuchungsgruppen festzustellende Identifizierung des Form-Funktions-Zusammenhangs, durch genusmarkierte Formen zunächst außersprachliche Merkmale von Referenten zu kennzeichnen, die Erschließung des vergleichsweise intransparenten deutschen Genussystems voran. Für die abstrakte Repräsentation sprachlichen Wissens bedeutet das, dass kindliche L2-Lerner Verknüpfungen zwischen Formen und Funktionen in einem ersten Schritt präferiert auf semantischer Ebene vornehmen.

Unterschiede
Obwohl die Strategien der Form-Funktions-Verknüpfung zwischen den unterschiedlichen Probandengruppen beider Untersuchungskohorten übereinstimmen, erwerben die Kinder mit der L1 Türkisch diese Strategien zeitlich versetzt zu den Kindern mit der L1 Russisch. Die Kinder mit der L1 Russisch weisen also ein höheres Erwerbstempo auf, da sie bei vergleichbarer L2-Kompetenz (Gruppe T0' vs. R0'; T1 vs. R1/T1' vs. R1'; T2 vs. R2/T2' vs. R2') eher als die Lerner mit der L1 Türkisch semantische und formal-grammatische Strategien der Form-Funktions-Verknüpfung bzw. semantische und formal basierte Genusschemata entwickeln.

Bei den Lernergruppen mit gering ausgeprägter L2-Kompetenz zeigte sich, dass die Lerner mit der L1 Russisch eher als die Kinder mit der L1 Türkisch semantisch basierte Form-Funktions-Verknüpfungen etablieren. Auch formale Merkmale wurden von den Kindern mit der L1 Russisch vor den Kindern mit der L1 Türkisch als Indikator für die Genusklassenzugehörigkeit identifiziert. Diese Ergebnisse bestätigen damit die Befunde von z.B. Wegener (1995a), Dieser (2009) und Ruberg (2013). Alle Autoren erklären den Vorsprung der Kinder mit der L1 Russisch dadurch, dass sie in der L2 auf konzeptuelles Wissen aus der L1 zurückgreifen, das den Lernern mit der L1 Türkisch als genuslose Erstsprache nicht zur Verfügung steht.

Für die Untersuchungskohorte der Multiple Choice Studie (wie in der Studie von Wegener 1995a) war nicht eindeutig entscheidbar, ob das höhere Erwerbstempo auf den typologisch bedingten Erwerbsvorteil durch die L1 zurückzuführen war oder aber auf die durch die Sprachbiographien ermittelten sprachexternen, vorteilhaften Zweitspracherwerbsbedingungen (längere Aufenthaltsdauer in Deutschland, mehr Zweitsprachkontaktmöglichkeiten etc.) der Lerner mit der L1 Russisch. Für die die Untersuchungskohorte der Bildimpulsstudie lag eine entgegengesetzte Ausgangsposition vor. Obwohl in dieser Untersuchungskohorte die sprachexternen vorteilhaften Zweitspracherwerbsbedingungen auf die Kinder mit der L1 Türkisch zutrafen, verfügten die Kinder mit der L1 Russisch insgesamt über eine stärker ausgebaute allgemeine L2-Kompetenz (Sprachstandsmessung durch den C-Test). Das trotzdem konstatierbare bessere Abschneiden bei der Messung des allgemeinen Sprachstands in der L2 Deutsch bzw. die eher einsetzende Entwicklung der Form-Funktions-Verknüpfung zur Markierung von (Genus-) Kongruenz der Kinder mit der L1 Russisch legt deshalb nahe, dass die höhere Erwerbsgeschwindigkeit dieser Lerner tatsächlich auf die typologische Nähe ihrer L1 zur zu erwerbenden L2 zurückzuführen ist.

Weitere Hinweise auf den typologisch bedingten Zweitspracherwerbsvorteil der Lerner mit der L1 Russisch waren außerdem auch gruppenübergreifenden Ergebnisvergleichen in der Multiple Choice Studie zu entnehmen: Bei verschiedenen Targets/Testitemgruppen konnte festgestellt werden, dass die Kinder mit der L1 Russisch signifikant häufiger zielsprachliche formal-grammatische Genuskongruenz markierten als Kinder mit der L1 Türkisch, die eine höhere allgemeine L2-Kompetenz aufwiesen (d.h. z.B., dass die Probanden der Gruppe R1 häufiger zielsprachliche Formen als die Probanden der Gruppe T2 wählten). Das bedeutet, dass die Kinder mit der L1 Türkisch bei vergleichbarer oder auch höherer L2-Kompetenz länger als die Kinder mit der L1 Russisch bei den semantischen Strategien verweilen und später als die Kinder mit der L1 Russisch in gleicher Häufigkeit auf grammatische Strategien zurückgreifen. Typologisch bedingte Erwerbsvorteile beeinflussen den L2-Genuserwerb demnach stärker als sprachexterne Einflussfaktoren.

6.3 Theoretische Reflexion

Abschließend gilt es, die Ergebnisse der empirischen Untersuchung noch einmal auf die theoretischen Überlegungen zur Modellierung der Kategorie Genus (Kapitel 2) sowie auf die spracherwerbstheoretischen Annahmen (Kapitel 3) zu beziehen. Insofern soll reflektiert werden, inwiefern Spracherwerbsprozesse

Aufschluss über das Sprachsystem bzw. die Kategorisierung und die mentale Repräsentation sprachlicher Strukturen, hier der Kategorie Genus, geben.

Auf der Grundlage von diachronen und sprachvergleichenden Untersuchungen zur Entstehung von Genussystemen sowie von bestimmten, in verschiedenen Sprachen auftretenden Genusphänomenen (Corbett 1991; Dahl 2000; Köpcke & Zubin 2005, 2009, 2017; Nübling 2014, 2015) wurde im theoretischen Teil der Studie in Frage gestellt, ob Genus tatsächlich als eine jedem Nomen lexikalisch inhärente Kategorie zu beschreiben ist. Dieser traditionellen Auffassung nach wird jedes Nomen im mentalen Lexikon des Sprechers mit einem festgelegten Genusmerkmal einzeln gespeichert. Aus dieser Sichtweise resultiert eine lexikalistische Konzeptualisierung der Kategorie Genus.

Werden die ontogenetisch beobachtbaren natürlichen Erwerbssequenzen, die in dieser Studie am Beispiel des L2-Genuserwerbs herausgearbeitet wurden, nun mit den in Kapitel 2 dargelegten Befunden verglichen, die gegen diese lexikalistische Sichtweise sprechen, können einige Parallelen festgestellt werden.

Zum einen stellen die beobachteten Erwerbssequenzen ein Spiegelbild dessen dar, was über die Entstehung und die Weiterentwicklung von Genussystemen angenommen wird (vgl. Greenberg 1978; Claudi 1985; Wurzel 1986; Corbett 1991; Audring 2016; Kapitelabschnitt 2.2.1). Die Entstehung von Genussystemen wird, wie der Beginn des (L2-)Genuserwerbs, in einem belebtheitsbasierten Pronominalsystem lokalisiert. Auch im (L2-)Genuserwerb setzt die auf Genus basierende Referentenmarkierung mit semantisch aufgeladenen Personalpronomen ein. Die dabei realisierte Kongruenzform der Sprecher/Lerner entspricht referentieller Kongruenz (vgl. Kapitelabschnitte 2.3.1 und 2.3.2), die nicht auf einer Speicherung eines lexikalistisch inhärenten Genusmerkmals beruhen kann.

Die Entstehung von Genuskongruenz im Sinne einer wiederholten, morphologisch einheitlichen Markierung an verschiedenen sprachlichen Elementen beginnt bei den Personalpronomen und dehnt sich von diesem Target auf weitere sprachliche Einheiten aus. Durch diese Markierungen etablieren sich zunächst semantisch motivierte Nominalklassen, die im Laufe der Zeit aufgrund von Sprachwandelprozessen desemantisiert bzw. grammatikalisiert werden. Da mit ihrem Gebrauch durch eine Sprechergemeinschaft notwendigerweise eine Konventionalisierung der Nominalklassen einhergeht, kommt es im Laufe dieser Grammatikalisierungsprozesse zur Reklassifikation des nominalen Lexikons. Diese Reklassifikation erfolgt dann auch auf der Basis von formalen (phonologischen und morphologischen) Merkmalen von Nomen.

Einen analogen Entwicklungsprozess konnte ich auch im L2-Erwerb beobachten, da die L2-Lerner zunächst ein einheitliches System der Nominalklassfikation entwickeln, das semantisch transparenten Prinzipien folgt. Die auf formalen Merkmalen basierende Nominalklassifikation erfolgt auch beim Genuserwerb der semantischen Nominalklassifikation nachgeordnet. Sowohl bei der Entstehung von Genussystemen als auch beim Genuserwerb stellen aber semantisch motivierte Form-Funktions-Verknüpfungen den Ausgangspunkt dar, die im Verlauf der Entwicklung bzw. des Erwerbsprozesses desemantisiert werden. Dabei schreitet die Grammatikalisierung ontogenetisch wie phylogenetisch graduell voran, wie Wurzel (1986) treffend formuliert:

> „Grammatikalisierungen sind [...] keine sprunghaften Übergänge von lexikalischen zu grammatischen Einheiten, sondern kontinuierliche Entwicklungsprozesse, die sich über viele Stufen vollziehen können, so dass nicht zwischen grammatikalisierten und nichtgrammatikalisierten Erscheinungen, sondern zwischen Erscheinungen unterschiedlicher Grammatikalisierungsgrade zu unterscheiden ist."
>
> Wurzel (1986: 79)

Ohne an dieser Stelle die kontroverse Diskussion darüber aufnehmen zu wollen, ob für Sprachwandel und Spracherwerb überhaupt gemeinsame Entwicklungsprinzipien angenommen werden können (vgl. z.B. Bittner 2014), legen die vorgefundenen Erwerbssequenzen nahe, dass der (L2-)Genuserwerb durch die gleichen Kategorisierungs- bzw. Klassifikationsmechanismen vorangetrieben wird, die auch bei der Entstehung von Genussprachen wirken. Entsprechend lassen die Spracherwerbsdaten auf allgemeinere Kategorisierungsmechanismen (Lakoff 1986: 46) schließen, die sich in Sprachproduktions- und Sprachverarbeitungsprozessen von genusmarkierten Formen niederschlagen und der lexikalischen Speicherung des Genus für jedes einzelne Nomen widersprechen.

Auch im Hinblick auf semantische, referentielle und pragmatische Kongruenzphänomene, die in Kapitel 2 erörtert wurden, lassen sich dazu Analogien herstellen. Die dort diskutierten Beispiele verdeutlichen, dass Sprecher genusanzeigende Formen nicht in jedem Fall bezogen auf das einem Nomen vermeintlich lexikalisch inhärente Genusmerkmal auswählen, sondern genussensitive Targets in Abhängigkeit von der mentalen Referenzadresse bzw. der Sprecherhaltung selegieren (z.B. zur Markierung von semantischer Kongruenz im Kontext von Hybrid Nouns, zur referentiellen Kennzeichnung einer bestimmten lexikalischen Domäne oder zur Kennzeichnung einer Sprecherhaltung im Falle von pragmatischer Kongruenz). Auch in solchen Fällen kann der Auslöser für die gewählten Genusformen nicht im vermeintlich in jedem Nomen lexikalisch gespeicherten Genusmerkmal liegen; stattdessen erfolgt die Wahl genussensitiver Targets in Abhängigkeit von den abstrakt repräsentierten (semantischen, referentiellen, pragmatischen) Genusschemata, die mit den unterschiedlichen Genusklassen assoziiert sind. Genauso können auch formbezogen gewählte Targets auf abstrakt repräsentierte Genusschemata zurückgeführt werden, wie Genuszuweisungen in Kunstwörtertests deutlich machen oder auch die Integration von Fremdwörtern in bestimmte Genusklassen illustriert. Die empirische Studie zeigt, dass die Lerner nicht für jedes Nomen ein Genus auswendig lernen, sondern schemaorientierte Formenwahlen treffen, wobei – in Abhängigkeit von ihrer Validität – die graduelle Entwicklung mentaler Genusschemata nachgezeichnet werden kann. Entsprechend illustrieren die beobachteten Lernerstrategien beim L2-Erwerb des deutschen Genussystems, dass die Lerner die den Nomen vermeintlich inhärent sein sollenden Genusmerkmale (als in der Sprechergemeinschaft zu einem bestimmten Zeitpunkt konventionalisierte grammatische Merkmale) über im mentalen Lexikon abstrakt auszubildende Genusschemata zu beziehen lernen. Für die mentale Repräsentation des nominalen Lexikons ist deshalb im Sinne gebrauchsbasierter Spracherwerbsmodelle (vgl. Kapitel 3) abzuleiten, dass diese als ein Netzwerk organisiert ist, in dem einzelne Nomen über die Menge ihrer geteilten formalen und semantischen Merkmale miteinander verknüpft sind. Je nach Referententyp/Nomen greifen Lerner/Sprecher im Sprachproduktionsprozess wiederum auf die mit den unterschiedlichen Klassen verknüpften Genusformen zurück, um mit ihnen Referenz zwischen sprachlichen Einheiten herzustellen. Die beobachteten Kategorisierungs- bzw. Klassifikationsmechanismen sind dabei zwar als sensitiv gegenüber der allgemeinen kognitiven Entwicklung, dem Alter der Sprecher und ihrem sprachlichen (Vor)Wissen (z.B. aufgrund von bereits erworbenen Merkmalen der L1) zu charakterisieren, ungeachtet dieser Einflussfaktoren weisen sie sich aber vor allem als davon unabhängig wirkende, allgemein gültige Prinzipien aus.

Literaturverzeichnis

Ágel, Vilmos (2005): Das fünfte und sechste Genus. Und die anderen. https://www.uni-kassel.de/fb02/fileadmin/datas/fb02/Institut_für_Germanistik/AgelFuenftesGenus.pdf. (21.02.2017)

Ahrenholz, Bernt (2005): Reference to persons and objects in the function of subject in Learner Varieties. In Hendriks, Henriëtte (ed.): *The Structure of Learner Varieties*. Berlin, New York: Mouton de Gruyter, 19–64.

Ahrenholz, Bernt (2017a): Erstsprache – Zweitsprache – Fremdsprache –Mehrsprachigkeit. In Ahrenholz, Bernt & Oomen-Welke, Ingelore (Hrsg.): *Deutsch als Zweitsprache. 4., vollst. überarb. und erw. Aufl.* Baltmannsweiler: Schneider, 3–20.

Ahrenholz, Bernt (2017b): Zweitspracherwerbsforschung. In Ahrenholz, Bernt & Oomen-Welke, Ingelore (Hrsg.): *Deutsch als Zweitsprache. 4., vollst. überarb. und erw. Aufl.* Baltmannsweiler: Schneider, 102–120.

Aikhenvald, Alexandra (2004): Gender and noun class. In Booij, Geert; Lehmann, Christian; Mugdan, Joachim & Skopeteas, Stavros (Hrsg.): *Morphologie. Morphology. Ein internationales Handbuch zur Flexion und Wortbildung. An International Handbook on Inflection and Word-formation. 2. Halbband. Volume 2*. Berlin, New York: De Gruyter, 1031–1045.

Alarcón, Irma (2009): The processing of gender agreement in L1 and L2 Spanish: Evidence from reaction time data. *Hispania*, 92 (4): 814–828.

Andersen, Roger W. (1984): What's gender good for, anyway? In Andersen, Roger W. (ed.): *Second Languages. A Cross-linguistic Perspective*. Rowley: Newbury House, 77–99.

Audring, Jenny (2010): Deflexion und pronominales Genus. In Nübling, Damaris (Hrsg.): *Kontrastive Germanistische Linguistik*. Hildesheim: Olms, 693–718.

Audring, Jenny (2016): Gender. In Oxford Research Encyclopedia of Linguistics, http://linguistics.oxfordre.com/view/10.1093/acrefore/9780199384655.001.0001/acrefore-9780199384655-e-43. (31.03.2017)

Azizi, Mehdi; Sayedi, Ramin & Asoudeh, Fatemeh (2012): Theoretical study of lexical network structure in second language learning. *Procedia – Social and Behavioral Sciences*, 32: 128–133.

Baayen, R. Harald (2011): languageR: Data sets and functions with "Analyzing linguistic data: A practical introduction to statistics" (R package Version 1.4) [Computer software]. http://CRAN.R-project.org/package=languageR. (17.07.2016)

Barlow, Michael (1991): The agreement hierarchy and grammatical theory. In *Proceedings of the Seventeenth Annual Meeting of the Berkeley Linguistics Society: General Session and Parasession on The Grammar of Event Structure*, 30–40.

Bassarak, Armin & Jendraschek, Gerd (2004): Türkisch. In Booij, Gert; Lehmann, Christian; Mugdan, Joachim & Skopeteas, Stavros (Hrsg.): *Morphologie. Morphology. Ein internationales Handbuch zur Flexion und Wortbildung. An International Handbook on Inflection and Word-formation. Halbband 2. Volume 2*. Berlin, New York: De Gruyter, 1358–1366.

Bast, Cornelia (2003): *Der Altersfaktor im Zweitspracherwerb. Die Entwicklung der grammatischen Kategorien Numerus, Genus und Kasus in der Nominalphrase im ungesteuerten Zweitspracherwerb des Deutschen bei russischen Lernerinnen*. Dissertation, Universität zu Köln. http://kups.ub.uni-koeln.de/936/. (23.02.2017)

Bates, Douglas; Maechler, Martin & Bolker, Ben (2012): lme4: Linear mixed-effects models using S4 classes (R package Version 0.999999–0) [Computer software]. http://CRAN.R-project.org/package=lme4. (17.07.2016)

Bates, Elisabeth & MacWhinney, Brian (1987): Competetion, variation, and language learning. In MacWhinney, Brian (ed.): *Mechanisms of Language Acquisition*. Hillsdale: Erlbaum, 157–193.

Bates, Elisabeth; Devescovi, Antonella; Pizzamiglio, Luigi; D'Amico, Simona & Hernandez, Arturo (1995): Gender and lexical access in Italian. *Perception & Psychophysics* 57: 847–862.

Baumann, Antje & Meinunger, André (Hrsg.) (2017): *Die Teufelin steckt im Detail. Zur Debatte um Gender und Sprache*. Berlin: Kadmos.

Baur, Rupprecht & Spettmann, Melanie (2007): Screening – Diagnose – Förderung: Der C-Test im Bereich DaZ. In Ahrenholz, Bernt (Hrsg.): *Deutsch als Zweitsprache. Voraussetzungen und Konzepte für die Förderung von Kindern und Jugendlichen mit Migrationshintergrund*. Reiburg: Filibach, 95–110.

Baur, Rupprecht S. & Meder, Gregor (1994): C-Tests zur Ermittlung der globalen Sprachfähigkeit im Deutschen und in der Muttersprache bei ausländischen Schülern in der Bundesrepublik Deutschland. In Grotjahn, Rüdiger (Hrsg.): *Der C-Test. Theoretische Grundlagen und praktische Anwendungen*. Bochum: Brockmeyer, 151–178.

Bausch, Karl-Richard & Kasper, Gabriele (1979): Der Zweitspracherwerb: Möglichkeiten und Grenzen der ‚großen' Hypothesen. *Linguistische Berichte* 64 (79): 3–35.

Bebout, Johanna & Belke, Eva (2017): Language play facilitates language learning: Optimizing the input for gender-like category induction. *Cognitive Research: Principles and Implications* 2 (11): 1–26. http://link.springer.com/article/10.1186/s41235-016-0038-z. (25.02.2017)

Beckner, Clay; Blythe, Richard; Bybee, Joan; Christiansen, Morten; Croft, William; Ellis, Nick C.; Holland, John; Ke, Jinyin; Larsen-Freeman & Schoenemann, Tom (2009): Language is a complex adaptive system: position paper. *Language Learning* 59: 1–26.

Behrens, Heike (2009): Usage-based and emergentist approaches to language acquisition. *Linguistics* 47 (2): 383–411.

Behrens, Heike (2011): Grammatik und Lexikon im Spracherwerb: Konstruktionsprozesse. In Engelbert, Stefan; Holler, Anke & Proost, Kristel (Hrsg.): *Sprachliches Wissen zwischen Lexikon und Grammatik*. Berlin, New York: De Gruyter, 375–396.

Berko, Jean (1958): The child's learning of English morphology. *Word* 14: 150–177.

Berman, Ruth (1985): The acquisition of Hebrew. In Slobin, Dan (ed.): *Crosslinguistic Study of Language Acquisition*. Hillsdale: Erlbaum, 255–371.

Berman, Ruth (1986): The acquisition of morphology/syntax: A crosslinguistic perspective. In Fletcher, Paul & Garman, Michael (eds.): *Language Acquisition*. Cambridge: University Press, 429–447.

Berman, Ruth (2004): The role of context in developing narrative abilities. In Strömquist, Sven & Verhoeven, Ludo (eds.): *Relating Events in Narrative: Typological and Contextual Perspectives*. Mahwah: Erlbaum, 261–280.

Bewer, Franziska (2004): Der Erwerb des Artikels als Genusanzeiger im deutschen Erstspracherwerb. *ZAS Papers in Linguistics* 33: 87–140.

Bialystok, Ellen & Hakuta, Kenji (1999): Confounded age: Linguistic and cognitive factors in age differences for second language acquisition. In Birdsong, David (ed.): *Second Language Acquisition and Critical Period Hypothesis*. Mahwah: Erlbaum, 161–181.

Binanzer, Anja (2016): „Es war einmal ein Hund und die Katze". Artikelverwendungen kindlicher DaZ-Lerner mit artikellosen Erstsprachen. In Feldmeier, Alexis & Eichstaedt, Annett (Hrsg.): *Lernkulturen – Schriftsprache in DaZ – Grammatik – Sprachliche Anforderungen. Beiträge der 41. Jahrestagung Deutsch als Fremd- und Zweitsprache. Materialien Deutsch als Fremdsprache (MatDaF)*. Göttingen: Universitätsverlag, 195–214.

Binanzer, Anja (i.V.): Zur Mono- und Doppelflexion expandierter Nominalgruppen. Das attributive Adjektiv im L2-Erwerb.

Birdsong, David (1999): *Second Language Acquisition and the Critical Period Hypothesis*. Mahwah: Erlbaum.

Birkenes, Magnus Breder; Chroni, Kleopatra & Fleischer, Jürg (2014): Genus- und Sexuskongruenz im Neuhochdeutschen: Ergebnisse einer Korpusuntersuchung zur narrativen Prosa des 17. bis 19. Jahrhunderts. *Deutsche Sprache* 42: 1–24.

Bittner, Andreas & Köpcke, Klaus-Michael (2012): Wohin steuert die Pluralbildung im Deutschen? – Eine Fallstudie zur Integration von Entlehnungen aus dem Englischen. In Roll, Heike & Schilling, Andrea (Hrsg.): *Mehrsprachiges Handeln im Fokus von Linguistik und Didaktik. Wilhelm Grießhaber zum Geburtstag*. Duisburg: Universitätsverlag Rhein-Ruhr, 281–296.

Bittner, Dagmar (1987): Die sogenannten schwachen Maskulina des Deutschen – Ihre besondere Stellung im nhd. Deklinationssystem. *Linguistische Studien des Zentralinstituts für Sprachwissenschaft der Akademie der Wissenschaften der DDR* 156: 33–53.

Bittner, Dagmar (1994): Die Bedeutung der Genusklassifikation für die Organisation der deutschen Substantivflexion. In Köpcke, Klaus-Michael (Hrsg.): *Funktionale Untersuchungen zur deutschen Nominal- und Verbalmorphologie*. Tübingen: Niemeyer, 65–80.

Bittner, Dagmar (1997): Entfaltung grammatischer Relationen im NP-Erwerb: Referenz. *Folia Linguistica XXXI*: 255–283.

Bittner, Dagmar (2000): Early verb development in one German-speaking child. *ZAS Papers in Linguistics* 18: 21–38.

Bittner, Dagmar (2006): Case before gender in the acquisition of German. *Folia Linguistica* 40: 115–134.

Bittner, Dagmar (2007): Influence of animacy and grammatical role on production and comprehension of intersentential pronouns in German L1-acquisition. *ZAS Papers in Linguistics* 48: 103–138.

Bittner, Dagmar (2014): Spracherwerb und Sprachwandel. In Ringmann, Svenja & Siegmüller, Julia (Hrsg.): *Handbuch Spracherwerb und Sprachentwicklungsstörungen, Bd. 3, Jugend und Erwachsenenalter*. München: Elsevier, 19–37.

Bloomfield, Leonard (1933): *Language*. New York: Henry Holt and Co.

Bordag, Denisa; Opitz, Andreas & Pechmann, Thomas (2006): Gender processing in first and second languages: The role of noun termination. *Journal of Experimental Psychology: Learning, Memory and Cognition* 32 (5): 1090–1101.

Brandt, Silke; Diessel, Holger & Tomasello, Michael (2008): The acquisition of German relative clauses: A case study. *Journal of Child Language* 35: 325–348.

Braun, Friederike (2003): The communication of gender in Turkish. In Hellinger, Marlis & Bußmann, Hadumod (eds.): *Gender across Languages: The Linguistic Representation of Women and Men*. Amsterdam, Philadelphia: Benjamins, 283–310.

Brinkmann, Hennig (1962): *Die deutsche Sprache. Gestalt und Leistung*. Düsseldorf: Schwann.

Brizić, Katharina (2013): Grenzenlose Biografien und ihr begrenzter (Bildungs-)Erfolg. Das Thema der sozialen Ungleichheit aus der Perspektive eines laufenden soziolinguistischen Forschungsprojekts. In Deppermann, Arnulf (Hrsg.): *Das Deutsch der Migranten*. Berlin, Boston: De Gruyter, 223–242.

Brown, Roger W. (1973): *A First Language. The Early Stages*. Cambridge: Harvard University Press.

Brugmann, Karl (1897): *The nature and origin of the noun genders in the Indo-European languages: A lecture delivered on the occasion of the sesquicentennial celebration of the Princeton University*. New York: Charles Scribner's Sons.

Brugmann, Karl (1904): *Kurze vergleichende Grammatik der indogermanischen Sprachen*. Strassburg: Trübner.

Bryant, Doreen (2015): Deutsche Relativsatzstrukturen als Lern- und Lehrgegenstand. In Wöllstein, Angelika (Hrsg.): *Das Topologische Modell für die Schule*. Baltmannsweiler: Schneider.

Bybee, Joan (1988): Morphology as lexical organization. In Hammond, Michael & Noonan, Michael (eds.): *Theoretical Morphology. Approaches in Modern Linguistics*. San Diego: Academic Press, 119–141.

Bybee, Joan (2006): From usage to grammar: The mind's response to repetition. *Language* 82 (4): 711–733.

Bybee, Joan (2008): Usage-based grammar and second language acquisition. In Robinson, Peter & Ellis, Nick (eds.): *Handbook of Cognitive Linguistics and Second Language Acquisition*. New York: Routledge, 216–236.

Camen, Christian; Morand, Stéphanie & Laganaro, Marina (2009): Re-evaluating the time course of gender and phonological encoding during silent monitoring tasks estimated by ERP: Serial or parallel processing? *Journal of Psycholinguistic Research* 39 (1): 35–49.

Carroll, Susanne E. (1999): Input and SLA. Adult's sensitivity to different sorts of cues to French gender. *Language Learning* 49: 37–92.

Carroll, Susanne E. (2001): *Input and Evidence: The Raw Material of Second Language Acquisition*. Amsterdam, Philadelphia: Benjamins.

Casenhiser, Devin & Goldberg, Adele (2005): Fast mapping between a phrasal form and meaning. *Developmental Science* 8 (6): 500–508.

Chan, Sze-Mun (2005): *Genusintegration. Eine systematische Untersuchung zur Genuszuweisung englischer Entlehnungen in der deutschen Sprache*. München: Iudicium.

Chevrot, Jean Pierre, Dugua, Celine & Fayol, Michel (2000). Liaison acquisition, word segmentation and construction in French: A usage-based account. *Journal of Child Language*, 1–40.

Chini, Marina (1998): Genuserwerb des Italienischen durch deutsche Lerner. In Wegener, Heide (Hrsg.): *Eine zweite Sprache lernen: Empirische Untersuchungen zum Zweitspracherwerb*. Tübingen: Narr, 39–60.

Christen, Helen (2000): ‚Der Brot, die Mädchen, das Führerschein' – Der Erwerb der deutschen Genera. In Diehl, Erika; Christen, Helen; Leuenberger, Sandra; Pelvat, Isabelle & Studer, Theres (Hrsg.): *Grammatikunterricht: Alles für der Katz? Untersuchungen zum Zweitsprachenerwerb Deutsch*. Tübingen: Niemeyer, 167–198.

Clahsen, Harald (1985): Profiling second language development: A procedure for assessing L2 proficiency. In Hyltenstam, Kenneth & Pienemann, Manfred (eds.): *Modelling and Assessing Second Language Acquisition*. Clevedon: Multilingual Matters, 283–331.

Clahsen, Harald; Eisenbeiß, Sonja & Vainikka, Anna (1994): The seeds of structure. A syntactic analysis of the acquisition of case marking. In Hoekstra, Teun & Schwartz, Bonnie (eds.): *Language Acquisition Studies in Generative Grammar*. Amsterdam, Philadelphia: Benjamins, 85–118.

Claudi, Ulrike (1985): *Zur Entstehung von Genussystemen. Überlegungen zu einigen theoretischen Aspekten, verbunden mit einer Fallstudie des Zande*. Hamburg: Buske.

Corbett, Greville G. (1979): The agreement hierarchy. *Journal of Linguistics* 1: 203–224.

Corbett, Greville G. (1991): *Gender*. Cambridge: University Press.

Corbett, Greville G. (2006a): *Agreement*. Cambridge: University Press.

Corbett, Greville G. (2006b): Gender, grammatical. In Brown, Keith (ed.): *Encyclopedia of Language & Linguistics*. Amsterdam: Elsevier, 749–756.

Corbett, Greville G. (2013a): Number of genders. In Dryer, Matthew S. & Haspelmath, Martin (eds.): *The World Atlas of Language Structures Online*. Leipzig: Max Planck Institute for Evolutionary Anthropology. http://wals.info/chapter/30. (21.02.2017)

Corbett, Greville G. (2013b): Sex-based and non-sex-based gender systems. In Dryer, Matthew S. & Haspelmath, Martin (eds.): *The World Atlas of Language Structures Online*. Leipzig: Max Planck Institute for Evolutionary Anthropology. http://wals.info/chapter/31. (21.02.2017)

Corbett, Greville G. (2013c): Systems of gender assignment. In Dryer, Matthew S. & Haspelmath, Martin (eds.): *The World Atlas of Language Structures Online*. Leipzig: Max Planck Institute for Evolutionary Anthropology. http://wals.info/chapter/32. (21.02.2017)

Cornips, Leonie (2008): Loosing grammatical gender in Dutch: The result of bilingual acquisition and/or an act of identity? *International Journal of Bilingualism* 12: 105–124.

Cornips, Leonie & De Rooij, Vincent & Reizevoort, Birgit (2006): Straattaal: Processen van naam-geving en stereotypering. Toegepaste Taalwetenschap in Artikelen 76. *Thema's en trends in de Sociolinguistiek* 5 (2): 123–136.

Croft, William (2015): Grammar: Functional approaches. In Wright, James D. (ed.): *International Encyclopedia of the Social and Behavioral Sciences*. 2. ed. Oxford: Elsevier. http://www.unm.edu/~wcroft/Papers/Functionalism-IESBS2ed.pdf. (21.02.2017)

Cummins, James (1979): Linguistic interdependence and the educational development of bilingual children. *Review of Educational Research* 49: 222–251.

Cummins, James (1982): Die Schwellenniveau- und Interdependenz-Hypothese: Erklärungen zum Erfolg zweisprachiger Erziehung. In Swift, James (Hrsg.): *Bilinguale und multikulturelle Erziehung*. Würzburg: Königshausen und Neumann, 34–43.

Czech, Henning (2014): Zur Variation grammatischer und semantischer Genuskongruenz bei Personal- und Relativpronomen im Deutschen: Variablenbindung und lineare Distanz als potenzielle Einflussfaktoren. In *Tagungsband zur 55. StuTS in Greifswald* (29.05.–01.06.2014). http://www.stuts.de/archiv/ Tagungsband-55.StuTS.pdf. (25.03.2015)

Czinglar, Christine (2014): *Grammatikerwerb vor und nach der Pubertät. Eine Fallstudie zur Verbstellung im Deutschen als Zweitsprache*. Berlin, Boston: De Gruyter.

Dabrowska, Ewa (2004): *Language, Mind and Brain*. Edinburgh: University Press.

Dahl, Östen (2000): Animacy and the notion of semantic gender. In Unterbeck, Barbara (ed.) *Gender in Grammar and Cognition. I Approaches to Gender*. Berlin, New York: Mouton de Gruyter, 99–115.

Dešeriev, Jurij D. (1953): *Bacbijskij jazyk: fonetika, morfologija, sintaksis, leksika*. Moscow: AN SSSR.

De Houwer, Annick (2006): *The Acquisition of Two Languages from Birth. A Case Study.* Cambridge: University Press.

Di Meola, Claudio (2007): Genuszuweisung im Deutschen als globaler und lokaler Strukturierungsfaktor des nominalen Lexikons. *Deutsche Sprache* 2: 138–158.

Dieser, Elena (2009): *Genuserwerb im Russischen und im Deutschen. Korpusgestützte Studie zu ein- und zweisprachigen Kindern und Erwachsenen.* München: Otto Sagner.

Dimroth, Christine (2008): Kleine Unterschiede in den Lernvoraussetzungen beim ungesteuerten Zweitspracherwerb: Welche Bereiche der Zielsprache Deutsch sind besonders betroffen? In Ahrenholz, Bernt (Hrsg.): *Zweitspracherwerb. Diagnosen, Verläufe, Voraussetzungen.* Freiburg: Fillibach, 117–133.

Dimroth, Christine & Haberzettl, Stefanie (2008): Je älter desto besser. Der Erwerb der Verbflexion im Kindesalter. In Ahrenholz, Bernt (Hrsg.): *Empirische Forschung und Theoriebildung. Beiträge aus Soziolinguistik, Gesprochene Sprache- und Zweitspracherwerbsforschung.* Frankfurt a.M. u.a.: Lang, 227–238.

Doleschal, Ursula & Schmid, Sonja (2001): Doing gender in Russian. Structure and perspective. In Bussmann, Hadumod & Hellinger, Marlis (eds.): *Gender across Languages. An International Handbook.* Amsterdam, Philadelphia: Benjamins, 253–282.

Dörnyei, Zoltán & Schmidt, Richard W. (2001): *Motivation and Second Language Acquisition.* University of Hawai'i: Second Language Teaching and Curriculum Centre.

Dressler, Wolfgang U. (2010): A typological approach to first language acquisition. In Kail, Michèle & Hickmann, Maya (eds.): *Language Acquisition across Linguistic and Cognitive systems.* Amsterdam, Philadelphia: Benjamins, 109–124.

Dressler, Wolfgang U.; Korecky-Kröll, Katharina; Czinglar, Christine & Uzunkaya-Sharma, Kumru (2015): Caretaker input to, and output of, bilingual children at home and in kindergarten: filling a European lacuna in the causal chain leading to dispriviledged language competences. In Busà, Maria Grazia & Gesuato, Sara (eds.): *Lingue e contesti. Studi in onore di Alberto M. Mioni.* Padova: Cleup, 777–789.

Dudenredaktion (Hrsg.) (1998): *Grammatik der deutschen Gegenwartssprache.* 6. Aufl. Mannheim: Dudenverlag.

Duke, Janet (2009): *The Development of Gender as a Grammatical Category. Five Case Studies from the Germanic Languages.* Heidelberg: Winter.

Dulay, Heidi & Burt, Marina K. (1974): A new perspective on the creative construction process in child second language acquisition. *Language Learning* 24 (2): 235–278.

Eckes, Thomas & Grotjahn, Rüdiger (2006): A closer look at the construct validity of C-tests. *Language Testing* 23 (3): 290–325.

Edmondson, Willis (2004): Individual motivational profiles: the interaction between external and internal factors. *Zeitschrift für interkulturellen Fremdsprachenunterricht online.* http://tujournals.ulb.tu-darmstadt.de/index.php/zif/article/view/487/463. (28.05.2017)

Eisenbeiß, Sonja (2003): *Merkmalsgesteuerter Grammatikerwerb. Eine Untersuchung zum Erwerb der Struktur und Flexion von Nominalphrasen.* Dissertation, Heinrich-Heine-Universität Düsseldorf. http://docserv.uni-duesseldorf.de/servlets/DerivateServlet/Derivate-3185/1185.pdf. (23.02.2017)

Eisenberg, Peter (1989): *Grundriß der deutschen Grammatik.* 2. Aufl. Stuttgart: Metzler.

Eisenberg, Peter (2000): Das vierte Genus? Über die natürliche Kategorisierung der deutschen Substantive. In Bittner, Andreas; Bittner, Dagmar & Köpcke, Klaus-Michael (Hrsg.): *Angemessene Strukturen: Systemorganisation in Phonologie, Morphologie und Syntax.* Hildesheim: Olms, 91–105.

Eisenberg, Peter (2013a): *Das Wort. Grundriss der deutschen Grammatik*. 4. Aufl. Stuttgart: Metzler.
Eisenberg, Peter (2013b): *Der Satz. Grundriss der deutschen Grammatik*. 4. Aufl. Stuttgart: Metzler.
Eisenberg, Peter & Sayatz, Ulrike (2004): Left of number. Animacy and plurality in German nouns. In Müller, Gereon; Gunkel, Lutz & Zifonun, Gisela (eds.): *Explorations in Nominal Inflection*. Berlin, New York: Mouton de Gruyter, 97–120.
Ellis, Carla; Conradie, Simone & Huddlestone, Kate (2012): The acquisition of grammatical gender in L2 German by learners with Afrikaans, English or Italian as their L1. *Stellenbosch Papers in Linguistics* 41: 17–27.
Ellis, Nick (1996): Sequencing in SLA: Phonological memory, chunking, and points of order. *Studies in Second Language Acquisition* 18 (1): 91–126.
Ellis, Nick (2013): Second language acquisition. In Trousdale, Graeme & Hoffmann, Thomas (eds.): *Oxford Handbook of Construction Grammar*. Oxford: Oxford University Press, 365–378.
Ellis, Nick & Collins, Laura (2009): Input and second language acquisition: The roles of frequency, form, and function. Introduction to the Special Issue. *The Modern Language Journal* 93 (3): 329–335.
Elman, Jeffrey (2001): Connectionism and language acquisition. In Tomasello, Michael & Bates, Elisabeth (eds.): *Language Development*. Oxford: Blackwell, 295–306.
Elsen, Hilke (1999): *Ansätze zu einer funktionalistisch-kognitiven Grammatik. Konsequenzen aus Regularitäten des Erstspracherwerbs*. Tübingen: Niemeyer.
Esser, Hartmut (2006): *Migration, Sprache und Integration*. AKI-Forschungsbilanz. Berlin.
Fahlbusch, Fabian & Nübling, Damaris (2016): Genus unter Kontrolle: Referentielles Genus bei Eigennamen – am Beispiel der Autonamen. In Bittner, Andreas & Spieß, Constanze (Hrsg.): *Formen und Funktionen. Morphosemantik und grammatische Konstruktion*. Berlin, Boston: De Gruyter, 103–126.
Ferguson, Charles A. (1964): Baby talk in six languages. *Language* 66: 103–114.
Flagner, Heidi (2008): *Der Erwerb von Genus und Numerus im Deutschen als sukzessiver Zweitsprache*. Bukarest: Universitäts-Verlag Bukarest.
Fleischer, Jürg (2012): Grammatische und semantische Kongruenz in der Geschichte des Deutschen: eine diachrone Studie zu den Kongruenzformen von ahd. *wīb*, nhd. *Weib*. *Beiträge zur Geschichte der deutschen Sprache und Literatur* 134: 163–203.
Froschauer, Regina (2003): *Genus im Althochdeutschen. Eine funktionale Analyse des Mehrfachgenus althochdeutscher Substantive*. Heidelberg: Winter.
Gamper, Jana (2016): *Satzinterpretationsstrategien mehr- und einsprachiger Kinder im Deutschen*. Tübingen: Narr.
Gathercole, Virginia & Hoff, Erika (2007): Input and the acquisition of language: Three questions. In Hoff, Erika & Shatz, Marilyn (eds.): *Handbook of Language Development*. Malden: Blackwell, 107–127.
Givón, Talmy (2015): *Diachrony of Grammar*. Vol. I. Amsterdam: Benjamins.
Gladrow, Wolfgang (2001): Kontrastive Analysen Deutsch-Russisch: eine Übersicht. In Helbig, Gerhard; Götze, Lutz; Henrici, Gert & Krumm, Hans-Jürgen (Hrsg.): *Deutsch als Fremdsprache. Ein internationales Handbuch*. Berlin, New York: De Gruyter Mouton, 385–392.

Gogolin, Ingrid; Dirim, İnci; Klinger, Thorsten; Lange, Imke; Lengyel, Drorit; Michel, Ute; Neumann, Ursula; Reich, Hans H.; Roth, Hans-Joachim & Schwippert, Knut (Hrsg.) (2011): *Förderung von Kindern und Jugendlichen mit Migrationshintergrund FörMig. Bilanz und Perspektiven eines Modellprogramms*. Münster: Waxmann.

Göksel, Aslı & Kerslake, Celia (2005): *Turkish. A Comprehensive Grammar*. London: Routledge.

Goldberg, Adele (2006): *Constructions At Work: The Nature of Generalization in Language*. Oxford: University Press.

Goldberg, Adele & Casenhiser, Devin (2008): Construction learning and SLA. In Ellis, Nick & Robinson, Peter (eds.): *Cognitive Linguistics and SLA*. Hillsdale: Erlbaum, 197–215.

Gollan, Tamar & Frost, Ram (2001): Two routes to grammatical gender: Evidence from Hebrew. *Journal of Psycholinguistic Research* 30: 627–651.

Grammis 2.0. Das grammatische Informationssystem des Instituts für deutsche Sprache (IDS): Nomen. http://hypermedia.ids-mannheim.de/call/public/sysgram.ansicht?v_id=273. (01.05.2015)

Greenberg, Joseph H. (1978): How does a language acquire gender markers? In Greenberg, Joseph H.; Ferguson, Charles A. & Moravcsik, Edith (eds.): *Universals of Human Language, III: Word Structure*. Stanford: Stanford University Press, 47–82.

Grießhaber, Wilhelm (1999): Der C-Test als Einstufungstest. In Eggensperger, Karl-Heinz & Fischer, Johann (Hrsg.): *Handbuch UNICERT®*. Bochum: AKS-Verlag, 153–167.

Grießhaber, Wilhelm (2005): Sprachstandsdiagnose im Zweitspracherwerb: Funktional-pragmatische Fundierung der Profilanalyse. http://spzwww.uni-muenster.de/griesha/pub/profilanalyse-azm-05.pdf (09.04.2015).

Grießhaber, Wilhelm (2014): Zweitspracherwerb. In Ossner, Jakob & Zinsmeister, Heike (Hrsg.): *Sprachwissenschaft für das Lehramt*. Paderborn: Schöningh, 87–117.

Grießhaber, Wilhelm (o.J.): Fragen zur Lernbiografie. http://spzwww.uni-muenster.de/~griesha/sla/mix/lernbiografie.schubs.pdf. (26.03.2015)

Grimm, Hans-Jürgen (1986): *Untersuchungen zum Artikelgebrauch im Deutschen*. Leipzig: Verlag Enzyklopädie.

Grinevald, Colette (2000): A morphosyntactic typology of classifiers. In Senft, Gunther (ed.): *Systems of Nominal Classification*. Cambridge: Cambridge University Press, 50–92.

Heine, Bernd & Claudi, Ulrike (1986): *On the Rise of Grammatical Categories. Some Examples from Maa*. Berlin: Dietrich Reimer.

Hellinger, Marlies & Bußmann, Hadumod (2001): *Gender Across Languages. The Linguistic Representation of Women and Men*. Amsterdam, Philadelphia: Benjamins.

Hansen, Björn (1995): *Die deutschen Artikel und ihre Wiedergabe im Türkischen. Arbeiten zur Mehrsprachigkeit*. Hamburg: Universität Hamburg.

Hawkins, Roger & Franceschina, Florencia (2004): Explaining the acquisition and nonacquisition of determiner-noun gender concord in French and Spanish. In Paradis, Johanne & Prévost, Philippe (eds.): *The Acquisition of French in Different Contexts*. Amsterdam, Philadelphia: Benjamins, 175–205.

Heine, Bernd & Reh, Mechthild (1984): *Grammaticalization and Reanalysis in African Languages*. Hamburg: Buske.

Helbig, Gerhard & Buscha, Joachim (2011): *Deutsche Grammatik. Ein Handbuch für den Ausländerunterricht*. Berlin: Langenscheidt.

Hellinger, Marlis (1990): *Kontrastive feministische Linguistik. Mechanismen sprachlicher Diskriminierung im Deutschen und Englischen*. München: Hueber.

Hentschel, Elke (2009): Kasus. In Hentschel, Elke & Vogel, Petra Maria (Hrsg.): *Deutsche Morphologie*. Berlin, New York: De Gruyter, 191–205.
Hentschel, Elke & Weydt, Harald (2013): *Handbuch der deutschen Grammatik*. 4. Aufl. Berlin, New York: De Gruyter.
Henzl, Vera M. (1975): Acquisition of grammatical gender in Czech. *Papers and Reports on Child Language Development* 10: 188–200.
Hoberg, Ursula (2004): *Grammatik des Deutschen im europäischen Vergleich: Das Genus des Substantivs*. Mannheim: IDS.
Hockett, Charles F. (1958): *A Course in Modern Linguistics*. New York: Macmillan Publications.
Hopp, Holger (2013): Grammatical gender in adult L2 acquisition: Relations between lexical ans syntactic variability. *Second Language Research* 29 (1), 33–56.
Hopp, Holger & Lemmerth, Natalia (2016): Lexical and syntactic congruency in L2 predictive gender processing. *Studies in Second Language Acquisition*, 1–29.
Ineichen, Gustav (1991): *Allgemeine Sprachtypologie: Ansätze und Methoden*. 2. Aufl. Darmstadt: Wissenschaftliche Buchgesellschaft.
Ioup, Georgette; Boustagui, Elizabeth; El Tigi, Manal & Moselle, Martha (1994): Reexamining the critical period hypothesis. A case study of successful adult SLA in a naturalistic environment. *Studies in Second Language Acquisition* 16: 73–98.
Jachnow, Helmut (2004): Russisch. In Booij, Gert; Lehmann, Christian; Mugdan, Joachim & Skopeteas, Stavros (Hrsg.): *Morphologie. Morphology. Ein internationales Handbuch zur Flexion und Wortbildung. An International Handbook on Inflection and Word-formation. Halbband 2. Volume 2*. Berlin, New York: De Gruyter, 1300–1310.
Jaeger, Christoph (1992): *Probleme der syntaktischen Kongruenz. Theorie und Normvergleich im Deutschen*. Tübingen: Niemeyer.
Jarvis, Scott & Pavlenko, Aneta (2008): *Crosslinguistic Influence in Language and Cognition*. New York: Routledge.
Jelitte, Herbert (1997): *Genus, Numerus und Kasus im Russischen: Vorlesungen zur Slavischen Sprachwissenschaft*. Frankfurt a.M. u.a.: Lang.
Jeuk, Stefan (2006): Zweitspracherwerb im Anfangsunterricht – erste Ergebnisse. In Ahrenholz, Bernt (Hrsg.): *Kinder mit Migrationshintergrund. Spracherwerb und Fördermöglichkeiten*. Freiburg im Breisgau: Fillibach, 186–202.
Jeuk, Stefan (2008): „Der Katze jagt den Vogel." Aspekte von Genus und Kasus im Grundschulalter. In Ahrenholz, Bernt (Hrsg.): *Zweitspracherwerb. Diagnosen, Verläufe, Voraussetzungen*. Freiburg im Breisgau: Fillibach, 135–150.
Jeuk, Stefan & Schäfer, Joachim (2008): „Der, die, das – ist mir doch egal". *Grundschule Deutsch* 18: 11–15.
Jobin, Bettina (2004): *Genus im Wandel. Studien zu Genus und Animatizität anhand von Personenbezeichnungen im heutigen Deutsch mit Kontrastierungen zum Schwedischen*. Dissertation, Universität Stockholm. http://su.diva-portal.org/smash/get/diva2:195469/FULLTEXT01.pdf. (23.02.2017)
Kaltenbacher, Erika & Klages, Hana (2006): Sprachprofil und Sprachförderung bei Vorschulkindern mit Migrationshintergrund. In Ahrenholz, Bernt (Hrsg.): *Kinder mit Migrationshintergrund – Spracherwerb und Fördermöglichkeiten*. Freiburg: Fillibach, 80–97.
Karmiloff-Smith, Annette (1979): *A Functional Approach to Child Language. A Study of Determiner and Reference*. Cambridge: University Press.
Kauschke, Christina (2012): *Kindlicher Spracherwerb im Deutschen. Verläufe, Forschungsmethoden, Erklärungsansätze*. Berlin, Boston: De Gruyter.

Kiziak, Tanja; Kreuter, Vera & Klingholz, Reiner (2012): Dem Nachwuchs eine Sprache geben. Was frühkindliche Sprachförderung leisten kann. In Berlin Institut für Bevölkerung und Entwicklung (Hrsg.): *Diskussionspapier Nr. 6*. Berlin.

Klein, Wolfgang (1986): *Second Language Acquisition*. Cambridge: University Press.

Klein, Wolfgang (1990): A theory of language acquisition is not so easy. *Studies in Second Language Acquisition* 12: 219–231.

Klein, Wolfgang (2001): Typen und Konzepte des Spracherwerbs. In Helbig, Gerhard; Götze, Lutz; Henrici, Gert & Krumm, Hans-Jürgen (Hrsg.): *Deutsch als Fremdsprache. Ein internationales Handbuch*. Berlin, New York: De Gruyter Mouton, 604–617.

Klein, Wolfgang (2005): Vom Sprachvermögen zum sprachlichen System. *Zeitschrift für Literaturwissenschaft und Linguistik,* 140, 8–39.

Klein, Wolfgang & Perdue, Clive (1992): *Utterance Structure. Developing Grammars Again*. Amsterdam, Philadelphia: Benjamins.

Klein, Wolfgang & Perdue, Clive (1997): The basic variety. *Second Language Research* 13: 301–347.

Kleining, Gerhard & Moore, Harriett (1968): Soziale Selbsteinstufung (SSE). Ein Instrument zur Messung sozialer Schichten. *Kölner Zeitschrift für Soziologie und Sozialpsychologie* 20: 502–552.

Knapp, Werner (1997): *Schriftliches Erzählen in der Zweitsprache*. Tübingen: Niemeyer.

Kniffka, Gabriele & Linnemann, Markus (2009): A German C-Test for migrant children. In Grotjahn, Rüdiger (Hrsg.): *Der C-Test: Beiträge aus der aktuellen Forschung/The C-Test: Contributions from Current Research*. Frankfurt a.M. u.a.: Lang.

Köpcke, Klaus-Michael (1982): *Untersuchungen zum Genussystem der deutschen Gegenwartssprache*. Tübingen: Niemeyer.

Köpcke, Klaus-Michael (1993): *Schemata bei der Pluralbildung im Deutschen*. Tübingen: Narr.

Köpcke, Klaus-Michael (2000): Chaos und Ordnung – Zur semantischen Remotivierung einer Deklinationsklasse im Übergang vom Mhd. zum Nhd. In Bitter, Andreas; Bittner, Dagmar & Köpcke, Klaus-Michael (Hrsg.): *Angemessene Strukturen: Systemorganisation in Phonologie, Morphologie und Syntax*. Hildesheim: Olms, 107–122.

Köpcke, Klaus-Michael (2005): „Die Prinzessin küsst den Prinz" – Fehler oder gelebter Sprachwandel? *Didaktik Deutsch* 18: 67–83.

Köpcke, Klaus-Michael (2012): Konkurrenz bei der Genuskongruenz. Überlegungen zum Grammatikunterricht in der Sekundarstufe II. *Der Deutschunterricht* 1: 36–46.

Köpcke, Klaus-Michael & Panther, Klaus Uwe (2016): Analytische und gestalthafte Nomina auf -er im Deutschen vor dem Hintergrund konstruktionsgrammatischer Überlegungen. In Bittner, Andreas & Spieß, Constanze (Hrsg.): *Formen und Funktionen. Morphosemantik und grammatische Konstruktion*. Berlin, New York: De Gruyter, 85–101.

Köpcke, Klaus-Michael & Zubin, David A. (1983): Die kognitive Organisation der Genuszuweisung zu den einsilbigen Nomen der deutschen Gegenwartssprache. *Zeitschrift für Germanistische Linguistik* 11: 166–182.

Köpcke, Klaus-Michael & Zubin, David A. (1996): Prinzipien für die Genuszuweisung im Deutschen. In Lang, Ewald & Zifonun, Gisela (Hrsg.): *Deutsch – typologisch*. Berlin, New York: De Gruyter, 171–194.

Köpcke, Klaus-Michael & Zubin, David A. (2005): Nominalphrasen ohne lexikalischen Kopf – Zur Bedeutung des Genus für die Organisation des mentalen Lexikons am Beispiel der Autobezeichnungen. *Zeitschrift für Sprachwissenschaft* 24: 93–122.

Köpcke, Klaus-Michael & Zubin, David A. (2009): Genus. In Hentschel, Elke & Vogel, Petra Maria (Hrsg.): *Deutsche Morphologie*. Berlin, New York: De Gruyter, 132–154.

Köpcke, Klaus-Michael & Zubin, David A. (2017): Genusvariation: Was offenbart sie über die innere Dynamik des Systems? In Konopka, Marek & Wöllstein, Angelika (Hrsg.): *Grammatische Variation. Empirische Zugänge und theoretische Modellierung*. Berlin, New York: De Gruyter Mouton, 203–228.

Köpcke, Klaus-Michael; Panther, Klaus-Uwe & Zubin, David A. (2010): Motivating grammatical and conceptual gender agreement in German. In Schmid, Hans-Jörg & Handl, Susanne (eds.): *Cognitive Foundations of Linguistic Usage Patterns*. Berlin, New York: De Gruyter Mouton, 171–194.

Korecky-Kröll, Katharina (2011): *Der Erwerb der Nominalmorphologie bei zwei Wiener Kindern: Eine Untersuchung im Rahmen der Natürlichkeitstheorie*. Dissertation, Universität Wien. http://othes.univie.ac.at/18955/1/2011-12-27_9301969.pdf. (23.02.2017)

Kostyuk, Natalia (2005): *Der Zweitspracherwerb beim Kind. Eine Studie am Beispiel des Erwerbs des Deutschen durch drei russischsprachige Kinder*. Hamburg: Dr. Kovač.

Krifka, Manfred (2009): Case syncretism in German feminines: Typological, functional and structural aspects. In Steinkrüger, Patrick & Krifka, Manfred (eds.): *On Inflection*. Berlin, New York: Mouton de Gruyter, 141–172.

Kuchenbrandt, Imme (2008): *Cross-linguistic Influences in the Acquisition of Grammatical Gender?* Hamburg: Universität Hamburg.

Kupisch, Tanja (2006): *The Acquisition of Determiners in Bilingual German-Italian and German-French Children*. München: Lincom.

Kupisch, Tanja (2008): Determinative, Individual- und Massennomen im Spracherwerb des Deutschen: Diskussion des Nominal Mapping Parameters. *Linguistische Berichte* 214: 129–160.

Lado, Robert (1957): *Linguistics across Cultures: Applied Linguistics for Language Teachers*. University of Michigan Press: Ann Arbor.

Lakoff, George (1986): Classifiers as a reflection of mind. In Craig, Colette (ed.): *Noun Classes and Categorization. Proceedings of a Symposium on Categorization and Noun Classification*. Amsterdam, Philadelphia: Benjamins, 13–52.

Langacker, Ronald (2000): A dynamic usage-based model. In Kemmer, Suzanne & Barlow, Michael (eds.): *Usage-based Models of Language*. Stanford: CSLI, 1–63.

Langacker, Ronald (2008): *Cognitive Grammar: A Basic Introduction*. Oxford: University Press.

Lehmann, Christian (1988): On the function of agreement. In Barlow, Michael & Ferguson, Charles (eds.): *Agreement in Natural Languages. Approaches, Theories, Descriptions*. Leland: Stanford Junior University, 55–65.

Lehmann, Christian (1993): Kongruenz. In Jacobs, Joachim; von Stechow, Arnim; Sternefeld, Wolfgang & Vennemann, Theo (Hrsg.): *Syntax. Ein internationales Handbuch. 1. Halbband*. Berlin, New York: De Gruyter, 722–729.

Lehmann, Christian & Moravcsik, Edith (2000): Noun. In Booij, Gert; Lehmann, Christian & Mugdan, Joachim (Hrsg.): *Morphologie. Morphology. Ein internationales Handbuch zur Flexion und Wortbildung. An International Handbook on Inflection and Word-formation. 1. Halbband. Volume 1*. Berlin, New York: De Gruyter, 732–757.

Leiss, Elisabeth (1994): Genus und Sexus. Kritische Anmerkungen zur Sexualisierung von Grammatik. *Linguistische Berichte* 152: 281–300.

Leiss, Elisabeth (2005): Derivation als Grammatikalisierungsbrücke für den Aufbau von Genusdifferenzierungen im Deutschen. In Leuschner, Torsten; Mortelmans, Tanja & De Groodt, Sarah (Hrsg.): *Grammatikalisierung im Deutschen*. Berlin, New York: De Gruyter, 11–30.

Lemke, Vytautas (2008): *Der Erwerb der DP: Variation beim frühen Zweitspracherwerb*. Dissertation, Universität Mannheim. https://ub-madoc.bib.uni-mannheim.de/3162/1/Dissertation.pdf. (23.02.2017)

Lenneberg, Eric H. (1996): *Biologische Grundlagen der Sprache*. Frankfurt a. M.: Suhrkamp.

Levy, Jonata (1983): It's frogs all the way down. *Cognition* 15 (1–3): 75–93.

Long, Michael (2007): Age differences and the sensitive periods controversy. In Long, Michael (ed.): *Problems in SLA*. Mahwah: Erlbaum.

Lowie, Wander; Verspoor, Marjolijn & Seton, Bregtje (2010): Conceptual representations in the multilingual mind. A study of advanced Dutch students of English. In Pütz, Martin & Sicola, Laura (eds.): *Cognitive Processing in Second Language Acquisition*. Amsterdam, Philadelphia: Benjamins, 135–148.

Lyons, John (1968): *Introduction to Theoretical Linguistics*. Cambridge University Press.

MacWhinney, Brian (1978): *The Acquisition of Morphophonology*. Monographs of the Society for Research in Child Development, 43, Whole no. 1: Wiley, Society for Research in Child Development.

MacWhinney, Brian (1997): Second language acquisition and the competition model. In De Groot, Annette & Kroll, Judith (eds.): *Tutorials in Bilingualism: Psycholinguistic Perspectives*. Mahwah: Erlbaum, 113–142.

MacWhinney, Brian (2000): Connectionism and language learning. In Kemmer, Suzanne & Barlow, Michael (eds.): *Usage-Based Models of Language*. Stanford: CSLI, 121–150.

MacWhinney, Brian (2012): The logic of the unified model. In Gass, Susan & Mackey, Alison (eds.): *The Routledge Handbook of Second Language Acquisition*. London: Routledge, 211–227.

MacWhinney, Brian; Leinbach, Jared; Taraban, Roman & McDonald, Janet (1989): Language learning: Cues or rules? *Journal of Memory and Language* 28: 255–277.

Madlener, Karin (2015): *Frequency Effects in Instructed Second Language Acquisition*. Berlin, Boston: Mouton de Gruyter.

Maratsos, Michael (1979): Learning how and when to use pronouns and determiners. In Fletcher, Paul & Garman, Michael (eds.): *Language Acquisition*. Cambridge: Cambridge University Press, 225–240.

Marcus, Gary; Brinkmann, Ursula; Clahsen, Harald; Wiese, Richard & Pinker, Steven (1995): German inflection: The exception that proves the rule. *Cognitive Psychology* 29: 189–256.

Mariscal, Sonia (2008): Early acquisition of gender agreement in the Spanish noun phrase: Starting small. *Journal of Child Language* 35: 1–29.

Marouani, Zahida (2006): *Der Erwerb des Deutschen durch arabischsprachige Kinder. Eine Studie zur Nominalflexion*. Dissertation, Universität Heidelberg. http://archiv.ub.uni-heidelberg.de/volltextserver/7284/1/diss_0700319.pdf. (23.02.2017)

Meisel, Jürgen M.; Clahsen, Harald & Pienemann, Manfred (1979): On determining developmental stages in natural second language acquisition. *Wuppertaler Arbeitspapiere zur Sprachwissenschaft* 2 (79): 1–53.

Meisel, Jürgen M. (2004): The bilingual child. In Bhatia, Tej & Ritchie, William C. (eds.): *The Handbook of Bilingualism*. Oxford: Blackwell, 91–113.

Meisel, Jürgen M. (2009): Second language acquisition in early childhood. *Zeitschrift für Sprachwissenschaft* 28: 5–34.

Menzel, Barbara (2004): *Genuszuweisung im DaF-Erwerb. Psycholinguistische Prozesse und didaktische Implikationen*. Berlin: Weißensee.

Mills, Anne (1986a): *The Acquisition of Gender. A Study of English and German*. Berlin: Springer.

Mills, Anne (1986b): The acquisition of German. In Slobin, Dan (ed.): *The Cross-linguistic Study of Language Acquisition*. Hillsdale: Erlbaum, 141–254.

Montanari, Elke (2010): *Kindliche Mehrsprachigkeit. Determination und Genus*. Münster: Waxmann.

Moravcsik, Edith (1978): Agreement. In Greenberg, Joseph (ed.): *Universals of Human Language. Vol. 4: Syntax*. Stanford: Stanford University Press, 331–374.

Mulisch, Herbert (1996): *Handbuch der russischen Gegenwartssprache*. 2. Aufl. Leipzig: Langenscheidt.

Müller, Natascha (2000): Gender and number in acquisition. In Unterbeck, Barbara (ed.): *Gender in Grammar and Cognition. I Approaches to Gender*. Berlin, New York: Mouton de Gruyter, 351–400.

Müller, Natascha; Kupisch, Tanja; Schmitz, Katrin & Cantone, Katja (2007): *Einführung in die Mehrsprachigkeitsforschung. Deutsch, Französisch, Italienisch*. 2. Aufl. Tübingen: Narr.

Nübling, Damaris (2014): Das Merkel – Das Neutrum bei weiblichen Familiennamen als derogatives Genus? In Debus, Friedhelm; Heuser, Rita & Nübling, Damaris (Hrsg.): *Linguistik der Familiennamen*. Hildesheim: Olms, 205–232.

Nübling, Damaris (2015): Between feminine and neuter, between semantic and pragmatic gender. Hybrid and neuter female names in German dialects and in Luxembourgish. In Fleischer, Jürg; Rieken, Elisabeth & Widmer, Paul (eds.): *Agreement from a Diachronic Perspective*. Berlin, Boston: De Gruyter Mouton, 235–265.

Oehler, Heinz; Sörensen, Ingeborg & Heupel, Carl (1966): *Grundwortschatz Deutsch*. Stuttgart: Klett.

Oelkers, Susanne (1996): Der Sprintstar und ihre Freundinnen. Ein empirischer Beitrag zur Diskussion um das generische Maskulinum. *Muttersprache* 106 (1): 1–15.

Pagonis, Giulio (2009): *Kritische Periode oder altersspezifischer Antrieb: Was erklärt den Altersfaktor im Zweitspracherwerb? Eine empirische Fallstudie zum ungesteuerten Zweitspracherwerb des Deutschen durch russische Lerner unterschiedlichen Alters*. Frankfurt a.M. u.a.: Lang.

Pfaff, Carol W. (1987): Functional approaches to interlanguage. In Pfaff, Carol W. (ed.): *First and Second Language Acquisition Processes*. Cambridge: Newbury House Publishers, 81–102.

Pinker, Steven (1984): *Language Learnability and Language Development*. Cambridge: University Press.

Plunkett, Kim & Marchman, Virginia (1991): U-shaped learning and frequency effects in a multi-layered perceptron: Implications for child language acquisition. *Cognition* 38 (1): 43–102.

Plunkett, Kim & Marchman, Virginia (1993): From rote learning to system building: Acquiring verb morphology in children and connectionist nets. *Cognition* 48: 21–69.

Pregel, Dietrich & Rickheit, Gert (1987): *Der Wortschatz im Grundschulalter. Häufigkeitswörterbuch zum verbalen, substantivischen und adjektivischen Wortgebrauch*. Hildesheim: Olms.

Purpura, James E. (2005): *Assessing Grammar*. Cambridge: University Press.

Pusch, Luise (1984): *Das Deutsche als Männersprache*. Frankfurt a. M.: Suhrkamp.

Quasthoff, Uta (1980): *Erzählen im Gespräch*. Tübingen: Narr.

R Development Core Team (2016): A language and environment for statistical computing (Version 3.3.0) [Computer software]. https://www.r-project.org. (17.07.2016)

Reich, Hans H. & Roth, Hans-Joachim (2007): HAVAS 5 – das Hamburger Verfahren zur Analyse des Sprachstands bei Fünfjährigen. In Reich, Hans H.; Roth, Hans-Joachim & Neumann, Ursula (Hrsg.): *Sprachdiagnostik im Lernprozess. Verfahren zur Analyse von Sprachständen im Kontext von Zweisprachigkeit.* Münster: Waxmann, 71–94.

Repetto, Valentina (2008): L'acquisizione bilingue dell'aggettivo: i risultati di uno studio condotto su tre soggetti italo-tedeschi. *Studi italiani di linguistica teorica e applicata* 2: 345–380.

Rizzi, Silvana (2013): *Der Erwerb des Adjektivs bei bilingual deutsch-italienischen Kindern.* Tübingen: Narr.

Rodina, Yulia (2008): *Semantics and Morphology: The Acquisition of Grammatical Gender in Russian.* Dissertation, University of Tromso. http://munin.uit.no/bitstream/handle/10037/2247/thesis.pdf?sequence=1. (23.02.2017)

Rodina, Yulia (2014): Variation in the input: Child and caregiver in the acquisition of grammatical gender in Russian. *Language Sciences* 43: 116–132.

Rogers, Timothy T. & McClelland, James L. (2014): Parallel distributed processing at 25: Further explorations in the microstructure of cognition. *Cognitive Science* 38: 1024–1077.

Ronneberger-Sibold, Elke (1994): Konservative Nominalflexion und "klammerndes Verfahren" im Deutschen. In Köpcke, Klaus-Michael (Hrsg.): *Funktionale Untersuchungen zur deutschen Nominal- und Verbalmorphologie.* Tübingen: Niemeyer, 115–130.

Ronneberger-Sibold, Elke (2004): Deutsch. In Booij, Geert; Lehmann, Christian; Mugdan, Joachim & Skopeteas, Stavros (Hrsg.): *Morphologie. Morphology. Ein internationales Handbuch zur Flexion und Wortbildung. An International Handbook on Inflection and Word-formation. Halbband 2. Volume 2.* Berlin, New York: De Gruyter, 1267–1285.

Ronneberger-Sibold, Elke (2007): Typologically Motivated over- vs. underspecification of gender in Germanic languages. *STUF* 60: 205–218.

Ronneberger-Sibold, Elke (2010): Der Numerus – das Genus – die Klammer. Die Entstehung der deutschen Nominalklammer im innergermanischen Sprachvergleich. In Dammel, Antje; Kürschner, Sebastian & Nübling, Damaris (Hrsg.): *Kontrastive germanistische Linguistik.* Hildesheim: Olms, 719–748.

Rothweiler, Monika (1993): *Der Erwerb von Nebensätzen im Deutschen. Eine Pilotstudie.* Tübingen: Niemeyer.

Ruberg, Tobias (2013): *Der Genuserwerb ein- und mehrsprachiger Kinder.* Hamburg: Dr. Kovač.

Ruoff, Arno (1981): *Häufigkeitswörterbuch gesprochener Sprache.* Tübingen: Niemeyer.

Sabourin, Laura; Stowe, Laurie & de Haan, Gerd (2006): Transfer effects in learning a second language grammatical gender system. *Second Language Research* 22 (1): 1–29.

Sahel, Said (2010): Ein Kompetenzstufenmodell für die Nominalphrasenflexion im Erst- und Zweitspracherwerb. In Mehlem, Ulrich & Sahel, Said (Hrsg.): *Erwerb schriftsprachlicher Kompetenzen im DaZ-Kontext: Diagnose und Förderung.* Freiburg im Breisgau: Filibach, 185–209.

Schafroth, Elmar (2004): Genuskongruenz im Deutschen, Französischen und Italienischen. *Muttersprache* 114 (4): 333–347.

Scheibl, György (2008): Genusparameter in der Diskussion. *Zeitschrift für Germanistische Linguistik* 36 (1): 48–73.

Scherag, André; Demuth, Lisa; Rösler, Frank; Neville, Helen J. & Röder, Brigitte (2004): The effects of late acquisition of L2 and the consequences of immigration on L1 for semantic and morpho-syntactic language aspects. *Cognition* 93, B97–B108.

Schiller, Nils & Caramazza, Alfonso (2003): Grammatical feature selection in noun phrase production: Evidence from German and Dutch. *Journal of Memory and Language* 48: 169–194.

Schlipphak, Karin (2008): *Erwerbsprinzipien der deutschen Nominalphrase. Erwerbsreihenfolge und Schemata – die Interaktion sprachlicher Aufgabenbereiche*. Stuttgart: Ibidem.

Schmitz, Stefan (1992): Profilanalyse mit COPROF. In Rickheit, Gert; Mellies, Rüdiger & Winnecken, Andreas (Hrsg.): *Linguistische Aspekte der Sprachtherapie. Forschung und Intervention bei Sprachstörungen*. Opladen: Westdeutscher Verlag, 299–306.

Schroeder, Christoph & Dollnick, Meral (2013): Mehrsprachige Gymnasiasten mit türkischem Hintergrund schreiben auf Türkisch. In Brandl, Heike; Arslan, Emre; Langelahn, Elke & Riemer, Claudia (Hrsg.): *Mehrsprachig in Wissenschaft und Gesellschaft. Mehrsprachigkeit, Bildungsbenachteiligung und Potenziale von Studierenden mit Migrationshintergrund*. Bielefeld: Universität Bielefeld, 101–114.

Scupin, Ernst & Scupin, Gertrud (1910): *Bubi im vierten bis sechsten Lebensjahre*. Leipzig: Grieben.

Seifart, Frank (2010): Nominal Classification. *Language and Linguistics Compass*, 719–736.

Selinker, Larry (1972): Interlanguage. *IRAL* 10 (3): 31–54.

Selmani, Lirim (2011): Determination im Sprachvergleich: Deutsch-Türkisch-Albanisch. In Hoffmann, Ludger & Ekinci-Kocks, Yüksel (Hrsg.): *Sprachdidaktik in mehrsprachigen Lerngruppen*. Baltmansweiler: Schneider, 40–52.

Senft, Gunther (2007): Nominal classification. In Geeraerts, Dirk & Cuyckens, Hubert (eds.): *The Oxford Handbook of Cognitive Linguistics*. Oxford: University Press, 676–696.

Siekmeyer, Anne (2013): *Sprachlicher Ausbau in gesprochenen und geschriebenen Texten. Zum Gebrauch komplexer Nominalphrasen als Merkmale literater Strukturen bei Jugendlichen mit Deutsch als Erst- und Zweitsprache in verschiedenen Schulformen*. Dissertation, Universität des Saarlandes. http://scidok.sulb.uni-saarland.de/volltexte/2013/5586/pdf/Diss_Siekmeyer_Phil.pdf. (23.02.2017)

Silverstein, Michael (1976): Hierarchy of features and ergativity. In Dixon, Robert (ed.): *Grammatical Categories in Australian Languages*. Canberra: Australian Institute of Aboriginal Studies, 112–171.

Singleton, Michael & Ryan, Lisa (2004): Language Acquisition: *The Age factor*. 2. ed. Clevedon: Multilingual Matters.

Skutnabb-Kangas, Tove & Toukomaa, Petti (1976): *Teaching Migrant Children's Mother Tongue and Learning the Language of the host Country in the Context of the Sociocultural Situation of the Migrant Family*, Report written for Unesco. Tampere: University of Tampere.

Slobin, Dan (1985): Crosslinguistic evidence for the language-making capacity. In Slobin, Dan (ed.): *The Crosslinguistic Study of Language Acquisition*. Hillsdale: Erlbaum, 1157–1249.

Snow, Catherine (1987): Relevance of the notion of a critical period for language acquisition. In Bornstein, Marc (ed.): *Sensitive Periods in Development*. Hillsdale: Erlbaum, 183–210.

Spencer, Andrew (2002): Gender as an inflectional category. *Journal of Linguistics* 38, 279–312.

Spinner, Patti & Juffs, Alan (2008): The acquisition of gender in a complex morphological system. The case of German. *International Review of Applied Linguistics in Language Teaching* 46 (4): 315–348.

Steele, Susan (1978): Word order and variation: A typological study. In Greenberg, Joseph; Ferguson, Charles & Moravcsik, Edith (eds.): *Universals of Human Language IV, Syntax*. Stanford: University Press, 585–623.

Stern, William & Stern, Clara (1975 [1928]): *Die Kindersprache*. Darmstadt: Wissenschaftliche Buchgesellschaft.

Szagun, Gisela; Stumper, Barbara; Sondag, Nina & Franik, Melanie (2007): The acquisition of gender marking by young German-speaking children: Evidence for learning guided by phonological regularities. *Journal of Child Language* 34: 445–471.

Tahiri, Naima (2013): *Zum Einfluss des Altersfaktors auf die Ausbildung bilingualer Kompetenzen bei berberophonen Migranten in Deutschland*. Saarbrücken: Südwestdeutscher Verlag für Hochschulschriften.

Tekinay, Alev (1987): Relativsätze im Deutschen und Türkischen – ein struktureller Vergleich. In Tekinay, Alev (Hrsg.): *Sprachvergleich Deutsch – Türkisch. Möglichkeiten und Grenzen einer kontrastiven Analyse*. Wiesbaden: Reichert, 32–40.

Teschner, Richard & Russell, William (1984): The gender patterns of Spanish nouns: An inverse dictionary-based analysis. *Hispanic Linguistics* 1: 115–132.

Thieroff, Rolf & Vogel, Petra (2009): *Flexion*. Heidelberg: Winter.

Thurmair, Maria (2006): *Das Model und ihr Prinz*. Kongruenz und Texteinbettung bei Genus-Sexus-Divergenz. *Deutsche Sprache* 34: 191–220.

Tomasello, Michael (2003): *Constructing a Language: A Usage-based Account of Language Acquisition*. Cambridge: Harvard University Press.

Tomasello, Michael (2009): The usage-based theory of language acquisition. In Bavin, Edith (ed.): *The Cambridge Handbook Child Language*. Cambridge: University Press, 69–87.

Tracy, Rosemarie (1991): *Sprachliche Strukturentwicklung. Linguistische und kognitionspsychologische Aspekte einer Theorie des Erstspracherwerbs*. Tübingen: Narr.

Tracy, Rosemarie (2002): *Deutsch als Erstsprache: Was wissen wir über die wichtigsten Meilensteine des Erwerbs?* Informationsbroschüre der Universität Mannheim.

Tracy, Rosemarie (2011): Konstruktion, Dekonstruktion und Rekonstruktion: Minimalistische und (trotzdem) konstruktivistische Überlegungen zum Spracherwerb. In Engelberg, Stefan; Holler, Anke & Proost, Kristel (Hrsg.): *Sprachliches Wissen zwischen Lexikon und Grammatik*. Berlin, Boston: De Gruyter, 397–428.

Tracy, Rosemarie & Thoma, Dieter (2009): Convergence on finite V2 clauses in L1, bilingual L1 and early L2 acquisition. In Jordens, Peter & Dimroth, Christine (eds.): *Functional Categories in Learner Language*. Berlin: Mouton De Gruyter, 1–43.

Trömel-Plötz, Senta (1978): Linguistik und Frauensprache. *Linguistische Berichte* 57: 49–68.

Turgay, Katharina (2010): Einige Aspekte zum Erwerb des Genus durch Kinder mit türkischer und italienischer Erstsprache. *Zeitschrift für angewandte Linguistik* 1 (29): 1–29.

Vasić, Nada; Chondrogianni, Vicky; Marinis, Theodoros & Blom, Elma (2012): Processing of gender in Turkish-Dutch and Turkish-Greek child L2 learners. In Biller, Alia K.; Chung, Esther Y. & Kimball, Amelia E. (eds.): *BUCLD 36: Proceedings of the 36th Annual Boston University Conference on Language Development*. Somerville: Cascadilla Press, 646–595.

Vogel, Petra Maria (2000): Nominal abstracts and gender in Modern German: A „quantitative" approach towards the function of gender. In Unterbeck, Barbara (ed.): *Gender in Grammar and Cognition. I Approaches to Gender*. Berlin, New York: Mouton De Gruyter, 461–493.

Weber, Doris (2000): On the function of gender. In Unterbeck, Barbara & Rissanen, Matti (eds.): *Gender in Grammar and Cognition. I Approaches to Gender*. Berlin, New York: Mouton De Gruyter, 495–510.

Wechsler, Stephen & Zlatić, Larisa (2003): *The Many Faces of Agreement*. Stanford: CSLI Publications.
Wecker, Verena (2016): *Strategien bei der Pluralbildung im DaZ-Erwerb. Eine Untersuchung mit russisch- und türkischsprachigen Lernern*. Berlin, Boston: De Gruyter.
Wegener, Heide (1995a): Das Genus im DaZ-Erwerb. Beobachtungen an Kindern aus Polen, Rußland und der Türkei. In Handwerker, Brigitte (Hrsg.): *Fremde Sprache Deutsch*. Tübingen: Narr, 1–24.
Wegener, Heide (1995b): *Die Nominalflexion des Deutschen, verstanden als Lerngegenstand*. Tübingen: Niemeyer.
Wegener, Heide (2007): Entwicklungen im heutigen Deutsch – Wird Deutsch einfacher? *Deutsche Sprache. Zeitschrift für Theorie, Praxis, Dokumentation* 1: 35–62.
Weizman, Zehava Oz & Snow, Catherine E. (2001): Lexical input as related to children's vocabulary acquisition: Effects of sophisticated exposure and support for meaning. *Developmental Psychology* 37 (2): 265–279.
Wetter, Edmund (2006): *Schlag auf, schau nach! Für die Grundschule*. Offenburg: Mildenberg.
Werner, Ottmar (1975): Zum Genus im Deutschen. *Deutsche Sprache. Zeitschrift für Theorie, Praxis, Dokumentation* 2: 35–58.
Werner, Martina (2010): Substantivierter Infinitiv statt Derivation. Ein „echter" Genuswechsel und ein Wechsel der Kodierungstechnik innerhalb der deutschen Verbalabstraktbildung. In Bittner, Dagmar & Gaeta, Livio (Hrsg.): *Kodierungstechniken im Wandel. Das Zusammenspiel von Analytik und Synthese im Gegenwartsdeutschen*. Berlin, New York: De Gruyter, 159–178.
Wiese, Heike (2011): Führt Mehrsprachigkeit zum Sprachverfall? Populäre Mythen vom „gebrochenen Deutsch" bis zur „doppelten Halbsprachigkeit" türkischstämmiger Jugendlicher in Deutschland. In Ozil, Seyda; Hoffmann, Michael & Dayioglu-Yücel, Yasemin (Hrsg.): *Türkisch-deutscher Kulturkontakt und Kulturtransfer. Kontroversen und Lernprozesse*. Göttingen: V&R unipress, 73–84.
Wiese, Bernd (2008): *Kasusdifferenzierung in der neuhochdeutschen Nominalgruppe*. Arbeitspapier Projekt Grammatik des Deutschen im europäischen Vergleich. Mannheim: IDS Mannheim.
Wurzel, Wolfgang U. (1986): Die wiederholte Klassifikation von Substantiven. Zur Entstehung von Deklinationsklassen. *Zeitschrift für Phonetik, Sprachwissenschaft und Kommunikationsforschung* 39 (1): 76–96.
Wurzel, Wolfgang U. (1994): Gibt es im Deutschen noch eine einheitliche Substantivflexion? Oder auf welche Weise ist die deutsche Substantivflexion möglichst angemessen zu erfassen? In Köpcke, Klaus-Michael (Hrsg.): *Funktionale Untersuchungen zur deutschen Nominal- und Verbmorphologie*. Tübingen: Niemeyer, 29–49.
Zangl, Renate (1998): *Dynamische Muster in der sprachlichen Ontogenese. Bilingualismus, Erst- und Fremdsprachenerwerb*. Tübingen: Narr.
Zifonun, Gisela; Hoffmann, Ludger & Strecker, Bruno (Hrsg.) (2011): *Grammatik der deutschen Sprache*. 2. Aufl. Berlin, New York: De Gruyter.
Zürrer, Peter (1999): *Sprachinseldialekte. Walserdeutsch im Aostatal (Italien)*. Aarau u.a.: Sauerländer.

Index

Abstraktion 39f., 45f., 57ff., 64, 76f., 79, 83, 99, 112, 142, 146, 148, 169, 184, 196f., 200f.
Adjektivflexion 13, 77ff., 86, 141
agglutinierend 103, 108f.
Agreement Hierarchy 11, 31f.
Allomorphie 102
Artikel 11f., 19f.
- Definitartikel 11f.
- Demonstrativartikel 12
- Indefinitartikel 12
- Interrogativartikel 12
- Negationsartikel 12
- Possessivartikel 12
attributives Adjektiv 13
- im Erwerb 77

Belebtheit 147
- belebtheitsbasierte Adjektivwahl 79, 86
- belebtheitsbasierte Artikelwahl 67, 82, 84, 145, 152, 165, 181
- belebtheitsbasierte Nominalklassifikation 20, 22ff.
- belebtheitsbasierte Pronomenwahl 81, 158, 181, 187
- belebtheitsbasiertes Deklinationsverhalten 104
- belebtheitsbasiertes Pronominalsystem 20, 39f., 86, 199
- Belebtheitshierarchie 146f.
- Belebtheitsmarker 146, 148
- Maskulina 146
Bildimpuls 115, 171

Chunk **46**, 50
Competition Model 64
Controller 26, 31
Critical Mass Hypothesis 46
Critical Period Hypothesis 92
C-Test 125f., 175

Defaultmechanismus 63
Deklination 21, 29, 79, 104
- Deklinationsklassen 147

Derivation
- Derivationsaffix 19, 28, 36, 61, 71, 118, 146
- intransparente Derivation 28
Determination 13
- im Erwerb 48, 50, 97

Elizitation 69f., 169, 171
Experiment 72, 115, 117

Form-Funktions-Verknüpfungen 45f., 49
- formal basierte 148, 158
- semantisch basierte 137, 153
- von Artikelwörtern 47
fusionierend 47, 102f., 109

gebrauchsbasierter Ansatz 43f.
generische Personen- und Tierbezeichnungen 28, 32, 67, 119, 144, 165, 170
Genus
- formbezogenes 35
- lexikalisches/inhärentes 9, 25f., 29, 40, 83, 87, 199
- nicht-lexikalisches 26
- pragmatisches 34, 200
- referentielles **29, 33**, 67, 82, 86, 200
- semantisches 27, 200
- semantisch-referentielles 29, 82
Genusklassen
- formal motivierte 21, 23
- semantisch motivierte 21, 23
Genusprinzipien
- Anwendung von 44, 55, 69
- morphologische 36
- phonologische 36
- semantische 27
Genusrektion 10
Genusschemata **56**, 117
- Erwerbsreihenfolgen 72
- formale 59
- semantische 59
genussensitive Targets 10
- agreement targets 10
Genuszuweisungstest **35**, 116, 122
Grammatikalisierung 21, 23, 39, 168, 193

holistische Speicherung 46, 50, 57, 59, 70ff., 76, 87, 118, 121, 137, 140, 142
Hybrid Nouns 27, 31, 67, 82, 87, 120, 132, 142, 145, 151, 164

Identitätshypothese 97
Input 44f., 47f., 50, 60, 62, 64, 75, 88, 94, 121, 142
Interlanguagehypothese 97f.

Kategorisierung 19, 25, 39f., 46, 109
Klassifikation
- Classifier-Systeme 19, 21, 23
- Genusklassifikation 18, 23
- Neuklassifikation 22, 39
- Nominalklassifikation 20, 23
Kognitive Grammatik 45
Kongruenz 9
- formal-grammatische Genus- 29
- referentielle 30
- semantische 29
- semantisch-referentielle 30
Konstruktion 45
Konstruktionsgrammatik 45
Kontrastivhypothese 97
Kookkurrenzanalyse 55, 90, 158
Kunstwörter 35, 37, 53, 69f.

Lernergrammatik/Interimsgrammatik 44, 55, 59, 90, 98, 111, 151, 153, 166, 187
Lernerstrategie 26, 77, 84, 122, 130, 137

mentale Grammatik 44, 54f., 57, 83, 85, 88, 160
mentale Repräsentation 45, 56, 99, 151
mentales Lexikon 19, 25, 27, 56f., 199
monosyllabisch 37, 61, 65, 68, 118, 170f.
morphologische Segmentierung 61
morphosyntaktische Bindung 11, 14, 16, 31, 76f., 90, 112, 123, 131f., 134, 141, 150, 160, 166
Multiple Choice 115, 122f.

nativistischer Ansatz 45, 63, 94, 97
- Generative Grammatik 63
- Minimalismus 45, 62f.
- Universalgrammatik 45, 62, 97

Netzwerk 56f., 88, 140ff., 152, 160, 164, 168, 181
- Genusnetzwerk 61
- Netzwerkmodell 44, 56f.
Nominalgruppenflexion 13, 80

Plural 10, 36, 53, 57, 102
Profilanalyse 174
Pronomen 14
- Personalpronomen 15
- Personalpronomen im Erwerb 81
- Relativpronomen 14
- Relativpronomen im Erwerb 80
Prototyp 59f., 146

reference tracking 4f., 17, 189

Salienz 61, 71, 95
Schema 36, 50
- Schemadivergenz 37, 70, 119, 129f., 132, 136
- Schemakonvergenz 37, 70, 119, 129f., 132, 136
schwache Maskulina 147
semantische Rolle 52, 64, 80
semantischer Kern 23, 39, 74
Semantisierung 166, 190, 193
Sexus 24, 27, 65f., 87f., 105, 107
Sprachbiographie 126, 177
Spracherwerbstypen
- gesteuerter Spracherwerb 95
- monolingualer Spracherwerb 91
- simultaner bilingualer Spracherwerb 63, 91
- sukzessiver Zweitspracherwerb 92, 126, 177
- ungesteuerter Spracherwerb 95
Sprachstand 125, 134f., 174
Synkretismus 47, 53, 102, 123, 130, 141
syntaktische Domäne 12, 16

Transfer 69, 79, 97, 99, 109, 113, 147, 196
Transparenz 35, 43
- morphologische 23, 28, 110, 160
- semantische 20, 48f., 66, 74f., 84, 89, 94
Type- und Tokenfrequenz 51, 62, 64f., 95, 118, 121, 140, 151, 170

Validität 48f., 53, 95, 119, 125, 130, 136
– von Genusschemata 64, 150

Vokalharmonie 102

Anhang

Tab. 29: Probanden T1 Multiple Choice Studie

	Proband	Schule	Klasse	Alter	C-Test RF-Wert	Geburts- land	Kindergarten in D	L1 in Familie	Unterricht in der L1	Sprachen Familie	Sprachen Freunde
1	AAKA	6	4	10	53,3	D	ja	T + D	ja	T + D	T + D
2	BGDU	6	4	10	33,3	D	ja	T	nein	T > D	T + D
3	BNEA	4	3	9	55	D	**	T	**	T > D	**
4	BSIK	4	3	9	61,7	*	*	*	*	*	*
5	CRMN	6	3	9	60	D	ja	T	ja	T	T
6	DIKM	6	3	8	70	D	ja	T	nein	T	D
7	DNHE	6	3	8	61,7	D	ja	T	nein	T > D	T + D
8	DNTN	4	3	8	70	D	ja	T	nein	T + D	D
9	DZZA	6	4	9	38,3	D	ja	T	nein	T	D
10	EITA	4	3	8	60	D	ja	T	nein	T	T
11	GKNE	6	3	8	58,3	D	ja	T	nein	T > D	T + D
12	GLKM	6	4	10	55	D	ja	T	nein	T	D
13	GLSI	6	3	9	16,7	D	ja	T	ja	T > D	D
14	GUGN	6	3	8	68,3	D	ja	T	nein	T > D	D
15	GYSE	4	3	8	36,7	D	ja	T	nein	T	T
16	GZEN	6	3	9	58,3	T	ja	T + D	nein	D > T	D
17	HIBN	6	4	10	60	D	ja	T	nein	T > D	D
18	KABT	6	4	10	51,7	D	ja	T	ja	T + D	T + D
19	KCME	4	3	8	46,7	D	ja	T	nein	T > D	D
20	KESE	6	4	10	***	*	*	*	*	*	*
21	KKES	6	3	8	50	T	ja	T	nein	T	**
22	KNEO	6	3	8	58,3	D	ja	T	ja	T	D
23	KRKR	6	4	10	46,7	D	ja	T	nein	D > T	D
24	KÜMT	6	3	9	21,7	D	nein	T + D	nein	T + D	D
25	KYTA	6	4	9	65	D	ja	T	nein	T	T
26	ÖRZE	6	4	10	43,3	D	ja	T	nein	T > D	T + D
27	RRER	6	4	10	61,7	D	ja	T	nein	T > D	T + D
28	SICA	6	3	9	***	H	nein	T	ja	T	D
29	SKNR	6	4	9	61,7	D	ja	T + D	nein	T + D	D
30	SNMD	6	4	9	21,7	D	ja	T	ja	T + D	D
31	TKEA	6	3	9	66,7	D	ja	T + D	nein	T + D	D
32	TURL	6	4	10	28,3	T	ja	T	nein	T > D	T + D

* bei der Datenerhebung nicht anwesend, ** keine Antwort, *** C-Test zu schwierig

Tab. 30: Probanden T2 Multiple Choice Studie

	Proband	Schule	Klasse	Alter	C-Test RF-Wert	Geburts-land	Kindergarten in D	L1 in Familie	Unterricht in der L1	Sprachen Familie	Sprachen Freunde
1	ANMD	6	3	9	73,3	D	ja	T	nein	T > D	T + D
2	ANRA	6	4	10	76,7	D	ja	T	nein	T > D	T + D
3	ARTI	1	3	9	71,6	D	ja	T	nein	T + D	D
4	ASHN	6	4	9	71,7	D	ja	T	nein	T > D	D
5	ASMM	6	4	9	73,3	D	ja	T	nein	T > D	D
6	CKAA	4	3	8	91,7	D	ja	T	nein	D	D
7	CNML	1	4	9	81,4	D	ja	T	nein	T + D	T + D
8	DCEE	6	3	9	85	T	nein	T	nein	T > D	D
9	DRZP	6	3	9	78,3	D	ja	T	ja	T + D	D
10	DZMK	1	4	9	71,2	D	ja	T	nein	T	D
11	ESMT	6	4	9	73,3	D	ja	T	nein	T > D	D
12	IEAA	4	3	8	78,3	D	ja	T	nein	T > D	D
13	IEYN	6	3	9	83,3	D	ja	T	ja	T > D	D
14	MRLE	6	3	9	76,7	D	ja	T + D	ja	T + D	D
15	MSKN	6	3	9	75	*	*	*	*	*	*
16	ÖKSA	6	4	10	75	D	ja	D	nein	D > T	T + D
17	ORNI	6	4	10	71,7	D	ja	T	nein	D > T	T + D
18	ÖUSN	6	3	8	73,3	D	ja	T	ja	T + D	D
19	SKER	6	3	9	73,3	D	ja	T + D	nein	T + D	T + D
20	SUPN	4	3	8	76,7	D	ja	T	nein	D > T	T + D
21	TKAA	6	3	9	75	D	ja	T	ja	T + D	D
22	TNBT	6	4	10	71,7	D	ja	T	nein	T > D	T + D
23	UNZL	6	3	8	85	D	ja	T	nein	T > D	T + D
24	USZA	6	3	9	83,3	D	ja	T	nein	T > D	T + D
25	YMSE	4	3	9	83,3	D	ja	T	nein	T > D	T + D

* bei der Datenerhebung nicht anwesend, ** keine Antwort, *** C-Test zu schwierig

Tab. 31: Probanden R1 Multiple Choice Studie

	Proband	Schule	Klasse	Alter	C-Test RF-Wert	Geburtsland	Kindergarten in D	L1 in Familie	Unterricht in der L1	Sprachen Familie	Sprachen Freunde
1	BKDA	4	3	8	5	D	ja	R	nein	R > D	D
2	BRMN	7	4	10	65	D	ja	R	nein	R + D	**
3	DKDL	5	4	9	70	D	ja	R	ja	R > D	R + D
4	HZLN	7	4	9	61,7	D	ja	D	nein	D	D
5	RIDD	5	4	9	70	D	ja	D	nein	R + D	D
6	RRCL	7	4	10	46,7	D	ja	R + D	ja	R + D	D
7	SRDS	5	4	10	48,3	D	ja	R	nein	R > D	D
8	SVAR	5	4	10	50	D	ja	R	nein	R > D	R + D
9	TNNA	3	4	9	63,3	D	ja	R + D	nein	D > R	D
10	TVCE	5	4	4	51,7	D	ja	R	nein	R > D	D
11	WRSN	5	3	8	***	D	ja	R	nein	R > D	D
12	ZRIA	5	3	9	70	D	ja	R	nein	R > D	R + D

* bei der Datenerhebung nicht anwesend, ** keine Antwort, *** C-Test zu schwierig

Tab. 32: Probanden R2 Multiple Choice Studie

	Proband	Schule	Klasse	Alter	C-Test RF-Wert	Geburtsland	Kindergarten in D	L1 in Familie	Unterricht in der L1	Sprachen Familie	Sprachen Freunde
1	ADDL	5	3	8	86,7	D	ja	R	nein	R > D	D
2	AISE	1	4	9	74,6	D	ja	R	ja	R + D	D
3	DIML	7	3	9	88,3	D	ja	D	ja	R > D	R + D
4	EPEA	3	3	8	80	D	ja	R	ja	R + D	R + D
5	ETDK	7	3	8	83,3	D	ja	R	ja	R	R
6	HRDS	5	3	8	81,7	D	ja	R	nein	R > D	D
7	INVA	2	4	10	83,3	D	ja	R	nein	R > D	D
8	MRVA	3	4	9	75	D	ja	R	nein	R > D	D
9	MSVA	7	4	10	73,3	D	ja	R	nein	D > R	D
10	OBTM	7	4	9	80	D	ja	D	nein	D	D
11	POMK	3	4	9	73,3	D	ja	R	nein	R + D	D
12	RLDY	7	3	8	71,7	D	ja	R	nein	D	D
13	SESA	5	4	10	75	D	ja	R	ja	R > D	R + D
14	SGKN	5	4	10	73,3	D	ja	R + D	ja	R + D	R + D
15	SLML	7	3	9	76,7	D	ja	R	ja	D > R	Freunde
16	SWEN	7	3	8	81,7	D	ja	R	nein	R > D	D
17	WRSNX	7	4	9	76,7	D	ja	D	nein	D	D

Tab. 33: Probanden D1 Multiple Choice Studie

	Proband	Schule	Klasse	Alter	C-Test RF-Wert	Geburtsland	Kindergarten in D
1	BNJS	1	3	8	75	D	ja
2	BTBN	1	4	9	78	D	ja
3	BTNL	1	3	9	78,3	D	ja
4	DFRE	1	4	9	25,4	D	ja
5	GELA	1	4	9	57,6	D	ja
6	GLMA	1	4	9	23,7	D	ja
7	HLJY	1	4	9	64,4	D	ja
8	HNLA	1	4	10	30,5	D	ja
9	HSJN	1	3	8	76,7	D	ja
10	KRPL	1	3	8	75	D	ja
11	KRTA	1	3	9	73,3	D	ja
12	MRFX	1	3	8	63,3	D	nein
13	PRJH	1	3	8	78,3	D	ja
14	RHME	1	3	9	46,7	D	ja
15	RNLM	1	3	8	73,3	D	ja
16	SHPA	1	3	8	78,3	D	ja
17	STLY	1	4	10	44,1	D	ja
18	STTM	1	4	10	67,8	D	ja
19	UFLE	1	4	10	74,6	D	ja
20	VSJK	1	4	11	71,2	D	ja

Tab. 34: Probanden D2 Multiple Choice Studie

	Proband	Schule	Klasse	Alter	C-Test RF-Wert	Geburts-land	Kindergarten in D
1	ANEA	1	3	8	93,2	D	ja
2	BMLA	1	4	9	86,4	D	ja
3	BRFA	1	3	8	90	D	ja
4	DRLS	1	3	9	91,7	D	ja
5	FOOO	1	3	9	83,3	D	ja
6	FEFX	1	3	8	98,3	D	ja
7	GHSH	1	4	10	84,7	D	ja
8	HNAL	1	3	8	88,3	D	ja
9	HRAR	1	4	10	83,1	D	ja
10	KEMA	1	3	8	81,7	D	ja
11	KHJN	1	4	9	86,4	D	ja
12	KRRN	1	3	8	81,7	D	nein
13	KSHH	1	4	9	88,1	D	ja
14	LTHH	1	3	8	88,3	D	ja
15	MZIL	1	4	10	86,4	D	ja
16	PRMA	1	4	9	94,9	D	ja
17	RNLI	1	3	8	95	D	ja
18	SEEA	1	4	10	96,7	D	ja
19	SLCA	1	3	8	83,3	D	ja
20	SRJA	1	4	9	98,3	D	ja
21	SRJS	1	3	8	90	D	ja
22	STLS	1	3	8	86,6	D	ja
23	TPME	1	3	8	81,7	D	ja
24	VRFN	1	4	9	91,5	D	ja

Tab. 35: Probanden T0' Bildimpulsstudie

Proband	Schule	Klasse	Alter	C-Test RF-Wert	Geburtsland	Kindergarten in D	Unterricht in der L1	Sprachen Familie	Sprachen Freunde
1 IXX	A	2	7	***	D	ja	nein	T + D	T + D
2 MUZ	B	2	7	***	D	ja	nein	D > T	T + D
3 RHA	A	2	8	***	D	ja	nein	D > T	D
4 SIL	B	2	7	***	D	**	nein	T + D	D

* bei der Datenerhebung nicht anwesend, ** keine Antwort, *** C-Test zu schwierig

Tab. 36: Probanden T1' Bildimpulsstudie

Proband	Schule	Klasse	Alter	C-Test RF-Wert	Geburtsland	Kindergarten in D	Unterricht in der L1	Sprachen Familie	Sprachen Freunde
1 LÖC	A	3	9	70,8	D	ja	nein	T + D	D
2 LRL	D	4	10	61,9	D	ja	nein	T + D	D
3 MER	A	3	9	68,3	D	ja	nein	T > D	T
4 RUU	A	3	8	74,2	D	ja	nein	T + D	T + D
5 SÖK	A	4	10	55,9	D	ja	nein	T + D	D
6 VAN	A	4	10	67,8	D	ja	nein	T + D	D

Tab. 37: Probanden T2' Bildimpulsstudie

Proband	Schule	Klasse	Alter	C-Test RF-Wert	Geburtsland	Kindergarten in D	Unterricht in der L1	Sprachen Familie	Sprachen Freunde
1 KZN	A	4	9	89,8	D	ja	ja	T > D	D
2 LAI	A	3	9	80,8	D	ja	ja	T + D	T + D
3 LAN	A	4	9	76,3	D	ja	ja	T + D	T + D
4 MGN	A	3	9	89,2	D	ja	ja	T > D	D
5 MIN	A	4	9	80,5	D	ja	nein	T > D	D
6 MIZ	A	4	9	76,2	D	ja	ja	T + D	D
7 NOT	B	3	8	85	D	ja	ja	T + D	D
8 RAR	A	4	10	73,7	D	ja	ja	T + D	D

Tab. 38: Probanden R0' Bildimpulsstudie

	Proband	Schule	Klasse	Alter	C-Test RF-Wert	Geburts- land	Kindergarten in D	Unterricht in der L1	Sprachen Familie	Sprachen Freunde
1	BAR	C	2	7	***	D	ja	nein	D > R	D
2	BIT	B	2	8	***	D	nein	nein	D > R	D
3	CIH	B	2	7	***	D	nein	nein	R > D	D > R
4	DED	B	2	7	***	D	ja	ja	R > D	R + D
5	FER	C	2	8	***	D	ja	nein	R > D	R + D
6	NCE	C	2	8	***	D	ja	nein	D > R	D
7	NOE	C	2	7	***	D	ja	ja	R > D	D > R
8	NRT	C	2	8	***	D	ja	nein	R > D	D

Tab. 39: Probanden R1' Bildimpulsstudie

	Proband	Schule	Klasse	Alter	C-Test RF-Wert	Geburts- land	Kindergarten in D	Unterricht in der L1	Sprachen Familie	Sprachen Freunde
1	AAI	C	4	9	79,7	R	ja	nein	R	D
2	AES	D	4	9	72,9	R	ja	ja	R > D	R + D
3	LER	C	3	10	78,3	R	nein	ja	R	D
4	LLH	C	4	10	80,5	D	ja	nein	D > R	D
5	NAR	C	3	9	79,2	D	ja	nein	D > R	D
6	NNS	C	4	9	37,3	R	ja	nein	R > D	R + D
7	NOF	E	4	10	82,2	D	ja	nein	R + D	R + D
8	NOS	E	4	10	66,9	D	nein	nein	R	**
9	RAI	C	3	9	62,5	D	ja	nein	R > D	D
10	UES	B	4	10	58,5	R	ja	nein	R	D

* bei der Datenerhebung nicht anwesend, ** keine Antwort, *** C-Test zu schwierig

Tab. 40: Probanden R2' Bildimpulsstudie

	Proband	Schule	Klasse	Alter	C-Test RF-Wert	Geburts- land	Kindergarten in D	Unterricht in der L1	Sprachen Familie	Sprachen Freunde
1	CAR	C	3	8	87,5	D	ja	nein	R + D	D
2	KAM	C	3	8	87,5	Kas	ja	nein	R	D
3	KET	C	3	9	90	Kas	ja	nein	R + D	D
4	LAS	D	3	9	84,2	Kas	nein	nein	R > D	R + D
5	LOV	D	3	9	85,8	D	**	ja	R > D	R
6	MINX	D	4	9	78,8	D	ja	nein	R + D	D
7	NARX	C	3	8	92,5	D	ja	nein	R > D	D
8	NEJ	D	4	9	90,1	D	ja	nein	R + D	D
9	NET	D	4	9	88,1	D	ja	nein	D > R	D
10	NII	E	4	10	93,2	D	ja	ja	R + D	R + D
11	NIK	B	3	9	89,2	D	ja	ja	R	D
12	NRS	C	4	9	87,3	D	ja	nein	R + D	D > R
13	RAIX	C	3	9	76,7	D	ja	nein	D > R	D
14	RXX	B	3	8	80,8	R	ja	ja	R + D	D

* bei der Datenerhebung nicht anwesend, ** keine Antwort, *** C-Test zu schwierig

Tab. 41: Probanden D0' Bildimpulsstudie

	Proband	Schule	Klasse	Alter
1	LXX	E	2	7
2	LXY	E	2	8
3	OXY	E	2	8
4	RXY	E	2	8
5	SXX	E	2	8

Tab. 42: Probanden D1' Bildimpulsstudie

	Proband	Schule	Klasse	Alter
1	IEE	B	3	8
2	EXX	B	3	9
3	NES	B	3	9
4	RAN	B	3	9
5	RAA	B	3	9

Tab. 43: Probanden D2' Bildimpulsstudie

	Proband	Schule	Klasse	Alter
1	AXX	B	4	10
2	IXX	B	4	9
3	IXY	B	4	9
4	MXX	B	4	9
5	OXX	B	4	10

Fragebogen zur Sprachbiographie

Persönliche Angaben
1. Vorname, Nachname
2. Geburtsdatum
3. In welcher Stadt wurdest du geboren?
4. Seit wann lebst du in Deutschland?

Familie
1. Wie viele Brüder hast du? Alter?
2. Wie viele Schwestern hast du? Alter?
3. Welchen Beruf hat deine Mutter?
4. Welchen Beruf hat dein Vater?

Sprachen
1. Welche Sprachen sprichst du?
2. Welche Sprache hast du in deiner Familie zuerst gelernt?
3. Lernst du auch andere Sprachen als Deutsch und Englisch in der Schule, in der Nachmittagsschule oder in der Samstagsschule? (ja/nein)
4. Wenn ja, welche?
5. Wenn ja, wie lange schon?
6. Was meinst du, wie gut sprichst du Deutsch? (gut/mittel/schlecht)
7. Und wie gut sprichst du andere Sprachen?
    Sprache 1: .... (gut/mittel/schlecht)
    Sprache 2: .... (gut/mittel/schlecht)
8. In welchen Sprachen sprichst du
    ... mit deinem Vater?
    ... mit deiner Mutter?
    ... mit deinen Geschwistern?
    ... mit deinen Großeltern?
    ... anderen Verwandten?
    ... mit deinen Freunden?

Kindergarten und Schule
1. Bist du in Deutschland in den Kindergarten gegangen? (ja/nein)
2. Bist du in einem anderen Land als Deutschland zur Schule gegangen? (ja/nein)
3. Wenn ja, wo?
4. Wenn ja, wie lange?

Radio und Fernsehen
1. In welchen Sprachen hörst du Radio?
2. In welchen Sprachen siehst du Fernsehen?

Lesen und Schreiben
1. In welchen Sprachen hast du schreiben und lesen gelernt?
2. Liest du selbst Bücher, Zeitschriften oder Zeitung auf Deutsch? (ja/nein)
3. Liest dir jemand auf Deutsch Bücher vor? (ja/nein)
4. Liebst du selbst Bücher, Zeitschriften oder Zeitung in deiner anderen Sprache? (ja/nein)
5. Liest dir jemand Bücher in deiner anderen Sprache vor? (ja/nein)

Multiple Choice Test

Booklet I

1. Am Fenster ist ein großes Gitter, das grün ist.
2. Ein Fußballspiel dauert 70 Minuten/80 Minuten/90 Minuten.
3. In der Schule ist der kleine Bruder. Er ist sehr fleißig.
4. Im Badezimmer ist eine gute Seife, die alles sauber macht.
5. Wer wohnt nicht auf dem Südpol? Pinguine/Eisbären/Robben
6. In der Garage steht die große Leiter. Sie ist aus Holz.
7. Auf der Straße geht ein kleiner Mann, der zur Arbeit muss.
8. Die Sonne ist ein Planet/ein Stern/ein Komet.
9. An der Tafel steht der neue Buchstabe. Er ist weiß.
10. In der Wiege schläft ein liebes Kind, das gerade träumt.
11. Eine Woche hat 6 Tage/7 Tage/8 Tage.
12. Der Star des Films ist das nette Mädchen. Es ist berühmt.
13. Am Schiff hängt ein schwerer Anker, der aus Stahl ist.
14. Die größte Stadt von Deutschland ist München/Berlin/Köln.
15. Das schönste Geschenk war die weiße Feder. Sie ist weich.
16. Im Zug sitzt eine alte Tante, die aus dem Fenster winkt.
17. Wer wohnt nicht im Wald? Hirsch/Uhu/Kamel
18. In der Küche ist das nette Fräulein. Es holt den Nachtisch.
19. Schafe miauen/bellen/blöken.
20. In der Spüle steht der große Becher. Er ist jetzt sauber.
21. Der Held der Geschichte ist ein kleiner Bruder, der ängstlich ist.
22. Paris ist die Hauptstadt von England/Frankreich/Spanien.
23. Am Haus war das große Gitter. Es blockierte den Weg.
24. Im Deutschheft steht ein neuer Buchstabe, der mir gefällt.
25. Donald Duck ist eine Gans/eine Ente/ein Huhn.
26. Dort wohnt der kleine Mann. Er lebt allein.
27. Im Baumarkt ist eine große Leiter, die im Angebot ist.
28. Tiger haben ein gestreiftes/gepunktetes/schwarzes Fell.
29. Auf dem Boden liegt die gute Seife. Sie fiel runter.
30. Im Kindergarten war ein nettes Mädchen, das sehr nett ist.
31. Die Farbe schwarz heißt auf Englisch black/white/grey.
32. Im Park spielt das liebe Kind. Es baut eine Burg.
33. Auf dem Boden liegt eine weiße Feder, die eine Gans verlor.
34. Bananen wachsen aus dem Boden/an Sträuchern/an Bäumen.
35. Im Meer liegt der schwere Anker. Er ist gesunken.
36. Im Restaurant arbeitet ein nettes Fräulein, das sehr höflich ist.
37. Flamingos sind rot/rosa/schwarz.
38. In der Küche steht die alte Tante. Sie kocht eine Suppe.
39. Im Schrank steht ein großer Becher, der gespült wurde.
40. Der Herbst beginnt im September/Oktober/November.

Booklet II

1. Im Boot liegt ein braunes Ruder, das aus Holz ist.
2. Welche Frucht wächst nicht in Deutschland? Apfel/Birne/Kiwi
3. Im Kinderzimmer spielt der kleine Junge. Er malt ein Bild.
4. Im Besitz des Königs ist ein goldenes Zepter, das glänzt.
5. Um Dinge größer sehen zu können, verwenden wir ein Mikrofon/Mikroskop/Mikrometer
6. In der Wand steckt die lange Schraube. Sie ist aus Stahl.
7. Auf der Straße geht ein altes Weib, das zum Arzt muss.
8. Wie viel kg hat eine Tonne? 1.000/10.000/100.000
9. Unter dem Tisch liegt die rote Klammer. Sie ist aus Plastik.
10. In der Wiege schläft ein liebes Baby, das gerade träumt.
11. Wie heißt das aus Schnee gebaute Haus der Eskimos? Akku/Kajak/Iglu
12. Im Auto liegt der große Koffer. Er ist sehr schwer.
13. Im Badezimmer ist eine rote Bürste, die ich morgens brauche.
14. Was ist ein Cockpit? Der Führerraum eines Schiffs/Flugzeugs/Zugs
15. Im Zug saß die kleine Tochter. Sie winkte aus dem Fenster.
16. Im Kühlschrank schimmelt ein alter Käse, der stinkt.
17. In welchem Land liegt Athen? Türkei/Griechenland/Frankreich
18. In der Küche ist die nette Frau. Sie kocht eine Suppe.
19. Auf dem Bild strahlt ein heller Funke, der mir gefällt.
20. Wie viele Seiten hat ein Würfel? Acht/Sechs/Vier
21. Am Strand lag das alte Ruder. Es fiel aus dem Boot.
22. Wovor fürchten sich Vampire? Knoblauch/Zwiebel/Salat
23. Der Held der Geschichte ist ein kleiner Junge, der mutig ist.
24. Welche Sprache sprachen die alten Römer? Italienisch/Römisch/Latein
25. Im Museum ist das goldene Zepter. Es gehört dem König.
26. Auf dem Boden liegt eine lange Schraube, die runter gefallen ist.
27. Bei wie viel Grad fiert Wasser? 1 Grad/0 Grad/3 Grad
28. Dort wohnt das alte Weib. Es lebt allein.
29. In der Mappe ist eine rote Klammer, die viele Blätter zusammenhält.
30. Wie nennt man einen Mann, der Bienen züchtet? Amme/Imker/Biener
31. Im Sandkasten spielt das liebe Baby. Es baut eine Burg.
32. Im Schaufenster steht ein großer Koffer, der sehr teuer ist.
33. Wie heißt die Hauptstadt von Spanien? London/Madrid/Lissabon
34. Im Koffer ist die rote Bürste. Sie ist für meine Puppe.
35. Mutters Liebling ist eine kleine Tochter, die sehr brav ist.
36. Wie viele Tage hat ein Schaltjahr? 365/366/367
37. Auf dem Tisch steht der alte Käse. Er ist gelb.
38. Im Supermarkt arbeitet eine nette Frau, die sehr höflich ist.
39. Wie nennt man eine fruchtbare Stelle in der Wüste? Fatamorgana/Oase/Eurasien
40. Aus dem Feuerzeug sprüht der letzte Funke. Er erlischt.

Bildimpulse[81] und Schreibproduktionsaufgaben

Narrativ

a. Eine schlaflose Nacht

Was ist passiert?
Warum kann das Baby nicht schlafen?
Was machen Vater und Mutter, damit das Baby wieder schlafen kann?
Erzähle eine Geschichte mit **Vater**, **Mutter** und **Baby**.

Abb. 29: Bildimpuls „Eine schlaflose Nacht"

b. Hund und Katze

Schau Dir das Bild an. Was ist passiert?
Warum verstehen sich **Hund** und **Katze** plötzlich so gut?
Schreibe eine Geschichte!

Abb. 30: Bildimpuls „Hund und Katze"

---

[81] Aus urheberrechtlichen Gründen können die in der Untersuchung eingesetzten Bildimpulse nicht abgedruckt werden. Ich danke Valentina Cristante, die die Originale für mich (nach-)gemalt hat.

Deskriptiv

a. Meine Klasse

Schau dir das Bild an. Beschreibe die drei rot eingekreisten Gegenstände auf dem Bild (**Tafel, Regal, Schrank**) ganz genau. Wo sind sie in der Klasse?

Abb. 31: Bildimpuls „Meine Klasse"

b. Meine Spielsachen

Auf dem Bild siehst du viele Spielsachen. Beschreibe die drei rot eingekreisten Spielsachen (**Schiff, Drachen, Eisenbahn**) ganz genau. Wo befinden sich die Spielsachen? Wie sehen sie aus? Welche Farbe haben sie? Was kannst du mit diesen Spielsachen machen?

Abb. 32: Bildimpuls „Meine Spielsachen"

Tab. 44: Ergebnisse Multiple Choice Studie DEF Personenbezeichnungen

					absolute Zahlen			nach Itemgruppen zusammengefasst (in %)			
	Genus/Schema		Item	N	der	die	das	N	der	die	das
T1	M	[+männlich]	Mann	31	29		2	93	94,6	1,1	4,3
			Bruder	32	31	1					
			Junge	30	28		2				
	F	[+weiblich]	Frau	30	1	28	1	92	3,2	94,6	2,2
			Tante	32		32					
			Tochter	30	2	27	1				
	N	[+weiblich]	Mädchen	31	1	6	24	91	7,7	42,8	49,5
			Fräulein	30	1	19	10				
			Weib	30	5	14	11				
		[+belebt],[−Sexus]	Kind	31	8		23	61	22,9	3,3	73,8
			Baby	30	6	2	22				
R1	M	[+männlich]	Mann	11	11			34	100		
			Bruder	11	11						
			Junge	12	12						
	F	[+weiblich]	Frau	12		12		35		100	
			Tante	11		11					
			Tochter	12		12					
	N	[+weiblich]	Mädchen	11		2	9	34	8,9	17,6	73,5
			Fräulein	11		2	9				
			Weib	12	3	2	7				
		[+belebt],[−Sexus]	Kind	11	2		9	23	8,7		91,3
			Baby	12			12				
T2	M	[+männlich]	Mann	24	24			71	97,2	1,4	1,4
			Bruder	24	24						
			Junge	23	21	1	1				
	F	[+weiblich]	Frau	23		23		71	1,4	98,6	
			Tante	24		24					
			Tochter	24	1	23					
	N	[+weiblich]	Mädchen	24		1	23	71	7,1	23,9	69,0
			Fräulein	24	2	9	13				
			Weib	23	3	7	13				
		[+belebt],[−Sexus]	Kind	24	1	1	22	48	4,2	2,1	93,7
			Baby	24	1		23				

Anhang — 241

	Genus/Schema		Item	absolute Zahlen				nach Itemgruppen zusammengefasst (in %)			
				N	der	die	das	N	der	die	das
R2	M	[+männlich]	Mann	17	17			51	100		
			Bruder	17	17						
			Junge	17	17						
	F	[+weiblich]	Frau	17		16	1	51		98,0	2,0
			Tante	17		17					
			Tochter	17		17					
	N	[+weiblich]	Mädchen	17			17	51		13,7	86,3
			Fräulein	17		5	12				
			Weib	17		2	15				
		[+belebt],[−Sexus]	Kind	17	1		16	34	2,9		97,1
			Baby	17			17				
D1	M	[+männlich]	Mann	20	20			59	100		
			Bruder	20	20						
			Junge	19	19						
	F	[+weiblich]	Frau	19		19		58		100	
			Tante	19		19					
			Tochter	20		20					
		[+weiblich]	Mädchen	20			20	58	1,7	12,1	86,2
			Fräulein	19		4	15				
			Weib	19	1	3	15				
		[+belebt],[−Sexus]	Kind	20			20	40	0		100
			Baby	20			20				
D2		[+männlich]	Mann	24	24			71	100		
			Bruder	24	24						
			Junge	23	23						
		[+weiblich]	Frau	23		23		71		100	
			Tante	24		24					
			Tochter	24		24					
		[+weiblich]	Mädchen	24			24	70	2,9	1,4	95,7
			Fräulein	23			23				
			Weib	23	2	1	20				
		[+belebt],[−Sexus]	Kind	24			24	48	0		100
			Baby	24			24				

Tab. 45: Ergebnisse Multiple Choice Studie ADJ Personenbezeichnungen

	Genus/Schema	Item	absolute Zahlen					nach Itemgruppen zusammengefasst (in %)				
			N	ein+r	eine+e	ein+s	inkong.	N	ein+r	eine+e	ein+s	inkong.
T1	M [+männlich]	Mann	28	20	1	3	4	88	64,8	11,4	12,5	11,4
		Bruder	30	17	4	4	5					
		Junge	30	20	5	4	1					
	F [+weiblich]	Frau	30	3	18	1	8	88	12,5	52,3	6,8	28,4
		Tante	28	3	15	3	7					
		Tochter	30	5	13	2	10					
	N [+weiblich]	Mädchen	32	7	1	18	6	92	18,5	20,7	43,5	17,4
		Fräulein	31	3	14	9	5					
		Weib	29	7	4	13	5					
	[+belebt],[-Sexus]	Kind	30	12	1	13	4	60	26,7	8,3	53,3	11,7
		Baby	30	4	4	19	3					
R1	M [+männlich]	Mann	10	9			1	30	96,7			3,3
		Bruder	10	10								
		Junge	10	10								
	F [+weiblich]	Frau	12	1	11			33	6,1	78,8	3,0	12,1
		Tante	9		7		2					
		Tochter	12	1	8	1	2					
	N [+weiblich]	Mädchen	11		1	10		33	6,1	24,2	66,7	3,0
		Fräulein	10		6	3	1					
		Weib	12	2	1	9						
	[+belebt],[-Sexus]	Kind	11	1		8	2	23	4,3		78,3	17,3
		Baby	12			10	1					
T2	M [+männlich]	Mann	24	21			3	70	87,1	2,9	2,9	7,2
		Bruder	23	21	1	1						
		Junge	23	19	1	1	2					
	F [+weiblich]	Frau	24		24			72	1,4	95,8		2,8
		Tante	24	1	22		1					
		Tochter	24		23		1					
	N [+weiblich]	Mädchen	23	1	2	18	2	71	2,8	22,5	66,2	8,4
		Fräulein	24		11	11	2					
		Weib	24	1	3	18	2					
	[+belebt],[-Sexus]	Kind	23	3		20		46	8,7		84,8	6,5
		Baby	23	1		19	3					

Anhang — 243

| | Genus/Schema | Item | \multicolumn{5}{c|}{absolute Zahlen} | \multicolumn{5}{c|}{nach Itemgruppen zusammengefasst (in %)} |

	Genus/Schema	Item	N	ein+r	eine+e	ein+s	inkong.	N	ein+r	eine+e	ein+s	inkong.
R2	M [+männlich]	Mann	17	17				51	98,0			2,0
		Bruder	17	17								
		Junge	17	16			1					
	F [+weiblich]	Frau	17		16		1	51	2,0	96,0		2,0
		Tante	17		17							
		Tochter	17	1	16							
	N [+weiblich]	Mädchen	17	1		14	2	51	3,9	13,7	74,5	7,8
		Fräulein	17		5	11	1					
		Weib	17	1	2	13	1					
	[+belebt],[–Sexus]	Kind	17	1		16		34	5,9		94,1	
		Baby	17	1		16						
D1	M [+männlich]	Mann	17	14		1	2	55	92,8		1,8	5,4
		Bruder	19	18			1					
		Junge	19	19								
	F [+weiblich]	Frau	20		18		2	59	1,7	86,4	3,4	8,5
		Tante	19		17	1	1					
		Tochter	20	1	16	1	2					
	N [+weiblich]	Mädchen	19	1		17		58	1,7	1,7	94,9	1,7
		Fräulein	19		1	18						
		Weib	20			20						
	[+belebt],[–Sexus]	Kind	18			18		38			100	
		Baby	20			20						
D2	M [+männlich]	Mann	21	21				67	100			
		Bruder	22	22								
		Junge	24	24								
	F [+weiblich]	Frau	24		24			70		98,6		1,4
		Tante	22		21		1					
		Tochter	24		24							
	N [+weiblich]	Mädchen	22			22		69		1,4	98,6	
		Fräulein	23		1	22						
		Weib	24			24						
	[+belebt],[–Sexus]	Kind	22			22		46			100	
		Baby	24			24						

Tab. 46: Ergebnisse Multiple Choice Studie REL Personenbezeichnungen

	Genus/Schema		Item	absolute Zahlen				nach Itemgruppen zusammengefasst (in %)			
				N	der	die	das	N	der	die	das
T1	M	[+männlich]	Mann	29	22	3	4	88	71,6	5,7	22,7
			Bruder	29	19	1	9				
			Junge	30	22	1	7				
	F	[+weiblich]	Frau	32	3	24	5	88	11,1	70	18,9
			Tante	28	3	21	4				
			Tochter	30	4	18	8				
	N	[+weiblich]	Mädchen	32	4	15	13	93	15,0	52,7	32,3
			Fräulein	31	2	20	9				
			Weib	30	8	14	8				
		[+belebt],[-Sexus]	Kind	29	16	1	12	59	44,0	6,8	49,2
			Baby	30	10	3	17				
R1	M	[+männlich]	Mann	10	8	1	1	32	75,0	6,25	18,75
			Bruder	10	7		3				
			Junge	12	9	1	2				
	F	[+weiblich]	Frau	12		12		33		93,9	6,1
			Tante	9		9					
			Tochter	12		10	2				
	N	[+weiblich]	Mädchen	11	2	4	5	33	12,1	63,6	24,3
			Fräulein	10		10					
			Weib	12	2	7	3				
		[+belebt],[-Sexus]	Kind	11		1	10	23	4,3	13,1	82,6
			Baby	12	1	2	9				
T2	M	[+männlich]	Mann	23	10	3	2	68	80,9	7,4	11,7
			Bruder	23	18	1	4				
			Junge	22	19	1	2				
	F	[+weiblich]	Frau	24		22	2	72	2,8	87,5	9,7
			Tante	24	2	21	1				
			Tochter	24		20	4				
	N	[+weiblich]	Mädchen	24		16	8	72		69,4	30,6
			Fräulein	24		19	5				
			Weib	24		15	9				
		[+belebt],[-Sexus]	Kind	24	4		20	47	14,9	2,1	83,0
			Baby	23	3	1	19				

				absolute Zahlen				nach Itemgruppen zusammengefasst (in %)			
	Genus/Schema		Item	N	der	die	das	N	der	die	das
R2	M	[+männlich]	Mann	17	14		3	51	90,2		9,8
			Bruder	17	15		2				
			Junge	17	17						
	F	[+weiblich]	Frau	17		16	1	51	2,0	92,2	5,8
			Tante	17		16	1				
			Tochter	17	1	15	1				
	N	[+weiblich]	Mädchen	17		4	13	51		43,1	56,9
			Fräulein	17		12	5				
			Weib	17		6	11				
		[+belebt],[−Sexus]	Kind	17	2		15	34	11,8		88,2
			Baby	17	2		15				
D1	M	[+männlich]	Mann	18	14	3	1	51	91,1	7,1	1,8
			Bruder	19	18	1					
			Junge	19	19						
	F	[+weiblich]	Frau	20		19	1	59	1,7	94,9	3,4
			Tante	20	1	19					
			Tochter	19		18	1				
	N	[+weiblich]	Mädchen	20	2		18	58	5,2	39,6	55,2
			Fräulein	20	1	13	6				
			Weib	18		10	8				
		[+belebt],[−Sexus]	Kind	20	1	1	18	40	2,5	2,5	95,0
			Baby	20			20				
D2	M	[+männlich]	Mann	23	23			70	100		
			Bruder	23	23						
			Junge	24	24						
	F	[+weiblich]	Frau	24		24		70		100	
			Tante	22		22					
			Tochter	24		24					
	N	[+weiblich]	Mädchen	23		7	26	70		25,7	74,3
			Fräulein	23		12	11				
			Weib	24		9	15				
		[+belebt],[−Sexus]	Kind	23			23	47			100
			Baby	24			24				

Tab. 47: Ergebnisse Multiple Choice Studie PERS Personenbezeichnungen

	Genus/Schema		Item	absolute Zahlen				nach Itemgruppen zusammengefasst (in %)			
				N	er	sie	es	N	er	sie	es
T1	M	[+männlich]	Mann	28	25	2	1	86	90,7	3,5	5,8
			Bruder	29	26		3				
			Junge	29	27	1	1				
	F	[+weiblich]	Frau	29	6	22	1	86	16,3	69,8	13,9
			Tante	28	3	23	2				
			Tochter	29	5	15	9				
	N	[+weiblich]	Mädchen	28	3	24	1	87	14,9	79,3	5,8
			Fräulein	30	4	23	3				
			Weib	29	6	22	1				
		[+belebt],[−Sexus]	Kind	31	12	10	6	61	32,8	34,4	32,8
			Baby	30	9	11	17				
R1	M	[+männlich]	Mann	10	8	2		32	90,6	9,4	
			Bruder	10	9	1					
			Junge	12	12						
	F	[+weiblich]	Frau	12	1	11		33	6,1	84,8	9,1
			Tante	9		9					
			Tochter	12	1	8	3				
	N	[+weiblich]	Mädchen	11		11		33		96,9	3,1
			Fräulein	11		11					
			Weib	11		10	1				
		[+belebt],[−Sexus]	Kind	11	6	4	1	23	34,8	26,1	39,1
			Baby	12	2	2	8				
T2	M	[+männlich]	Mann	23	22		1	71	97,2		2,8
			Bruder	24	23		1				
			Junge	24	24						
	F	[+weiblich]	Frau	24		24		70		95,7	4,3
			Tante	22		22					
			Tochter	24		21	3				
	N	[+weiblich]	Mädchen	24		21	3	71	7,0	86,0	7,0
			Fräulein	24	1	23					
			Weib	23	4	17	2				
		[+belebt],[−Sexus]	Kind	24	14	4	6	48	37,5	22,9	39,6
			Baby	24	4	7	13				

Anhang —— 247

	Genus/Schema		Item	absolute Zahlen				nach Itemgruppen zusammengefasst (in %)			
				N	er	sie	es	N	er	sie	es
R2	M	[+männlich]	Mann	17	17			51	98,0		2,0
			Bruder	17	16		1				
			Junge	17	17						
	F	[+weiblich]	Frau	17		16	1	51	2,0	90,2	7,8
			Tante	17		17					
			Tochter	17	1	13	3				
	N	[+weiblich]	Mädchen	17		17		51	2,0	94,1	3,9
			Fräulein	17		16	1				
			Weib	17	1	15	1				
		[+belebt],[−Sexus]	Kind	17	4	6	7	34	17,6	26,5	55,9
			Baby	17	2	3	12				
D1	M	[+männlich]	Mann	19	19			57	96,5		3,5
			Bruder	18	16		2				
			Junge	20	20						
	F	[+weiblich]	Frau	19		19		57	1,75	96,5	1,75
			Tante	18	1	17					
			Tochter	20		19	1				
	N	[+weiblich]	Mädchen	19	1	18		55	1,8	92,7	5,5
			Fräulein	17		16	1				
			Weib	19		17	2				
		[+belebt],[−Sexus]	Kind	19	7	4	8	39	20,5	17,9	61,6
			Baby	20	1		19				
D2	M	[+männlich]	Mann	22	22			69	100		
			Bruder	23	23						
			Junge	24	24						
	F	[+weiblich]	Frau	24		24		72		98,6	1,4
			Tante	24		24					
			Tochter	24		23	1				
	N	[+weiblich]	Mädchen	24		23	1	71		85,9	14,1
			Fräulein	24		24					
			Weib	23		14	9				
		[+belebt],[−Sexus]	Kind	23	2	2	19	47	4,25	4,25	91,5
			Baby	24			24				

Tab. 48: Ergebnisse Multiple Choice Studie DEF Gegenstandsbezeichnungen

		Genus/Schema	Item	absolute Zahlen				nach Itemgruppen zusammengefasst (in %)			
				N	der	die	das	N	der	die	das
T1	M	[–belebt], Xer	Becher	31	16		15	91	63,7	4,4	31,9
			Koffer	30	21	1	8				
			Anker	30	21	3	6				
		[–belebt], Xe	Käse	30	11	10	9	89	39,3	31,5	29,2
			Funke	29	9	10	10				
			Buchstabe	30	15	8	7				
	F	[–belebt], Xe	Seife	32	1	29	2	92	5,4	84,8	9,8
			Schraube	30	3	24	3				
			Bürste	30	1	25	4				
		[–belebt], Xer	Leiter	31	6	21	4	92	25,0	60,9	14,1
			Feder	31	7	17	7				
			Klammer	30	10	18	2				
	N	[–belebt], Xer	Gitter	31	11	5	15	89	46,1	15,7	38,2
			Zepter	28	17	5	6				
			Ruder	30	13	4	13				
R1	M	[–belebt], Xer	Becher	11	11			34	91,2	2,9	5,9
			Koffer	12	9	1	2				
			Anker	11	11						
		[–belebt], Xe	Käse	12	11	1		35	82,9	11,4	5,7
			Funke	12	7	3	2				
			Buchstabe	11	11						
	F	[–belebt], Xe	Seife	11		11		35		100	
			Schraube	12		12					
			Bürste	12		12					
		[–belebt], Xer	Leiter	12		12		36	2,8	94,4	2,8
			Feder	12		12					
			Klammer	12	1	10	1				
	N	[–belebt], Xer	Gitter	10	1	1	8	34	44,1	5,9	50
			Zepter	12	9	1	2				
			Ruder	12	5		7				

Anhang — 249

		Genus/Schema	Item	absolute Zahlen				nach Itemgruppen zusammengefasst (in %)			
				N	der	die	das	N	der	die	das
T2	M	[–belebt], X*er*	Becher	24	18		6	72	81,9	4,2	13,9
			Koffer	24	21		3				
			Anker	24	20	3	1				
		[–belebt], X*e*	Käse	24	19	3	2	72	65,3	20,8	13,9
			Funke	24	10	9	5				
			Buchstabe	24	18	3	3				
	F	[–belebt], X*e*	Seife	24		23	1	72	1,4	95,8	2,8
			Schraube	24	1	23					
			Bürste	24		23	1				
		[–belebt], X*er*	Leiter	24		23	1	72	6,9	90,3	2,8
			Feder	24	2	21	1				
			Klammer	24	3	21					
	N	[–belebt], X*er*	Gitter	24	2	2	20	72	45,8	7,0	47,2
			Zepter	24	16	1	7				
			Ruder	24	15	2	7				
R2	M	[–belebt], X*er*	Becher	17	17			51	100		
			Koffer	17	17						
			Anker	17	17						
		[–belebt], X*e*	Käse	17	16		1	51	70,6	19,6	9,8
			Funke	17	6	9	2				
			Buchstabe	17	14	1	2				
	F	[–belebt], X*e*	Seife	17		17		51		98,0	2,0
			Schraube	17		17					
			Bürste	17		16	1				
		[–belebt], X*er*	Leiter	17	1	16		50	4,0	94,0	2,0
			Feder	17		16	1				
			Klammer	16	1	15					
	N	[–belebt], X*er*	Gitter	17	2		15	50	40,0	6,0	54,0
			Zepter	16	13	1	2				
			Ruder	17	5	2	10				

				absolute Zahlen				nach Itemgruppen zusammengefasst (in %)			
	Genus/Schema		Item	N	der	die	das	N	der	die	das
D1	M	[–belebt], X*er*	Becher	20	20			60	98,3	1,7	
			Koffer	20	20						
			Anker	20	19	1					
		[–belebt], X*e*	Käse	20	20			60	85	13,3	1,7
			Funke	20	11	8	1				
			Buchstabe	20	20						
	F	[–belebt], X*e*	Seife	20		20		60		100	
			Schraube	20		20					
			Bürste	20		20					
		[–belebt], X*er*	Leiter	20		20		60		100	
			Feder	20		20					
			Klammer	20		20					
	N	[–belebt], X*er*	Gitter	20			20	60	11,7		88,3
			Zepter	20	5		15				
			Ruder	20	2		18				
D2	M	[–belebt], X*er*	Becher	23	23			71	100		
			Koffer	24	24						
			Anker	24	24						
		[–belebt], X*e*	Käse	24	24			72	97,2	2,8	
			Funke	24	22	2					
			Buchstabe	24	24						
	F	[–belebt], X*e*	Seife	24		24		72		100	
			Schraube	24		24					
			Bürste	24		24					
		[–belebt], X*er*	Leiter	24		24		72		100	
			Feder	24		24					
			Klammer	24		24					
	N	[–belebt], X*er*	Gitter	24			24	72	12,5		87,5
			Zepter	24	7		17				
			Ruder	24	2		22				

Tab. 49: Ergebnisse Multiple Choice Studie ADJ Gegenstandsbezeichnungen

	Genus/Schema		Item	N	ein+r	eine+e	ein+s	inkongr.	N	ein+r	eine+e	ein+s	inkongr.
					absolute Zahlen				nach Itemgruppen zusammengefasst (in %)				
T1	M	[–belebt], Xer	Becher	27	8	5	8	6	86	34,9	10,5	27,9	26,8
			Koffer	30	14	3	6	7					
			Anker	29	8	1	10	10					
		[–belebt], Xe	Käse	29	10	5	9	5	88	30,7	15,9	30,7	22,8
			Funke	30	4	6	11	9					
			Buchstabe	29	13	3	7	6					
	F	[–belebt], Xe	Seife	29	3	13	3	10	88	10,2	44,3	11,4	34
			Schraube	29	3	10	5	11					
			Bürste	30	3	16	2	9					
		[–belebt], Xer	Leiter	29	5	9	6	9	90	15,5	38,9	16,7	28,9
			Feder	31	4	12	7	8					
			Klammer	30	5	14	2	9					
	N	[–belebt], Xer	Gitter	29	9	2	9	9	89	28,1	9,0	30,3	32,6
			Zepter	30	10	3	5	12					
			Ruder	30	6	3	13	8					
R1	M	[–belebt], Xer	Becher	9	7	1	1		31	77,4	6,5	6,5	9,7
			Koffer	12	7	1	1	3					
			Anker	10	10								
		[–belebt], Xe	Käse	12	7	1	4		34	47,1	17,6	32,4	2,9
			Funke	12	3	3	6						
			Buchstabe	10	6	2	1	1					
	F	[–belebt], Xe	Seife	11	1	8		1	35	8,6	71,4	2,9	17,1
			Schraube	12	1	9	1	2					
			Bürste	12	1	8		1					
		[–belebt], Xer	Leiter	10		7		3	33	3,0	72,7		24,2
			Feder	11		9		2					
			Klammer	12	1	8		3					
	N	[–belebt], Xer	Gitter	10				10	34	41,2	5,9	52,9	
			Zepter	12	9	1	2						
			Ruder	12	5	1	6						

	Genus/Schema		Item	absolute Zahlen					nach Itemgruppen zusammengefasst (in %)				
				N	ein+r	eine+e	ein+s	inkongr.	N	ein+r	eine+e	ein+s	inkongr.
T2	M	[–belebt], X*er*	Becher	23	15	3	4	1	71	74,6	8,5	9,9	7,0
			Koffer	24	19	2	1	2					
			Anker	24	19	1	2	2					
		[–belebt], X*e*	Käse	23	8	10	5		71	46,5	28,2	22,5	2,8
			Funke	24	6	6	10	2					
			Buchstabe	24	19	4	1						
	F	[–belebt], X*e*	Seife	24		24			72		95,8		4,2
			Schraube	24		23		1					
			Bürste	24		22		2					
		[–belebt], X*er*	Leiter	24	2	20	1	1	70	5,7	87,1	2,9	4,3
			Feder	23	1	20	1	1					
			Klammer	23	1	21		1					
	N	[–belebt], X*er*	Gitter	22	7	2	10	3	69	46,4	11,6	34,8	7,2
			Zepter	24	17	2	3	2					
			Ruder	23	8	4	11						
R2	M	[–belebt], X*er*	Becher	17	16		1		51	92,2		2,0	5,9
			Koffer	17	17								
			Anker	17	14			3					
		[–belebt], X*e*	Käse	17	13		4		51	78,4	5,9	13,7	2,0
			Funke	17	12	3	2						
			Buchstabe	17	15		1	1					
	F	[–belebt], X*e*	Seife	16	1	14		1	50	6,0	88,0		6,0
			Schraube	17	1	16							
			Bürste	17	1	14		2					
		[–belebt], X*er*	Leiter	17		13	1	3	51	3,9	86,3	3,9	5,9
			Feder	17	1	16							
			Klammer	17	1	15	1						
	N	[–belebt], X*er*	Gitter	17	3		12	2	51	39,2	5,9	51,0	4,0
			Zepter	17	13	1	3						
			Ruder	17	4	2	11						

Anhang —— 253

	Genus/Schema	Item	absolute Zahlen					nach Itemgruppen zusammengefasst (in %)				
			N	ein+r	eine+e	ein+s	inkongr.	N	ein+r	eine+e	ein+s	inkongr.
D1	M [–belebt], X*er*	Becher	18	15		1	2	57	85,9	3,5	1,8	8,8
		Koffer	20	17	2		1					
		Anker	17	17			2					
	[–belebt], X*e*	Käse	20	19			1	58	84,5	6,9	3,5	5,1
		Funke	20	15	3		2					
		Buchstabe	18	15	1		2					
	F [–belebt], X*e*	Seife	16		13		3	56	1,8	89,3		8,9
		Schraube	20	1	19							
		Bürste	20		18		2					
	[–belebt], X*er*	Leiter	20		17		3	58		89,7	1,7	8,6
		Feder	18		17	1						
		Klammer	20		18		2					
	N [–belebt], X*er*	Gitter	15			15		55	16,4		80	3,6
		Zepter	20	9		11						
		Ruder	20			18	2					
D2	M [–belebt], X*er*	Becher	22	22				68	100			
		Koffer	24	24								
		Anker	22	22								
	[–belebt], X*e*	Käse	24	24				70	97,1	2,9		
		Funke	24	22	2							
		Buchstabe	22	22								
	F [–belebt], X*e*	Seife	23		21		2	69		97,2		2,8
		Schraube	23		23							
		Bürste	23		23							
	[–belebt], X*er*	Leiter	21		21			67		97		3,0
		Feder	22		21		1					
		Klammer	24		23		1					
	N [–belebt], X*er*	Gitter	19			19		67	16,4		82,1	1,5
		Zepter	24	11		12	1					
		Ruder	24			24						

Tab. 50: Ergebnisse Multiple Choice Studie REL Gegenstandsbezeichnungen

		Genus/Schema	Item	\multicolumn{4}{c}{absolute Zahlen}	\multicolumn{4}{c}{nach Itemgruppen zusammengefasst (in %)}
				N	der	die	das	N	der	die	das
T1	M	[-belebt], Xer	Becher	27	11	3	13	85	52,9	8,2	38,9
			Koffer	30	21	1	8				
			Anker	28	13	3	12				
		[-belebt], Xe	Käse	30	11	14	5	89	19,1	40,45	40,45
			Funke	30	3	12	15				
			Buchstabe	29	3	10	16				
	F	[-belebt], Xe	Seife	29	8	8	13	89	19,1	39,3	41,6
			Schraube	30	6	16	8				
			Bürste	30	3	11	16				
		[-belebt], Xer	Leiter	28	5	13	10	89	20,2	46,1	33,7
			Feder	32	9	12	11				
			Klammer	29	4	16	9				
	N	[-belebt], Xer	Gitter	28	13	5	10	87	44,8	12,7	42,5
			Zepter	29	13	4	12				
			Ruder	30	13	2	15				
R1	M	[-belebt], Xer	Becher	9	5		4	31	58,1		41,9
			Koffer	12	10		2				
			Anker	10	3		7				
		[-belebt], Xe	Käse	12	3	3	6	34	17,6	29,4	53,0
			Funke	12	1	4	7				
			Buchstabe	10	2	3	5					
	F	[-belebt], Xe	Seife	10	1	8	1	34	5,9	70,6	23,5
			Schraube	12	1	11					
			Bürste	12		5	7				
		[-belebt], Xer	Leiter	10		6	4	33	12,1	72,7	15,2
			Feder	11	1	10					
			Klammer	12	3	8	1				
	N	[-belebt], Xer	Gitter	10			10	34	11,8	2,9	85,3
			Zepter	12	3	1	8				
			Ruder	12	1		11				

Anhang —— 255

				absolute Zahlen				nach Itemgruppen zusammengefasst (in %)			
		Genus/Schema	Item	N	der	die	das	N	der	die	das
T2	M	[–belebt], X*er*	Becher	23	14		9	71	70,4	1,4	28,2
			Koffer	24	19		5				
			Anker	24	17	1	6				
		[–belebt], X*e*	Käse	23	10	9	4	71	38,0	32,4	29,6
			Funke	24	4	10	10				
			Buchstabe	24	13	4	7				
	F	[–belebt], X*e*	Seife	24	1	19	4	71	4,2	73,2	22,6
			Schraube	23	2	17	4				
			Bürste	24		16	8				
		[–belebt], X*er*	Leiter	24	1	18	5	72	4,2	70,8	25,0
			Feder	24	1	18	5				
			Klammer	24	1	15	8				
	N	[–belebt], X*er*	Gitter	23	6	5	12	70	37,1	12,9	50,0
			Zepter	24	13	1	10				
			Ruder	23	7	3	13				
R2	M	[–belebt], X*er*	Becher	17	15		2	51	82,4	2,0	15,6
			Koffer	17	15		2				
			Anker	17	12	1	4				
		[–belebt], X*e*	Käse	17	14		3	51	62,7	5,9	31,4
			Funke	17	6	3	8				
			Buchstabe	17	12		5				
	F	[–belebt], X*e*	Seife	16		14	2	50	2,0	82,0	16,0
			Schraube	17	1	14	2				
			Bürste	17		13	4				
		[–belebt], X*er*	Leiter	17	2	15		51	7,9	88,2	3,9
			Feder	17		16	1				
			Klammer	17	2	14	1				
	N	[–belebt], X*er*	Gitter	16		2	14	50	20,0	12,0	68,0
			Zepter	17	10	2	5				
			Ruder	17		2	15				

	Genus/Schema		Item	absolute Zahlen				nach Itemgruppen zusammengefasst (in %)			
				N	der	die	das	N	der	die	das
D1	M	[–belebt], X*er*	Becher	19	18		1	59	93,2	5,1	1,7
			Koffer	20	18	2					
			Anker	20	19	1					
		[–belebt], X*e*	Käse	19	18	1		58	69,0	17,2	13,8
			Funke	20	9	6	5				
			Buchstabe	19	13	3	3				
	F	[–belebt], X*e*	Seife	17	1	15	1	57	1,8	93,0	5,2
			Schraube	20		20					
			Bürste	20		18	2				
		[–belebt], X*er*	Leiter	20	2	17	1	59	3,4	81,4	15,2
			Feder	19		15	4				
			Klammer	20		16	4				
	N	[–belebt], X*er*	Gitter	19			19	59	6,8	1,7	91,5
			Zepter	20	4	1	15				
			Ruder	20			20				
D2	M	[–belebt], X*er*	Becher	23	23			70	100		
			Koffer	24	24						
			Anker	23	23						
		[–belebt], X*e*	Käse	23	23			70	91,5	7,1	1,4
			Funke	24	18	5	1				
			Buchstabe	23							
	F	[–belebt], X*e*	Seife	23	1	22		69	1,4	98,6	
			Schraube	23		23					
			Bürste	23		23					
		[–belebt], X*er*	Leiter	23		23		70	1,4	98,6	
			Feder	23		23					
			Klammer	24	1	23					
	N	[–belebt], X*er*	Gitter	23	8	1	26	71	11,3	1,4	87,3
			Zepter	24			12				
			Ruder	24			24				

Tab. 51: Ergebnisse Multiple Choice Studie PERS Gegenstandsbezeichnungen

		Genus/Schema	Item	absolute Zahlen				nach Itemgruppen zusammengefasst (in %)			
				N	er	sie	es	N	er	sie	es
T1	M	[–belebt], X*er*	Becher	29	10	9	10	84	38,1	23,8	38,1
			Koffer	30	14	5	11				
			Anker	28	8	6	14				
		[–belebt], X*e*	Käse	30	4	12	14	91	19,8	34,1	46,1
			Funke	29	8	14	7				
			Buchstabe	32	6	5	21				
	F	[–belebt], X*e*	Seife	27	1	10	16	87	18,4	37,9	43,7
			Schraube	30	6	10	14				
			Bürste	30	9	13	8				
		[–belebt], X*er*	Leiter	29	4	9	16	87	16,1	33,3	50,6
			Feder	28	6	8	14				
			Klammer	30	4	12	14				
	N	[–belebt], X*er*	Gitter	28	6	9	13	88	26,1	29,6	44,3
			Zepter	30	5	7	18				
			Ruder	30	12	10	8				
R1	M	[–belebt], X*er*	Becher	10	1	3	6	31	25,8	22,6	51,6
			Koffer	12	4	4	4				
			Anker	9	3		6				
		[–belebt], X*e*	Käse	12	2		10	35	17,1	25,7	57,2
			Funke	12	3	6	3				
			Buchstabe	11	1	3	7				
	F	[–belebt], X*e*	Seife	10		4	6	34	8,8	41,2	50
			Schraube	12		7	5				
			Bürste	12	3	3	6				
		[–belebt], X*er*	Leiter	10		9	1	32		56,3	43,7
			Feder	10		1	9				
			Klammer	12		8	4				
	N	[–belebt], X*er*	Gitter	10		1	9	34	11,8	14,7	73,5
			Zepter	12	1		11				
			Ruder	12	3	4	5				

	Genus/Schema		Item	absolute Zahlen				nach Itemgruppen zusammengefasst (in %)			
				N	er	sie	es	N	er	sie	es
T2	M	[–belebt], X*er*	Becher	24	10	4	10	72	37,5	16,7	45,8
			Koffer	24	12	2	10				
			Anker	24	5	6	13				
		[–belebt], X*e*	Käse	24	7	4	13	71	25,4	35,2	39,4
			Funke	23	6	12	5				
			Buchstabe	24	5	9	10				
	F	[–belebt], X*e*	Seife	24		14	10	72		63,9	36,1
			Schraube	24		14	10				
			Bürste	24		18	6				
		[–belebt], X*er*	Leiter	24		15	9	71	2,8	54,9	42,3
			Feder	24	1	11	12				
			Klammer	23	1	13	9				
	N	[–belebt], X*er*	Gitter	23	3	5	15	68	25	20,6	54,4
			Zepter	24	6	5	13				
			Ruder	21	8	4	9				
R2	M	[–belebt], X*er*	Becher	17	14		3	51	72,6	3,9	23,5
			Koffer	17	14	1	2				
			Anker	17	9	1	7				
		[–belebt], X*e*	Käse	17	12		5	51	54,9	9,8	35,3
			Funke	17	8	3	6				
			Buchstabe	17	8	2	7				
	F	[–belebt], X*e*	Seife	17		11		51		82,4	17,6
			Schraube	17		16	1				
			Bürste	17		15	2				
		[–belebt], X*er*	Leiter	17		15	2	51	2,0	86,2	11,8
			Feder	17	1	13	3				
			Klammer	17		16	1				
	N	[–belebt], X*er*	Gitter	17	3	1	13	50	20,0	8,0	72,0
			Zepter	16	4	1	11				
			Ruder	17	3	2	12				

Anhang — 259

		Genus/Schema	Item	absolute Zahlen				nach Itemgruppen zusammengefasst (in %)			
				N	er	sie	es	N	er	sie	es
D1	M	[–belebt], X*er*	Becher	19	17	1	1	55	83,6	10,9	5,5
			Koffer	20	17	3					
			Anker	16	12	2	2				
		[–belebt], X*e*	Käse	19	11	4	2	57	54,4	24,6	21,0
			Funke	20	11	5	2				
			Buchstabe	18	9	5	4				
	F	[–belebt], X*e*	Seife	19	1	14	4	59	8,5	84,7	6,8
			Schraube	20	1	19					
			Bürste	20	3	17					
		[–belebt], X*er*	Leiter	19	1	16	2	58	5,2	86,2	8,6
			Feder	19	2	14	3				
			Klammer	20		20					
	N	[–belebt], X*er*	Gitter	17	1	3	13	57	10,5	8,8	80,7
			Zepter	20	2		18				
			Ruder	20	3	2	15				
D2	M	[–belebt], X*er*	Becher	24	24			72	98,6	1,4	
			Koffer	24	24						
			Anker	24	23	1					
		[–belebt], X*e*	Käse	24	24			71	90,2	4,2	5,6
			Funke	24	19	3	2				
			Buchstabe	23	21		2				
	F	[–belebt], X*e*	Seife	24	1	23		72	1,4	98,6	
			Schraube	24		24					
			Bürste	24		24					
		[–belebt], X*er*	Leiter	22		22		69		98,6	1,4
			Feder	23		22	1				
			Klammer	24		24					
	N	[–belebt], X*er*	Gitter	24		1	23	72	9,7	1,4	88,9
			Zepter	24	7		17				
			Ruder	24			24				

Textkorpus

Tab. 52: Erzählungen T0' „Hund und Katze"

T0'	„Hund und Katze"
IXX	*– bei der Datenerhebung nicht anwesend –*
MUZ	Eines tages war eine Katze die Traf ein Hond die Katze hat sich fer libt un den Hond der Hund ferlipsch sindie imer susamen schlafen da wan die zwei freunde und die streiten jez Niwida for ewech.
RHA	der Hund war zu Hsuse und hat Fernser Gekut und danach hat einer gekliged und das war die kaze und der Hund sakt komm rein was solen wir machen spieln komm wir spilen edwars und die sakte ich komme morgen wider abar wir haben so schön gespilt wiso gesdu nach Hause weil es ist schon dukel ok schösch und die Kaze sor einen Hinter die mültone Das sint die Bösen Hunde und die Kaze rennt wek so schnel bis irem Haus und danach kam sie noch Hause.
SIL	Eines tges haben die erst gestreten die musden da wan die zwei

Tab. 53: Erzählungen T1' „Hund und Katze"

T1'	„Hund und Katze"
LÖC	Es war mal ein Hund und ein Katze die haben sich immer gechriten der Hund hat immer die katze gejagt und dan hat der Hund das get so ni weiter die Katze hat gessagt wir mussen nahr denken das hat sehr lange dauert dan haben sieh eine löson gefunden der Hund hat im etwas geschengt und die Katze örgen etwas gegeben dan wurden sie freunde für immer Ende
LRL	Es war einmal eine Katze und ein Hund. Die Katze war immer fröhlich und die Katze hieß Kala, sie hatte ein besitzer. Er wollte die Katze zur Tierheim geben und auf einmal kommte der besitzer von den Hund er war so wütend und er hieß Laky wollte der besitzer die Katze. Nach zwei Monaten ist Laky noch immer wütend, auf Kala auch eifersüchtig weil sie bekommt alles. Lala hatte einen Tedybear aber es war Lakys liebste Tedybear. Die haben sich gezogen und doch auf einmal hat die Lala den Tedybear zurück gegeben und waren beste Freunde.
MER	Ein hund mögen Keine Katzen und die Katze rent auf dem Baum und der hund hat Katze bedrod
RUU	Eine Katze unt ein Hunt ferstehen sisch das is un nomal der Hunt Hat di Kaze bedrot sons hetin si sisch doh nisch gemoht
SÖK	Die Katze und der Hund Eines Tages ging die Katze in einen Wald spatzieren und wo sie frölich spazierte wa auf dem Boden ein Großes loch und die Katze hat das nicht gesehen und Plötzlich ist sie

T1'	„Hund und Katze"
	rein gefallen da Hatte sie angs gehabt und dan Hatte sie so laut geschien aber keine hat sie gehört nur einet hat sie gehört und das war ein Hund der Hund rante so schnell das er schon bei der Katze war und dan Hat der Hund die Katze geretet da War die Katze sehr frölich die Katze in die Augen des Hundes kukte und der Hund die Augen des Katze kukte ferliebten sich die beiden und ware glucklich.
VAN	Es war einmal eine Hund sie magte die Katze gar nicht. Er hat plötzlich eine Katze gesehen Der Hund belte die Katze an. Die Katze ist auf ein Baum geklettert. Der Hund ist auch auf den Baum geklettert. In diesem Augenblick ist die Katze vom Baum runter gefallen. Danach hat die Katze gesagt zum Hund:"Komm spring runter das macht Spaß." „Okay wenn mir was passiert dann esse ich dich wenn mir nichts passiert dann esse ich dich nicht und ich mag dich," sagte der Hund. Danach ist der Hund gesprungen. Dem Hund ist nichs passiert. Wenn sie nicht gestorebn sind dann leben sie noch heute.

Tab. 54: Erzählungen T2' „Hund und Katze"

T2'	„Hund und Katze"
KZN	Es war einmal ein Hund und eine Katze sie mochten sich si sher das sie alles teilen. Aber einmal haben sie sich gestriten sie mochten sich nicht mehr sie haben sich immer gestriten und waren nie wieder Freunde. Aber dann haben sie sich nie wieder gestriten.
LAI	der Hund und die katze der Hund und die Katze schmusen sich. Und die Katze magt den Hund. Der Hund lacht und die Katze auch. Und die Katze wackelt sein schwanz hin und her.
LAN	Die Katze und der Hund Warum Katze und Hund sich auf einmal mögen? Die katze und der Hund haben verstanden das Hund und Katze sich auch mögen können nicht nur streiten können Die Katze hat verstanden das der Hund auch nett sein kann und der Hund hat verstanden das die Katze auch sehr nett sein kann
MGN	Es war einmal ein Hund der einen fisch gefunden und eine Katze einen knochen. Dann begegneten sich die beiden Der Hund rent auf den Knochen zu und die Katze auf denn fisch dann streichelt die Katze dnn Hund und der Hund die Katze. An dem moment waren sie die besten freunde. ENDE
MIN	waren einmal eine Katze und ein Hund sie hasste sich sehr Jeden Tag hat der Hund die Katze auf dem Baum gejagt und der Hund ist zurück in seine Hundehütte gegangen und die Katze ist zurück ins Haus gegangen und der Hund dem Hund war langweilig dan ist sein Besitzer gekommen und ist mit dem Hund gasi gegangen sie sind sehr weit weggegangen und der Katze war auch langweilig. Dann ist der Hund zurückgekommen und die Katze war auf einer Straße und es kam ein Auto der Hund hat die Katze weggeschubst und sie waren Beste Freunde.

T2'	„Hund und Katze"
MIZ	Katze und Hund Es war einmal eine Katze und ein Hund, die hatten sich immer gerne und hatten gespielt. Die Katze fand einen Knochen und schnekte es den Hund dann wahren sie Beste freunde der welt.
NOT	Es war einmal ein schöner Tag da war Tims Geburtstag er wunsch sich ein Hund. Tims Mama hat ein Hund gehold und eine Katze für Lea der Hund die Katze streiten sich Lea gibt die Katze ein wolknol dan ist sie Lieb da komm der Hund und sie spielen mit einander.
RAR	Es war einmal ein Hund namens Jerry. Jerry ging eines tages spaziren. Aber als Jerry eine Katze namens Lina sah rannte bellend auf Lina. Lina rannte so schnell sie konnte. Jerry komte nicht mehr, Jerry war bischen böse auf Lina, weil Lina entwischt war. Intzwichen weinte Lina. Auf einmal kamte ein Tierfenger. Lina miaute so laut sie konnte. in Jerry kribelte irgenwas. er war bischen traurig. Jerry futterte schnell und rannte um sein Leben, er schreide:" Lina, Lina, wo bist du?" Auf einmal hörte er was:" ich bin hier!" er wuste das der Tierfenger Lina hatte. Jerry rannte zum Tierfenger. Er siehte Lina er befreite sie. Die Beide rannten zu Jerrys Hütte. Und dann sagte Jerry:" ich libe dich!" Lina sagte: „Ich dich auch!" Und dann küssten sich die beiden.

Tab. 55: Erzählungen R0' „Hund und Katze"

R0'	„Hund und Katze"
BAR	Der Hund die Katze faschten sih gut
BIT	Die Katze und Der Hund haben sich libe vertragen.
CIH	Die Katze und Der Hund haben sich lieb vertragen
DED	Die Katze und Der Hund haben sich auf der Straße kengelernt darum haben sie sich lieb weil sie beide nett zu einander sind.
FER	die Katze fertrekt sich mit dem Hund und die Katze umarmmt den Hund der Hund lechelt da bei.
NCE	Der Hund und die Katze waren Immer Böse Jetzt können sie sich mal vertragen.
NOE	Es war einmal ein Hund und eine Katze. Sie haden sich die ganze zeit gestriten. Und Sie wobten ein mat spazieren gen aber niemand wa auf den spilplazt und dan haden sie haben enschlosen das sie wider freunde sin.
NRT	Der Hund hat die Kaze. Ferfolgt und dan ach haben. Sich fertragen und danach haben sich als beste frenude. fertragen.

Tab. 56: Erzählungen R1' „Hund und Katze"

R1'	„Hund und Katze"
AAI	Der Hund Max ist einmal im Fleischerladen eingebrochen und hat eine Wurst geklaut der Fleischer hats gemerckt und ferfolgte in mit einem Besen plötzlich kam die Katze und stelte dem Fleischer das beinchen.
AES	Dicke Freunde Es ist eine Familie die nach eine Katze ein Hund ein zwar sollen es Welpen: Schliesslich habe zwei kleinen Hund und Katze. Dann kam ein Mann fragte:" Kann ich behilflich sein?" Die Familie antwortet:"Ja" Okey. Was wollt ihr eigentlich diese beide Ssüßen. Gut dann werd ich auch geben. Hier! Danke. Einer sagt: Wir nennen die Katze Lushi und den Hund Paulo. Nun fuhren die Familie zurück zum Heim. Nach ungefähr 8 Wochen waren die beiden groß und dicke Freunde. 14 Jahre später waren sie schon grau und alt, das sagt Palo:" Es ist ein Silvester nur noch für mich." Wieso fragte „Die Katze? Weil ein nur 15 Jahre ein Hund leben kann. 1 Jahr ist vergang sein 150 Geburtstag der Menschenalter von den Hund. Aber Paulo ist tod. Die trauer der Katze und der Familie alle weinten. die Katze konnte nicht weinen aber sie traurig.
LER	Jesi und Susi haben schöne Tag, wenn die streiten sich dan fertragen sie sich. Die waren lieb und schön aus die haben kein besitzer. weil kein wollten die nehmen. weil die haben kein bok. zur spielen und zu Fötern auch zu Nachdrausen gehen spaziren.
LLH	Ea wahr mal eine Katze und ein Hund sie haben sich im Nafapark gestriten und es wahr so schlimm das sie sich nie wieder gehsehn haben. Die Katze hatte kein Freund auser den Hund. Und der Hund hatte auch keine Freundin auser die Katze. Am Abend dachte die Katze das sie den Hund wemnießt. Und der Hund hat das gleiche getacht. der Hund guckte sich die Fotos an. Und frühens Morgen haben sie sich gesehn und haben sich fertragen.
NAR	die Katze und der Hund haten einen Streit. Und danach hat die Katze und der Hund wider sich zusammen vertragen. und die beiden haten einen schönen tag. und dan haben die schön gespielt.
NNS	–bei der Datenerhebung nicht anwesend –
NOF	Eine Katze retet ein Hund Es war ein mal ein Hund er wünschte sich gerne einer bester Freund mit der er spielen kann und mit den er Malen kann. Er sah eine Katze die auf einem Baum sass und nicht mer runter kam. Die Katze sagte:" Miau, Miau helf mir ich komm nicht mer runter"! Er sprang hoch und retete die Katze sie sagte: danke danke das du mich geretet hast, auser dem heiße ich Miauka, und du"? „ich heiße redo" und die beiden waren jetzt beste Freunde.
NOS	Eines Tages Esste eine Katze eine Blumer. . Der Hund ist auch die gleiche Blume wie sie Und so Pasirte es das sie schmusen. Die Maus und die Katze Eines Tages ging eine Maus in ihr loch. Plötlich komm eine Katze sie rennte auf die Maus zu und fersuchte sie zu schnapen. Der große Haus

R1'	„Hund und Katze"
	Der Haus ist 25 m Hoch und 88 m Breit das ist der Größte Haus. Dord leben Mäuse sie leben seit 100 Jahren in diesen Haus. Der kleine Haus Der Haus ist 10m lang und 0 m Brait dort leben Amaisen und Beschützen die Könige.
RAI	Der Hund fetrakt sich mit der Katse weill sie sich gestriten haben der Hund hat ihr ferfolgt.
UES	*–bei der Datenerhebung nicht anwesend –*

Tab. 57: Erzählungen R2' „Hund und Katze"

R2'	„Hund und Katze"
CAR	Die Katze und der Hund fertragen sich weil sie einen streit haten aber jetzt ist ales wieder gut und sie spielten und spielten und spielten aber dann kamm der Winter aber der Hund hate einen karton gefunden und dar haten sie sich aufgewemd und so lebten sie bis der Winter weg ging.
KAM	Der Hund fefolkt Die Kaze. Die Kaze überlegt warum Künen wir ns fertragen Die Kaze sagt „waum könen wir uns fertragen Der Hund antwortet warum nich"!
KET	Der Hund und die Katze hate schreit. Das handelte um ein Bär. Der Bär war ganz klein, und hate keine Arme weil die Katze die Arme aufgegesen hate.
LAS	Katze und Hund Die Katze traf ein Hund. Der Hund rante sofort hinter her und Die Katze kletterte schnel auf ein Baum. Der Hund sas aufen Biden. Dan kam die Besitzerin fon dem Hund und sagte was machst du noch so spät Draußen und sagt zu ihn geh nach Hause der Hund gig mit der Besitzerin weck. Die Katze kleterte fom baum und ging auch nach Hause. Jetzt trafen sich der Hund die Katze wider der Hund wollte schon losrenen aber die Katze hat gegessen und bevor der Hund los rennte hat die Katze einfahr gesagt wilsu etwas ab haben da hat der Hund darauf angewortet ja. Nun waren sie Freunde und haben zusamen gespielt.
LOV	Ein Hund und eine Katze mochten sich nicht. Doch eines Tages mochten sie sich wieder. Die Besitzerin von der Katze war damit nicht einferstanden. Das Herchen von dem Hund auch nicht. Da sagte Das Herchen von der Katze wir müsen überlegen was pasirt ist. Doch da hate die Besizerin eine ide. Fleicht hat dein Hund meiner Katze ja zusamen gespielt. Ja das könnte ja sein. Aber ich mochte die warheit wefahren. Eins Abentz sahen die Beiden Herchen wie die Katze und der Hund sich umarmd haben. Da Hate Die Besitzerin eine ide sagte sie gantz einfach sie Haben sich verliebt. Nein sagte der andre besitzerin doch da ssagte Er ja das kann stimen. da sagten die Beiden es stimt und sie lebten gluklich an ihr Lebentz ende.
MINX	Es geschar plötzlich Einestages jagte ein Hund eine Katze. Doch dem Hund nerfte es der Katze hinter her zu rennen. Er meinte das sie beste Freunde werden konnten. Deshalb fragte er:" Sollen

R2'	„Hund und Katze"

wir Freunde sein?" Die Katze antwortete:"Fergises! Ich will nicht mit so einem Köter befreundet sein." Da wurde der Hund gans wütent er schrie:" Na warte!" Die Katze lief nach drausen. Und der Hund knalte gegen die Fensterscheibe und weinte. Da kam die Katze rein und tröstete ihn. Und danach waren sie sie besten Freunde. Und die beiden waren die aller, aller, allerbesten Freunde obwol die anden Hunde und Katzen sich immer noch stritten waren sie die besten Freunde der ganzen Welt.

NARX Der Hund und die Katze ferstehen sich gut weil sie eine ope haten. die ope hate geholfen und jetzt ferstehn sie sich gut.

NEJ Das Abenteuer
Es war einmal ein Hund und eine Katze sie hatten immer Streit. Mal um eine kleine Maus für den Hund, mal um einen Knochen für die Katze. Der Hund ging jetzt ins Bett und drehte sich um. Als er sich umdrete hörte er ein lautes „Miau". Er geht nach hinten aber die Katze war nicht da. Also machte sich der Hund auf den Weg zur Katze. Er ging in den Wald und lausch. Er hört es wider „Miau". Dort sah er die Katze, sie sagte:"Danke und lass uns wegrennen und zu Hause angekommen haben sie sich nicht mehr gestriten.

NET Hund und Katze streiten sich jeden Tag. Aber Hund dachte eines Tages mal nach."Also was ich eigentlich die Katze jagen? Dann rufte er die Katze die sehr vorsichtig auf ihn zukam. Der Hund fragte die Katze:"Wollen wir uns vertragen?" Die Katze sagt dagegen:" Ja, wenn das kein seltsamer Trick ist?" Dann Lebten sie lange zusammen.

NII Ein Hund spazirte an einer wise endlang. Auf der suche zu einem Herhen. Plötzlich kam auss jeder ecke eine herde mäuse. Sie umzingelten den Hund und fordaten ichn auf den Käse rauß gerücken. Er antwortete kleinlaut:" Es tut mir leid doch bin sehr hungrich. Und des einzige was ich besitze ist Käse Brot & Tunfisch" „Gib es uns forderten sie" Plötzlich kam eine Katze aus dem gebüsch und fertrieb die Meuse. Zum Dank gab der Hund der Katze den Fisch. Sie freute sich darüber und führte den Hund zu ihrem he___(UNLESERLICH) er nam den Hund an ____(UNLESERLICH) die Beiden wurden Freunde fürß Leben.

Wie entstand die Liebe zwischen der Katze und dem Hund?
Teori 1: „Won Hunde ceit goburtan mit Katzen zusamenleben leben gewönen sie sich an ein ander & werden Freunde fürs Leben
Teori 2: „Der Hund könnte auß dem Tierheim sein und nach etwaß Zeit könten sie Freunde geworden sein
Teori 3: Sie mochten sich fon anfang an

NIK Eines Tages war ein Hund gebor der so aus sa wie eine Katze. Der normale Hund war der Vater von den Hund der so aus sa wie eine Katze. Der Hund der so aus sa wie eine Katze wollte immer mit den Vater spielen aber er hate keine Zeit darum hat er aleine alle sahen gemacht und der Vater hate endlich Zeit und sie spielte. Nach ein par Jaren hat der Vater endlich kapirt das dass Kind wie eine Katze aus siht und hat angefangen zu jagen.

R2'	„Hund und Katze"
NRS	Die Kate und der Hund Es war einmal eine Katze und ein Hund die Katze lebte in einer schönen grube aber dewr Hund in einer Höle dann trafen sich Hund und Katze die Katze fragte:" sollen wir Freunde sein?" der Hund antwortete Ja1 dann umarmten sie sich und machten ein Freunschafts Foto. Und wenn sie nich gestorben sind dann leben sie noch heute.
RAIX	Es war einmal. Ein Hund und eine Katze die haten sich gestriten und gestriten und eines tages kam ein großer hund und da haben sie sich gegenseitig geholfen.
RXX	Eines Tages gang ein Hund zur Schul Da waren nur Katzen aber da war auch die schönste Katze der Welt er mökte die Katze nicht er gang weck sein knochen viel runter die Katze hepte den knochen auf und plözlich war der hund ferlibt. und wen sie noch nicht gestorben sind dann leben sie noch heute. Ende.

Tab. 58: Erzählungen D0' „Hund und Katze"

D0'	„Hund und Katze"
LXX	Der Hund und die Katze wurden gefangen sie haben eine falsche Sprize bekommen und dadurch waren sie Freunde geworden. nach 15 stunden wurden sie feinde geworden aber der Hund hate eine Ihde der Hund hate einen Lüftungs Schacht und haben sich da durch gequetscht.
LXY	Der Hund und die Katze Schmusen weil Sie Ser Ser gute Freunde sient und der Hund und die katze sient Nachtz aus den Zaun gegangen weil die Besizer des Hunds und der Katze haten imer Streit und auf einmal mochten die Bisizers siech und alle lepteten Bis an ir ende.
OXY	Die Katze war ganz alien. Da kam ein Hund und sie wurden Freunde. Und sie spielten zusammen.
RXY	Der Hund und die Katze ham sich immer gestriten. Das gefilten den Eltern garnicht dan ham sich die Katze und der Hund nicht Fertragen dan hate der Hund eine ide der Hund wollte sich nicht mer mit der Katze Streiten dan Hatte der Hund die Katze gefragt aup wir uns Fertragen wollen.
SXX	Die Katze war immer traurich. Weil die Mäuse sie geägat haben. Und dan dachte der hund die amme keine Katze und wurden Freunde und haben geschplt.

Tab. 59: Erzählungen D1' „Hund und Katze"

D1'	„Hund und Katze"
EXX	Es war ein mal ein Hund und eine Katze. Die Beiden warn Nachbarn. Sie haben sich am anfang sehr oft gejagt aber eines Tages htte der Hund keine lust mehr die Katze zu jagen. Die Katze auch nicht mehr. Weil sie jetzt freunde sind. Ende

D1'	**„Hund und Katze"**
IEE	Eines Tage lief eine Katze über die Straße. Plötzlich kamm ein Auto an gerast. Und die Katze bemerkte das Auto nicht. Dann kamm ein Mann mit einem Hund an der Leine um die Ecke. Plötzlich zerte der Hund wiewild an der Leine. Dann rante er auf die Straße. Er schob die Katze blitzschnell auf den Bürgersteig zu seinem Härchen. Der Mann lobte seinen Hund. Die Katze gehörte niemanden so beschlos der Mann die Katze zu behalten. Nichs würde Hund und Katze tennen.
NES	Es war ein mal ein Hund der von ihrem besizer weggelaufen ist der besitzer war sehr traurig Es war einmal einen Katze die von ihrem besitzer weggelaufen ist der bisitzer war nich traurig weil er die katze nicht mehr haben wollte und haben sich Hund und Katze getrofen erst ist der Hund auf die Katze loss gegangen aber als sie ihr das erzählte lebten sie zusammen.
RAA	Es war einmal eine Katze Paule und ein Hund namens dogy. Sie waren keine freune sie jagten sich der der Hund die Katze. Das schlime war das sie zusamen wohnten jeden Tag Jede Nach gab es erger. Aber an einem Ta da waren sie so vergnügt das sie sich gar nicht mehr jagten sie beschlisten sie nie mehr zu jagen! Und wenn sie nich gestorben sind dann leben sie noch heute Ende
RAN	Es war ein mal eine Katze die auf einem Baum fest saß. Die besitzerin hat sofort die Feuerwehr angerufen. Als die Feuerwehr. kam wuste die besitzerin nicht das die ein Hund haben. Die Besitzerin hat sich Erschrocken aber der Hund und die Katze mochten sich sehr gern. Von nun an treften sich die beiden und unter nahmen was.

Tab. 60: Erzählungen D2' „Hund und Katze"

D2'	**„Hund und Katze"**
AXX	Eines tages liefen sich ein Hund und eine Katze über den weg. Angeblich mögen sich Hund & Katze nichcht. Aber bei ihnen wurde es ganz anders. Sie wurden Freunde sie machten ales zusamen wie z.b. sie wonten zusamen, sie assen zusamen halt ales was man zusamen machen kan machen sie zusamen und so blieben sie bis ihr ende Freundo.
IXX	Eines Tages wurde die Katze von Diben geklaut. Der Hund fragte sich der Hund wo die Katze sein. Also ging er auf die Suche. Nach ein paar Stunden kam er an einem verfallenen Haus vorbei! Da hörte er das Miauen der Katze. Er ging zum Haus hin. Aufeinmal stürmte er die Bude. Er rettete die Katze und floh. Jetzt sind die Katze und der Hund freunde.
IXY	Es war einmal ein Hund und eine Katze. Die Katze hatte die Familie aber der Hund war in einem Tierheim. Einmal entschloß sie sich ein Hund zu holen. Sie fuhren los. Dann mußten sie sich entscheiden. Dann haben sie den Hund genommen und brachen ihn nach Hause. Sie haben sich zum ersten mal gesehen haben sich verliebt. The End
MXX	Eines Tages wurde 1 kleine Katze fon einen klein Mädchen gefunden. und mit nach Hause genommen worden. Das Mädchen frgte seine Mutter ob sie die Katze behalten

D2'	**„Hund und Katze"**
	dürfte. Die Mutter überlegte und sagt:" Aber nur wen du dich gut um die Katze flegtst." Das Mädchen sagte natürlich selbstverständlich. Aber ein par Wochen später hatte das Mädchen eine Schulveranstaltung und muste die Katze zuhause lassen. Die Katze aber hatte allein angst und sah ein fenster das ein kleinen spalt auf war und kroch hindurch. Sie ging auf der Straße stehen und guckte sich um da sah die Katze ein Auto das direkt auf sie zu kam. Aber plötzlich kam ein Hund und schupste sie weg und hat der Katze das Leben gerettet sie wurden Freunde und alles ist gut.
OXX	In einem kleinem Haus lebte ein Hund und eine Katze die haben sich immer gestritten. Doch eines Tages sagte der Hund zur Katze:" Ich habe kein lust mehr darauf dass wir uns immer streiten müssen"! Da hatte die Katze eine Idee: Wir können doch einfach freunde werden." „OK"! sagte der Hund. Und so wurden der Hund und die Katze für immer Freunde.

Anhang — 269

Tab. 61: Erzählungen T0' „Eine schlaflose Nacht"

T0'	„Eine schlaflose Nacht"
IXX	Der Baby Hat Angst. Fon bungel PaPa unb MaMa kanen nischt slafen flaeit HaB Der Baby Hunger iswamal ein Fatter unt eine Mutt und ein Baby Der Fatter und Mutter weisen
MUZ	– verweigerte zu schreiben –
RHA	Ein Babi konnte nicht schlafen weil er ansgt hate in Eine schaflose Nacht die Mutter und der Vater wann aufgestrnten dann Hat in den arm genomen und dann die Mutter hat den sonn tedy gegeben aber er Heulte weiter dann nehmen die spiel uhr dann war er eingeschlafen dann konnten die Eltern einschlafen die Eltern Haten sich gefreut. Ende
SIL	Die Mutter bekommte ein Baby und es War dunkel und das Baby wollte nicht ein schlafen die Mutter hate ein Tetibär und der Vater hate ein Keks in der Hand. das Baby wolt imernochnicht schlafen. die Mutter hate eine Gute Die gehapt ein gute nacht geschichte war zu lesen undan war das Baby eingeschlafen.

Tab. 62: Erzählungen T1' „Eine schlaflose Nacht"

T1'	„Eine schlaflose Nacht"
LÖC	Eines Tages in der nacht Schläfte jeder dan Wachte der Baby auf er weinte weil er sein Bär verloren hat die Eltern wachten auf die wusten nich Was die machen sollen die Mutter hat ein ede das die eine Schlafliet singen soll aber das baby weinte immer noch nan hatte der varter ein ede und gibte seinnen Bär dan schläfte das Bär.
LRL	–bei der Datenerhebung nicht anwesend –
MER	Es war einmal Eine Familie Namends Aklas das Baby schreit mitin der nacht da wachen Mama und Papa auf das Baby hate Angst da hat die Mama von das baby den Nunu gegeben da weinte das Baby nicht mer
RUU	An einer naht hat der baby geweint und der fater und die muter sind aufgewaht sie haben ales mögliche ausprobierd aber eines haben sie nicht fersuht bevor es morgens wurde haben sie die windeln gewegselt und das baby hat aufgehört zu weinen.
SÖK	Das Baby weinte eines Tages dann kommen ihre Eltern und wollten das Baby berühgen aber das Baby weinte weiter ihre Eltern überlegten was sie machen könnten das das Baby schläft und das die Eltern entlich schlafen können dasa haben sie das Baby die Windel geckukt und dann haben sie ihn Wasser gegeben dann haben sie noch ein bisschen mit ihn gespiel dann ist das Baby entlich eingeschlafen und die Eltern konnten schlafen gehen.
VAN	Es waren einmal verheirate und sie hatten ein Baby. Es war einmal 1. April. An dieser Nacht hat das Baby ein streich gespielt. Das Baby hat die ganze Nachtlang geweint. Die Mutter hat versucht das der Baby ein Bär gegeben. Der Vater hatte das gleiche

T1'	„Eine schlaflose Nacht"
	versucht nur mit einem Ball, aber es hatte nicht geklappt. Das Baby sagte:" April, April." Die Eltern sagten:" Es hat sein erstes Wort gesagt." Jeder konnte jetzt schlafen.

Tab. 63: Erzählungen T2' „Eine schlaflose Nacht"

T2'	„Eine schlaflose Nacht"
KZN	Das baby weint weil er angst hat vor der dunkelheit. Das baby hat angst die Mutter und der Vater wollen ihn müde machen. Der Vater gibt ihm einen Keks aber das Baby weint immer noch. Die Mutter gibt einen Teddbär. Das Baby weint immer noch dann wo es hell war schliefen alle ein. Am nächsten Morgen war es was besonderes das Baby hatte geburtstag. Sie feierten und feierten.
LAI	Das baby hat hunger. Also die Mutter bringt das baby zu schlafen mit ein Tedy aber das baby hörte nicht auf zu weinen. Und der Varter gibt den baby ein keks aber es hört immer noch nich auf zu weinen. Und dan hat sie seine Mutter mit ein spiel seug schlafen zu bringen aber es hörte immer noch nicht auf zu weinen. Und sein Vater muste schlafen.
LAN	Das Baby weint. weil seine windel voll ist. Kann er nicht schlafen. Und Mutter und Vater können auch nicht schlafen. Sie wegsln die Windel und alle können wieder schlafen und der Vater und die Mutter auch. Jetzt können sie in rue schlafen.
MGN	Das Baby kann nicht Schlafen weil es Hunger hat. Mutter und Vater könten es füttern damit es aufhört zu weinen. Heute wird die nacht noch lange weitergehen. Es könnte aber auch sein das dem Baby etwas wehtut. Die eltern bringen ihn zum Kinderartzt. der artzt untersucht das Baby. Aber alles ist in ordnung. Sie gingen nach hause und nahmen das Baby mit in ihr bett. dann fing das Baby an einzuschlafen. Anscheinend wollte das Baby einfach nur bei Mutter und Vater schlafen. Ende
MIN	Es war einmal ein Baby. Es wollte ins Bett. Ihre Mutter und ihr Vater haben sie ins Bett gebracht. Sie gingen auch ins Bett. Plötzlich hat das Baby geweint. Mama und Vater fragten sich sie überlegten und überlegten. Der Vater hatte eine Idee. Vieleicht liegt es an dem harton Bott. Dann haben die Mutter und der Vater das Baby bei uns geschlafen lassen. Nach einer Stunde weinte das Baby. Dann wusste die Mutter warum das Baby weinte. Es liegt an der Dunkelheit. Dann hat die Mutter das Nachtlicht angemacht und es konnte wieder schlafen.
MIZ	Es war einmal ein Vater eine Mutter und ein Baby das Baby schreibt die ganze Nacht, weil er angst hat von der dunkelheit, und Hunger hat. Die Mutter macht dem etwas zu essen das Baby isst und trinkt alles aus aber er kann immer noch nicht schafen der Vater hat den Vorhang zugemacht aber das Baby kann immer nich nicht schlafen. Die Mutter hat dann die Windeln gewekselt aber das hat auch nicht geholfen die Mutter hat Milch gegeben es hat auch nicht geholfen. Der Vater hat ein Schlaflied gesungen und das Baby ist eingeschlafen.
NOT	Das baby kann nich Schlafen wal es ein albtraum hate und die Eltern fersuchen das Baby zum Schlafen zu bringen aber das verzuchts___ aber dan nimt Papa das baby in

T2'	„Eine schlaflose Nacht"
	ihren Schlafzimer mit und ale gingen Schlafen.
RAR	Es war einmal eine familie. in der familie war ein Vater, eine Mutter und das baby. das baby konnte diese nacht nicht einschlafen. Es hatte zu viel angst vor der dunkl heit. damit das Baby einschlafen kann machte sie alles. ihn mit irgenwas wieder zur freude zubringen. sie sagten schlaf ein und zingten

Tab. 64: Erzählungen R0' „Eine schlaflose Nacht"

R0'	„Eine schlaflose Nacht"
BAR	Das bebi schreit. Der Fater helt ein kez. Die muter helt ein Ber. Dan ist der Bebi eingeschlafen.
BIT	das Baby hat angs oder die Mama und der Papa haben den Baby zu spät ins Bett gelegt, dan gehet der Papa zum Bamy und bleibt der Papa 20 minuten bei dem Baby und dan schleft es ein.
CIH	Das Baby kann nicht schlafen. Wall es angs hat. Der Vater hat in der Hand ein Ball und die Mutter hat in der Hand ein Teddy. Die Mutter und der Vater bringen denn Baby zu schlafen.
DED	Das baby kann nicht schlafen weil es Angst hat Die Mutter kommt der Vater kommt Der Vater nimt einen Ball er will das der Baby schlaft Die Mutter nimmt einen TeddyBär es ist Nacht der Baby ist eingeschlafen. die Eltern gehen auch schlafen es ist Nacht.
FER	Die geben in einen Schnuler Milch und gutenacht musik und noch ne wieder ganz neu dann konnte die mutter und der vater wider schlafen und das Baby war wider ruich und konnte wider schlafen.
NCE	Das Baby scheribt es kann nicht schlafen weil es dunkel ist. Vater und Mutter versuchen mit spielzeug das Baby zum schlafen bringen. Die Mutter hat einen teddi in der hnad. Und der Vater hat einen ball in der hand.
NOE	Das Baby weint honger hat und die Eltern versuchten das Baby su beruigen. Der Vater hat ein Ball in der Hand und versucht aus Baby zu beruigen und die Mutter hat ein tati in der hat
NRT	das Baby weint weils alt träume hat und die eltarn ein schlafen willen aber das klbt nicht. Aber das klabt auch nicht schade wie Krigen wir das Baby fileicht krigen wir das ein schlafen lasen mit den fliger das ist ein geschlafen.

Tab. 65: Erzählungen R1' „Eine schlaflose Nacht"

R1'	„Eine schlaflose Nacht"
AAI	In einer Nacht fing das Baby an zu schreiben es konnte nicht schlafen weil es angst hdas Baby hatte angst vor dem Mond der Vater Peter hat die Mutter Maria versuchten mit spielzeug das Baby zum Schlaf zu bringen der Vater gabe dem Baby einen Ball die Mutter einen Bär damit es einschläft und plötzlich schläft es ein
AES	Es war ne`ruhige Nacht bei den Müllers bis auf einmal einmal ein lautes schreien und ein heul kam. Herr Müller und Frau Müller gingen zum Baby. Klaus fragte:" Warum weint es denn?" Also warum fragst du mich, ich bin doch kein Heorg. Du musst es doch wissen, du bist doch der ekspärte. Na gut, ich versuche mit dem Raschel und du mit dem Bär. Okey, aber das Baby heult immer noch. Vielleicht ist es, weil seine schlaf Zellen ihn aufgewckt hat oder sein Bauch. Klaus du holst dass Wasser. Klaus hast du das Wasser? Ja hab ich, gut jetzt hol sie doch okey. Naddia steckt die Flasche in den Lippen und das Baby trinkt und jetzt will er nicht mehr trinken. sie legten das Baby auf den Bett und er schläft.
LER	das Baby kann ncith schlafen weil: das Baby hat angst. Die Mutter gebt dem Baby ein loli das klapt nicht der Vatter singt ein Lied. dann schläft das Baby ein.
LLH	Was ist passiert: Das Baby schreibt und ist aufgewacht weil es ein Alptraum hatte. Warum kann das Baby nicht schlafen: Weil es ein Alptraum hatte. Was machen Vater und Mutter, damit das Baby wieder schlafen kann: Mit spielzeugen unterhalten. Das heulende Baby Eines Tages musste ein Baby namen Lüssie zum Atzt wegen seine Zänchen. Als es beim Atzt wahr hat es richtig geschrien. Dann gingen sie nachause. Das baby holte immer noch weil es angst von den Arzt hatte. Die Mutter und der Vater haben alles versucht. Plötzlich hatten sie eine Idee die Mutter und der Vater haben das Baby erzählt das der Atzt ein Osterhase ist. Und das Baby hat sich beracht. Die Eltern konnten schlafen und das Baby auch.
NAR	das Baby weint weil sie durst hat. der Vater und die Mutter können das Baby trösten und spielzeuge geben. dieses Baby sas auf ein tisch. dann kamm ein die Mutter und hat gesakt nein nicht den tisch setzen. das Baby hat geweint. dann hat Vater und Mutter versucht das Baby zu beruigen mit ein teddibear und dann war wieder alles gut.
NNS	Einer schlaflosen nacht hat das Baby die ganze zeit geschrihen und sein Vater hat es schon mit ein keks oder ein Ball versucht und schon mit einen schnuller und die muter hat es schon mit einem tediebär und schon mit einen buch einen pupe und einen Auto und der Vater versucht es nochmal mit einer vlasche soger mit einer Socke und mit alem moklichen mit einem lutscher mit milch mit einen schlaflit soger mit bällen auser jonglieren dan hat das baby gelacht aber sie könen es nicht die ganze nat machen sie haben noch witze erzelt das hat es zum schlaven gebracht sie haben soger schlaflieder versucht dan haten sie die idee eine nachttischlampe dan hat das Baby geschlafen.
NOF	Eines morgens standen Vater und die Mutter auf. Sie machten sich Frustück und Caffe. Da wachte das Baby auf und rufte:" Mama, Dada!" Sie kamen ins Zimmer und zogen das Baby an und gaben ihm dan anschließend sein Babybrei. Es war Apfel gemischt mit Bannane. Dan kam auch schon die Babysiterin weil die Eltern ja auch zur Arbeit

R1'	„Eine schlaflose Nacht"
	gehen musten. Sie mussten bis sehr Abends arbeiten und kamen ermudet nach Hause. Die Babysiterin sagte:" Ihr Baby hat die ganze Zeit nur gespielt und gegessen. Sie dankten der Babysiterin und gaben ihr 50 Euro. Nur sie hate vergessen die Windeln zu wechseln. Die Eltern erledikten es schnell und gingen dan ins Bett, sanken langsam hinein, plötzlich gegang das Baby zu weinen und es weinte immer lauter so das die Eltern angesaust zu ihm kamen und kuckten ob die Windel schon voll war. Aber die Windel war noch okay sie fragten ihm:" möchtest du dein Tady? oder deinen Ball?" Aber er wollte das beides nicht. Die Eltern Mama und Papa standen die ganze Nacht auf den Beinen und versuchten das Baby zu stillen. Es war Samstag morgen und die Vögel zwitscherten schon. Da begang es wider. Das baby weinte schon wieder bis in die Nacht hinein. Die Eltern waren empört und am nächsten Tag gingen sie zum Arzt er sagte „Aber warum weinte es denn so schrecklich!" Antworteten die Eltern. Die Mutter hatte eine Idee:" vielleicht vermmiste er die Babysiterin?" und der Vater meinte:" vielleicht vielleicht möchte es ja ins Kino!" Da hatte die Mutter eine Idee und am nächsten Tag als sie Eltern schon zur Arbeit gingen gien die Babysiterin mit dem Baby ins Kono und kuckten garfiehlt. er hörte dann entlich auf zu weine sie war so fro. Und als sie nach hause kam waren die Eltern begeistert und sagten zu ihr:" Wir sind begeistert sie können jetzt immer kommen wann sie wollen Ende.
NOS	Vater ging zu arbeit und er hat aus fersehen denn schnuler vergesen. Dann ging er nach hause und wollte schlafen gehen aber plötzlich vengte das Baby an zu schreihen. Der Vater versuchte das Baby zu beruigen. Dan kam die Mütter und sie versuchte das Baby zu berugen und da halte der vate zu schnell wie möglich noch einen schnuler.
RAI	Es kann nicht schlafen weil es bauchschmerzen hat in tableten gegben und er schlif ein und die Eltan schlifen ein und die frau treumte das babi immer noch schreibt und sie hat in die tableten.
UES	Eines Tages konnte ein Baby nicht schlafen ... Dann hat der Vater eine Schlafmusic angemach und das Baby konnte wieder schlafen. Und Ales wurde gut. Die Mutter war so froh das das geschlafen hat und alle gingen schlafen.

Tab. 66: Erzählungen R2' „Eine schlaflose Nacht"

R2'	„Eine schlaflose Nacht"
CAR	Das Baby weint. Das baby kann nicht schlafen weil es ganz viele bauchschmerzen hat und Kopfschmerzen. Die Mutter versucht das Baby mit ihren Lieblings Bär zum Schlafen Doch es hilfte nicht Dann versuchte das Baby mit ihrem Ball ruhig zu machen. Und dann haben die beide eine Geschichte Erzählt sie Erzählten eine Geschichte über eine Mutter und ein Vater und einem Baby dann hat das Baby wundervoll geschlafen. und die Eltern auch toll geschlafen und haben sich gefreut das das Baby entlich schläft.
KAM	das Baby hat altreum und hat angefangen zu schreien der Vater jonglirt mit einen Ball die mutter gibt den baby sein lblings tedi. Ber der Vater hat eine iede er sagt:" Hol die gute nacht cede!" die Mutter hat sie geholt und hat sie spielen lasen das Baby ist

R2'	„Eine schlaflose Nacht"

KET eingeschlafen und die Eltern auch.
Mein muss das Baby auf die Kautsch legen dann zum einschlafen bringen mit was wiziges Die Eltern können nicht schlafen weil das Baby schreibt. Das Baby in die Hosen gemacht hat. Der Vater hat das Baby zum einschlafen gebracht. Die Mutter hat was ich da neben gestelt und hat was in der hat gehalten.

LAS Mama und Vater schlafen. Plötzlich wacht ihr Baby auf. und weind und weind die Mutter und der Vater wissen nicht was sie tunn solen. Sie überlegen sich das noch. Der Vater sagt warum weinst du nur miten in der Nacht. Da fällt Mama sofort etwas ein sie legt ein spielzeug auf Bet wo einschlafmasig rauskomt. Der Vater und die Mutter sagen gleichzeitich ich glaube es braucht ein fleschhen. Dan gaben sie das Flaschhen den Kint und so endet die Geschichte.
die Mutter und der Vater wachen auf weil sein Baby aufgewacht is sie haben alles fersucht aber dan haten sie eine Idee und haben den Kind ein Fleschhen Milch gegeben so kannten dasn Baby und die Mutte der Vater schön weiter schlafen. weil das Baby eine Flasche Milch brauchte.

LOV Das Baby kann nicht einschlafen. Es kann nicht schlafen weil es dolle bauchschmerzen hat. Die Eltern wedelten mitt spilzeugen doch es kann sich nicht bereigen. Das Baby fing aufeinmal an zu schrein die eltern. Dachten wiso kann es nicht schlafen. Die Mutter sagte; es hat beschtimt bauch weh," Der Vater dachte es hat nur hunger. Das baby hatte etwas gegesen es brach auch nichtz. Dann sagte die Mutter zu dem Vater ich glaube ich soll ihm etwas vorbessen dannach ist er eingeschlafen. und alles war forbei.

MINX Es ist Nacht. Die Mutter legt gerade das Baby ins Bett. Damit es nich weint seckte sie den Schnuller vom Baby in seinen Mund. Danach ging sie zu ihren Mann. Und sie kukten Fernsehn. Danach hörten sie das Baby schreien und lauften schnell zum Kinderzimmer.
Das Baby kann nicht schlafen weil es den Schnuller aus den Mund genommen hat. Der Vater versucht das Baby mit seinen Ball zu beruhigen. Die Mutter gibt dem Baby ihren Teddy. Doch es half nichs. Schon fast die ganze nacht heulte das baby. Die Mutter überlegte was sie gemacht hat bevor das Baby eingeschlafen ist. Plötzlich sagte sie:" Wir müssen dem Baby den Schnuller wiedergeben." Als das Baby den den Schnuller wieder hatte schlummerte es wieder ein.

NARX Die Eltern können nicht schlafen Weil das Baby in die Hose gemacht hat. der Vater weil das Baby füttern und die Mitter weil das Baby einfach trösten mit einem Tedibären und erst Mitter nacht schläft das Baby ein.

NEJ In der schlaflosen Nacht können Vater und Mutter nicht schlafen, weil ihr Baby schrie und schrie und schrie. Das Baby kann nicht schlafen, weil es sehr, sehr dolle Bauchschmerzen hat. Das erklert auch den Grund, dass das Baby schrie. Vater holte eine schöne und bunte Rassel und Mutter hatte einen warmen und kuscheligen Teddybär. Und die beiden versuchten wirklich alles aber das Baby schrie und schrie. Später nach dem Vater und Mutter alles versucht hatten hatte Mutter eine Idee sie gab dem Baby etwas Muttermilch und aufeinmal schlief das Baby ein. Der Vater flüsterte leise:" Englich ist das Baby still, ruhig und schläft. Die Mutter schimpfte leise:"Sei du blos

R2'	**„Eine schlaflose Nacht"**
	still sonst wekst du das Baby wieder auf.
NET	Das Baby weint. Es bekommt vielleicht viel zu wenig schlaf und weint dann ganz lange. Sie geben das Baby ein Fläschhen warme Milch, dann schläft das Baby wieder tief und fest.
Es war einmal schlaflose Nacht, und ein Baby konnte nicht schlafen. Es hatte vielleicht zu wenig geschlafen. Die Mutter und der Vater versuchten das Baby mit einem Fläschchen warme Milch zu beruhigen. Es funktionierte, es schlief tief und fest ein und Mutter mit Vater wahren sehr, sehr müde.
NIJ	Heute Morgen stande der Vater früh auf den Mira seine kleine Tochter fing an zu schreien & zu weinen. „Mira warum weinst du den?" frakte der Vater das Baby. Doch das Baby antwortete nur mit einem lauten „Hua mua suga buga aaah piphose" Was sollte das bloß bedeuten. Diese Frage stelte er sich grade als Johann seine Frau ins kinder zimer kamm „warum kann sie denn nicht schlafen?" fragte die Mutter. „Ich weiß es nicht sagte der fater". „Sie sagte etwas wie „Hua mua suga buga aaah piphoe". Ensetzt nhm sie das kuscheltier des Baby's in die Hand und der fater tat so als ob er ein Clown were doch da weinte das Baby mira noch lauter. Als die Mutter plötzlich aufschreckte & ihren Mann fragte ob mira „piphose" gesagt hätte. „ja" antwortete der Vater kleinlaut. Die Mutter ließ den Teddy fallen & rannte in die Küche. Werend das Baby nochmehr schrie. Die Mutter kam mit einer Windel in der Hand ins KinderZimmer. Doch da wahr es schon zu spädt. Das Baby hatte es hinter sich gebracht nur jetzt war die Hose und der Vater nicht glücklich sie waren nämlich nass den „piphose" bedeutet bring mir eine windel sonst mach ich's in die Hose.
NIK	Es war ein mal eine Familie mit einen Kind. Das Kind schreite in der nacht unglaublich. Die Eltern wollten das Kind beruigen. Die Eltern gaben was zu trinken und zu essen auch Kuscheltiere aber nichtz hat geklabt. Dann wollte der Vater das Licht anmachen Als er das Licht angemacht hat hörte das Baby auf zu schrein. Dann lasten sie das Licht an und das Kind schlaft. Morgen war alles wider normal.
NRS	Die Mutter und der Vater haben schon alles versucht, aber das baby kann einfach nicht einschlafen. Das Baby weint schon die halbe Nacht, der Vater hatt es schon mit einem Auto, einer Flasch, einem Klotz, 2 Fingerpuppen und mit einer Rassel versucht! Die Mutter hat es schon mit 2 Murmeln, einer Puppe, mit einem Duch und mit einem Tady versucht, aber es klapp einfach nicht, doch plötzlich hat der Vater einen Keks geholt das Baby schlief ein. konnte es nicht einschlafen es wollte nur einen keks. Die Eltern gingen auch ins Bett und alles war wieder gut.
RAIX	es wahr einmal eine mutter und ein vater und ein Baby das Baby kann nicht schlafen weil es angst hat der Vater könnte das Kind in Bett legen und die mutter singt ein liet. das Kind schlaft.
RXX	Das Baby weint weil es alt treume treumte Vata kolt und Mutter kolt versuchen das Baby wider zum schlafen Bringen Vata und Mutter versuchen alles singen, tanzen, spielen, und Gutenacht Geschichten es kaapt nicht mutter kol denkt nach sie sagt warte fater kol eine Lösung Gibt es noch sie hate nur durst last es uns es mal versuchen fater holt eine flasche milch das Baby tringt und schleft sofort ein und ales ist wider Gut.

Tab. 67: Erzählungen D0' „Eine schlaflose Nacht"

D0'	„Eine schlaflose Nacht"
LXX	Das Baby kann nicht schlafen weil er seinen Vater und seine Mutter vermist und weil er sein Schnuller haben will die Eltern geben im den Schnuller
LXY	Das Baby war grade an Schlafen und dan weint das baby die Mutter und Vater gehen sofort inz zimer und Trösten das Baby mit sem Tedi.
OXY	–verweigerte zu schreiben –
RXY	Mama und Papa können nicht Schlafen weil das bebi weint Das bebi weint weil es ein Alptraum hate Mutter und Vater Gaben Das Baby einen Keks und ein tedy Dan schläft das Baby wider.
SXX	Der Vater hat gesagt. Alle ins Bett eine stude danach ist das Babi wider wach der Vater Versucht. mit der Muter das Babi zum Schlafen zu Bekomen der Vater Versucht das Babi mit ein Keks und die Miter mit ein Tedi.

Tab. 68: Erzählungen D1' „Eine schlaflose Nacht"

D1'	„Eine schlaflose Nacht"
EXX	Was sollen wir nur tun wir haben eine puppe, ein Ball was sollen wir noch tun der Vater hat ein hant und versucht es die Mutter ein Bären Sie legen das Baby ins Bett der kleine hat sich ein bissen Beruigt sie deken ihn zu und gehen selber schlafen 5 minuten später wachte er auf Die beiden machten die schlaf Cd an der kleine schlief ein die Nacht ging vorbei alles war gut.
IEE	Eines Nachs in einem kleinen Haus schrie ein Baby fürchterlich. Es konnte nicht schlafen weil es fürchterlichen hunger hate. Und es schrie und schrie es hörte nicht auf. Aber die Eltern wusten nicht was es hatte. Doch dann kamen sie auf die Idee das sie eine Rassel haben. Doch es schrie immer noch es horte einfach nicht auf. Und so war es auch mit fielen anderen Dingen. Dan endlich kamen sie auf die Idee eine Flasche mit Milch zu holen. Plötzlich beruigte sich das Baby widor. Und es ist alles wider gut
NES	Es war ein mal ein Kind das immer schreit. Sie hieß Lina jede Nacht schreit sie das ganz haus durch. Sie schrie immer: „ Mami, mami!" Und dann gehen die Eltern auch immer zu Lina hin und das findet Lina auch gut aber einmal hat Lina die ganze Nacht geschrien und das fanden die Eltern vollekane doff einfach nunr doof und dam Nachmittag haben die Eltern bis 11 Uhr Abens geschlafen. Und das Kind hat Nachmittags nur geschrien wie am spieß.
RAA	Am Abend als Mamma und Papa grade ins Bett gehen wollten schrie das Baby die beiden rannten in das Zummer des Kindes es schrie und schrie die Mutter fersuchte es mit dem Tädy Bär und der Vater mit einem Keks ihrgend wan haten die beiden eine Idee sie legen es ins Bett und steken ihm den schnuler in den munt es schlief ganz plötzlich ein der Papa kucket auf die uhr es war Morgen beide sagten: „ Oh nein.

D1'	„Eine schlaflose Nacht"
RAN	Es war einmal ein Baby was nicht schlafen konnte. Familie Stro hat ein Baby bekommen. es hies Willy. In der Ersten Nacht fing es schon mit dem Geschreie an. Die beiden Eltern haben garnicht damit gerechnet das es schon in der Ersten Nacht damit anfängt. Mutter geht hoch in das zimmer. Aber die Mutter kann Willy auch nicht zum schlafen. Dann kam der Vater auch hoch und sagte: „ich glaub ich weis was Willi fehlt sie kann noch nicht schlafen weil sie was zu spielen braut. Nun giebt der Vater Willy was zu spielen und freut sich. Jehtzt gehen wir wieder schlafen.

Tab. 69: Erzählungen D2' „Eine schlaflose Nacht"

D2'	„Eine schlaflose Nacht"
AXX	Eines nachtz schih das Baby von Frau Anne so laut das alle Nachbern gewekt wurden. Frau Anne und ihr Mann ranten wie üblich zu dem Baby aber dises mal haben die Elter versucht das Baby zu trösten. Die letzten male haben sie ihm ein fach den Schnule gegeben aber dises mal fanden sie ihn nicht. die mutter sagte:" hör bite auf sonst kommt noch der vermiter und wirft uns raus." Aber das Baby hörte nicht auf. Da Versuchte es der Vater, hast du hunger." Aber das Baby hate keinen hunger. Da sagte es plötzlich:" Mama Schnuler!" da gab die Mutter den Baby den Schnuli & das Baby hörte auf. Alle waren glüklich weil das Baby sein erstes Wort gesagt hat.
IXX	Eines Abens kam auf Ki:Ka eine Schreckens Sene. Als das Baby ins Bett gegangen ist schrie es nach 1 h. Da kammen Vater und Mutter rein und versuchten das Baby zu trösten. Sie versuchtes immer und immer wieder aber ohne erfolg. Sie holten alle spielsachen aber wieder ohne erfolg. Da hatten sie eine Idee. Es war nämlich Vollmond. Sie holten den Schnulla und stekten ihm den Schnuller in den Mund. Und aufeinmal wurde das Baby ganz ruhig. Sie legten das Baby ins Bett und gingen auch ins Bett.
IXY	Ein Baby namens Niklas kann nicht schlafen. Es will nämlich noch. Der Vater gibt dem Baby einen Keks und die Mutter hate ein Tedy in der Hand. Dann haben sie es aufgeben dann durtte das Baby spielen. Kurz darauf schlief es. Wie komisch.
MXX	Einmal konnte eine Baby nich schlafen. Und schrie so laut das die Eltern sager auf wach. Da gingen sie das Zimmer vom Baby und fragten was er wohl hat. Die Mutter sag ein Schlaf lied aber es schrie weiter. Dan versucht der Vater sein glück und wollte mit im spiln er warf ein Ball zum Baby aber der warf in wieder schreient weg. Da sagte der Vater: „ Was will er den jetzt?" „für leicht fernsehn," „Waraum sind die Gadinen ofen," fragt der Vater. Ich mach sie zu. Plötzlich fallen die Augen zu von den Baby zu. Da sagte die Mutter:" Für leicht Wegen dem Vollmond.
OXX	Eines nachts war Folmond und das Baby hatte nur alb Träue. Dann wachte das baby auf und weinte, denn es konnte nicht mehr schlafen. Nach einer Weile kamen die Eltern von dem Baby und gaben im Essen, Trinken und viel Spielsachen aber es konnte einfach nicht schlafen. Die Mutter sagte „Mir reicht es ich gehe ins Bett!" Papa geht

D2'	„Eine schlaflose Nacht"

her. Ein,m zwei Stunden vergingen Mama stannt auf und schute nach dem Baby und es schlief. Ende.

Tab. 70: Beschreibungen T0' „Meine Klasse"

T0'	„Meine Klasse"
IXX	di Tafel ist Neben di Tüi. dihtdiRüne Di Schrank HAT di Farbe Di Regal Hat Büsch
MUZ	Auf die tafel scler auf die tafel schreibt die Lerarin die tafel Hengt for dem Schüler im dem regal sind Bücher im regal ist Körbe Der Schrang stet Der Schrang hat Türen
RHA	die Tafel ist in der Wand der Schrank ist auf den Boden der Regat an der Wand die Tafel ist grün dan mit die Lehrerin auf der Tafel schreiben kann. in der schule gelp lila blau rosa
SIL	Die Tafel ist grün. Die Tafel braucht man zum Lernen. bei den Regal sten Bücher Deke und höhere Bücher. Der Schrank stet in der Klasse met Kesten.

Tab. 71: Beschreibungen T1' „Meine Klasse"

T1'	„Meine Klasse"
LÖC	die Tafel ist grün das brauchen wir zu schreiben und die Tafel ist firekig. da Regal brauchen wir damit wir etwas rein tun. und das ist hell braun. die Schrank brauchen wir damit Bücher rein zu tun. das ist hell braun.
LRL	Tafel: Wir brauchen sie zu schreiben und das sieht grün aus. Regal: kann man bücher einstellen oder Spiel. Tafel: es ist viereckig und es sieht grün ist aus. das brauchen wir zu schreiben. Regal: das ist lang und sieht braun au wir können bücher reinstellen und spiel. Schrank: es ist lang viereckig und es ist braun und da können wir freiarbeite rausholen.
MER	die Tafel ist neben der tür die tafel ist firek die tafel ist grün die tafel brauchen wir zu schreiben das regal ist neben das fenster das regal ist rechtekik das regal ist Braun das regal brauchen wir zur Sachen rein reinlegen der schrank ist neben der tafln der schrank ist firekich der schrank ist Braun der schrank brauchen wir um sachen rein zu legen
RUU	Die tafel ist in der Klase und die tafel ist grün und in der mite der Gal ist helbraun und ist reschts in der klase der schrank ist da um Sahen rein zu legen unt ist helbraun und ist links in der klase
SÖK	Die Tafel die Hängt an der wand und ist vierekig und ist grün. Der Regal stehet nebn den Fenster und ist hel braun und ist Recht eckig und im Regal sind auch ganz viele

T1'	„Meine Klasse"
VAN	Bücher din und es gibt's auch zwei Kasten im Regal. Und im Schrank könten auch Stifte oder Blätter sein oder Bücher. Die Tafel ist neben der Tür. Die Tafel sieht rechteckig aus. Die Tafel hat farbe grün. Denn Tafel brauchen wir was zu schreiben. Das Regal ist neben dem Fenster. Das Regal ist rechteckig aus. Das Regal hat holzfarbe. Denn Regal brauchen wir um Bücher reinzu legen. Das Schrank ist nebn dem Tafel. Das Schrank ist rechteckig aus. Das Schrank hat holzfarbe. Denn Schrank brauchen wir Sachen reinzu legen.

Tab. 72: Beschreibungen T2' „Meine Klasse"

T2'	„Meine Klasse"
KZN	Die Tafel ist neben der Tür. Das Regal ist neben dem Fenster. Der Schrank ist neben dem Schüler. Die Tafel sieht Rechteckig aus. Die Tafel hat eine grüne farbe. Die Tafel ist dazu da um zu lernen. Das Regal ist Hocheckig. Das Regal hat eine braunige farbe. Das Regal ist dazu da um etwas reinzulgen. Der Schrank ist rechteckig Der Schrank hat eine hautfarbe. Der Schrank ist daszu da um was zu nehmen.
LAI	Die Tafel ist Grün. Die Tafel hängt an der Wand. Der schrang stätt vor den Kinder. Die Kinder sitzen auf dem stuhl. Und in dm regal stehen Bücher und Bilder.
LAN	Eine Tafel ist grün. Eine Tafel braucht man zum schreiben wen die Lehrerin was neues uns zeigt. Die Tafel ist an der Wand. Ein Regal braucht man Bücher rein zu tun oder andere sachen. Ein Schrank kann man gebrauchen sachen zu tun wie ein Regal aber es hat türen.
MGN	Die Tafel ist neben der Eingangstür. Die Tafel ist viereckig. Die Tafel ist grün. Wir brauchen die Tafel damit wir die aufgaben drauf schreiben können. Den Schrank brauchen wir um bücher rein zu tun. Der Schrank ist braun. Der Schrank ist hoch. Der Schrank ist neben dem fenster. Das Regal ist neben der Tafel. Das Regal ist rechteckig. Das Regal ist Braun. Wir brauchen das Regal um Ordner rein zu tun.
MIN	Die Tafel in der Klasse befindet sich unter der Uhr. Das Regal im Klassenraum befindet sich neben dem Fenster. Der Schrank im Klassenraum befindet sich neben dem Schreibtisch. Die Tafel sieht aus wie ein Rechteck. Das Regal sieht aus wie ein Rechteck das auf dem Kopf gestellt ist. Der Schrank sieht auch aus wie ein Rechteck. Die Tafel ist Grün. Das Regal ist hellbraun. Die Tafel brauchen wir um das Datum auf zu schreiben. Das Regal ist da um Bücher rein zu legen. Den Schrank braucht man um Stofftiere reinzulegen.
MIZ	Die Tafel ist neben der Tür. Die Tafel sieht aus wie ein Rechteck. Die Tafel ist grün. Die Tafel brauchen wir um Lesen und Schreiben zu lernen. Der Regal steht neben dem Fenster. Der Regal ist ein Rechteck. Der Regal ist gelb. Den Regal brauchen wir um Bücher reinzulegen.

T2'	„Meine Klasse"
	Der Schrank steht mitten in der Klasse. Der Schrank ist ein Rechteck. Der Schrank ist braun. Den Schrank brauchen wir um sachen rein zu legen.
NOT	–bei der Datenerhebung nicht anwesend –
RAR	Die Tafel ist an der Wand der Schrank auf den boden der Regal Reschts an der Wand die Tafel ist viereckig der Regal ist voller bücher und Rechteckig. der Schrank ist mit türen und mit regale. die Tafel ist grün. Wir brauchen die Tafel um zu schreiben. den Regal um sachen da rein zutun. den Schrank un zu Bücher spielsachen oder was anderes rein zu tun.

Tab. 73: Beschreibungen R0' „Meine Klasse"

R0'	„Meine Klasse"
BAR	–bei der Datenerhebung nicht anwesend –
BIT	Die Tafel ist in der Wand und Grün. beim Regal sind ser ville Bücher driene. Der Schrank ist braun und dar sind gans fille Bücher drine.
CIH	Die Tafel ist in der Wand. Die Tafel ist dunkelgrün. Da hin kamen Mahte schreiben. Im Regal stehen Bücher Im Regal stehen Spielzeug. Der Schrank ist viereckik. Im Schrank kamern was hinlegen.
DED	Die Tafel ist grün. Mit der Tafel kann man schreiben. Die Tafel hängt an der Wand. Und die Tafel ist in der Klasse. Ist braun. Denn Regal braucht man für Bücher. Den Schrank braucht man für Hefte.
FER	die Tafel ist an der wand die Tafel ist ein kwadrard die Tafel ist Grün die Tafel ist um zu schreiben dar. der Regal ist am Fenzter der Regal ist goroß und rechtekick der Regal ist bund der Regal ist um sachen rein zu tun der Schrank ist neben den Lererin der schrank ist fir ekich den Schrank ist hat farbik der Schrank ist für sachen reintun.
NCE	Die Tafel hängt an der Wand die ist auch zum schreiben vür mahte Deutsch Englisch und Musik gut. Das Regal ist am Fenster da kann man Bücher und Spielzeug tun. Der Schrank ist neben den Stuhl da kann man auch sachen rein tun.
NOE	–bei der Datenerhebung nicht anwesend –

R0'	„Meine Klasse"
NRT	In einem raum _____norm _____ grün darum weil diese Gegenschtende wicht__ sind mit der Tafel kanman Schreiben und den Regal Sachen aufachtelen kann und mit den schrank kann momal die ich Hinsezen. die Tafel Henkt in der Wand und der Regal stet in der Wand und der Schrank stet normal bei der klasse.

Tab. 74: Beschreibungen R1' „Meine Klasse"

R1'	„Meine Klasse"
AAI	[TAFEL] Ganz vorne neben der Tür. sie hat die vor einer quadrates sie ist grün mann braucht sie um su lernen. [REGAL] Rechts neben dem Fenster. sie ist große und hat viele Bücher drauf es ist Hautfrabig mann braucht sie um Bücher hinzulegen. [SCHRANK]Links neben den Schülern ist grün und Hautfarbig. mann braucht sie um sachen dareinzulegen.
AES	Die Tafel ist in der Mitte man braucht es um sachen zu lernen und zu schreiben. Der Regal ist links von der Klasse aus. Es dazu damit man seine Recktschreibkatain oder Sommer stubenhorst dirin zu legene. Der Schrank ist das damit in den Aufgaben drin sind. Sie sind groß, brat und nutzlich. Der Schrank besteht aus Buche unde der Regal auch. blond. Regal dunkel Schrank blond grün Tafel. Für Sachen die Machen müssen.
LER	–bei der Datenerhebung nicht anwesend –
LLH	Die Lehrerin kann auf der Taffel schreiben und die Kinder kann es beantworten. Die Tafel ist grün- Sie ist viereckig. Und die Tafel hängt an der Wand. Beim Regal kann man Spiele aufbewahren. Der Regal hat die Farbe hellbraun. Der Regal hat Türen. Der Regal befindet sich neben der linken Wand. Man kann Bücher in den Schrank stecken. Der Schrank hat die Farbe Hellbraun. Der Schrank ist sehr lang und hat keine Türen. Der Schrank ist hinten.
NAR	die Tafel ist Grün und wir brauchen sie um darauf mit Kreide zu schreiben. die Tafel ist 4 Eckig. das Regal hat die farbe braun. um da was rein zu tun in dem Regal so wie bücher und häfte. die schplade ist dunkelblau und ales andere ist hellbraun wir brauchen die schuplade um da bläter reinzutun.
NNS	Die Tafel ist neben der Tür. Die Tafel ist Ekik und grün. Die Tafel Braucht man um zu schreiben. Der Regal ist neben den stülen. der Regal ist ekik und mit filen schupladen und braun. den regal ist zum sachen aufbewarer. Der Schrank ist neben den fenster. der schrank ist groß und braun. den schrank braucht man um sachen hinzutun.
NOF	–bei der Datenerhebung nicht anwesend –
NOS	–bei der Datenerhebung nicht anwesend –

R1'	„Meine Klasse"
RAI	Die tafel ist auuf der Wand. Die Tafel ist Grün. Die Tafel um zu lernen. Das Regal ist neben der Wand. Das Regal ist braun. Das Regal um zu bei spiel spiel zeuge. Der Schrank ist neben der Wand. Der Schrank ist braun. um sachen rein zu tun.
UES	*–bei der Datenerhebung nicht anwesend –*

Tab. 75: Beschreibungen R2' „Meine Klasse"

R2'	„Meine Klasse"
CAR	Die Tefel steht neben der Tür Sie ist Dick Sie ist lang Sie hat grüne sie ist grün Wir brauchen sie zum rechnen, schreiben, zeichnen. Das Regal Es steht neben dem Pult es sieht aus Dick und Die Farbe des Regales ist so Braun. Der schrank es ist gantz weit von dem Pult und dem Regal auf kein fall breit aber es ist ziehmlich hoch die Farbe ist holzfarbe
KAM	die Tafel hengt an der Wand. die Tafel siet aus wie ein firek die Tafel ist grün, um solchen auf zu schreiben. der regal stet Rechs in der eke, der Regal siet aus wie ein Rechtek, das Regal ist Braun, um Bücher rein zu legen. der Srank stet links in der eke, der schrank siet aus wie ein firek der schak ist Braun, um spiele rein zu legen.
KET	Die Tafel ist in der Mitte. Die Tafel ist Grün. Die Tafel ist um was wichtiges. zu schreiben oder zum Lernen. Die Tafel ist groß. Das Regal ist in der Ecke. Das Regal ist weiß. Das Regal braucht man um Sachen da hin zu legen. Das Regal ist groß. Der Schrank ist deben der Tafel. Der Schrank ist weiß. Der Schrank ist klein. Der Schrank ist um alte sachen da hin zu legen.
LAS	Eine Tafel brauchen wir damit die Lerarien auf die Tafel schreiben können und Damit wir wissen wie etwas geht. Ein Regal und ein Schrank braucht jeder damit man in den Schranck oder Regal Sachen legen kann. Die Eine Tafel ist hart und meistenns grün Die Schränke und Rigale könen in ferschidenen Farben sein sie können in Pink in Blau in grün sein und viel mehr.
LOV	Die Tafel ist Neben der Lehrin. Sie ist grün und dord drauf sind weise schtriche. Sie ist virekich. Mann braucht sie um dord dinge drauf zu schreiben. Das regal steht neben denn fenster. dar drauf sind bücher und eine kiste mit lego sachen. Der schrank hat die Farbe hell braun. Mann braucht in um dort dinge rein zu stellen. Der Schrank steht fast neben der Lererin. Es hat zwei grose türen. und zwei dikere und

R2'	„Meine Klasse"
	zwei kleine. Es hat die Farbe Braun und ein bischen blau. Mann braucht es zum bläter reinlegene. oder andre dinge.
MINX	Die Tafel ist in der Mitte. Die Tafel sieht rechteckig aus. Die Tafel ist grün. Wir brauchen die Tafel um da drauf was zu schreiben. Regal Das Regal ist ganz hinten im Klassenzimmer. Das Regal ist nur ein blattes Holzstück. Das Regal hat die Farbe weiß. Wir brauchen sie um unsere Kunsth____ darauf abzustellen. Der Schrank ist rechts vom Klassenzimmer. Der Schrank ist viereckig. Der Schrank hat die Farbe braun. Wir brauchen sie um Sachen dort abzulegen.
NARX	*–bei der Datenerhebung nicht anwesend –*
NEJ	die Tafel ist in der naher von der Tür. Das Regal ist in der näh von dem Fenster. Der Schrank ist in der nähe von der Tafel. Die Tafel ist Viereckig. Das Regal ist Recheckig. Der Schrank ist auch Viereckig. die Tafel ist grün. Der Schrank ist hellbran. Das Regal ist auch hellbraun. Die Tafel zum lernen. Das Regal zum Bücher aufsellen. Und den Schrank um wichtige Sachen reinzumachen (z.B. Kunstsachen).
NET	Die Tafel ist links neben der Tür und ein Lehrer schreibt grade darauf (grün) Das Regal steht Rechts hinen in der Ecke und besteht aus Holz. Wir brauchen es das Regal um Büchel ider Kisten reinzustellen. (braun) Den Schrank brauchen wir um irgentwelche Dinge herienzulegen. Er steht links in der Mitte. (braun)
NII	*–bei der Datenerhebung nicht anwesend –*
NIK	Die Tafel ist grün. Sie ist an der Wand. Sie siht Quadratisch aus. Sie braucht man um drauf zu schreiben. Neben den Fenster. Das Regal siet groß aus. Der Regal ist gelb. Den Regal braucht man um Bucher reinzulegen. Neben der Tafel. Er siet groß aus. Der Schrank ist braun. In braucht man um sachen reinzulegen.
NRS	Die Tafel steht links neben der Klassentür. Die Tafel ist grün und schwarz umrandet und ist viereckig. Die Tafel ist grün und schwarz. Die Tafel ist zum schreiben geeignit. Das Regal steht links neben dem Mädchen mit dem lilanen Pulover. Das Regal ist hell und dunkelbrauch und hat 2 große Schubladen und 2 kleine Schubladen. Das Regal ist hell und dunkel Braun und hat dunkelgrüne Schubladen. Das Regal ist für Hefte, Bücher und Blätter. Der Schrank steht rechts neben dem Fenster. Der Schrank ist groß und hat 6 Fächer mit Büchern und Spielsachen darin. Der Schrank ist groß und hellbraun. Der Schrank ist für Bücher und anderen Material.
RAIX	die Tafel ist grün und die hängt an der Wan man kann mit kreide schreiben das Regal das steht neben das Fenster es ist groß und hel da kann man Bücher reinstelen. Der Schrank in einen schrank kann man sachen reilegen und der Schrank ist hel

R2'	„Meine Klasse"
RXX	Die Tafel ist Grün und ist vor den Kindern man Braucht die Tafel zum lernen und die tafel ist lang und Groß und ist an der Wand
Der Regal ist Gelb und in den Regal kanman Bücher oder andere Sachen rein tun der Regal ist Große und dünn und stet auf den Boden
Der Schrank ist Orangsch und Blau in den Schrank kann man auch sachen rein tun der Schrank ist Klein und Breit und stet auf den Boden.

Tab. 76: Beschreibungen D0' „Meine Klasse"

D0'	„Meine Klasse"
LXX	Die Tafel ist grün. Die Tafel ist dafür da um ügenwas auf zu schreiben. Die Tafel steht am pult wie die Lererin.
Das Regal befindet sich hinten in der klasse. Das Regal ist leicht braur. Das Regal ist da für da ürgendwas rein zu stelen.
Der Schrank ist hell. Der Schrank ist fonne in der Klasse. Der Schrank ist da für da bücher rein zu stellen
LXY	Die Tafel ist Grün und wier Brauchen die Tafel um zu lernen und dan kann die Lererin Aufgaben auf schreiben. Und die Tafel ist in der Klasse.
Das Regal ist ~~Dafu~~ für da um Bücher rein zu legen und das Regal ist gerekt neben den Fenster.
Der Schrank ist da für da um sachenein zu legen. der Schrank ist an fenster.
OXY	Die Tafel ist grün. Darauf kann mann schreiben. die tafel ist in der mite.
Im Regal stehen Sachen . ~~es~~ er ist gros. das Regal ist rechts.
der Schrank hat Türen. mann Kann auch etwas Rein Stelen. der Schrank ist lings.
RXY	Die Tafel ist Grün. Darauf schreiPt Man Damit alle Kinder es sehen können. Sie sind aAn der Wand. Die Tafel ist An der Wand.
Das Regal ist Braun. ~~An der Wand Das Regal ist An der Wand~~. Da kann Man Bücher Oder Spile Rei stelen. Das Regal Stet Neben Dem Fenster
~~Das Regal Ist An der Wand Das~~ Der Schrank ist Neben ~~dem~~ der Tafel. der Schrank ist Braun. Da kan Man Sachen Rein stelen.
SXX	Die Tafel ist da zu zu Schreiben und zum Rechnen ~~und zu~~ die Tafel ist Grün die Tafel steht fohrne
~~Im~~ In ein Regal sind Bücher und Mapen das Regal ist Braun das Regal ist an fenster
In ein Schrank sind Zetel und ~~M Na~~ Notiezen der Schrank ist Braun der Schrank ist an der Seite

Tab. 77: Beschreibungen D1' „Meine Klasse"

D1'	„Meine Klasse"
EXX	Die Tafel ist nehben der klassentür. Vier Ekik und groß ist sie. Sie ist grün die Tafel brauchen wir zum schreiben. Das Regal ist nehben dem Fenster. Es ist hoch rechtEkik. Die Farbe ist braun. Wir brauchen es um dort Bücher und spiele hinein zu tuhen. Der Schrank steht neben der Tafel. Es ist ein Quardrat. Es ist braun. um keide ___?
IEE	Die Tafel ist neben der Tür. Die Tafel ist an der Wand. Die Tafel ist vierekig. Sie ist grün. Die Tafel brauchen wir zum Rechnen. Und ern man etwas zu erkleren. Das Regal steht neben dem Fenster. Das Regal ist groß. Es ist Braun. Wir brauchen das Regal um Bücher drin ab zu stelen. Der Schrank stehd in der Ecke. Das Regal ist breit. Es ist braun. Wir brauchen es um sachen drin ab zu stelen.
NES	Die Tafel ist an der Wnad und neben der Tür. Die Tafel ist Viereckig. Die Tafel ist dunckelgrün. Wir brauchen die Tafel weil sie zum Schreiben dar ist. Das Regal ist genau neben dem Fenster. Das Regal ist sehr groß. Das Regal sit Besch aus. Das Regal brauchen wir zum Bücher rein legen. Der Schrank ist neben den Kindern. Der Schrank sit Kuardratmäsik aus. der Schrang ist auch Besch. Wir brauchen den zum sachen rein legen.
RAA	Die Tafel hängt ganz forne. Die Tafel ist grün. Und die Tafel ist Rechteckig. Wir brauchen die Tafel; zum versehen, zum forschreiben und zum Lernen. Das Regal steht in der Ecke. Das Regal ist rechteckig. Das Regal ist Besch (Löwen Farbe) Wir brauchen das Regal um Ordnung zu halten. ~~Man braucht das den Schrank um Unt~~ Der Schrank steht nehben der Tafel. Es ist recht eckig. Es ist grün Und Besch. Man brauch den Schrank um Blatter und unterlagen zusammeln.
RAN	Die Tafel ist an der Wand und neben der Tür. Sie ist Viereckig. Die Tafel ist grün. Wir brauchen die Tafel brauchen wir um Aufgaben ran zu Schreiben. Das Regal steht neben dem Fenster. Es ist Rechteckig. Es ist Braun. Um Farschiedene Sachen rein zu stellen. Das Regal steht vor dem Pult. Es ist Viereckig. Es ist Braun. Um Sachen rein zustellen.

Tab. 78: Beschreibungen D2' „Meine Klasse"

D2'	„Meine Klasse"
AXX	Die Tafel ist vorne im raum. Die Tafel ist grün und gelnzend. Die Tafel ist grün. ~~Die~~ Auf die Tafel kan man Schreiben [Regal] Sie stet lings in der Klasse Sie hat viele Bücher in sich. Sie ist braun. um bücher abzustelen. [Schrank] neben der Tafel. Sie sit alt aus. helbraun ist sie um sachen rein zustelen

D2'	„Meine Klasse"
IXX	Die Tafel ist mehr in der mitte. Die Tafel sieht Rechteckig aus. Die Tafel ist grün. Die Tafel ist für die Lehrerin zum Schreiben. Das Regal ist sehr weit rechts. Das Regal dort stehen mehrere Bücher. Das Regal ist sehr gerade. Das Regal ist braunlich. Das Regal ist dafür da das um Bücher abzustellen. Der Schrank ist links. Der Schrank sieht von der Farbe genauso aus wie das Regal. Der Schrank hat sehr viele Schupladen. Den Schrank braucht man um Spiele abzustellen.
IXY	Die Tafel hängt an der Wand. Man kann sie hoch und runter schieben. Die Tafel ist von außen hell grün und von ihn dunkel grün. Sie hat kästchen und Lienien von außen. Das die Lehrer was aufschreiben können. [Regal] Es steht meistens an der Wand in der Klasse. Sie hat zwei türen man stelt meistens Bücher, Spielsachen und Geräte rein. Es besteht aus Buche oder anderem Holz. Um sachen abzustelen. [Schrank] So wie das Regal (an der Wand). Sie sind aus Holz und haben mehrere etasche. Es ist Holz (besch, braun). Für Bücher, Spielsachen und Bilder ...
MXX	Die Tafel hengt an der Wand und auch unter der Uhr. Sie ist rechteckich und ist grün. Wir brauchen die Tafel zum lernen unsere Lehrerin erklert viel auf der Tafel. Das Regal ist in der rechten Ecke des Zimmers. Und ist schmal aber sehr hoch. Es ist hell braun und wir brauchen es für Bücher und ein par Spiele die wir manchmal spielen. Der Schrank ist sehr weit links im Zimmer. Und ist auch rechteckich ist auch braun aber zwei Schubladen sind blau. Wir brauchen es für Bastelsachen und noch ein par andere sachen.
OXX	Die Tafel ist ganz vorne an der Wand so das die Kinder hin schauen können. Die Tafel ist groß, grün und man kan mit Kreide drauf schreiben. Die Tafel ist grün. Die Tafel braucht man zum schreiben damit die Kinder was abschreiben können. Das Regal steht in der Klasse neben einem Fenster. Das Regal ist groß und Bücher sind drin. Das Regal ist Braun. Man kann in das Regal Büch rein stellen. Der Schrank ist neben dem Lehrerpult. Der Schrank ist groß und hat viele Schubladen. Das Regal ist Braun und ein bischen Schwarz. In dem Schrank sind viele dinge drin

Tab. 79: Beschreibungen T0' „Meine Spielsachen"

T0'	„Meine Spielsachen"
IXX	Der schif ist bei den regal Der Schif hat blaue farbe Die eisenbahn ist bund Der ist unten Der drache ist Oben Seine Farbe ist oroch und grün
MUZ	–bei der Datenerhebung nicht anwesend –
RHA	der schiff ist in Regal unt ist blau unt oben ist eine flage und die Flage ist Rot. Mit die eisenbahn kannst du überal hin die eisenbahn ist Rot grün gelb. es gibs ferschiedene eisenbahn. ein drache kann sehr hoch Fliegen der Drache hat eine gelbe Farbe und grüne Farbe.
SIL	–bei der Datenerhebung nicht anwesend –

Tab. 80: Beschreibungen T1' „Meine Spielsachen"

T1'	„Meine Spielsachen"
LÖC	Das Schiff ist blau weiß und ein bisen rot. das Schiff ist klein. Das Schiff ist ein Kuadrad. Das Schiff liegt oben auf dem Regal. Mit den Schiff kann man spielen. Der Eisenbahn liegt auf dem Tisch. Der Eisenbahn ist rot gelb blau grün orangch. Mit dem Eisenbahn kann man fahren. Der Drache fliegt im dem zimmer. Der Drache ist gelb. Mit dem Drachen kann man wen es wiendieg ist steigen lassen.
LRL	Das Schiff befindet sich bei der Schrank nehmen der Fesnter links. Die Segel ist drei eickig und die Flage auch. Die Segel ist weiß die Flage ist rot das Schiff ist blau. Ich kann zum beispiel ins gehen und spiel alser Wasser aufdrehen. Oder ich kann wettrennen. Die Eisenbahn befindet sich auf dem Boden. Das ist bunt und hatt 5 Fenster. Sie haben grün, rot, gelb, orange. Ich kann sie in die Gleise bring und fahren lassen. Der Drache befindet sich auf der Wand nehmen der Fenster rechts. Die sind vier eckig. Die Schleifen sind grün, sonst alles gelb. Ich kann die fliegen lassen.
MER	das Schiff ist blau und weis damit kaman im Wasser spielen die Eisenbahn ist bunt damit spielt mann auf den schinen der Drache ist gelb grün der Drache kann erst fligen wenn es Herbst ist dann fligter hoch
RUU	Der Schif ist auf dem Tisch Der Schif hat ein segel ein anker ein fane Der Schif ist Blau rot und weis Der Schif kann schwimen Die Eisenbahn ist auf dem boden Die Eisenbahn at ein auspuf redölrund ??? Die Eisenbahn kann auf Schinen faren Der Drachen ist auf dem regal Der Drachen hat augen ein mund und oren Der Drachen isd gelb rod weis schwartz grün Der Drachen kann fliegen

T1'	„Meine Spielsachen"
SÖK	Der Schiff liegt auf dem Regal neben den zwei Drachen. Und ist blau und hat noch eine rote kleine Farne. Der Eisenbahn ist auf dem boden und liegt neben dem 2 blätter und hat die Farbe grün, orange, gelb, blau, rot und grau. Der Drache hängt an der Wand und die Wand hat die Farbe blau und der Drache hat die Farbe gelb, grün und rot.
VAN	Der Zug ist neben dem orangenen Drachen. Mit ihn kann man über Teiche fahren ode zu Hause im Bad. Er hat die Farben blau und bei den Segel ist es weiß. Bei der Fahne ist sie Farbe rot. Die Eisenbahn ist bunt. Er ist neben dem großen Hasen. Mit ihn kann man gut Die Eisenbahn spielen. Mit seiner Wagons macht es mehr Spaß. Außadem ist es so bunt das es Spaß macht. Der Drachen ist Farbe gelb und seine Flügel Farbe grün. Es steht zwischen der Pappe und Rose. Es ist gut für Herbst geeignet. Man kann mit ihm gute Drachen steigen und es geht wenn einer das fest hält es los lässt genau in der Sekunde und das Kind rennt.

Tab. 81: Beschreibungen T2' „Meine Spielsachen"

T2'	„Meine Spielsachen"
KZN	Auf dem Regal. Blau, weiß und rot. Pyramidenmäßif, Sägeln gehen. Neben dem Teddy. Ein Kegel, rechteckig. Grau, rot, gelb, orange, grün, blau. Fahren. Hengt an der Wand. Diamantenmäsig. Gelb, grün, rot, Weiß und Schwarz. Steigen lassen.
LAI	Der Schiff liegt auf dem Regal wo die Sterne sind und neben die Zwei drachen. Und das Schiff ist auch Blau und Weiß und Rot. Die Eisenbahn ist auf dem Boden wo das Große hase steht. Die Eisenbahn ist auch bunt. Der Drache hängt wo die Puppe ist. Der drache ist auch Gelb Grün Rot und Weiß
LAN	Das Schiff ist blau, weiß und rot. Mit dem Schiff würde ich eine Reise machen. durch das Meer. Das Schiff ist auf dem Schrank. Die Eisenbahn ist bunt. Die Eisenbahn ist neben dem Teddybär auf dem boden. Für die Eisenbahn würde ich mir einen weg bauen und dann die Eisenbahn dadrauf stellen und fahren. Der Drache ist gelb und hat ein frölichen gesicht. Damit würde ich nach drausen gehen und den Drachen steigen lassen. Und ist an der wand an gelehnt
MGN	Das Schiff ist links in der mitte. das Schif siet aus wie ein Boot. Es hat die farben Blau-schwarz und Rot. Ich kann das Schif auf wasser legen. Die Eisenbahn ist unten links. es siet aus wie eine lokomotive. Es hat die farben Rot gelb blau grün orange schwarz und grau. Ich würde sie auf eine schine legen und fahren lassen. Der Drachen ist oben Rechts. Es siet aus wie zwei dreiecke. Er hat die farben Rot gelb

T2'	„Meine Spielsachen"
MIN	grün schwarz und weiß. Mit dem Schiff kann man sehr vieles erleben. Auch verne Länder entdecken. Das Schiff ist dreieckig. Hat die Farbe blau, rot, weiß. Das Schiff liegt neben dem Orangenen und grünen Drachen. Mit der Eisenbahn kannst du zu anderen Städten fahren. Du kannst auch Nachbarn besuchen in anderen Städten. Die Eisenbahn liegt neben dem Hasen. Die Eisenbahn hat ein Kreis vorne. Die Eisenbahn ist rot, grün, gelb, blau und schwarz. Mit dem Drachen kannst du sehr viel Spaß haben. Du kannst mit ihm spielen aber nur wenn starker Wind ist. Der Drachen liebgt neben der Pupe. Er ist 4eckig. Er hat die Farbe grün und gelb.
MIZ	das Schiff befindet sich neben zwei Drachen. Das Schiff ist balu weiß. das Schiff hat einen Anker und eine rote Flage auf der spitze. ich kann mit dem Schiff über den See fahren lassen. die Eisenbahn befindet sich nebn den großen Hasen. Die Eisenbahn ist grün, blau, orange, rot, gelb, silber und die Räder sind schwarz. die Eisenbahn hat hinten noch zwei andere wagons. Ich kann die Eisenbahn über die Schienen fahren lassen. der Drachen ist über das Kind. Der Drachen ist rot, gelb, grün, weiß, schwarz. und der Drachen sieht lustig aus, ich kann mit den Drachen steigen lassen.
NOT	Das Schiff ist aufm Regal und Das Schiff kann fahn. Die Eisen bann kann fahn sie sit bunt aus Der Drache kann fligen er sit aus wi ein Mensch.
RAR	Das Schiff ist im regal damit kann man in der bade wanne spielen seine farben blau und weiß. Und das Schiff ist fast wie ein Drei eck. Mit der Eisenbahn kann eine Eisenbahn straße aufbauen und spielen. Sie steht auf den boden seine farben Rot, Gelb, Grün, Orange. Der Drache ist auf der Wand. sie ist fast wie ein Quadrat seine farben Orange den Drachen kann man in die Luft steigen lassen.

Tab. 82: Beschreibungen R0' „Meine Spielsachen"

R0'	„Meine Spielsachen"
BAR	Das Schiff ist Blaues und Rot unt wies ist das schiff. Im wasa Faren. Die Eisenbahn ist oben Rot und unten ist es Rot und zwischen das ist es Grün. Auf die Glaisen varen. Das Drache kann vligen er ist Gelb.
BIT	Der schiff kann Schwimmen. die Eisenbahn kann Faren Der Drache kann Fligen
CIH	Der Schiff hat rote Flage, weißes Segel und ein blaues Boot. Und der kann Schwimmen.

R0'	„Meine Spielsachen"
	Die Eisenbahn hat schwarze Räder. Und bei den grauen Ding kommt Reich herraus. Der Drachen kann fliegen. Und er sied gelb aus, grüne Schleifen.
DED	Der Schiff kann schwimmen. Er ist blau und rot. Die Eisenbahn sie ist rot orange grün und die Eisenbahn hat schwarze Räder. Der Drachen fliegt im Herbst er ist rot und grün
FER	Das Schiff ist unden blu, das segel ist weiß und die fane ist rot. Das Schiff ist auf dem regal. Die Eisenbahn ist rot, grün, orong und bist gelb. Die Eisenbahn ist auf dem fusboden. Der Drache ist gelb und henkt an der want.
NCE	das Schiff ist Blau und hat eine Rote Fahe und das Segel ist weis. Und man kahn damit seeman spielen. [Eisenbahn] Es hat eine pfeife die Grau ist Fonne ist grün orang und gelb damit kann man Lokomotivführer spielen. den drache ist gelb hat eine karo form und man kann in steigen lassen.
NOE	Das Schiff stet auf dem Tisch. Das Schiff ist gutt. Das Schiff ist bund. Ich kann damit anz mer. Die Eisenbahn stet auf dem Boden. Die Eisenbahn ist toll. Die Eisenbahn ist bunt Der Drachen hengt an der wand. Dachen ist bund.
NRT	[Schiff] Es schwimmt und es es ist Blau und es wiegt 200 oder 100 tonen. [Eisenbahn]es färt bei dem Schinnen und kann fiale Menschen einsteigen lassen und dann noch die eisenban hat grün gelb orangs und rot der Drache kann beim wint fliegen und er braucht eine schnur und es hat gelbe fraben und Ende

Tab. 83: Beschreibungen R1' „Meine Spielsachen"

R1'	„Meine Spielsachen"
AAI	Das Schiff ist auf dem Schreibtisch Das Schiff sieht aus wie ein Segelschiff Das Schiff ist weiß, Blau, Rot. Mit dem Schiff kann man im Wasser spielen Die Eisenbahn ist auf dem Boden. Die Eisenbahn sieht aus wie eine Lokomotive. Die Eisenbahn ist Gelb, Orange, Rot, Schwarz, Grün, Blau, und Silber. Mit der Eisenbahn kan man auf schienen fahren. Der Drachen hängt an der Wand. Der Drachen sieht aus wie ein Mensch. Der Drachen ist Orange Tor, Weiß, Schwarz Grün Mit dem Drachen kan man fliegen
AES	Das ist unten blau und seine Segeln sind weiß oben rot. Seine Seile verbinden die Segeln und er hat ein Anker der ganz vorne. Mit dem kann man auf Wasser schmimen. Die Eisenbahn hat vorne orange kreis aussenruhm gelb und unten rot. Er hat ein

R1'	„Meine Spielsachen"
	Dampfer. Er hat ein roten Dach ausenrum der Fenster ist gelb. Da drüber ist grün. Mie Eisenbahn kann auf Spielgleisen fahren. Der Drache hat zackiege grüne Ohren. Einen roten Mund eine Nase Augen. Er ist gelb, er hat schwaze Augen. Mit dem kann man steigen in Herbst und in guten Wind.
LER	*–bei der Datenerhebung nicht anwesend –*
LLH	Das Schiff befindet sich im Regal. Er ist blau und weiß er hat oben eine kleine Fahne. Er bestet aus zwei dreiecken. Mit den Schiff kanst du im Wasser spielen. Die Eisenbahn befindet sich beim Kuschelhasen. Sie ist sehr lang und bestet aus drei Teile. Sie hat sehr viele Farben rot, gelb, orange, grün, blau. Mit der Eisenbahn kann man Leute veckfahren. Der Drache befindet sich oben rechs an ein Hacken. Er ist bund, er hat lemlich 2 Augen und ein Mund, eine Nase. Gelb und grün. Mit ihn kannst du nach draußen gehen und steigen lassen.
NAR	der Schiff kann schwimmen. Der Schiff steht oben im regal. Ich kann mit den Schiff in wasser spielen. Es hat die farbe Blau weiß und rot. die Eisenbahn ist auf den boden. Ich würde damit spielen das es eine echte wehr. Sie hat die farbe grün gelb rot. der Drachen kann im Herbst fliegen. Ich würde mit den Drachen nachdrausen gehen. Und den Steigen lassen. Er hat die farbe weiß gelb rot und grün.
NNS	Das Schiff ligt auf den Regal und mit den Schiff kann mann spielen ihn der Bahdewane das ist blau und weis. Die Eisen ist grün rot gelb und die kann auf schinen fahren. Sie ligt auf denn boden Der Drache hengt an der Wand und die fahrben sind gelb rot grün mann kann die steigen lasen.
NOF	Das Schiff ist neben den 2 Drachen. Er ist im Regal. Er ist blau und hat eine weiß rote Flage. Dieses Schiff ist kein normales Schiff, es ist ein segelschiff.. Mit dem Schiff kann man im Wasser spielen. Die Eisenbahn ist neben dem Tedybear, dem Bild. Es ist rot, grün, gelb. Es ist eigentlich immer schwarz, grau oder weiss. Aus dem Schorstein kommt immer Rauch raus. In den Wagons sind meist Menschen drien. Mit der Eisenbahn kann man auf gleisen spielen. Der Drache ist neben der Tulpe, neben dem Mädchen. Er ist gelb und hat ein Gesicht mit lächelndem Gesicht und 2 Grünen Schleifchen. Er fliegt immer im kühlem Wind. Mit Drachen kann man drausen spielen.
NOS	[Schiff] Es ist Blau und weiß und die fane ist rot. Und es ist ein denn Schrang. Es kann in Wasser untergehen. Die Eisenbahn ist eincsh uaf den boden es hat grün, rot, gelb, blaue farben. Es kann auf schinenen fahrn. Die Eisen Bahn wird oft für tranpormöllichkeit genutzt. Der Drache ist Gelb, rot, schwarz und grünn, an der wand. Es kann in der Lüft fliegen.
RAI	Das Schiff ist blau und weis. Den Schiff kann man im Wasser schinen lassen das Schiff ist neben der wand Die Eisenban ist Grün und rot. Mit der eisenban kamman wek faren lasen. Die Eisenban

R1'	„Meine Spielsachen"
UES	ist neben dem Regal Neben die Wand. Der drache ist Gelb und Grün. Mit dem drachen kann man in im himel fligen lassen Der Schiff kann schwimmen und der Schiff ist blau, weiß, rot Eine Eisenbahn kann fahren und die Eisenbahn ist bunt Der Drach kann fliegen und ist orange

Tab. 84: Beschreibungen R2' „Meine Spielsachen"

R2'	„Meine Spielsachen"
CAR	Das Schiff befindet sich im Regal. Das Schiff ist rot, blau, weiß. Das Schiff ist dreieckich und mann damit Schiff fahrer spielen. Die Eisenbahn steht auf dem Boden. Die Eisenbahn sieht lang aus und groß. Die Eisenbahn hat die Farben grün, rot, gelb, schwarz, sielber, blau, braun. Der Drache befindet sich an der Wand. Er sieht zweimal ein dreieck. Es hat grün, rot, gelb, weiße Farben. Und mann kann damit schön spielen.
KAM	das Schiff ist links im regal das Schiff ist ein Segelschief das Schiff ist Blau weis und rod mit den Schief kaman pieraten spielen die Eisenbahn ist neben den regal die Eisenbahn sit groß sie hat die farben grün rot gelb mann kann dammiet Zug faen spielen an der wand sie hat 4 eken gelb rot grün man kann drachen steigen spielen
KET	Das Schiff hat die Farbe schwarz, blau, rot, weiß. Mit dem Schiff kann man ins Wasser gehen. Das Schiff ist über dem Regal. Die Eisenbahn hat die Farbe rot, blau, gelb, grün, orange, schwarz, silber. Mit der Eisenbahn kann man Zug spielen. Die Eisenbahn steht neben dem Regal. Der Drache ist neben der Puppe. Der Drache ist grün, gelb, rot, weiß, schwarz. Den Drachen kann man steigen lasser.
LAS	Der Schiff im Zimer liegt neben Zwei Drachen. Seine Fane oben ist rot selbst der Schiff ist blau. Mit disem Schiff kann mann spielen. Mann legt es ins Wasser und schibt es so das es nach vorne schwimmt. Die Eisenbahn im Zimer hat ganz viele Farben es hat rote, grüne, gelbe, oronge Farben. Die Eisenbahn liegt auf den Boden neben den großen TedyBären. Mit der Eisenbahn kann man auch spielen. Die Eisenbahn kann fahren. Der Drache ist oben an der Decke und ist gelb seine schleifen sind grün. Man kann mit ihn sehr gut spielen man hebt ihn in die Luft und läst ihn vliegen.
LOV	–bei der Datenerhebung nicht anwesend –
MINX	Das Schiff befindet sich in einem Regal. Eei Ovalförmigen Unterdeck mit Segeln und einer Flagge. Das owalförmige Unterdeck ist blau, die Segel sind weiß und die Flagge

R2'	„Meine Spielsachen"
	ist rot. Mit dem Schiff kann ich es in Wasser tun und schwimmen lassen.
	—
	[Eisenbahn] Es befindet sich links unten. Die Eisenbahn hat ein großes Rechteck und ein kleines Viereck. Das Dach ist rot und gelb der untere teil ist grün und und rot die Ränder sind schwarz und die Spitze ist orang inendrin und außen gelb. Mann kann sie auf die Schienen stellen und sie fahren lassen.
	Der Drache befindet sich auf der Rechten Seite oben. Ein sechförmiger körper mit zwei Schleifen. Der Körper ist gelb und die Schleifen grün. Im Herbst kann man ihn in die Lüfte steigen lassen.
NARX	das schiff sid aus ob das ein segel schiff wer. Es hat die farbe blau, weiß, schwarz und rot
	das schif kannstu du segel lasen
	das schiff ist oben auf einem regal
	die Eisenbahn ist grün, rot, blau, schwarz und silba
	und kann tuttut die Eisenbahn komt spiel
	die Eisenbahn ist neben dem regal
	der Drachen hat rot, grün, schwarz und weise farben
	es sit aus wie eine Kare
	und damit kan man ein drachen stegen lasen
	der drachen ist oben an der wand
NEJ	Das Schiff liegt auf dem Regal neben einer Handpuppe. Das Schiff hat eine rote Fahne, einen schwarzen Anker, eine weißen Segel une ein blaues Segelboot. Mit dem Schiff kann ich im Wasser spielen und auf dem Wasser kann ich es gleiten.
	Die Eisenbahn liegt auf dem Boden neben dem Hase. Die Eisenbahn hat schwarze Räder, einen roten Dach, die Fenster sind blau und die Umrandung der Fenster ist Gelb, die Eisenbahn selbst ist oben grün und unten rot. Die Eisenbahn kann ich dann auf Gleisen fahren lassen.
	Der Drachen hängt an der Wand neben der Marionette. Der Drachen hat grüne Schleifen, ein Gesicht (ein roten Mund) und selbst ist er Gelb. Ich kann den Drachen steigen lassen.
NET	Das befindet sich links neben zwei anderen Drachen und rechts neben einem Bild. Das Schiff siet eben aus wie ein Schiff. Das Schiff hat die Farben von: weiß, Blau, Schwarz und rot. Das Schiff kann man auf das Wasser stellen und es schwimmt.
	Die Eisenbahn befindet sich rechts neben einem Hasen und links neben einem Bild. Sie sieht aus wie eine Eisenbahn und hat die Farben von: orange, grün, rot, schwarz, metalfarbe, dunkelblau und hellblau. Die Eisenbahn stellt man auf Schienen und sie lässt sich meistens steuern.
	[Drachen]Es befindet sich oben rechts in der Ecke, links neben einer Blume. Er sieht aus wie ein Drache. Er hat die Farben von: gelb, rot, grün, weiß und schwarz. Den Drachen kann man an windigen Tagen steigen lassen.
NIJ	Schiffe sind meist Braun und Alt doch dieses ist es nicht Seine Segel lauchten weiß mit einer Roten Fahren und einem Blauem Deck wirkt dises Schif wol grade nicht sehr echt doch manche Leute sind damit gefahren und haben auch erfahren das kleine blaue

R2'	„Meine Spielsachen"
	schfahen ist doch seehr zu Gebrauchen. Die Eisen Bahn schtet neben dem pluschhasen und neben dem Bild und der kleinen puppe Die Esen bahn ist schön und groß. Sie ist Rot und hat ein rotes dach. Blaue fenster, schwarze räder, ist in der mitte Orange mit gelb. Er fligt gern durch den Wind und das auch sehr geschwint und er ist ganz gelb und schön mit grünen streifen, Weißen Augen und einem Rotem Mund er hengt an der Wand neben der puppe.
NIK	Der Schiff kann Schwimmen ist blau und steht auf den Tisch. Die Eisenbahn kann faren ist auf den Boden und ist bunt. Der drache kann fliegen, ist orong und siht frölig aus.
NRS	Das Schiff steht hinten links im Regal. Es ist eckig ist Blau, Weiß, Rot und schwartz und man kan es aufs Wasser setzen damit es schwimmt. Die Eisenbahn steht auch unten links neben so einem Hasen sie hat Fenster und hat so ein ein Teil wo Rauch raus kommt sie ist bund und man kan sie fahren lassen. Der Drachen steht oben rechts in der Ecke hat Augen und ein Mund. er ist gelb und grün und man kann ihn fliegen lassen.
RAIX	Das Schiff steht auf das Regal. das Schiff ist weiß und blau. Man kann damit zum Flus gehen und in den Flus spielen die Eisenbahn liegt auf den boden. Sie ist bunt. Man kan sie auf einer Schiene legen und spielen. der Drach hängt and der Decke. Er hat ein gesicht, der ist gelb man kann nach draußen gehen dan gleitet der drache in die luft.
RXX	–bei der Datenerhebung nicht anwesend –

Tab. 85: Beschreibungen D0' „Meine Spielsachen"

D0'	„Meine Spielsachen"
LXX	[Schiff] Es ist blau. ist links im Schrank. Die flagge ist rot. Damit kann mann im Wasser spielen. Die EisenBahn ist bunt. Sie steht unten links in der ecke. Damit kann mann gut gleisen spielen. Der Drache ist bunt. es ist rechts oben in der ecke. Mann kann mit im Drachen-fliegen lassen.
LXY	Das Schiff ist auf einem Rigal. Das Schiff ist Blau Weis und Rot Das Schiff ist mit ein Segel und ein Puk gebaut. Das Schiff kaman aufs wassa legen. Die EisenBahn liegt auf dem boden. Die EisenBAHn fert auf schinen. Die EisenBAHn ist Rot grün gelb Orongsch und die fenster sint Blau und die Ban hat 4 Räder. und weis und Rot. Der Drachen henkt an der Wand mit den Drachen kamman fligen Der Drache ist gelb und grün

D0'	„Meine Spielsachen"
OXY	[Schiff]Es stet in der Eke. es kann swimen. undes ist blau. in meinen zimmer. [Eisenbahn] Sie kan auf schinen faren. [Drachen] Er kan fligen.
RXY	Das Schiff ist Blau und Weis. Das Schiff stet auf eim Schrank. Das Schiff hat ein Segel. mit dem Schiff kann man auf dem Wasser spilen. Die Eisenbahn stet auf dem Boden. Die Eisenbahn ist Rot gelb grün Silber. man kann die Eisenbahn auf einer Schine fan lassen. Die Eisenbahn hat drei Fenster ein Schornstein und Fier Reifen. Der Drachen ist hel grün Dunkelgrün gelb weis Schwarz und rot. Mit dem Drachen kann man wen es windich ist spielen er hat unten ein Band.
SXX	Mit ein Schiff ferd mann durch der gegend das schiff ist in Merhr das Schiff ist Weis Mit der Eisenbahn ferd Man. die Eisenbahn ist Rot Den Drachen lest Man steigen Der Drachen

Tab. 86: Beschreibungen D1' „Meine Spielsachen"

D1'	„Meine Spielsachen"
EXX	[Schiff] Damit kann man in der Badewanne spielen es ist Blau weiß es steht auf dem regal. Die Eisenbahn ist auf dem Boden damit kann man auf den schinen fahren sie ist gelb grün und rot Der drache hengt an der Decke er ist gelb wenn du nach drausen gehst und wind da ist fliegt er. ich würde damit auf ein feld gehen.
IEE	Das Schiff befindet sich auf dem Schreibtisch. Die Fane von dem Schiff ist Dreieckik. Das Schiff hat rote weiße und blaue Farbe. Man kann mit dem Schiff auf dem Wasser spielen. Die Eisenbahn befindet sich neben dem gemalten Bild. Die Eisenbahn hat zwei Wagongs. Und sie hat Fenster. Sie hat blaue gelbe rote und grüne Farbe. Man kan mit der Fisenbahn Lockfürer spielen. Der Drache ist an der Wand. neben einer Blume. Der Drache hat Schleifen an den Seiten. Und einen roten Mund. Der Drache ist fast nur gelb. Aber er hat auch rote und grüne Farbe. Man kann den Drachen steigen lassen.
NES	Das Schiff steht neben den spielsachen. Und neben dem Schiff sind 2. Drachen. Das Schiff ist Dreieckick. Das Schiff hat die Farben Weiß, Blau und Rot. Mit dem Schiff kann mann Bott fahren spielen. Die Eisenbahn steht deben dem Hase hinterm Regal. Die Eisenban ist lang und hat viele Fenster. Die Eisenban ist Bunt. Mit der Eisenban kann man Lockfürer spielen. Der Drache befindet sich an der Wand. Der Drach ist als form eine Raute. Der Drache hat die Farben Rot, gelb, und grün. Ich kann mit in an Strand gehen und in steigen lassen

D1'	**„Meine Spielsachen"**
RAA	Das Schiff ist ein segelSchiff es hat eine Rote Flage und ein weißes Segel. Ich würde in der Badewane mit dem Schiff spielen. Die Eisenbahn ist Bunt. Sie hat einen Grünen Kesel und Zwei anhänger. Auf dem Schinnen Der Drachen hat die Farben: Rot, gelb, Weiß und Grün. Er hat ein Gesicht. Am liebsten würde ich Drausen mit dem Drachen Spielen
RAN	Das Schiff befindet sich auf dem regal. Das Schiff ist dreieckik. und hat 2 Segel. Die Farben sind blau, weiß und rot. Mann kann mit dem Schiff auf dem Wasser faren Die Eisenbahn steht vor dem Regal. Die Eisenbahn ist lang, rot, gelb, grün, orang, grau, blau. Man kann mit der Eisenbahn auf Schienen faren. Der Drache befind sich an der Wand. Der Drache sieht wie eine Raute aus. Die Farben sind grün, gelb, rot, weiß und Schwarz. auf eine große wiese gehen und ihn schteigen lassen.

Tab. 87: Beschreibungen D2' „Meine Spielsachen"

D2'	**„Meine Spielsachen"**
AXX	Das Schif stet auf dem Regal über dem Hasen. Das Segel ist weiß, die Fane ist rot, der Bug ist blau. Man kann damit segeln spielen. Die EisenBahn steht neben dem Hasem. Sie siht alt aus. Ihre Farben sind grün, orangs, rot & gelb. Ich kann mit ihr Lokomotifführer spielen. Der Drachen hängt in der Rechten ecke oben. Er siht schön aus. Er ist gelb & grün. Man kann in steigen lassen.
IXX	Mit dem Schiff kann man spielen das man Kapitän auf einem Schiff ist. Das Boot steht links im Regal. Das Boot sieht wie ein Segelboot aus. Das Schiff ist Blau, weiß, Rot. [Eisenbahn] Wenn man Schienen aufgebaut hat kann mann mit ihr spielen. links auf dem Boden. Wie eine Dampflock. Sie ist bunt. Den Drachen kann man im Herbst wenn der richtige Wind ist fliegen lassen. Das macht spaß. Rechts oben. Wie ein ganz normaler Drache. Er ist orange, grün, rot, weiß.
IXY	[Schiff] Meistens hat es weiße Segel. Man kann es mit in die Badewanne nehmen und fahren lassen. Das Schiff befindet sich auf dem Regal. Ihr Boden ist blau. Eine Eisenbahn fährt vorne. Die Eisenbahn ist auf dem Boden. Sie ist bunt. Ich kann sie fahren lassen. Ein Drache ist eine legende. Er kann alle Farben haben und er kann fliegen. Er soll Feuer spuken können. Er ist ein anderer Drache als auf dem Bild.
MXX	Das Schiff ist blau und hat an der seite ein Anker. Die Segel sind weiß und ganz oben drauf ist eine rote flag. Mit dem Schiff kann man Pirat spielen und es auf dem wasser tuhen dan schwimmt es. Und es ist auf der Regal. Die Eisenbahn ist ganz bunt und steht mitten im Zimmer auf dem Boden. Mit der Eisenbahn kann man Lockführer spielen. Der Drach ist gelb und hat grüne Ohren er hat ein roten Mund und hat große Augen. Er

D2'	**„Meine Spielsachen"**
	hengt hinten im Zimmer an der Wand und wen viel wind ist kann man den Drachen steigen lassen.
OXX	Das Schiff ist in der Mitte lings. Das Schiff siht aus wie ein Segelboot. Es hat die farben: Rot, Weiß und Blau. Man kann das Schiff auf dem Teich fahren lassen. [Eisenbahn] Sie ist unten lings. Sie ist sehr sehr groß. Sie hat die Farben: Grün, Gelb, Orang, blau und Rot. Man kann sie auf Schienen fahren lassen. Der Drachen ist oben Rechts. Er lacht. Gelb, grün, Rot, weiß ist er. Man kann ihn steigen lassen.

www.ingramcontent.com/pod-product-compliance
Lightning Source LLC
Chambersburg PA
CBHW071402300426
44114CB00016B/2150